> 华为ICT认证系列丛书

华为技术认证

HCIA-openGauss 学习指南

华为技术有限公司 主编

人民邮电出版社

北 京

图书在版编目（ＣＩＰ）数据

HCIA-openGauss学习指南 / 华为技术有限公司主编
. -- 北京 ：人民邮电出版社，2023.8
（华为ICT认证系列丛书）
ISBN 978-7-115-61026-3

Ⅰ．①H… Ⅱ．①华… Ⅲ．①计算机网络－指南
Ⅳ．①TP393-62

中国国家版本馆CIP数据核字(2023)第001465号

内 容 提 要

本书是华为 HCIA-openGauss 认证考试的官方教材。本书首先对 openGauss 数据库进行概述；其次介绍了
openGauss 的体系架构及关键特性；接着讲解了 openGauss 数据库安装部署的过程，并对 openGauss 数据库及核
心对象进行了详细说明；还介绍了 SQL 基础，其中包括 SQL 操作符、常用函数和语法分类等；最后介绍了华为
云数据库 GaussDB（for openGauss）及其应用场景。除了有全面的知识讲解，本书还有综合案例，通过理论与
案例结合，帮助开发者快速掌握 openGauss 数据库的开发技能。

本书不仅适合备考 HCIA-openGauss 认证的人员和从事软件开发工作的专业人员阅读，还适合高等院校相关
专业的学生、准备投身数据库领域的人员及网络技术爱好者阅读。

◆ 主　　编　华为技术有限公司
　　责任编辑　李　静
　　责任印制　马振武
◆ 人民邮电出版社出版发行　　北京市丰台区成寿寺路 11 号
　　邮编　100164　　电子邮件　315@ptpress.com.cn
　　网址　https://www.ptpress.com.cn
　　北京市艺辉印刷有限公司印刷
◆ 开本：775×1092　1/16
　　印张：30.5　　　　　　　　2023 年 8 月第 1 版
　　字数：724 千字　　　　　　2023 年 8 月北京第 1 次印刷

定价：159.80 元

读者服务热线：(010)81055493　印装质量热线：(010)81055316
反盗版热线：(010)81055315
广告经营许可证：京东市监广登字 20170147 号

编 委 会

序　言

乘"数"破浪　智驭未来

当前，数字化、智能化成为经济社会发展的关键驱动力，引领新一轮产业变革。以5G、云、AI 为代表的数字技术，不断突破边界，实现跨越式发展，数字化、智能化的世界正在加速到来。

数字化的快速发展，带来了数字化人才需求的激增。《中国 ICT 人才生态白皮书》预计，到 2025 年，中国 ICT 人才缺口将超过 2000 万人。此外，社会急迫需要大批云计算、人工智能、大数据等领域的新兴技术人才；伴随技术融入场景，兼具 ICT 技能和行业知识的复合型人才将备受企业追捧。

在日新月异的数字化时代中，技能成为匹配人才与岗位的最基本元素，终身学习逐渐成为全民共识及职场人保持与社会同频共振的必要途径。联合国教科文组织发布的《教育 2030 行动框架》指出，全球教育需迈向全纳、公平、有质量的教育和终身学习。

如何为大众提供多元化、普适性的数字技术教程，形成方式更灵活、资源更丰富、学习更便捷的终身学习推进机制？如何提升全民的数字素养和 ICT 从业者的数字能力？这些已成为社会关注的重点。

作为全球 ICT 领域的领导者，华为积极构建良性的 ICT 人才生态，将多年来在 ICT 行业中积累的经验、技术、人才培养标准贡献出来，联合教育主管部门、高等院校、教育机构和合作伙伴等各方生态角色，通过建设人才联盟、融入人才标准、提升人才能力、传播人才价值，构建教师与学生人才生态、终身教育人才生态、行业从业者人才生态，加速数字化人才培养，持续推进数字包容，实现技术普惠，缩小数字鸿沟。

为满足公众终身学习、提升数字化技能的需求，华为推出了"华为职业认证"，这是围绕"云-管-端"协同的新 ICT 技术架构打造的覆盖 ICT 领域、符合 ICT 融合技术发展趋势的人才培养体系和认证标准。目前，华为职业认证内容已融入全国计算机等级考试。

教材是教学内容的主要载体、人才培养的重要保障，华为汇聚技术专家、高校教师、培训名师等，倾心打造"华为 ICT 认证系列丛书"，丛书内容匹配华为相关技术方向认证考试大纲，涵盖云、大数据、5G 等前沿技术方向；包含大量基于真实工作场景的行业案例和实操案例，注重动手能力和实际问题解决能力的培养，实操性强；巧妙串联各知识点，并按照由浅入深的顺序进行知识扩充，使读者思路清晰地掌握知识；配备丰富的学习资源，如 PPT 课件、练习题等，便于读者学习，巩固提升。

　　在丛书编写过程中，编委会成员、作者、出版社付出了大量心血和智慧，对此表示诚挚的敬意和感谢！

　　千里之行，始于足下，行胜于言，行而致远。让我们一起从"华为 ICT 认证系列丛书"出发，探索日新月异的 ICT 技术，乘"数"破浪，奔赴前景广阔的美好未来！

华为 ICT 战略与 Marketing 总裁

前　言

很多年前，国内计算机相关领域的专业人员无论是在学校还是走入社会，在学习和工作中接触到的大多是国外的数据库产品。许多专业人员盼望能有一款适合中小型企业甚至个人开发者的免费数据库产品，而 openGauss 数据库正是这样一种产品。openGauss 数据库具有高效、安全、可靠、易用等众多特性，而且是开源的，采用木兰宽松许可证（第 2 版）发行，可以高效稳定地运行在 Linux 操作系统中，能为企业信息化系统提供低成本、高性能、强安全的数据管理支撑。

本书在编写的过程中，充分考虑初学者如何搭建适合自身情况的基础运行环境，详细介绍了数据库核心特性，不同客户端的连接管理，核心对象的使用，数据库基础语法等必备知识；同时针对当前的主流开发技术，详细介绍了如何使用不同的开发语言对数据库进行连接和数据操作。本书不但对认证考试应具备的知识体系进行了讲解，还融入了软件编程应用开发技术，因此也可以为企业的开发工程师提供技术支持。

在当前激烈的国际竞争环境中，只有不断推进国产自主可控的替代计划，构建自主安全可控的信息技术体系，才是国内 IT 行业发展的方向。在未来的各种信息化项目建设中，采用国产信息化技术，必将是时代发展的潮流，让我们一起扛起弘扬自主信息技术的大旗，为民族产业的发展做出自己的贡献。

本书配套资源可通过扫描封底的"信通社区"二维码，回复数字"610263"获取。

特别说明：openGauss 数据库和 SQL 对关键字的大小写不敏感，本书中有关键字大小写不一致的情况，但不影响代码运行。

关于华为认证的更多精彩内容，请扫描以下二维码进入华为人才在线官网了解。

华为人才在线官网

目　录

第 1 章　openGauss 数据库概述 ·· 2

1.1　数据库介绍 ···4

1.1.1　数据和数据库的基本概念 ··4

1.1.2　数据库发展史和数据管理发展史 ··4

1.1.3　数据库系统和数据库管理系统 ··5

1.1.4　开源数据库和商用数据库介绍 ··5

1.1.5　数据库模型 ··6

1.1.6　结构化查询语言 SQL 简介 ··7

1.1.7　事务的概念和属性 ··8

1.1.8　NoSQL 简介 ···8

1.1.9　数据库架构 ··10

1.1.10　数据库应用 ··14

1.2　openGauss 简介 ···15

1.2.1　openGauss 发展历史 ···16

1.2.2　openGauss 应用场景 ···16

1.2.3　华为的硬件开放和软件开源 ··17

1.2.4　openGauss 和 PostgreSQL 特性对比 ···17

1.2.5　openGauss 开源社区介绍 ···18

1.3　openGauss 基础架构与性能特色 ··18

1.3.1　openGauss 的架构简介 ···18

1.3.2　openGauss 的执行引擎和存储引擎 ··19

1.3.3　openGauss 的性能特色 ···22

1.3.4　openGauss 的技术指标 ···26

1.4　基本功能介绍 ··26

1.4.1　支持 SQL ···26

1.4.2　支持 ODBC 27

1.4.3　支持 JDBC 27

1.4.4　事务支持 27

1.4.5　支持函数和存储过程 28

1.4.6　对 PostgreSQL 的接口支持 28

1.4.7　支持 SQL Hint 28

1.4.8　常见功能总结 29

第 2 章　openGauss 体系架构及关键特性 32

2.1　openGauss 体系架构 34

2.1.1　openGauss 体系和内存结构 34

2.1.2　openGauss 的主要线程和后台辅助线程 35

2.1.3　openGauss 系统架构 36

2.1.4　openGauss 数据库对象简介 36

2.1.5　数据库目录结构和主要配置文件 37

2.2　openGauss 部署方案 39

2.2.1　openGauss 部署方案简介 39

2.2.2　单机部署模式 39

2.2.3　主备部署模式 40

2.2.4　一主多备部署模式 40

2.3　openGauss 典型组网 41

2.3.1　openGauss 典型组网架构 41

2.3.2　数据管理存储网络组网 42

2.4　关键特性 42

2.4.1　高性能 42

2.4.2　高可用 49

2.4.3　高安全 50

2.4.4　易维护 54

2.4.5　AI 能力 56

第 3 章　openGauss 数据库安装部署 58

3.1　openGauss 2.0.0 数据库安装 60

3.1.1　openGauss 安装流程概述 60

3.1.2 虚拟机软件的使用和安装配置 61
3.1.3 在 CentOS 7.6 上部署单机环境和主备环境 103
3.1.4 在 openEuler 20.03 LTS SP2 上部署 openGauss 单机环境和主备环境 137
3.1.5 启动和关闭 openGauss 服务 163
3.2 数据库连接和认证 164
3.2.1 openGauss 数据库的安全策略 164
3.2.2 使用 gsql 客户端连接本地和远程服务器 178
3.2.3 使用 Data Studio 连接远程服务器 186
3.2.4 使用 JDBC 连接 openGauss 应用开发 191
3.2.5 使用 Spring Boot+Maven 创建 Web 项目访问 openGauss 202
3.2.6 使用 ODBC 连接 openGauss 应用开发 215
3.2.7 Windows 操作系统上使用 ODBC 连接 openGauss 应用开发 222
3.3 工具介绍 229
3.3.1 客户端工具 gsql 230
3.3.2 服务器端工具 240
3.3.3 卸载 openGauss 数据库 253

第4章 openGauss 数据库及核心对象管理 254

4.1 openGauss 逻辑结构 256
4.2 数据库、表空间和模式的管理 257
4.2.1 数据库管理 257
4.2.2 表空间管理 260
4.2.3 模式管理 263
4.3 用户及角色管理 265
4.3.1 用户及角色的基本概念 265
4.3.2 用户及角色的操作和管理 266
4.4 存储引擎选择 268
4.4.1 openGauss 存储模型 268
4.4.2 行存表的概念和使用 268
4.4.3 列存表的概念和使用 269
4.4.4 行存表和列存表的对比 270
4.4.5 MOT 存储引擎 270

4.5　数据表管理 274

4.5.1　用户数据表管理 274

4.5.2　用户视图管理 309

4.5.3　系统表和系统视图介绍 310

4.5.4　索引介绍 313

4.5.5　序列介绍 319

4.6　函数的介绍 320

4.6.1　系统函数介绍 321

4.6.2　用户自定义函数介绍 324

4.7　存储过程的介绍 334

4.7.1　创建存储过程 334

4.7.2　删除存储过程 338

4.8　触发器的介绍 338

4.8.1　触发器简介 338

4.8.2　触发器的管理 339

4.9　游标的介绍 347

4.9.1　游标简介 347

4.9.2　游标管理 347

4.10　同义词的介绍 350

4.11　导入/导出数据 352

4.11.1　使用 gsql 的\copy 命令导入/导出数据 352

4.11.2　使用 CopyManager 类导入/导出数据 354

4.11.3　使用服务器端命令导入/导出数据 357

4.12　数据库物理备份与恢复 359

4.12.1　使用 gs_probackup 命令对数据库进行物理备份 359

4.12.2　使用 gs_probackup 命令对数据库进行恢复 361

4.13　常见的高危操作 363

第 5 章　openGauss SQL 语法基础 ·· 364

5.1　SQL 语法入门 366

5.1.1　SQL 基本介绍 366

5.1.2　基本数据类型简介 366

5.1.3　系统常量 ··366

5.2　操作符和常用函数 ··367

5.2.1　常用算术运算符 ··367

5.2.2　比较运算符 ··368

5.2.3　逻辑运算符 ··368

5.2.4　日期操作运算符 ··369

5.2.5　表达式介绍 ··369

5.2.6　常用的字符串处理函数 ···373

5.2.7　常用数学操作函数 ··381

5.2.8　常用日期操作函数 ··384

5.2.9　类型转换函数和操作符 ···390

5.2.10　常用聚合函数介绍 ···391

5.3　SQL 语法分类 ··392

5.3.1　数据定义语言相关 SQL 介绍 ··392

5.3.2　数据操作语言相关 SQL 介绍 ··396

5.3.3　数据控制语言相关 SQL 介绍 ··422

第 6 章　华为云数据库 GaussDB（for openGauss） ·····················**436**

6.1　华为云数据库 GaussDB（for openGauss）概述 ···················438

6.1.1　GaussDB（for openGauss）简介 ····································438

6.1.2　GaussDB（for openGauss）的特性 ··································438

6.1.3　GaussDB（for openGauss）的部署形态 ······························439

6.1.4　GaussDB（for openGauss）的高可用 ································440

6.1.5　GaussDB（for openGauss）的高性能 ································442

6.1.6　GaussDB（for openGauss）的高扩展 ································444

6.2　华为云数据库 GaussDB（for openGauss）的企业级特性 ···········444

6.2.1　GaussDB（for openGauss）的企业级特性——分布式存储 ···········444

6.2.2　GaussDB（for openGauss）的分布式事务处理能力 ···················445

6.2.3　GaussDB（for openGauss）的物理备份和逻辑备份 ···················446

6.3　健全的工具与出色的服务能力 ···446

6.3.1　数据管理服务 ··446

6.3.2　数据复制服务 ··448

6.3.3　云审计服务 454

6.3.4　云监控服务 456

6.3.5　数据安全服务 456

6.4　应用场景及案例 458

6.4.1　某银行的 OLTP 业务系统介绍 458

6.4.2　华为消费者云实现智慧化运营 459

6.5　华为云数据库 GaussDB（for openGauss）操作实战 460

6.5.1　登录华为云官网 460

6.5.2　购买数据库实例 464

6.5.3　使用数据管理服务连接数据库 466

6.5.4　删除 GaussDB（for openGauss）数据库资源 471

第1章
openGauss 数据库概述

本章主要内容

1.1 数据库介绍

1.2 openGauss 简介

1.3 openGauss 基础架构与性能特色

1.4 基本功能介绍

1.1　数据库介绍

1.1.1　数据和数据库的基本概念

信息时代时时刻刻产生着大量的数据。数据是用来描述事物的符号，是对客观事物的逻辑归纳。除了常见的数字，文字、图形、图像和声音都是数据。例如一个人的姓名、身高、体重都属于数据，它描述了某个事物的一些特征。数据的表现形式可以分为数字数据和模拟数据。数字数据由离散的符号、文字、阿拉伯数字等构成。模拟数据是在某个区间内产生的连续信息，例如视频、声音、图像等。当数据量越来越大时，如何记录大量数据？从人类历史发展的角度看，除了古人"结绳记事"外，记录数据还有以下几种典型的方法。

① 大脑记住数据，这种方法显然很难记录大量的数据。

② 记录在纸张上，但纸张会被损毁，而且查询数据只能靠人工，人工管理无法保证精确和高效。

③ 记录在计算机内存中，如果断电，内存中的数据就会消失。

④ 记录在磁盘文件中，如果不对文件中的数据进行数据格式、存储方式的统筹管理，就无法安全高效地处理。

因此，我们需要通过一定的手段，合理规划数据的记录方法，确保能够存储大量的数据并进行高效的增、删、改、查，保证数据可以被合法用户共享并阻挡非法用户访问。同时数据经过组合分析能产生有价值的信息，由此产生了数据库。数据库是部署在操作系统上，把数据按一定的数据模型组织、永久存储，并可以被用户共享的软件系统。简单来说，数据库就是数据存放的仓库。

1.1.2　数据库发展史和数据管理发展史

数据库技术从诞生到现在，已经拥有坚实的理论基础、成熟的商业产品和广泛的应用领域，数据库应用系统成为当前各种行业的典型应用。数据库的历史可以追溯到 20 世纪中叶，最初的数据管理指通过机器读取大量的穿孔卡片来进行数据的处理，运行结果在纸上打印或者制成新的穿孔卡片。1951 年，雷明顿兰德公司（Remington Rand Inc.）的计算机 UNIVAC I 采用了一种 1 秒可以输入数百条记录的磁带驱动器，引发了数据管理的革命。1956 年，IBM 公司生产出第一个磁盘驱动器—— the Model 305 RAMAC，它有 50 个 24 英寸的盘片，可以存储 5MB 的数据。使用磁盘最大的好处是可以随机地存取数据，而穿孔卡片和磁带只能按顺序存取数据。

数据管理的发展经历了人工管理阶段（即人工管理纸张等媒体上的数据），文件系统阶段（即没有专门的数据库，数据大多以文件形式存放），数据库系统阶段（出现了如层次型数据库、网状数据库、关系型数据库、面向对象数据库及 NoSQL 和 NewSQL 等技术）。

1.1.3　数据库系统和数据库管理系统

数据库系统（Database System，DBS）是指长期存储在计算机内，有组织的、可共享的数据集合。数据库按照一定的数据模型组织、描述和存储数据，具有较小的数据冗余，较高的数据独立性和易扩展性，并可为合法用户共享。数据库系统的作用是存储数据，检索、管理并生成新数据。

数据库管理系统（Database Management System，DBMS）由数据库系统存储相关联的数据集合，和一套用户可以访问数据库系统中数据的程序组成。DBMS 的主要作用是提供一种方便、安全、高效地存储、管理数据库系统中的数据的途径。DBMS 作为数据库和用户或程序之间的接口，响应用户检索，更新和管理信息，同时还应提供性能监控，备份恢复和性能调优的相关功能。

1.1.4　开源数据库和商用数据库介绍

通过开源数据库，开发人员能够自由获取源码，并且可以在遵循某种许可协议的情况下，对源码进行自由使用和改写。截至 2022 年 1 月，开源数据库和商用数据库的数量如图 1-1 所示。DB-Engines 共列出 383 种数据库，其中有 198 种商用数据库，185 种开源数据库。

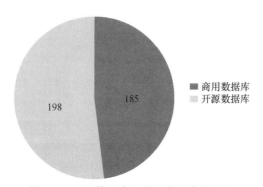

图 1-1　开源数据库和商用数据库的数量

开源数据库与商用数据库的流行趋势如图 1-2 所示。

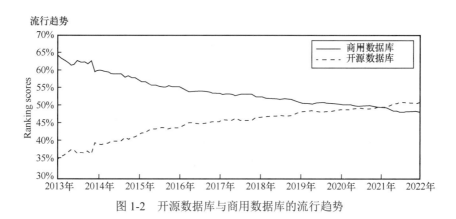

图 1-2　开源数据库与商用数据库的流行趋势

分别排名前 5 的开源数据库与商用数据库如图 1-3 所示。

The top 5 commericial systems, January 2022

Rank	System	Score Overall	Rank
1	Oracle	1267	1
2	Microsoft SQL Server	945	3
3	IBM Db2	164	7
4	Microsoft Access	129	9
5	Splunk	90	13

The top 5 open source systems, January 2022

Rank	System	Score Overall	Rank
1	MySQL	1206	2
2	PostgreSQL	607	4
3	MongoDB	489	5
4	Redis	178	6
5	Elasticsearch	161	8

图 1-3 分别排名前 5 的开源数据库与商用数据库

1.1.5 数据库模型

数据库用模型来抽象表示和处理数据和信息。计算机要求用严格的语法和语义对数据进行形式化定义、限制和规定，使模型变为计算机可以理解的格式。数据库模型包括层次、网状、关系等。数据库中的数据是高度结构化的，数据库不仅要考虑记录中各个数据项之间的关系，还要考虑记录与记录之间的关系。

层次模型如图 1-4 所示。

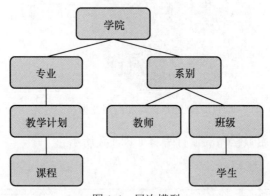

图 1-4 层次模型

层次模型用树形结构表示各个实体及实体间的联系。每个节点代表一个记录类型，节点之间代表记录类型之间的联系。层次模型有且只有一个节点没有双亲，该节点被称为根节点。根节点以外的其他节点有且只有一个双亲节点。层次模型的优点是数据模型简单，操作方便，实体间的联系是固定的，且应用系统已预先定义，性能较高；缺点是不适合表示非层次性的联系，对插入和删除操作的限制较多，查询子节点必须通过双亲节点。

网状模型如图 1-5 所示。

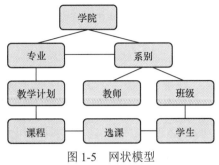

图 1-5　网状模型

网状模型没有层次模型的限制，允许多个节点没有双亲节点，允许一个节点有多个双亲节点。网状模型的优点是更为直接地描述实体间的关系，具有良好的性能，存储效率较高。网状模型的缺点是数据定义语言（Data Definition Language，DDL）很复杂，数据独立性差，应用程序在访问数据时需要制定存取路径。

关系模型如图 1-6 所示。

教师表

工号（主键）	姓名	职称	学院
001	张三	工程师	软工
002	李四	教授	金融
003	王五	讲师	经管

课程表

课程编号（主键）	课程名	学时	学分
AAA	Java编程	64	4
BBB	Web前端	48	3
CCC	大数据	64	4

排课表

工号（外键）	课程编号（外键）	人数	开课时间
001	AAA	100	春季
002	BBB	200	秋季
003	CCC	300	春季

图 1-6　关系模型

关系模型是建立在严格的数据概念基础上的，节点间的关系必须规范化，关系的分量必须是一个不可分的数据项。关系模型不允许表中有表。关系模型包含关系、记录、属性、主关键字、候选关键字、公共关键字和外关键字。关系模型需要规范化以消除存储异常和减少数据冗余，保证数据的完整性和存储效率。

1.1.6　结构化查询语言 SQL 简介

结构化查询语言（Structured Query Language，SQL）是一种数据库查询和程序设计语言。美国国家标准学会（American National Standards Institute，ANSI）将 SQL 作为关系数据库的标准语言。SQL 可以建库，建表，建约束、视图和存储过程等核心对象，还能对数据库进行数据查询、数据操作以及管理关系数据库系统，允许用户在高层数据结构上工作，允许应用程序通过发送 SQL 语句，实现客户端提交的数据对数据库的一系列操作。

SQL 基于关系代数和元组关系演算，可以分为数据查询语言（Data Query Language，DQL）、数据操作语言（Data Manipulation Language，DML）、数据定义语言（Data Definition

Language，DDL）、数据控制语言（Data Control Language，DCL）、数据事务语言（Data Transaction Language，DTL）。

SQL 的发展如图 1-7 所示。

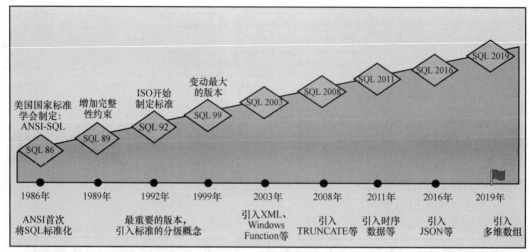

图 1-7　SQL 的发展

1.1.7　事务的概念和属性

事务（Transaction）是指需要完成的一件或者多件任务。在计算机术语中，事务指访问并可能更新数据库中各个数据项的一个程序执行单元（unit）。事务通常由高级数据库操作语言或编程语言（如 SQL、C++或 Java）书写的用户程序引起，并用例如 begin transaction 和 end transaction 语句（或函数调用）界定。事务由事务开始（begin transaction）和事务结束（end transaction）之间执行的全体操作组成。

事务具有 4 个属性：原子性（Atomicity）、一致性（Consistency）、隔离性（Isolation）、持久性（Durability），简称为 ACID 特性。

① 原子性：一个事务是一个不可分割的工作单元，事务中包括的操作要么都执行，要么都不执行，不能出现工作单元内一部分操作执行，另一部分操作未执行的结果。

② 一致性：事务使数据库从一个一致性状态变为另一个一致性状态，一致性与原子性是密切相关的。

③ 隔离性：一个事务的执行不能被其他事务干扰，即一个事务内部的操作及使用的数据与其他正在执行的事务是相互隔离的，并发执行的各个事务之间不能互相干扰。

④ 持久性：持久性也称永久性，指一个事务一旦提交，它对数据库中数据的改变就是永久性的，后续的其他操作或故障对其没有任何影响。

1.1.8　NoSQL 简介

在信息时代，数据量的暴增，使传统数据库面对更多挑战，如海量数据存储，高并发客户端的数据在读/写同时要保证数据安全,数据库应具有高扩展性和高可用性等。传统关系型数据库的瓶颈体现在难以应对海量并发的读/写请求，硬盘成为性能瓶颈，数据表横向和纵向可扩展能力有限，即使分库分表也难以维护。海量数据的 SQL 查询时间会呈指数级增长，数据库升级、扩展需要停机维护，数据迁移对系统的高可用性造成阻碍。

NoSQL（Not Only SQL）泛指非关系型的数据库。NoSQL 数据库的产生就是为了解决大规模数据集合多重数据种类带来的挑战，特别是大数据应用难题。NoSQL 的特点是易扩展，大数据量，高性能。NoSQL 数据库具有非常高的读/写性能，尤其在大数据量下，同样表现优秀。这得益于它的无关系性，数据库的结构简单。常见的 NoSQL 数据库有以下类型。

① 键值（Key-Value）存储数据库：具有极高的并发读/写性能，主要会使用哈希表，表中有一个特定的键和一个指针指向特定的数据，每个键都对应一个唯一的值。Key-Value 模型的优势在于简单、易部署。常见的键值存储数据库有 Tokyo Cabinet/Tyrant、Berkeley DB、Memcached、Redis 等。

② 列存储数据库：通常用来应对分布式存储的海量数据。键仍然存在，但指向了多个列。常见的列存储数据库有 Cassandra、HBase、Riak。

③ 文档型数据库：其开发灵感来自 Lotus Notes 办公软件。它同键值存储数据库类似。该类型数据库的数据模型是版本化的文档，其文档以特定的格式存储，主要是 JSON。JSON 文档可以作为纯文本存储在键值存储或关系数据库系统中。文档型数据库可以看作是键值存储数据库的升级版，数据记录中可以嵌套键值。在处理网页等复杂数据时，文档型数据库比键值存储数据库的查询效率更高。常见的文档型数据库有 CouchDB、MongoDB。国内的文档型数据库 SequoiaDB 已经开源。

④ 搜索引擎数据库：这是专门搜索数据内容的 NoSQL 数据库管理系统，主要对海量数据进行实时的处理和分析处理，可用于机器学习和数据挖掘。和传统的关系型数据库相比，搜索引擎数据库在文本内容的搜索上具备更强的能力。常见的搜索引擎数据库有 Elasticsearch 等。

⑤ 图形（Graph）数据库：同其他常见的 NoSQL 数据库不同，它使用灵活的图形模型，并且能够扩展到多台服务器上。常见的图形数据库有 Neo4J、FlockDB。

NoSQL 数据库没有标准的查询语言（如 SQL），因此进行数据库查询需要制定数据模型。许多 NoSQL 数据库有 REST 式的数据接口或者查询应用程序接口（Application Programming Interface，API）。

NoSQL 数据库通常支持分布式存储，严格的一致性与可用性需要相互取舍。NoSQL 的出现是为了解决高并发、海量数据、高可用等问题的，分布式是最优选择。分布式系统的特性遵循 CAP 理论，即一个分布式系统不能同时满足一致性（Consistency）、可用性（Availability）和分区容错性（Partition Tolerance）。通俗的说法就是鱼和熊掌不可兼得。

一致性：任何一个读操作总是能读取到之前完成的写操作的结果，也就是在分布式环境中，多点的数据是一致的。

可用性：每一个操作总是能在确定的时间内返回，同时系统随时都是可用的。

分区容错性：在出现网络分区（如断网）的情况下，分离的系统也能正常运行。

下一代数据库是各种可扩展、高性能数据库，简称为 NewSQL。NewSQL 具备 NoSQL

数据库的海量存储管理能力和关系型数据库的 ACID 特性，还具备 SQL 兼容的便利性。NewSQL 支持关系数据模型，使用 SQL 作为主要接口并满足分布式数据库的特点。NewSQL 数据库分为以下 3 类。

① 新结构：数据库工作在分布式节点上，以集群的方式部署和管理，数据分片存放在集群中不同的节点上，SQL 的查询也在各自节点上进行分片计算和处理。代表数据库有 Google Spanner、VoltDB、Clustrix、NuoDB。

② 优化的 SQL 引擎：数据库具有高度优化的 SQL 引擎，确保在海量数据和高并发访问的环境下提供高性能的 SQL 查询和数据计算能力。代表数据库有 TokuDB、MemSQL。

③ 透明分片：数据库系统提供分片中间件，数据自动分割在多个节点上运行。代表数据库有 ScaleBase、dbShards、ScaleArc。

1.1.9　数据库架构

数据库存储的数据量和承载的业务压力不断增长，数据库的架构也在不断发生变化。新时代的高性能应用程序需要面向不同应用场景满足用户的需求，合理使用数据库架构和解决方案的技术选型对系统的成败至关重要。常见的数据库架构有以下几种。

1. 单主机架构

单主机架构在操作系统上安装部署数据库，同时用户用来操作数据库的应用程序也部署在同一主机上。在系统规模不大、并发客户不多的时代，单主机架构具有部署集中、运维方便的优点。随着数据量不断增长和并发客户端的增加，单主机架构逐步发展，从早期的单主机模式发展到数据库独立主机模式。数据库独立主机模式把应用程序和数据服务分开，应用程序服务器可以增加数量，分担数据库服务器的计算负载，并进行负载均衡，提升系统的并发请求性能。在早期的客户/服务器（Client/Server，C/S）架构中，微软平台在客户端部署应用程序供用户操作交互，增加专门的应用程序服务器以转发客户端的请求并承担对数据库的访问，此时的应用程序服务器就承担了一部分数据库服务器上的数据计算和处理工作，分担了数据库服务器的工作量，提升了整个系统的性能和效率。当时流行的 COM、DCOM 和 COM+技术为应用程序的运行效率带来一定的帮助。在浏览器/服务器（Browser/Server，B/S）架构中，专门的 Web 服务器作为应用程序服务器，用户通过浏览器访问 Web 服务器，由 Web 服务器承担对数据库服务器的连接并发送访问请求，获得数据库服务器返回数据后，以标准的格式如 HTML 标记返回浏览器，最后由浏览器进行页面渲染并呈现给用户。在互联网时代，B/S 模式成为主流应用开发模式。单主机架构如图 1-8 所示。

单主机架构的缺点有以下几个。

① 可扩展性只有纵向扩展（Scale-up），即通过增加硬件配置提升性能，但是单台主机的硬件资源配置存在上限。

② 存在单点故障，如果某台服务器发生故障则整个系统无法正常工作；如果数据库服务器的存储设备故障，就会直接导致数据丢失；扩容时需要停机扩容，系统服务停止，造成业务中断。

③ 单主机承载系统运行会遇到性能瓶颈。

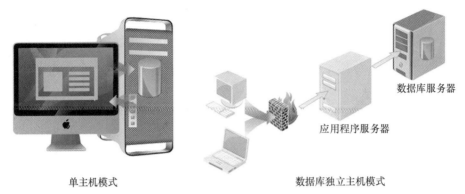

单主机模式　　　　　　　　　　　数据库独立主机模式

图 1-8　单主机架构

2．主备机架构

主备机架构是双机部署中最常见的一种架构。市面的数据库系统一般会自带主备功能，部署方式为：将数据库部署到两台服务器，其中一台服务器（例如名称为 Master）承担数据读/写服务，也可以称为主机；另一台服务器（例如名称为 Slave）并不提供线上服务，但会利用数据同步机制复制主机的数据，称为备机，同一个时刻只有一台服务器对外提供数据服务。一旦主机出现故障，可以通过人工的方式，手动将主机进行离线处理，将备机改为主机继续提供服务。主备机架构如图 1-9 所示。

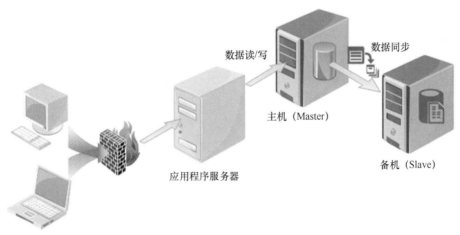

图 1-9　主备机架构

主备机架构的优点是各类数据库都支持这种模式，部署维护简单，不会引入额外的系统复杂度，不需要针对数据库故障增加开发量，相对单主机架构提升了数据容错性，在主机发生故障的时候能通过备机升主机的操作继续提供服务。

主备机架构的缺点是资源浪费，备机和主机同等配置，大部分时间由主机承担数据库服务角色，备机对系统不承担负载，资源闲置无法利用；性能压力集中在主机上，无法解决主机的性能瓶颈问题，当主机出现故障的时候，需要人工干预或者监控。

3．主从式架构

主从式架构与主备机架构类似，区别是主备机架构中的备机平时不承担应用程序请求，只是备份数据。而主从式架构中的备机改为了从机，平时也提供服务，和主机一起共同承担应用程序的请求，此时的主机提供写服务，而从机提供读服务，不提供写服务，主机会实时地将应用程序写入的数据同步到从机，以保证从机能够提供正常的读服务。主从式架构如图 1-10 所示。

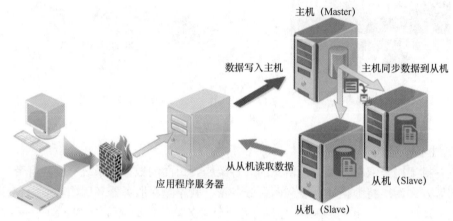

图 1-10　主从式架构

主从式架构相比较主备机架构，提高了资源利用率，因为从机也在为应用程序提供服务，没有造成资源浪费。当主机出现故障时，在人工介入之前，从机仍能提供数据的读服务，不会造成服务完全中断，提升了系统的稳定性。在大并发读取数据的应用场景中，主从式架构可以通过多个从机进行负载均衡，而且从机的扩展性灵活，扩容操作不会造成业务中断。

主从式架构的缺点是数据从主机同步到从机有时延，因此存在短暂的主机与从机数据不一致的情况，应用程序在设计时应考虑到这一点。对于数据一致性要求非常高的场景不适合采用主从式架构。写服务只针对主机，因此大量写入数据会对主机的性能造成压力。当主机出现故障时，需要进行主从切换，而人工干预需要时间，自动切换的复杂程度较高。主从式架构中如果有多台从机都能提供读服务，那么应用程序就需要使用一定策略判断该从哪台从机读取数据，增加了系统的复杂性。

4．多主架构

多主架构是数据库服务器互为主从，即两台服务器既是主机，又是对方的从机。两台服务器都可以提供完整的读/写服务，因此无须切换，用户在调用的时候选择任意一台即可。当其中一台服务器死机了，另外一台服务器可以继续服务。多主架构的特点是：两台主机都接受写入数据，无论哪一台主机被写入数据，都需要把最新数据实时同步给对方，并且将数据在两台主机之间进行双向复制。双向复制存在一定程度的数据时延，极端情况下甚至会丢失数据。如果应用程序对数据一致性要求非常高，且不能接受数据的时延、丢失，就不适合选择多主架构，例如金融业务。互联网业务中的大多数场景对数据的要求低一些，因此多主架构多应用于互联网应用场景。多主架构如图 1-11 所示。

多主架构的优点是资源利用率高，单点故障的风险较小；缺点是双主机都接受读/写，且双主机之间进行数据同步，这会带来一定的时延和极端情况下数据丢失的风险。数据库数量增加还会造成数据同步更加复杂。

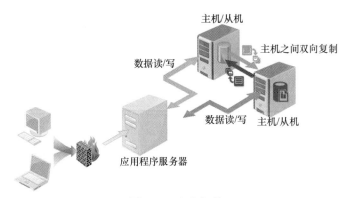

图 1-11 多主架构

5．共享存储的多活架构

共享存储的多活架构是一种特殊的多主架构通过实现网络中不同服务器的数据共享，为数据库服务器和存储解耦。服务器集群负责响应客户端的请求，在高并发的环境下可以进行负载均衡并灵活扩展。数据则集中存储在高性能的共享存储设备中，在使用共享存储时，服务器能够正常挂载文件系统并操作；如果服务器故障，备用服务器可以挂载相同的文件系统，执行需要的恢复操作。传统服务器的主机和硬盘在同一个机箱中，而共享存储的多活架构类似于把硬盘从主机中移出，通过网络挂载在多台不同的主机。

数据通过存储区域网络（Storage Area Network，SAN）等实现高性能、高可靠的集中存储。SAN 是企业在高性能、高可靠的场景中常用的网络。一些关键型业务需要高吞吐量和低时延可以采用这类架构。随着存储设备的发展，采用全闪存存储的 SAN 部署方式是发展趋势，与机械硬盘相比，全闪存存储可提供更出色的性能、稳定的低时延及更低的总成本。SAN 将数据存储在集中式共享存储中，企业能够运用相同的方法和工具实施安全防护、数据保护和灾难恢复。SAN 约占网络存储市场总额的三分之二。SAN 的设计可消除单点故障，因此具有极高的可用性和故障恢复能力。设计完善的 SAN 可以轻松恢复多个组件或设备的故障。

共享存储的多活架构如图 1-12 所示。

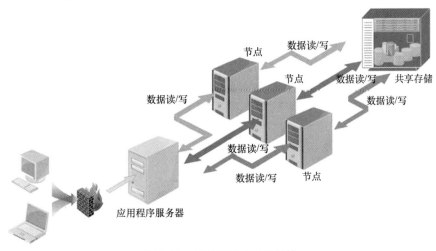

图 1-12 共享存储的多活架构

共享存储的多活架构的优点是多台服务器提供高可用服务，系统具备高级别的可用性和较强的伸缩性，避免服务器集群出现单点故障，方便集群进行横向扩展，提升系统的并行处理能力；共享存储可以避免存储外的其他组件引起的数据丢失，SAN 部署简单，切换逻辑简单，应用透明，可以保证主备数据的强一致。

共享存储的多活架构的缺点是实现难度大，共享存储是单点设备，共享存储设备的故障会造成数据丢失；同时当存储器的接口带宽达到满负荷后，即使增加节点也无法提升整体系统性能，存储的 I/O 此时成为整体系统的瓶颈。另外，共享存储设备的价格昂贵，增加了系统的资金成本。

6．其他架构

除了上述常见的数据库架构外，还有以下几种架构。

（1）分片架构

分片架构是一种与水平切分相关的数据库架构。将一个表中的行或列分为多个不同的表，称为分区。每个区都有相同的模式和列，但每个表有完全不同的行。每个分区中保存的数据是唯一的，并且与其他分区中保存的数据无关。除了水平切分还有垂直切分。垂直切分是将表中所有的列分离并放到新的不同的表中，被垂直切分的数据独立于其他分区中的数据，并且每个分区包含不同的行和列。

（2）无共享（Shared Nothing）架构

这种架构的每台服务器有独立的 CPU、内存、硬盘等，不存在共享资源，各台服务器之间通过协议通信，并行处理和扩展能力更好。各个节点相互独立，各自处理自己的数据，处理后的结果可能统一向上层汇报或者在节点间流转。无共享架构通常需要将数据分布在多个节点的不同数据库中，不同的计算机处理不同的用户和查询，或者要求每个节点通过使用某些协议保留自己的应用程序数据备份。

（3）大规模并行处理（Massively Parallel Processing，MPP）架构

MPP 是将任务并行地分散到多台服务器和节点上，在每个节点上完成计算后，将各自部分的结果汇总在一起得到最终的结果。MPP 架构具有高性能、高可用、高扩展的特点，可以为超大规模数据管理提供高性价比的通用计算平台，并广泛地支撑各类数据仓库系统、商业智能（BI）系统和决策支持系统。MPP 架构与大数据技术领域的 MapReduce、Spark 等架构原理类似，都是通过分布式完成每个区域的计算，再汇总各个区域的结果得到最后的结果。MPP 架构需要整个集群的数据存储节点与管理节点高效配合，管理节点合理分配任务并管理数据节点的生命周期，当某个节点出现故障时需要将该节点的数据和计算迁移到其他节点上运行并监控。整个集群在运行过程中需要数据存储节点、计算节点和管理节点以某种机制（如心跳机制）保持稳定协作。

1.1.10　数据库应用

关系型数据库的主要应用可以分为联机事务处理和联机分析处理。

联机事务处理（Online Transaction Processing，OLTP）：传统关系型数据库的主要应用，事务性非常高，常用于管理面向交易的系统。OLTP 可以对业务的记录进行修改和查询。传统的数据库系统主要用于数据的增、删、改、查等操作处理。OLTP

一般应用在高可用的在线系统，以事务处理和查询为主，基本都是日常的事务处理，例如银行交易、在线购物等系统。OLTP 系统强调数据库内存效率，一般用每秒执行的 Transaction 及 Execute SQL 的数量衡量内存各种指标的命令率和执行效率、并发操作等。

联机分析处理（Online Analytical Processing，OLAP）：数据仓库的最主要应用，支持复杂的分析操作，侧重决策支持，并提供直接易懂的查询结果。语句执行量不是衡量系统性能的标准，因为一个查询语句可能需要访问大量数据并处理很长时间。OLAP 的核心是"维"，强调数据分析，磁盘系统的吞吐量（如带宽）是系统的考核标准，一般是分析性处理，对海量的历史数据进行分析和查询，执行 SQL 的时间长，强调磁盘 I/O 和分区等。

OLTP 和 OLAP 协同工作的构架如图 1-13 所示。

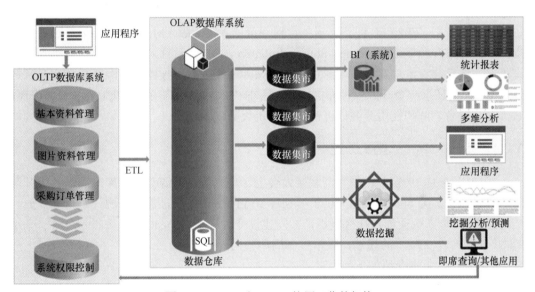

图 1-13　OLTP 和 OLAP 协同工作的架构

1.2　openGauss 简介

openGauss 是一款企业级开源关系型数据库，采用"木兰宽松许可证"第 2 版发行，提供面向多核架构的极致性能、全链路的业务、数据安全、基于人工智能（Artificial Intelligence，AI）的调优和高效运维的能力。openGauss 内核源自 PostgreSQL，深度融合华为在数据库领域多年的研发经验，结合企业级场景需求，持续构建竞争力特性。同时，openGauss 也是一个开源、免费的数据库平台，鼓励社区贡献、合作。

openGauss 数据库的特点有高性能、高可靠性、高安全性和易运维，如图 1-14 所示。

图 1-14 openGauss 数据库的特点

2019 年 8 月，"木兰宽松许可证"第 1 版（MulanPSL v1）发布，受到了业界的广泛关注，并且在 Linux 基金会、开源中国、华为方舟等国内外重点开源社区和开源项目中得到支持和应用。2020 年 2 月，"木兰宽松许可证"第 2 版（MulanPSL v2）经过严格审批，正式通过开源促进会（Open Source Initiative，OSI）认证，被批准为国际类别开源许可证。这意味着木兰宽松许可证正式具有国际通用性，可被国际开源基金会或开源社区采用，并为任意一个开源项目提供服务。另外，"木兰宽松许可证"以中英文双语表述，对国内开发者理解和使用开源许可证具有一定优势。

1.2.1　openGauss 发展历史

2019 年 9 月 19 日，在华为全联接大会上，华为宣布开源其数据库产品，并将开源后的数据库命名为 openGauss。2020 年 6 月 30 日，openGauss 数据库源代码正式开放。当前已有 50 多家企业加入社区组织，共同建设开源社区。openGauss 按照 6 个月一个小版本，1 年一个大版本的规划，版本生命周期暂定为 3 年。

openGauss 版本介绍如下。

① 2020 年 6 月 30 日，openGauss 发布第一个版本，版本号为 1.0.0。

② 2020 年 9 月 30 日，openGauss 发布 Update 版本，版本号为 1.0.1。

③ 2020 年 12 月 30 日，openGauss 发布 Update 版本，版本号为 1.1.0。

④ 2021 年 3 月 30 日，openGauss 发布第一个 Release 版本，版本号为 2.0.0。

⑤ 2021 年 5 月 30 日，openGauss 发布 openGauss 2.0.0 的补丁版本，版本号为 2.0.1。

⑥ 2021 年 9 月 30 日，openGauss 发布 Preview 版本，版本号为 2.1.0。

⑦ 2022 年 4 月 1 日，openGauss 发布 openGauss 3.0.0 Release 版本，版本号为 3.0.0。

1.2.2　openGauss 应用场景

openGauss 数据库主要支持两大应用场景。一是大并发、大数据量、以联机事务处理为主的交易型应用。例如电商、金融、电信 CRM/计费等应用，应用可按需选择不同的主备部署模式。二是物联网场景。物联网场景下数据传感监控设备多、采样率高、数据存储为追加模型，操作和分析并重。例如工业监控、远程控制、智慧城市的延展、智能家居、车联网等物联网场景。openGauss 支持 SQL 2003 标准语法，支持主备部署的高可用关系型数据库。多种存储模式支持复合业务场景。非均匀存储器访问（NUMA）化数据结构支持高性能。主备模式、CRC 校验支持高可用。

1.2.3　华为的硬件开放和软件开源

华为通过硬件开放、软件开源，为信息技术应用创新产业做出贡献。硬件开放体现在华为将其硬件设计向公众发布，任何人可以制造、修改、分发并使用相关的硬件，同时为了营造开放的计算生态，华为聚焦做好鲲鹏处理器的研发，如板卡和主板等底层基础硬件设施，并开发硬件设施的相关资源，使能合作伙伴优先发展自有品牌的计算产品整机，降低整机门槛，打破现有格局，重新分配整机价值链。华为提供鲲鹏主板固态硬盘（Solid State Disk，SSD）、网卡、独立磁盘冗余阵列（Redundant Arrays of Independent Disks，RAID）等部件，使能合作伙伴发展自有品牌部件、服务器和个人计算机等。目前全球已经有十多家整机厂商基于鲲鹏主板推出自有品牌的服务器及个人计算机，华为协同合作伙伴共同促进硬件生态的发展和提升。

华为除了给 Apache 基金会捐赠 ServiceComb、CarbonData、MetaModel 等若干项目外，还将软件利润重分配给新 ISV，重新分配软件价值链，开源和捐赠了诸如 AI 框架 MindSpore、openLookeng 数据虚拟化引擎、openGauss 数据库、openEuler、HarmonyOS、DevUI Admin、方舟编译器和 iSula 通用容器引擎等。

1.2.4　openGauss 和 PostgreSQL 特性对比

openGauss 是基于 PostgreSQL 9.2 版本开发的，基本包括 PostgreSQL 9.4 的功能。openGauss 把 PostgreSQL 9.4 之后的新版本的少数功能移植进来，大多数功能没有纳入。openGauss 最大的变化是把 PostgreSQL 的进程模式改成了线程模式，线程模式对短连接有优势，比进程模式的数据库可以承担更大的并发短请求。但线程模式的缺点为，所有的线程共享内存，线程把其他程序的内存修改后不会报错，极端情况下会导致数据损坏而不被发现。openGauss 把 C 语言的源代码改成了 C++。使用 C++的好处是容易封装，坏处是移植性降低了。openGauss 增加了线程池的功能，如果稳定可靠可以不使用第三方的连接池工具。openGauss 另一个变化是把事务 ID（XID）从 32 比特改成了 64 比特。使用 64 比特的 XID 的好处是永远不可能耗尽，不用担心会发生 XID 回卷死机的风险。openGauss 主备库的模式与 PostgreSQL 有比较大的不同，PostgreSQL 的备库模式是拉的模式，即备库主动到主库上拉预写式日志（WAL），而 openGauss 改成了推的模式，推的模式是主库主动把 WAL 推到备库。openGauss 内置的主备库切换功能，让使用者用起来更方便。openGauss 支持列存表，列存表支持压缩。列存表在使用中需要注意膨胀等问题，建议慎重使用。openGauss 有初步的逻辑解码功能，但不如 PostgreSQL 完善，没有完整的 PostgreSQL 的逻辑复制功能。openGauss 的索引支持功能比新版本的 PostgreSQL 弱一些，如不支持 brin 索引。PostgreSQL 新版本对 Btree 索引有比较大的优化。openGauss 编译过于复杂，依赖过多：编译需要很多依赖，而且版本固定，造成跨平台编译的难度大，同时改成 C++，通用性差。openGauss 目前对插件的支持不好，原生的 PostgreSQL 可以使用很多插件，也吸引了很多开发者开发插件。openGauss 不支持表继承，同时把原生 PostgreSQL 中的一些非常有用的工具给去掉了，如 pg_waldump（或

pg_xlogdump）、pg_receivewal。openGauss 相对于 PostgreSQL 数据库来说臃肿一些，openGauss 对 PostgreSQL 做了很多改变，但文档较少，2.0.0 版本后提供的极简版缺失很多命令。表 1-1 为 openGauss 和 PostgreSQL 关键差异化因素对比。

表 1-1　openGauss 和 PostgreSQL 关键差异化因素对比

关键差异化因素		openGauss	PostgreSQL
运行时模型	执行模型	线程池模型,高并发连接切换代价小, 内存损耗小, 执行效率高, 1 万并发连接比最优性能损耗<5%	进程模型，数据库进程通过共享内存实现通信和数据共享。每个进程对应一个并发连接，存在切换性能损耗，导致多核扩展性问题
事务处理机制	并发控制	64 位事务 ID, 使用 CSN 解决动态快照膨胀问题；NUMA-Aware 引擎优化改造解决"五把大锁"	事务 ID 回卷，长期运行性能因为 ID 回收周期大幅波动；存在"五把大锁"的问题，导致事务执行效率和多处理器多核扩展性能存在瓶颈
	日志和检查点	增量 Checkpoint 机制, 实现性能波动<5%	全量 Checkpoint，性能短期波动>15%
	鲲鹏 NUMA	NUMA 改造、cache-line padding、原生 spin-lock	NUMA 多核能力弱、单机两路性能 tpmC <600000
数据存储与组织	多引擎	行存、列存、内存引擎, 在研 DFV 存储和原位更新	仅支持行存
查询优化器	优化器	支持 CBO, 具有大型企业场景优化能力	支持 CBO，复杂场景优化能力一般
	SQL 解析	ANSI/ISO 标准 SQL 92、SQL 99、SQL 2003 和企业扩展包	ANSI/ISO 标准 SQL 92、SQL 99 和 SQL 2003

1.2.5　openGauss 开源社区介绍

openGauss 开源社区技术委员会是 openGauss 社区项目的技术管理机构。openGauss 主要有 6 个代码仓：引用开源软件的补丁代码仓、开放式数据库连接（Open Database Connectivity，ODBC）驱动代码仓、Java 数据库连接（Java Database Connectivity，JDBC）驱动代码仓、数据库服务器代码仓、数据库 OM 管理工具代码仓和文档仓库。

1.3　openGauss 基础架构与性能特色

1.3.1　openGauss 的架构简介

openGauss 是单机系统，业务数据存储在单个物理节点上，数据访问任务被推送到服务节点执行，通过服务器的高并发，实现对数据处理的快速响应。同时通过日志复制可以把数据复制到备机，提供数据的高可靠性和读扩展。openGauss 支持主备部署。

1.3.2　openGauss 的执行引擎和存储引擎

1. openGauss 的执行引擎

（1）执行引擎概述

客户端发送一条 SQL 语句到 openGauss 数据库，openGauss 数据库通过一系列的处理，将执行结果返回给客户端。执行流程如图 1-15 所示，执行引擎位于优化引擎和存储引擎之间。

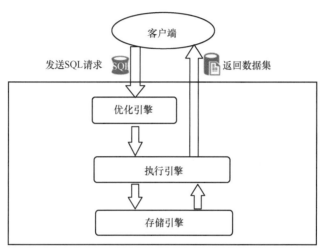

图 1-15　执行流程

在图 1-15 的数据库各个部件中，优化引擎位于组织的最上层，负责接收客户端发送的 SQL 请求，根据相关判断标准，制定最优执行计划，并交由执行引擎最终执行。优化引擎算法的好坏、能力的强弱直接影响 SQL 语句的执行效率；执行引擎在数据库中起到承上启下的作用，对上承接优化引擎制定的最优执行计划并执行计划，对下操作存储引擎中的数据，将从存储空间读取的数据进行加工处理最终返回给客户端。执行引擎接收的指令是优化引擎应对 SQL 请求而翻译的由关系代数运算符组成的执行树。

一个关系代数运算符称为一个算子。每个算子完成一项单一功能，所有算子组合起来，实现用户的查询目标。openGauss 数据库将不同类型的算子结合编译执行、向量化执行、并行执行等方式，组成了全面、高效的执行引擎。控制流从根节点向下驱动，即上层节点调用下层节点的数据传送函数，从下层节点请求数据，下层节点获得的数据返回给调用节点。执行引擎的整体目标就是在每一棵由优化引擎构建的执行树上，通过控制流驱动数据流在执行树上高效流动，其流动的速度决定了执行引擎的处理效率。

（2）执行引擎的执行流程

openGauss 的执行引擎的执行流程分成以下 3 个阶段。

① 初始化阶段：执行引擎会完成一些初始化工作，通常的做法是遍历整棵执行树，根据每个算子的不同特征进行初始化执行。比如 HashJoin 算子，在初始化阶段会进行

Hash 表的初始化，主要是内存的分配。

② 执行阶段：这是执行引擎最重要的部分。执行引擎完成执行树的迭代遍历，通过从磁盘读取数据，根据执行树的具体逻辑完成查询语义。

③ 清理阶段：因为执行引擎在初始化阶段向系统申请了资源，所以在这个阶段要完成对资源的释放。比如对在 HashJoin 初始化时 Hash 表申请的内存的释放。

（3）执行引擎常用算子

关系数据库是对关系集体的运算操作，执行引擎作为运算的控制逻辑，主要是围绕关系运算实现的。按照不同的功能，执行引擎中的算子可以分为以下几种。

① 控制算子：并不映射代数运算符，是为了使执行引擎完成一些特殊的流程而引入的，例如 Limit （用于处理下层数据的 limit 操作）、RecursiveUnion（用于处理 with recursive 递归查询）、Result（处理仅需要一次计算的条件表达式或 insert 中的 value 子句）等。控制算子的关键作用是控制数据流程。

② 扫描算子：负责从底层数据来源抽取数据。数据来源可能来自文件系统，也可能来自网络。扫描算子（算子在执行树上称为节点）位于执行树的叶子节点，作为执行树的数据输入来源。常见的扫描算子有 Seqscan（顺序扫描行存）、IndexScan（扫描索引得到 Tid，然后从 heap 上扫描数据）、SubQueryScan（从子查询的输出中扫描数据）、CstoreScan（顺序扫描列存）、DfsScan（顺序扫描 HDFS 类文件系统）等。扫描算子的关键作用是输入数据，遍历节点，表达式过滤。

③ 物化算子：一般指算法要求。物化算子进行逻辑处理的时候，无法全部在内存中完成，需要把下层的数据进行缓存处理或进行下盘（即写入磁盘）操作。因为对下层算子返回的数据量不可预知，所以需要在物化算子算法上考虑数据无法全部放置到内存的情况。常见的物化算子有 Sort（对下层数据进行排序，例如快速排序）、Group（对下层已经排序的数据进行分组）、Unique（对下层数据进行去重操作）等。物化算子的关键特征是需要扫描所有数据后再返回。

④ 连接算子：是为了应对数据库中最常见的连接操作而设计的。根据处理算法和数据输入源的不同，连接算子分为 3 类：Nestloop（对下层数据流实现循环嵌套连接操作）、MergeJoin（对下层排序数据流实现归并连接操作）和 HashJoin（对下层数据流实现哈希连接操作）。

2．openGauss 的存储引擎

数据库存储引擎要解决的问题有：存储的数据必须保证原子性、一致性、隔离性、持久性；支持高并发读/写，高性能；充分发挥硬件的性能，提升数据的高效存储和检索能力。openGauss 系统设计是可插拔、自组装的，并支持多个存储引擎满足不同场景的业务需求，目前支持行存储引擎、列存储引擎和内存引擎 3 种。

（1）行存储引擎

openGauss 行存储引擎支持高并发读/写，时延短，适合 OLTP 场景，例如订货发货、银行交易系统等。openGauss 行存储引擎采用原地更新设计，支持 MVCC（Multi-Version Concurrency Control，多版本并发控制），采用集中式垃圾版本回收机制，可以满足 OLTP 场景的高并发读/写要求，同时支持本地存储和存储与计算分离的部署方式，存储层异步回放日志。openGauss 行存储如图 1-16 所示。

数据表记录

工号	姓名	职称	学院
001	张三	工程师	软工
002	李四	教授	金融
003	王五	讲师	经管

行存储格式

| 001 | 张三 | 工程师 | 软工 | 002 | 李四 | 教授 | 金融 | 003 | 王五 | 讲师 | 经管 |

图 1-16　openGauss 行存储

行存储是基于磁盘的存储引擎，因此存储格式遵从段页式设计，存储结构需要以页面（page）为单位，方便与操作系统内核以及文件系统的接口进行交互。也是由于这个原因，页面的大小需要和目标系统中一个 block（块）的大小对齐。在比较通用的 Linux 内核中，页面大小一般默认为 8192 字节（8KB）。行存储引擎为了避免磁盘的 I/O 的高昂开销，存储引擎会缓存一部分页面在内存中，便于随时对其进行检索和更改。存储引擎会对缓存的页面进行筛选、替换和淘汰，保证留存在缓存中的页面能够提高整个引擎的执行效率。行存储有多种缓存，除了数据页面的缓存外，还有数据表缓存用于缓存各类表的元信息，用于加速数据库系统信息及系统表操作的系统表缓存。这些缓存都以页面的形式由共享缓冲区管理。

（2）列存储引擎

列存储引擎主要面向 OLAP 场景，例如数据统计报表分析。因为行存储必须按行读取，所以即使读取一列也必须读取整行，而且数据压缩率低，大量数据的存储磁盘空间利用率不高。在分析性的作业及业务负载的情况下，数据库遇到的复杂查询往往仅涉及一个较宽（列数较多）的表中的个别列，此时，行存储以行为操作单位，会引入与目标数据无关的列的读取与缓存，造成大量 I/O 的浪费，性能较差。openGauss 提供了列存储引擎的功能。创建表的时候，可以指定行存储或列存储。openGauss 列存储如图 1-17 所示。

数据表记录

工号	姓名	职称	学院
001	张三	工程师	软工
002	李四	教授	金融
003	王五	讲师	经管

列存储格式

| 001 | 002 | 003 | 张三 | 李四 | 王五 | 工程师 | 教授 | 讲师 | 软工 | 金融 | 经管 |

图 1-17　openGauss 列存储

列存储有以下优势。

① 列的数据特征比较相似，适合压缩，压缩比很高，在数据量较大（如数据仓库）

的场景中能够节省大量磁盘空间，同时提高单位作业的 I/O 效率。

② 如果表中列数很多，而访问的列数比较少，列存储可以按需仅读取需要的列数据，不会像行存储那样读取整行数据，因此减少了不必要的磁盘读 I/O，提升了查询性能。

③ 基于列批量数据向量运算，结合向量化执行引擎，CPU 的缓存命中率比较高，性能相对高，适合 OLAP 大数据统计分析的应用场景。

④ 列存储表支持 DML 操作和 MVCC，功能完备，且在使用上做了良好的兼容，因此在查询性能提升和压缩率提高的同时还对用户透明，从而方便使用。

（3）内存引擎

在 openGauss 中，内存引擎作为与传统的基于磁盘的行存储、列存储并存的一种高性能存储引擎，是基于全内存形态的数据存储，使 openGauss 提供了高吞吐的实时数据处理分析能力及极短的事务处理时延，在不同业务负载场景中可以达到其他引擎事务处理能力的 3～10 倍。内存引擎主要面向极致性能场景，例如银行风控场景。内存引擎之所以有较强的事务处理能力，并不只是因为其基于内存而非磁盘带来的性能提升，更多是因为其全面地利用了内存中可以实现的无锁化的数据及索引结构、高效的数据管控、基于 NUMA 架构的内存管控、优化的数据处理算法及事务管理机制。虽然是全内存形态的存储，但是并不代表内存引擎中的处理数据会因为系统故障而丢失。内存引擎有着与 openGauss 的原有机制相兼容的并行持久化、检查点能力，使内存引擎有高可靠能力和与其他存储引擎相同的容灾能力。

内存引擎的数据是全内存态的，可以按照记录组织数据，不需要遵从页面的数据组织形式，因此在数据操作的冲突粒度上有很大优势；摆脱了段页式的限制，不再需要共享缓存区进行缓存及与磁盘间的交互淘汰，设计上不需要考虑 I/O 以及磁盘性能的优化，比如索引 B+树的高度及硬盘驱动器（Hard Disk Drive，HDD）对应的随机读/写问题，数据读取和运算可以进行大量的优化和并发改良。全内存的数据形态在内存资源的管控中显得尤为重要，内存分配的机制及实现在很大程度上影响内存引擎的计算吞吐能力。

1.3.3　openGauss 的性能特色

openGauss 具有高性能、高可用、高安全性和可维护性好的特点。

① 高性能：通过列存储、向量化执行引擎等技术，实现百亿数据量查询秒级响应。

② 高可用：同城跨 AZ（Available Zone）容灾，数据不丢失，分钟级恢复。

③ 高安全性：支持访问控制、加密认证、数据库审计、动态数据脱敏等安全特性，提供全方位端到端的数据安全保护。

④ 可维护性好：支持 WDR 诊断、慢 SQL 诊断、Session 诊断等多种维护手段，准确快速定位问题。具备 AI4DB 能力，能够通过 AI 算法实现数据库自调优、自监控、自诊断等。

企业级增强特性表现在以下几个方面。

1. 数据分区

这是数据库产品普遍具备的功能。在 openGauss 中，数据分区（Partition）是按照用户指定的策略对数据做的水平分表,将表按照指定范围划分为多个数据互不重叠的部分。openGauss 支持范围分区功能,即根据表的一列或者多列,把要插入表的记录分为若干个范围(这些范围在不同的分区里没有重叠),然后为每个范围创建一个分区,用来存储相应的数据;列表分区功能,即根据表的一列,把要插入表的记录中出现的键值分为若干个列表(这些列表在不同的分区里没有重叠),然后为每个列表创建一个分区,用来存储相应的数据;哈希分区功能,即根据表的一列,通过内部哈希算法,把要插入表的记录划分到对应的分区中。用户在 CREATE TABLE 时增加 PARTITION 参数,即表示对此表应用数据分区功能。数据分区带来的好处有以下几个。

① 改善可管理性:利用分区,可以将表和索引划分为更小、更易管理的单元。这样,数据库管理员在进行数据管理时就能采取"分而治之"的方法。有了分区,维护操作可以专门针对表的特定部分执行。

② 可提升删除操作的性能:删除数据时可以删除整个分区,与分别删除每行相比更加高效和快速。删除分区与删除普通表的语法一致,都是使用 DROP TABLE。

③ 改善查询性能:通过限制要检查或操作的数据数量,分区可带来许多性能优势。

④ 分区剪枝:也称为分区消除,是 openGauss 在执行时过滤掉不需要扫描的分区,只对相关的分区进行扫描的技术。分区剪枝通常可以将查询性能提高若干数量级。

⑤ 智能化分区联接:通过使用智能化分区联接技术,分区还可以改善多表联接的性能。当两个表联接在一起,并且至少其中一个表使用联接键进行分区时,可以应用智能化分区联接。智能化分区联接将一个大型联接分为多个较小的联接,这些较小的联接包含与联接的表"相同"的数据集。"相同"定义为恰好包含联接的两端中相同的分区键值集,因此可以确保只有这些"相同"数据集的联接才会有效,而不必考虑其他数据集,目前不支持列表分区和哈希分区。

2. 行列混合存储引擎

openGauss 支持行存储和列存储两种模型,用户可以根据应用场景选择行存储还是列存储。一般情况下,OLAP 场景,即范围统计类查询和批量导入的操作频繁,更新、删除、点查和点插的操作不频繁,表的字段比较多(即大宽表),查询中涉及的列不是很多,适合列存储;OLTP 场景,即点查、点插、删除、更新频繁,范围统计类查询和批量导入的操作不频繁,表的字段比较少,查询大部分字段,适合行存储。openGauss 可以同时为用户提供更优的数据压缩比(列存)、更好的索引性能(列存)、更好的点更新和点查询(行存)性能。

3. 高可靠事务处理

openGauss 提供事务处理功能,保证事务的 ACID 特性。为了在主节点出现故障时尽可能地不中断服务,openGauss 提供了主备机高可靠机制。通过保护关键用户程序对外不间断提供服务,把因为硬件、软件和人为造成的故障对业务的影响降到最低,以保证业务的持续性。在故障恢复方面,支持节点故障可恢复及恢复后满足 ACID 特性,保证故障之前的数据无丢失。在事务管理方面,支持事务块,用户可以通过 start transaction 命令显式启动一个事务块;支持单语句事务,用户不显式启动事务,则单条语句就是一个事务。

4．高并发和高性能

openGauss 通过服务器的线程池，可以支持 10000 个并发连接。通过 NUMA 化内核数据结构，支持线程亲和性处理，可以支持百万级 tpmC。通过页面的高效冷热淘汰，支持 TB 级别大内存缓冲区管理。通过 CSN 快照，去除快照瓶颈，实现多版本访问，读/写互不阻塞。通过增量检查点，避免全页写导致的性能波动，实现业务性能平稳运行。

5．SQL 自诊断

通过执行查询对应的 explain performance，获得对应执行计划。这是一种十分有效的定位查询性能问题的方法，但是需要修改业务逻辑，同时输出的日志量大，问题定位的效率依赖人员的经验。SQL 自诊断为用户提供了另一种更为高效易用的性能问题定位方法。首先配置 GUC 参数 resource_track_level 和 resource_track_cost，然后执行用户作业，就可以通过查看相关系统视图，获得执行完成的作业可能存在的性能问题。系统视图中会给出导致性能问题的可能原因，根据"性能告警"，SQL 自诊断可以在不影响用户作业、不修改业务逻辑的情况下，诊断出相对准确的性能问题，为用户提供更为易用的性能调优参考。

6．全密态数据库等值查询

伴随云基础设施的快速增长和成熟，与之对应的云数据库服务层出不穷。云数据库俨然已成为数据库业务未来重要的增长点，大多数的传统数据库服务厂商正在加速提供更优质的云数据库服务。但无论是传统的数据库服务，还是日益增长的云数据库服务，数据库的核心任务都是帮助用户存储和管理数据，在复杂多样的环境下，保证数据不丢失、隐私不泄露、数据不被篡改，同时服务不中断。这就要求数据库具有多层次的安全防御机制，抵抗来自多方面的恶意攻击行为。通过成熟的安全技术手段，可以构建数据库多层级安全防御体系，保障数据库在应用中的安全。因此，为了更好地保护敏感和隐私数据，特别是针对云数据库服务，急需一种能在服务器彻底解决数据全生命周期隐私保护的系统性解决方案，该方案被称为密态数据库解决方案。密态等值查询属于密态数据库第一阶段方案，遵从密态数据库总体架构。

数据在客户端完成加密，以密文形式发送到 openGauss 数据库服务侧，即需要在客户端构建加解密模块。加解密模块依赖密钥管理模块，密钥管理模块生成根密钥（Root Key，RK）和客户端主密钥（Client Master Key，CMK）。有了 CMK，可以通过 SQL 语法定义列加密密钥（Column Encryption Key，CEK），CMK 由 RK 加密后保存在密钥存储文件（Key Store File，KSF）中，CMK 和 RK 由 KeyTool 统一管理；CEK 则由 CMK 加密后存储在服务端（加密算法使用对称加密算法 AES256）。客户端依据生成的 CEK 来对数据进行加密，数据加密算法主要使用对称加密算法 AES 算法（包括 AES128 和 AES256）。加密后的数据会存放在数据库服务端，经过密文运算后服务端返回密文结果集，并在客户端完成最后的解密，获取最终结果。用户根据业务需要对数据定义加密属性信息（被加密的列被称为加密列），对于不需要加密的数据则按照原有明文格式发送至服务端。当查询任务发起后，客户端需要对当前的 Query 进行解析，如果查询语句中涉及加密列，则对对应的列参数（加密列关联参数）也要进行加密（这里说的加密均需要为确定性加密，否则无法支持对应的查询）；如果查询语句中不涉及加密列，则直接发送至服务端，不需要额外的操作。在数据库服务侧，加密列的数据始终以密文形态存在，整个查询也在密文形态下实现。对于第一阶段密态等值查询解决方案，需要采用确定性加密，使得相同的明文数据获得相同的密文，从而支持等值计算。

7．内存表

内存表把数据全部缓存在内存中，所有数据访问实现免锁并发，实现数据处理的极致性能，满足对实时性要求严苛的场景。

8．主备双机

主备双机支持同步和异步复制，可以根据业务场景选择合适的部署方式。同步复制保证数据的高可靠，一般需要一主两备部署，同时对性能有一定影响。异步复制一主一备部署即可，对性能影响小，但异常时可能存在数据丢失。openGauss 支持页面损坏的自动修复，当主机页面发生损坏时，能够自动从备机修复损坏页面。openGauss 支持备机并行日志恢复，尽量降低主机故障时业务不可用的时间。同时，如果按照主备模式部署，并打开备机可读功能，备机将能够提供读操作，但不支持写操作（如建表、插入数据、删除数据等），从而缓解主机上的压力。

9．具备 AI 能力

在数据库场景中，不同类型的作业任务对于数据库的最优参数数值组合存在偏差。为了获得更好的运行性能，用户希望快速将数据库的参数调整到最优状态。人工调参的学习成本高且不具有实时性和广泛可用性。通过机器学习方法自动调整数据库参数，有助于提高调参效率，降低正确调参成本。慢 SQL 发现，在实际生产环境中，用户通常希望作业能够以最快的方式执行成功。然而由于语句的复杂度不同，各个语句的执行时间并不相同。用户希望系统能识别执行时间长的语句，并将它们单独执行，以免过长时间的锁影响其他语句的执行效果。与此同时，提前识别的功能不能占用用户数据库本来的资源或影响数据库本来的响应时间。在索引推荐方面，openGauss 支持单 Query 索引推荐与 Workload 级别索引推荐。在时序预测与异常检测方面，openGauss 支持采集部署数据库宿主机上的特征信息，将上述时序特征数据收集并存储起来。

10．逻辑日志复制

在逻辑复制中把主库称为源端数据库，备库称为目标端数据库。源端数据库根据预先指定的逻辑解析规则对 WAL 文件进行解析，把 DML 操作解析成一定的逻辑变化信息，即标准 SQL 语句，并把标准 SQL 语句发给目标端数据库。目标端数据库收到 SQL 语句后进行应用，从而实现数据同步。逻辑复制只有 DML 操作，可以实现跨版本复制、异构数据库复制、双写数据库复制和表级别复制。

11．支持 WDR 自动性能分析报告

定时主动分析 run 日志和 WDR 报告（后台自动生成，可由关键指标阈值，如 CPU 占用率、内存占用率、长 SQL 比例等触发），并生成 HTML、PDF 等格式的报告。能自动生成性能报告。

12．增量备份/恢复（beta）

支持对数据库进行全量备份和增量备份，支持对备份数据进行管理，查看备份状态。支持增量备份的合并，过期备份的删除。数据库服务器动态跟踪页面更改，一个关系页

被更新，就会被标记为需要备份。增量备份功能需要打开GUC参数 enable_cbm_tracking，以便允许服务器跟踪修改页。

13. 恢复到指定时间点（PITR）

时间点恢复（Point In Time Recovery，PITR）的基本原理是通过基础热备 + WAL进行备份恢复。重放 WAL 记录的时候可以在任意点停止重放，这样就有一个在任意时间的数据库一致的快照，即可以把数据库恢复到从开始备份到任意时刻的状态。

1.3.4 openGauss 的技术指标

openGauss 2.0.0 版本的数据库技术指标见表 1-2。

表 1-2　openGauss 2.0.0 版本的数据库技术指标

技术指标	最大值
数据库容量	受限于操作系统与硬件
单表大小	32TB
单行数据大小	1GB
每条记录单个字段的大小	1GB
单表记录数	2^{48}
单表列数	250～1600（随字段类型变化）
单表中的索引个数	无限制
复合索引包含列数	32
数据库名长度	64 个字符
对象名长度（除数据库名以外的其他对象名）	64 个字符
单表约束个数	无限制
并发连接数	10000 个
分区表的分区个数	32768 个
分区表的单个分区大小	32TB
分区表的单个分区记录数	2^{55}
LOB 最大容量	1GB-8203 字节
SQL 文本最大长度	1048576 字节

1.4　基本功能介绍

1.4.1　支持 SQL

openGauss 是一个单机数据库，具备关系型数据库的基本功能及企业特性的增强功能，支持标准的 SQL 92/SQL 99/SQL 2003/SQL 2011 规范。SQL 标准是一个国际性的标准，定期刷新。SQL 标准的定义分成核心特性和可选特性，大部分的数据库没有 100% 支撑 SQL 标准。遗憾的是，SQL 特性的构筑成为数据库厂商吸引用户和提高应用迁移成本的手段，新的 SQL 特性在厂商之间的差异越来越大，目前还没有机构进行权威的 SQL 标准度的测试。openGauss 数据库支持 GBK 和 UTF-8 字符集，支持 SQL 标准函数与分析函数，支持存储过程。

1.4.2　支持 ODBC

ODBC 是由微软公司基于 X/OPEN CLI 提出的用于访问数据库的应用程序编程接口。应用程序通过 ODBC 提供的 API 与数据库进行交互，增强了应用程序的可移植性、扩展性和可维护性。目前，openGauss 支持标准的 ODBC 3.5 及 JDBC 4.0 接口，其中 ODBC 支持 SUSE、Win32、Win64 平台，JDBC 无平台差异。

UNIX/Linux 系统下的驱动程序管理器主要有 unixODBC 和 iODBC，一般选择驱动管理器 unixODBC-2.3.0 作为连接数据库的组件。Windows 系统自带 ODBC 驱动程序管理器，在“控制面板”→管理工具中可以找到数据源（ODBC）选项。当前数据库 ODBC 驱动基于开源版本，对于 tinyint、smalldatetime、nvarchar2 类型，在获取数据类型的时候，可能会出现不兼容。

1.4.3　支持 JDBC

JDBC（Java Database Connectivity，Java 数据库连接）是一种用于执行 SQL 语句的 Java API，可以为多种关系数据库提供统一访问接口，应用程序可基于它操作数据。openGauss 库提供了对 JDBC 4.0 的支持，需要使用 JDK 1.8 版本编译程序代码，不支持 JDBC 桥接 ODBC 方式。JDBC 的驱动包可以从其官网下载，也可以在 Linux 服务器源代码目录下执行 build.sh，获得驱动 jar 包 postgresql.jar，包位于源代码目录下。若从发布包中获取，包名为 openGauss-x.x.x-操作系统版本号-64bit-Jdbc.tar.gz。驱动包与 PostgreSQL 保持兼容，其中类名、类结构与 PostgreSQL 驱动完全一致。运行于 PostgreSQL 的应用程序可以直接移植到当前系统使用。在后续章节中将专门介绍如何使用 JDBC 进行 Java Web 应用的开发。创建数据库连接之前，需要加载数据库驱动类 “org.postgresql.Driver”。由于 openGauss 中的 JDBC 使用方法与 PostgreSQL 中的 JDBC 使用方法保持兼容，因此同时在同一个进程内使用两个 JDBC 驱动时，可能会有类名冲突。

1.4.4　事务支持

事务支持指的是系统提供事务的能力，支持全局事务的 ACID，保证事务的原子性、一致性、隔离性和持久性。

事务支持及数据一致性保证是绝大多数数据库的基本功能，只有支持事务，才能满足事务化的应用需求。

A：Atomicity（原子性），整个事务中的所有操作，要么全部完成，要么全部不完成，不可能停滞在中间某个环节。

C：Consistency（一致性），事务必须始终保持系统处于一致的状态，不管在任何给定的时间并发多少事务。

I：Isolation（隔离性），隔离状态执行事务，使它们好像是系统在给定时间内执行的唯一操作。如果有两个事务，运行在相同的时间内，执行相同的功能，事务的隔离性将确保每一事务在系统中认为只有该事务在使用系统。

D：Durability（持久性），在事务完成以后，该事务对数据库所做的更改就持久地保存在数据库之中，并不会被回滚。

openGauss 支持事务的默认隔离级别是读已提交，保证不会读到脏数据。事务分为单语句事务和事务块。相关基础接口如下。

① Start transaction，事务开启。

② Commit，事务提交。

③ Rollback，事务回滚。

另外，Set transaction 可设置隔离级别、读/写模式或可推迟模式。

1.4.5　支持函数和存储过程

函数和存储过程是数据库中的一种重要对象，主要功能是将用户特定功能的 SQL 语句集进行封装，以便调用。存储过程是 SQL、PL/SQL 的组合。存储过程可以使执行商业规则的代码从应用程序中移动到数据库。openGauss 支持 SQL 标准中的函数及存储过程，增强了存储过程的易用性，同时代码一旦存储便能够被多个程序使用。openGauss 存储过程的特点有以下几个。

① 允许客户模块化程序设计，对 SQL 语句集进行封装，调用方便。

② 存储过程会进行编译缓存，可以提升用户执行 SQL 语句集的速度。

③ 系统管理员通过设置某个存储过程的权限，能够实现对相应数据访问权限的限制，避免了非授权用户对数据的访问，保证了数据的安全。

④ 为了处理 SQL 语句，存储过程进程分配一段内存区域保存上下文联系。游标是指向上下文区域的句柄或指针。借助游标，存储过程可以控制上下文区域的变化。

⑤ 支持 6 种异常信息级别，方便客户对存储过程进行调试。存储过程调试是一种调试手段，可以在存储过程开发中，一步一步跟踪存储过程执行的流程，根据变量的值，找到错误的原因或者程序的漏洞，提高问题定位效率。支持设置断点和单步调试。

1.4.6　对 PostgreSQL 的接口支持

基本的 PostgreSQL 发布包包含两个客户端接口：libpg 和 ECPG。

libpg 是 C 语言接口，许多客户端接口依赖它。ECPG 依赖服务器的 SQL 语法，因此对 PostgreSQL 自身的变化非常敏感。openGauss 兼容 PSQL 客户端，兼容 PostgreSQL 的标准接口，能够与 PG 生态工具无缝对接。

1.4.7　支持 SQL Hint

openGauss 支持 SQL Hint，会影响执行计划的生成，提升 SQL 查询性能。Plan Hint

为用户提供了直接影响执行计划生成的手段，用户可以通过指定 join 顺序，指定 join、stream、scan 方法，指定结果行数，指定重分布过程中的倾斜信息等多个手段进行执行计划的调优，以提升查询的性能。

1.4.8　常见功能总结

1．openGauss 支持的基本功能

① SQL 标准语法、UPSERT、数据类型、XML 类型、表、临时表、全局临时表、外部表、视图、物化视图、索引、外键、Gin 索引、序列、函数、触发器、ROWNUM、聚合函数 median 等基础功能。

② 存储过程、存储过程内 commit/rollback、参数的存储过程/函数调用、存储过程调试、自治事务。

③ 认证、权限管理、网络通信安全、数据库审计和全密态数据库等安全特性。

④ 主备双机、逻辑复制、极致 RTO、备机扩容高可用功能。

⑤ 范围分区、全局分区索引、LIST 分区和 Hash 分区、基于范围分区的自动扩展分区。

⑥ 全量物理备份、逻辑备份、备机备份、增量备份和恢复、PITR。数据备份是保护数据安全的重要手段之一，为了更好地保护数据，openGauss 数据库支持两种备份恢复类型、多种备份恢复方案，备份和恢复过程中提供数据的可靠性保障机制。

⑦ 内存优化表（Memory-Optimized Table，MOT）、NUMA 化优化高性能能力，并行查询。

⑧ 容器化部署、IPv6、postgis 插件等。

⑨ AI 能力：参数自调优、慢 SQL 发现、AI 查询时间预测、数据库指标采集预测与异常监控、deepSQL 库内 AI 算法。

2．openGauss 2.0.0 版本新增特性

openGauss 2.0.0 版本相对 1.0.0 版本，新增以下特性。

① 支持延迟备库：相对于主机，备机可以延迟一段指定的时间后再回放 xlog 记录。

② 备机支持逻辑复制：支持备机逻辑解码，可以减少主机的压力。

③ 扩容工具功能增强：优化了扩容工具，支持不停服在线扩容，同时也支持扩容备机或级联备。

④ 灰度升级：优化升级工具，提高灰度升级能力，支持业务在线升级。目前仅支持从 1.1.0 版本到 2.0.0 版本进行灰度升级。

⑤ 备机 I/O 写放大优化：优化备机 I/O，平滑备机检查点刷盘的 I/O 量，解决备机 I/O 量大影响查询性能问题。

⑥ WDR 诊断报告增加数据库运行指标：新增"Effective CPU""WalWrite NoWait""Soft Parse""Non-Parse CPU"4 个数据库运行指标。

⑦ 提供数据库可视化管理工具。客户端工具 Data Studio 针对 openGauss 内核的多个特性提供了支持，具体如下。

• 增加 pldebugger 调试功能。

• 增加 pldebugger 调试功能的回滚，在使用 Data Studio 调试前通过增加选项保证调

　　试函数在修改完数据后回退。

- 支持 XML 和 serial 类型，表中增加列，列的类型支持 XML 和 serial（big|normal|small）类型。
- 支持在 Data Studio 中创建和展示外表对象。
- 支持列存表的 partial_cluster_key 约束。
- 全局临时表支持 DDL 的展示和导出。
- 创建分区表支持 LOCAL 和 GLOBAL 标记。
- 增加 MOT 的展示。

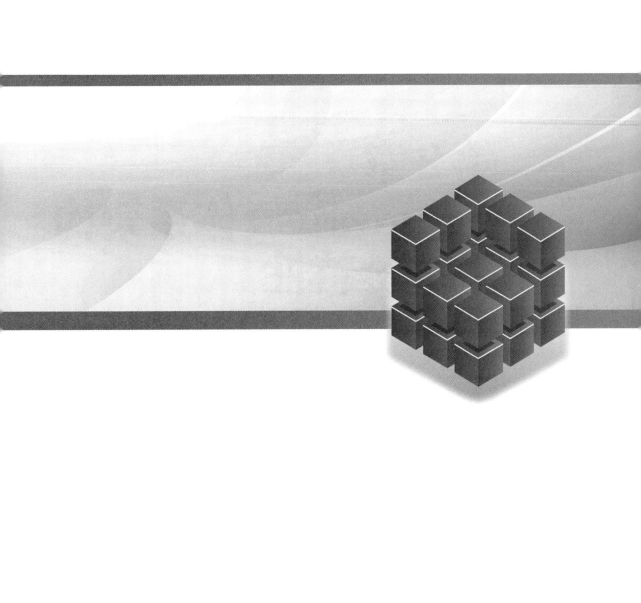

第2章
openGauss 体系架构及关键特性

本章主要内容

2.1　openGauss 体系架构

2.2　openGauss 部署方案

2.3　openGauss 典型组网

2.4　关键特性

2.1　openGauss 体系架构

2.1.1　openGauss 体系和内存结构

当客户端通过调用数据库驱动程序（JDBC/ODBC/Libpa）发送请求到 openGauss 数据库实例后，openGauss 数据库实例的 GaussMaster 线程会立即启动一个子线程。这个子线程先对请求进行身份验证，验证成功后，子线程成为该客户端的后端业务处理线程，之后客户端发送的请求将由此线程处理。后端业务处理线程接收到客户端发送的 SQL 语句后，会调用 openGauss 的 SQL 引擎对 SQL 语句进行词法解析、语法解析、语义解析、查询重写等操作，然后使用查询优化器生成最小代价的查询路径计划。SQL 执行器会对 SQL 语句执行已制定的最优计划，并将执行结果反馈给客户端。

数据库系统中的读/写操作是针对内存中的数据进行的。磁盘中的数据必须在处理前加载到内存，也就是数据库缓存中。缓存内存充当慢速磁盘与快速 CPU 之间的桥梁，可以加速 I/O 的访问速度。所以在 SQL 语句的执行期间通常会先访问内存的共享缓冲区，内存共享缓冲区缓存数据库常被访问的索引、表数据、执行计划等内容。共享缓冲区的高速 RAM 硬件为 SQL 的执行提供了高效的运行环境，大幅减少了磁盘 I/O，极大地提升了数据库性能。openGauss 数据库的共享内存缓冲区主要包括 shared buffers、cstore buffers、MOT 等。

shared buffers 是数据库服务器的共享内存缓冲区，也是行存引擎默认使用的数据库共享内存缓冲区。openGauss 的行存引擎是将表按行存储到硬盘分区上的，采用 MVCC，事务之间读/写互不冲突，有较好的并发性能，适用于 OLTP 场景。

cstore buffers 是列存引擎默认使用的缓冲区。列存引擎将整个表按照不同列划分为若干个压缩单元（Compression Unit，CU），以 CU 为单位进行管理，适用于 OLAP 场景。以列存表为主的场景几乎不会使用 shared buffers，因此应减少 shared buffers，增加 cstore buffers，以提升列存引擎的执行效率。

MOT 是内存引擎默认使用的缓冲区。openGauss 的内存引擎的索引结构及所有数据都在内存中，其乐观并发控制机制和高效的缓存块利用率使 openGauss 可以充分发挥内存的性能，在确保高性能的前提下，内存引擎有着与 openGauss 原有机制相兼容的并行持久化和检查点能力，能够确保数据的永久存储，适用于高吞吐低时延的业务处理场景。

WAL buffer 是还未写入磁盘的 WAL 的共享内存。SQL 执行器在共享缓冲区中对数据页的操作会被记录到 WAL buffer 中，当客户端发起事务的 commit 请求时，WAL buffer 的内容将被 walwriter 线程刷新并保存在 WAL 中，确保已提交的事务都被永久记录，不会丢失。当 walwriter 的写操作跟不上数据库实际的需求时，常规后端线程仍然有权进行 WAL 的刷新磁盘动作。这意味着 walwriter 不是一个必要的进程，可以在请求时快速关闭。

maintenance_work_mem 一般是在 openGauss 执行维护性操作时使用，如 VACUUM、CREATE INDEX、ALTER TABLE ADD FOREIGN KEY 等操作使用的本地内存。

maintenance_work_mem 内存区域的大小决定了维护操作的执行效率。

　　temp_buffer 是每个数据库会话使用的 LOCAL 临时缓冲区，主要缓存会话访问的临时表数据。openGauss 支持全局临时表和会话级临时表，全局临时表的表定义是全局的，而临时表的数据是各个会话私有的。

　　work_mem 用于查询操作，是事务执行内部排序或 Hash 表写入临时文件前使用的内存缓冲区。

2.1.2　openGauss 的主要线程和后台辅助线程

1．主要线程介绍

　　① GaussMaster 线程：openGauss 的管理线程，也称为 postmaster 线程，用于数据库启停、消息转发等工作。

　　② pagewriter 线程：负责将脏页数据从内存刷新到磁盘中。

　　③ bgwrite 线程：负责将脏页数据复制到双写（double-write）区域并落盘，然后将脏页转发给 bgwrite 子线程进行数据落盘操作。

　　④ walwrite 线程：负责将内存中 WAL 的数据刷新到预写日志中，确保已提交的事务被永久记录，不会丢失。

　　⑤ Checkpointer 线程：周期性地发起数据库检查点，在这个检查点时刻，所有的数据文件都被更新，脏数据页也被刷新到磁盘，此刻数据库是一致的。openGauss 支持全量检查点和增量检查点，增量检查点打开后会小批量地分阶段地滚筒式地进行脏页刷盘。

2．后台辅助线程介绍

　　① jemalloc_bg_thd 线程：管理并实现内存的动态分配。

　　② StatCollector 线程：负责统计 openGauss 数据库的信息，包括硬件资源使用信息、对象属性及使用信息、SQL 运行信息、会话信息、锁信息、线程信息等，并且将收集的信息保存在 pgstat.stat 文件中。

　　③ Auditor 线程：使用重定向的方式从管理线程、后台线程以及其他子线程获取审计数据，并保存在审计文件中。

　　④ LWLockMonitor 线程：负责检测轻量级锁（Light Weight Lock，LWLock）产生的死锁。LWLock 主要提供对共享内存的互斥访问控制，比如事务提交状态缓存、数据页缓存、子事务缓存等。

　　⑤ sysLogger 线程：使用重定向的方式捕获管理线程、后台线程以及其他子线程的 stderr 输出，并写入日志文件中。

　　⑥ Jobworker 线程：Jobworker 线程分为调度线程和工作线程。调度线程根据 pg_job 表中定义的 Job 周期，对已经过期的 Job 进行调用，由工作线程（Jobworker）执行实际的 Job 任务。

　　⑦ percentworker 线程：根据 percentile 参数设置的值计算 SQL 响应时间的百分比信息。

　　⑧ snapshotworker 线程：收集 snapshot 信息，openGauss 数据库的 WDR 报告依赖于 snapshot。

　　⑨ ashworker 线程：统计历史活动会话相关信息。

⑩ alarm 线程：openGauss 的告警检测线程。

⑪ AutoVacLauncher+AutoVacWorker 清理线程：AutoVacLauncher 线程由 Postmaster 线程启动，AutoVacLauncher 不断地将数据库需要做 vacuum 的对象信息保存在共享内存中。当表中被删除或更新的记录数超过设定的阈值时，AutoVacLauncher 会调用 AutoVacWorker 线程对表的存储空间执行回收清理工作。

⑫ WalSender 线程：运行在 openGauss 主备环境中的主节点，发送预写日志给备节点。

⑬ WalReceiver 线程：运行在 openGauss 主备环境中的备节点，接收预写日志记录。

2.1.3　openGauss 系统架构

openGauss 系统架构如图 2-1 所示。

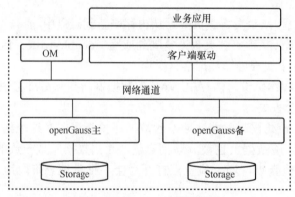

图 2-1　openGauss 系统架构

openGauss 的系统架构各部分名称及描述见表 2-1。

表 2-1　openGauss 的系统架构各部分名称及描述

名称	描述
OM	运维管理（Operation Manager）模块，提供数据库日常运维、配置管理的接口、工具
客户端驱动	负责接收来自应用的访问请求，并向应用返回执行结果。客户端驱动负责与 openGauss 实例通信，发送应用的 SQL 命令，接收 openGauss 实例的执行结果
openGauss 主/备	负责存储业务数据、执行数据查询任务以及向客户端返回执行结果。openGauss 实例包含主、备两种类型，支持一主多备。建议将 openGauss 主、备实例分散部署在不同的物理节点中
Storage	服务器的本地存储资源，持久化存储数据

2.1.4　openGauss 数据库对象简介

openGauss 的数据库节点负责存储数据，其存储介质也是磁盘。本小节主要从逻辑视角介绍数据库节点都有哪些对象，以及这些对象之间的关系。

（1）Tablespace

即表空间，它的作用是允许数据库管理员定义一个其他非数据目录的位置存储数据库对象。表空间可以看作是一个目录，一个表空间可以存在多个数据库，里面存储的是它所包含的数据库的各种物理文件。如果机器新加高速磁盘（如 SSD），可以将一些重要和使用频率高的表和索引放到 SSD 上，提高查询效率。

（2）Database

即数据库，用于管理各类数据对象，各数据库间相互隔离。数据库常用对象有表、字段、视图表、索引、存储过程、触发器、序列、函数等。

① 表（Table）：包含数据库中所有数据的对象，由行和列组成，用于组织和存储数据。

② 字段（Field）：表中的"列"称为字段，一个表可以有多个列，列的属性有数据类型（决定了该字段存储哪种类型的数据）、大小（长度）。

③ 视图表（View）：也叫虚拟表，为一张或多张表中导出的表，是用户查看数据的一种方式，其结构和数据是建立在对表的查询基础之上的。

④ 索引（Index）：一种快速访问数据的方法。索引依赖于表而建立，检索数据时，不用对整个表进行扫描，就可以快速找到所需的数据。

⑤ 存储过程（Stored Procedure）：是一组为了完成特定功能的 SQL 语句的集合（可以有查询、插入、修改、删除），编译后，存储在数据库中，以名称进行调用；当调用执行时，这些操作就会被执行。

⑥ 触发器（Trigger）：数据库中用户定义的 SQL 事务命令集合；当对表执行增、删、改操作时，命令就会自动触发而执行。

⑦ 序列（Sequence）：是序列号生成器，可以为表中的行自动生成序列号，产生一组等间隔的数值（类型为数字）。不占用磁盘空间，占用内存。其主要用途是生成表的主键值。可以在插入语句中引用，也可以通过查询检查当前值，或使序列增至下一个值。

⑧ 函数：是一段程序代码，用户可以通过调用函数（有的需要加上相应的参数值）来执行一些特殊的运算或完成复杂的操作。函数可以分为系统内置函数和用户自定义函数。系统内置函数通常包括系统函数、字符串函数、日期和时间函数、数学函数、转换函数等。例如求和函数，截取子串函数等。

2.1.5　数据库目录结构和主要配置文件

openGauss 数据库的基本目录可以由安装时的配置文件指定路径，在配置文件中可以通过各项参数的值设定指定数据库的相关目录。参数和示例见表 2-2。

表 2-2　openGauss 数据库的参数和示例

序号	参数名称	作用	示例
1	gaussdbAppPath	数据库安装目录	<PARAM name="gaussdbAppPath" value= "/opt/ huawei/ install/app" />
2	gaussdbLogPath	日志目录	<PARAM name="gaussdbLogPath" value="/var/ log/ omm" />
3	tmpMppdbPath	临时文件目录	<PARAM name="tmpMppdbPath" value="/opt/ huawei/tmp" />
4	gaussdbToolPath	数据库工具目录	<PARAM name="gaussdbToolPath" value="/opt/ huawei/install/om" />

（续表）

序号	参数名称	作用	示例
5	corePath	数据库 core 文件目录	\<PARAM name="corePath" value="/opt/huawei/corefile"/>
6	dataNode1	数据节点安装目录	\<PARAM name="dataNode1" value="/opt/huawei/install/data/dn"/>

根据以上设定，数据库安装成功后，/opt/huawei/install/app_×××目录下各个目录的作用如下。

① bin：存放数据库二进制文件的目录。

② etc：存放安全证书之类的目录。

③ lib：存放数据库的库文件的目录。

④ share：存放数据库运行所需的公共文件，如配置文件模板。

根据以上设定，数据库安装成功后，/opt/huawei/install/data 目录下各个目录的作用如下。

① data：DBnode 实例的数据目录（主实例的目录名为"data_dn×××"，备实例的目录名称为"data_dnS×××"，×××代表 DBnode 编号）。

② data/dn/base：openGauss 数据库对象默认存储在该目录，如默认的数据库 postgres、用户创建的数据库及关联的表等对象。

③ data/dn/global：存储 openGauss 共享的系统表或者共享的数据字典表。

④ data/dn/pg_tblspc：是 openGauss 的表空间目录，里面存储 openGauss 定义的表空间的目录软链接，这些软链接指向 openGauss 数据库表空间文件的实际存储目录。

⑤ data/dn/pg_xlog：存储 openGauss 数据库的 WAL 文件。

⑥ data/dn/pg_clog：存储 openGauss 数据库事务提交状态信息。

⑦ data/dn/pg_csnlog：存储 openGauss 数据库的快照信息。openGauss 事务启动时会创建一个 CSN 快照，在 MVCC 机制下，CSN 作为 openGauss 的逻辑时间戳，模拟数据库内部的时序，用来判断其他事务对于当前事务是否可见。

⑧ data/dn/pg_twophase：存储两阶段事务提交信息，用来确保数据一致性。

⑨ data/dn/pg_serial：存储已提交的可序列化事务信息。

⑩ data/dn/pg_multixact：存储多事务状态信息，一般用于共享行级锁（shared row lock）。

根据以上设定，数据库安装成功后，在/opt/huawei/install/data/dn/目录下存放 openGauss 的配置相关文件，描述如下。

① postgresql.conf：openGauss 的配置文件，在 gaussmaster 线程启动时会读取该文件，获取监听地址、服务端口、内存分配、功能设置等配置信息，并且根据该文件，在 openGauss 启动时创建共享内存和信号量池等。

② pg_hba.conf：基于主机的接入认证配置文件，主要保存鉴权信息（如允许访问的数据库、用户、IP 段、加密方式等）。

③ pg_ident.conf：客户端认证的配置文件，主要保存用户映射信息，将主机操作系统的用户与 openGauss 数据库用户做映射。

④ gaussdb.state：主要保存数据库当前的状态信息（如主备 HA 的角色、rebuild 进度及原因、sync 状态、LSN 信息等）。

2.2 openGauss 部署方案

2.2.1 openGauss 部署方案简介

openGauss 部署方案见表 2-3。

表 2-3 openGauss 部署方案

部署模式	技术方案	高可用	基础设置要求	业务场景	场景特点	技术规格
单机	单机	无高可用能力	单机房	物理机	①对系统的可靠性和可用性无任何要求。②主要用于体验试用以及调测场景	①系统 RTO 和恢复点目标（Recovery Point Objective，RPO）不可控。②无实例级容灾能力，一旦出现实例故障，系统不可用。③一旦实例级数据丢失，则数据永久丢失，无法恢复
主备	主机+备机	抵御实例级故障	单机房	物理机	①节点间无网络时延。②要求承受数据库内实例级故障。③适用于对系统可靠性要求不高的场景	①RPO=0。②实例故障 RTO<10s。③无 AZ 级容灾能力。④推荐主备最大可用模式
一主多备	主机+多台备机	抵御实例级故障	单机房	物理机	①节点间无网络时延。②要求承受数据库内实例级故障	①RPO=0。②实例故障 RTO<10s。③无 AZ 级容灾能力。④推荐主备同步模式。⑤最少 2 个副本，最多 4 个副本

2.2.2 单机部署模式

在 openGauss 的单机部署模式中，数据库应用程序既可以直接部署在数据库服务器的主机上，构成单主机模式；也可以部署在网络中其他主机上，通过网络访问数据库服务器构成数据库独立主机模式。这两种模式的区别在于用户的应用程序所处的位置不同。无论用户的应用程序是通过本地访问还是通过网络访问，数据库服务器只部署在一台独立的服务器上，一旦这台服务器发生故障，就会造成整个系统的服务停止。单机部署模式如图 2-2 所示。

单机部署模式是一种非常特殊的部署模式，它对于可靠性、可用性无任何保证。由于只有一个数据副本，因此一旦发生数据损坏、丢失，只能通过物理备份恢复数据。单机部署模式一般用于数据库体验用户，以及测试环境做语法功能调测等，不建议用于商业运行。

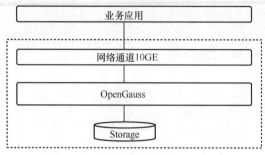

图 2-2　单机部署模式

2.2.3　主备部署模式

主备部署模式相当于两个数据副本，主机和备机各一个数据副本，备机接收日志、执行日志回放。主备环境可以支持主备从和一主多备两种模式。主备从模式下，备机需要重做日志，可以升主，而从备只能接收日志，不可以升主。在一主多备模式下，所有的备机都需要重做日志，都可以升主。主备从模式主要用于大数据分析类型的 OLAP 系统，能够节省一定的存储资源。而一主多备模式提供更高的容灾能力，更加适合于大批量事务处理的 OLTP 系统。主备之间可以通过 switchover 进行角色切换，主机故障后可以通过 failover 对备机进行升主。为了实现所有实例的高可用容灾能力，除了对 DN 设置主备多个副本，openGauss 还提供了其他一些主备容灾能力，比如 CM Server（一主多备）以及 ETCD（一主多备）等，使得实例故障后可以尽可能快地恢复，不中断业务，将因为硬件、软件和人为造成的故障对业务的影响降到最低，以保证业务的连续性。主备部署模式如图 2-3 所示。

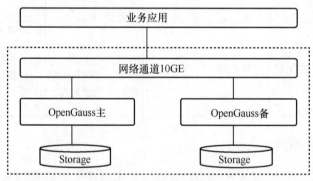

图 2-3　主备部署模式

2.2.4　一主多备部署模式

一主多备部署模式是多副本的部署形态，提供了抵御实例级故障的能力，适用于不要求机房容灾级别，但是需要抵御个别硬件故障的应用场景。

一般多副本部署时使用 1 主 2 备模式，总共 3 个副本，3 个副本的可靠性为 4 个 9，可以满足大多数应用的可靠性要求。一主多备部署模式的注意事项有以下几个。

① 主备间 Quorum 复制，至少同步到一台备机，保证最大性能。

② 主备任意一个节点故障，不影响业务的进行。

③ 数据有三份，任何一个节点故障，系统仍然有双份数据确保继续运行。任何一个备机都可以升主机。

④ 主备实例之间不可部署在同一台物理机上。

一主多备部署模式如图 2-4 所示。

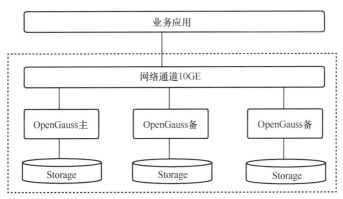

图 2-4　一主多备部署模式

2.3　openGauss 典型组网

2.3.1　openGauss 典型组网架构

为了保证整个应用数据的安全，建议将使用 openGauss 组建的网络划分为两个独立网络：前端业务网络和数据管理存储网络。前端业务网络用于客户端通过此网络访问 openGauss 数据库。数据管理存储网络用于数据库管理员（Database Administrator，DBA）通过调用 OM 脚本管理数据库和维护 openGauss 实例，也用于 openGauss 主备通信组网，对于负责系统监控的各个部件之间的通信也使用数据库管理存储网络。openGauss 典型组网架构如图 2-5 所示。

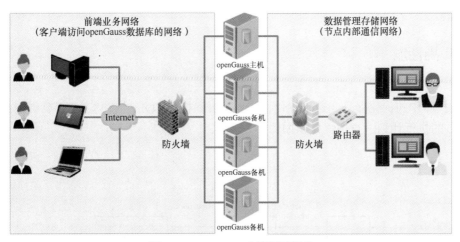

图 2-5　openGauss 典型组网架构

openGauss 典型组网架构有以下优点。

① 前端业务网络与数据管理存储网络的隔离，有效保护了后端存储数据的安全。

② 前端业务网络和数据管理存储网络的隔离，可以防止攻击者通过互联网试图对数据库服务器进行管理操作，增加了系统安全性。网络独占性及 1:1 的带宽收敛比是 openGauss 数据库网络性能的基本要求。因此，在生产系统中，对图 2-5 中的后端存储网络，需满足独占性及至少 1:1 收敛比的要求。

2.3.2　数据管理存储网络组网

数据管理存储网络组网如图 2-6 所示。

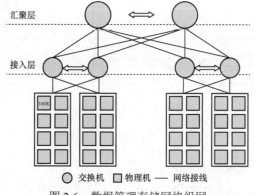

图 2-6　数据管理存储网络组网

为实现收敛比 1:1，交换网络层级每提高一层，带宽增加一倍。图 2-6 中的双箭头连接线代表 80GE 带宽（GE 是千兆以太网的概念。一个 GE 接口一般带宽为 1Gbit/s。这里为便于更形象地理解，并没有把带宽写为×××bit/s），即 8 台物理机带宽上限之和。接入层每台交换机下行带宽为 160GE，上行带宽为 160GE，收敛比为 1:1。汇聚层每台交换机接入带宽为 320GE。对于测试系统，上述要求可以适当降低。

2.4　关键特性

2.4.1　高性能

1．查询优化器

数据库中的优化器又叫查询优化器，是分析和执行 SQL 的优化工具，负责生成、制定 SQL 的执行计划。查询优化器如图 2-7 所示。

图 2-7　查询优化器

查询优化器是数据库系统的重要组成部分，特别是对于现代大数据系统，执行计划的搜索空间异常庞大，研究人员研究了许多方法对执行计划空间进行裁剪，以减少搜索空间的代价。在当今数据库系统领域，查询优化器可以说是必备组件，不管是关系型数据库 Oracle、MySQL，流处理领域的 Flink、Storm，批处理领域的 Hive、Spark SQL，还是文本搜索领域的 Elasticsearch 等，都会内嵌一个查询优化器。有的数据库系统会采用自研的优化器，有的则会采用开源的查询优化器插件，比如 Apache Calcite，而 Oracle 数据库的查询优化器是由 Oracle 公司自研的，负责解析 SQL，按照一定的原则获取目标 SQL 在当前情形下最高效的执行路径。查询优化器要解决的核心问题是具有多个连接操作的复杂查询优化。研究人员相继提出了基于左线性树的查询优化算法、基于右线性树的查询优化算法、基于片段式右线性树的查询优化算法、基于浓密树的查询优化算法、基于操作森林的查询优化算法等，这些算法在搜索代价和最终获得查询计划的效率之间有着不同的权衡，因此查询优化器就好比找到两点之间的最短路径，它在很大程度上决定了一个数据库系统的性能。主流数据库中优化器有两种，基于规则的优化器（Rule-Based Optimization，RBO）与基于代价的优化器（Cost-Based Optimization，CBO）。

（1）RBO

RBO 按照表结构和 SQL 语句生成执行计划，不受表的数据的影响。RBO 根据可用的访问路径和这些路径的登记选择执行计划，也就是在 RBO 中嵌入若干种规则，执行的 SQL 语句符合哪种规则，则按照哪种规则制定相应的执行计划。RBO 根据 openGauss 指定的顺序规则选择执行计划。比如规则为索引的优先级大于全表扫描。RBO 有一套严格的使用规则，只要按照规则写 SQL 语句，无论数据表中的内容怎样，都不会影响数据库的执行计划，也就是说 RBO 对数据不"敏感"。这就要求开发人员非常了解 RBO 的各项规则，否则会影响 SQL 的性能。但在实际中，数据的量级同样会影响 SQL 的性能，这就是 RBO 的缺陷。因为数据是变化的，所以 RBO 生成的执行计划往往是不可靠的，不是最优的。RBO 的规则主要有索引选择、排序消除、MIN/MAX 优化、连接顺序选择、子查询重写、条件重写。

（2）CBO

CBO 是根据统计信息生成执行计划。其先根据优化规则对关系表达式进行转换，生成多个执行计划，然后根据统计信息和代价模型计算各种执行计划的"代价"（COST），选择 COST 最低的执行计划作为实际运行方案。由于数据库中表的数据量很大，不可能每次执行查询时实时地统计表中的数据量及数据分布情况，因此需要定期分析数据，把表和索引的数据分布情况保存在数据字典中。CBO 依赖数据库对象的统计信息，因此统计信息的准确性会影响 CBO 做出选择的优劣。目前各大数据库和大数据计算引擎都倾向使用 CBO。在 CBO 模型下，openGauss 数据库根据表的元组数、字段宽度、NULL 记录比率、distinct 值等特征值，以及一定的代价模型，计算每一个执行步骤的不同方式的输出元组数和 COST，进而选出整体 COST 最小/首元组返回 COST 最小的执行计划。CBO 能够在众多计划中依据 COST 选出最高效的执行计划，最大限度地满足客户的业务要求。使用 CBO 时，必须保证为表和相关的索引搜集足够的统计数据，对数据经常有增、删、改的表和索引最好定期进行分析。数据库只有掌握了充分反映实际的统计数据，才有可能做出正确的选择。openGauss 基于代价估算生成最优执行计划，而优化器根据 analyze 收集的统计信息进行行数估算和代价估算，因此统计信息起着至关重要的作用，通过 analyze 收集的全局统计信息主要包括 pg_class 表中的 reopages 和 reltuples，pg_statistic 表中的 stadistinct、stanullfrac、stanumbersN、stavaluesN 和 histogram_bounds 等。建议在执行了大批量的插入/删除操作后，例行对表或全库执行 analyze 语句更新统计信息。在批处理脚本或者存储过程中生成的中间表，也需要在完成数据生成后显式地调用 ANALYZE。对于表中多个列有相关性，且查询中有时基于这些列的条件或分组操作的情况，可以尝试收集多列统计信息，以便查询优化器可以更准确地估算行数，并生成更有效的执行计划。

　　ANALYZE 语句可以收集数据库中与表内容相关的统计信息，统计结果存储在 pg_statistic 表中。该表存储数据库中表和索引的统计信息，需要有系统管理员权限才可以访问。登录数据库后，可以通过执行命令\d pg_statistic 查看表的结构，如图 2-8 所示。

```
postgres=# \d pg_statistic
   Table "pg_catalog.pg_statistic"
    Column     |   Type   | Modifiers
---------------+----------+-----------
 starelid      | oid      | not null
 starelkind    | "char"   | not null
 staattnum     | smallint | not null
 stainherit    | boolean  | not null
 stanullfrac   | real     | not null
 stawidth      | integer  | not null
 stadistinct   | real     | not null
 stakind1      | smallint | not null
 stakind2      | smallint | not null
 stakind3      | smallint | not null
 stakind4      | smallint | not null
 stakind5      | smallint | not null
 staop1        | oid      | not null
 staop2        | oid      | not null
 staop3        | oid      | not null
 staop4        | oid      | not null
 staop5        | oid      | not null
 stanumbers1   | real[]   |
 stanumbers2   | real[]   |
 stanumbers3   | real[]   |
 stanumbers4   | real[]   |
 stanumbers5   | real[]   |
 stavalues1    | anyarray |
 stavalues2    | anyarray |
 stavalues3    | anyarray |
 stavalues4    | anyarray |
 stavalues5    | anyarray |
 stadndistinct | real     |
 staextinfo    | text     |
Indexes:
    "pg_statistic_relid_kind_att_inh_index" UNIQUE, btree (starelid, starelkind, staattnum, stainherit) TABLESPACE pg_
default
Replica Identity: NOTHING
```

图 2-8　查看表的结构

pg_statistic 的主要列见表 2-4。

表 2-4　pg_statistic 的主要列

列名称	数据类型	作用说明
starelid	oid	描述的字段所属的表或者索引
starelkind	char	所属对象的类型
staattnum	smallint	描述的字段在表中的编号，从 1 开始
stainherit	Boolean	是否统计有继承关系的对象
stanullfrac	real	该字段中为 NULL 的记录的比率
stawidth	integer	非 NULL 记录的平均存储宽度，以字节计

列名称	数据类型	作用说明
stadistinct	real	表示全局统计信息中，所有数据节点（DataNode，DN）字段中唯一的非 NULL 数据值的数目
stakindN	smallint	一个编码，表示这种类型的统计存储在 pg_statistic 行的第 n 个"槽位"
staopN	oid	一个用于生成存储在第 n 个"槽位"的统计信息的操作符
stanumbersN	real[]	第 n 个"槽位"类型的字段数据值，如果该类型不存储任何数据值，则是 NULL

查询优化器可以使用以下语句统计数据以生成最优执行计划。

① 更新单表的统计信息：ANALYZE tablename。

② 更新全库统计信息：ANALYZE。

③ 收集表的多列统计信息：ANALYZE tablename(col1,col2)。

④ 添加表中多列的统计信息声明：alter table tablename add statistics(col1,col2)。

2．行列混合存储

openGauss 支持行存储和列存储两种模型，用户可以根据应用场景进行选择。

如果表的字段比较多（如大宽表），查询涉及的列并不多，那么适合列存储。如果表的字段比较少，查询涉及大部分字段，那么适合行存储。

在大宽表、数据量比较大的场景中，查询经常关注某些列，行存储引擎查询性能比较差。例如气象局的单表有 200~800 列，查询经常访问 10 列，在类似的场景下，向量化执行技术和列存储引擎可以极大地提升性能和减少存储空间。

行存表是创建表时默认的表类型。数据按行存储，即一行数据紧挨着一行存储。行存表支持完整的增、删、改、查，适用于数据需要经常更新的场景。列存表的数据按列存储，即一列数据紧挨着一列存储，单列查询 I/O 小，比行存表占用更少的存储空间。列存表适合数据批量插入、更新较少和以查询为主的统计分析类场景。列存表不适合点查询，insert 插入单条记录性能差。

行存表和列存表各有优劣，可以根据实际情况选择。行存表和列存表的选择原则有以下几个。

① 更新频繁程度：如果数据频繁更新，就选择行存表。

② 插入频繁程度：频繁地少量插入数据，选择行存表。一次插入大批量数据，选择列存表。

③ 表的列数很多，选择列存表。

④ 查询的列数：如果每次查询时，只涉及表的少数几列（<50%总列数），选择列存表。

⑤ 压缩率：列存表比行存表压缩率高，但高压缩率会消耗更多的 CPU 资源。

3．自适应压缩

目前，主流数据库通常会采用数据压缩技术。数据类型不同，适用的压缩算法不同。相同类型的数据，数据特征不同，采用不同的压缩算法达到的效果也不相同。自适用压缩正是从数据类型和数据特征出发，采用相应的压缩算法，实现良好的压缩比、快速的入库性能及良好的查询性能。数据入库和频繁地查询海量数据是用户的主要应用场景。在数据入库场景中，自适应压缩可以大幅度地减少数据量，成倍提高 I/O 操作效率，将数据族集存储，从而获得高效的入库性能。当用户进行数据查询时，少量的 I/O 操作和快速的数据解压可以加快数据获取的速率，从而在更短的时间内得到查询结果。目前，openGauss 数据库已实现了 RLE、DELTA、BITPACK/BYTEPACK、LZ4、ZLIB、LOCAL DICTIONARY 等多种压缩算法。openGauss 数据库支持的数据类型与压缩算法的映射关系见表 2-5。

表 2-5   openGauss 数据库支持的数据类型与压缩算法的映射关系

数据类型	RLE	DELTA	BITPACK/BYTEPACK	LZ4	ZLIB	LOCAL DICTIONARY
smallint/integer/bigint/oidDecimal/real/doubleMoney/time/date/timestamp	√	√	√	√	√	—
tinterval/interval/time with time zone	—	—	—	√	—	—
numeric/char/varchar/text/nvarchar2 以及其他数据类型	√	√	√	√	√	√

4．分区

在 openGauss 数据库中，数据分区是在一个实例内部按照用户指定的策略对数据做进一步的水平分表，将表按照指定范围划分为多个数据互不重叠的部分。在大多数使用场景中，分区表相比普通表具有以下优点。

① 改善查询性能：对分区对象的查询可以仅搜索自己关心的分区，提高检索效率。

② 增强可用性：如果分区表的某个分区出现故障，表在其他分区的数据仍然可用。

③ 方便维护：如果分区表的某个分区出现故障，需要修复数据，只修复该分区即可。

④ 均衡 I/O：可以把不同的分区映射到不同的磁盘以平衡 I/O，改善整个系统性能。

目前 openGauss 数据库支持的分区表为范围分区表、列表分区表、哈希分区表。

① 范围分区表：将数据基于范围映射到每一个分区，范围是由创建分区表时指定的分区键决定的。这种分区方式是最常用的。范围分区功能即根据表的一列或者多列，将插入表的记录分为若干个范围（这些范围在不同的分区中没有重叠），然后为每个范围创建一个分区，用来存储相应的数据。

② 列表分区表：将数据基于各个分区内包含的键值映射到每一个分区，分区包含的键值在创建分区时指定。列表分区功能即根据表的一列，将插入表的记录中的键值分为若干个列表（这些列表在不同的分区中没有重叠），然后为每个列表创建一个分区，用来存储相应的数据。

③ 哈希分区表：将数据通过哈希映射到每一个分区，分区中存储了具有相同哈希值的记录。哈希分区功能，即根据表的一列，通过内部哈希算法将插入表的记录划分到对应的分区中。

用户在 create table 时增加 partition 参数，表示此表应用数据分区功能。用户可以在实际使用中，根据需要调整建表时的分区键，使每次查询结果尽可能存储在相同或者最少的分区内（称为"分区剪枝"），通过获取连续 I/O 大幅度提升查询性能。在实际业务中，时间经常被作为查询对象的过滤条件。因此，用户可选择时间列为分区键，键值范围可根据总数据量、一次查询数据量调整。分区表的操作及对应命令见表 2-6。

表 2-6　分区表的操作及对应命令

操作	命令
创建分区表	create table
修改分区表行迁移属性	alter table {enable|disable} row movement
增加分区	alter table add partition
删除分区	alter table drop partition
重命名分区	alter table rename partition
清空分区	alter table truncate partition
查询分区	select
创建分区表索引	create index
重命名索引分区	alter index rename partition

5．SQL by pass

在典型的 OLTP 场景中，简单查询占很大比例，它的特征是只涉及单表和简单表达式。为了加速查询，openGauss 研发团队提出了 SQL-BY-PASS 框架，在 parse 层对查询做简单的模式判断后，进入特殊的执行路径，跳过经典的执行器执行框架，包括算子的初始化与执行、表达式与投影等经典框架，直接重写一套简洁的执行路径，并且直接调用存储接口，这样可以大大加速简单查询的执行速度。

6．鲲鹏 NUMA 架构优化

现代计算机的 CPU 处理速度比主存速度快得多，在早期的计算和数据处理中，CPU 速度通常比主存慢，但是随着超级计算机的到来，处理器和存储器的性能在 20 世纪 60 年代达到平衡。从那时起，CPU 很多时候在等待存储器的数据到来。为了解决这个问题，人们对计算机的设计专注于提供高速的存储器访问，使计算机能够高速地处理其他系统不能处理的大数据集，同时限制访问存储器的次数以提高性能。对于商品化的处理器，这意味着需要设置数量不断增长的高速缓存和使用不断变得精巧复杂的算法，以防止"缓存数据未命中（cache missed）"。但是操作系统和应用程序大小的明显增长压制了前述的缓存技术造成的性能提升，未使用 NUMA 架构的多处理器系统使得问题更严重，因为同一时间只能有一台处理器访问计算机的存储器，所以在一个系统中可能有多台处理器在等待访问存储器。NUMA 架构通过提供分离的存储器给各台处理器，避免多台处理器访问同一个存储器造成性能损失。对于涉及分散数据的应用（在服务器和类似于服务器的应用中很常见），NUMA 架构可以通过一台共享的存储器提高性能至 n 倍，n 大约是处理器（或者分离的存储器）的个数。当然，不是所有数据都局限于一个任务，多台处理器可能需要同一个数据。为了处理这种情况，NUMA 架构使用附加的软件或者硬件移动不同存储器的数据，降低了存储器对应的处理器的性能，因此总体的速度受制于运行任务。

openGauss 根据鲲鹏 NUMA 架构的特点，针对性地进行一系列优化，一方面尽量减少跨核内存访问的时延问题，另一方面充分发挥鲲鹏多核算力优势，借助关键技术，如重做日志批插、热点数据 NUMA 分布、CLog 分区等，大幅提升系统的处理性能。openGauss 基于鲲鹏芯片使用的 ARM v8.1 指令集，利用大型系统扩展（Large System

Extensions，LSE）指令集实现高效的原子操作，有效提升 CPU 利用率，从而提升多线程间同步性能、xlog 写入性能等。openGauss 基于鲲鹏芯片提供的更宽的 L3 缓存行，针对热点数据访问进行优化，有效提高缓存访问命中率，降低缓存一致性维护开销，大幅提升整体的数据访问性能。

7. 线程池高并发

在 OLTP 领域中，数据库需要处理大量的客户端连接。因此，处理高并发是数据库的重要能力之一。外部连接最简单的处理模式是 per-thread-per-connection，即每一个用户连接产生一个线程。这个模式在架构上处理简单，但是高并发的线程太多，线程切换和数据库轻量级锁区域的冲突过大，导致系统性能（吞吐量）严重下降，无法满足用户性能的 SLA。因此，需要通过线程池复用技术解决该问题。线程池复用技术的整体思想是线程资源池化，并且在不同连接之间复用。系统在启动之后会根据当前核数或者用户配置启动固定数量的工作线程，一个工作线程会服务一到多个连接 Session，这样把 Session 和 Thread 进行解耦。因为工作线程数是固定的，因此在高并发下不会导致线程的频繁切换，而是由数据库进行 Session 的调度管理。

8. 并行查询

对称多处理（Symmetrical Multi-Processing，SMP）技术是指在一台计算机上汇集了一组处理器（多个 CPU），各个 CPU 之间共享内存子系统以及总线结构。在复杂查询场景中，单个查询的执行时间较长，系统并发性低。SMP 技术可以实现算子级的并行，有效减少查询执行时间，提升查询性能，提高资源利用率。SMP 技术的整体思想是对于能够并行的查询算子，将数据分片、启动若干个工作线程分别计算，最后将结果汇总并返回前端。SMP 并行执行增加数据交互算子（Stream），实现多个工作线程之间的数据交互，确保查询的正确性，完成整体的查询。openGauss 的 SMP 技术利用计算机多核 CPU 架构实现多线程并行计算，以充分利用 CPU 资源提高查询性能。SMP 并行执行在线程级别上来完成任务的并行执行，理论上是可以使并行执行的子任务数达到物理服务器核数的上限。SMP 并行线程在同一个进程内，可以直接通过内存进行数据交换，不需要占用网络连接和带宽，降低了限制大规模并行处理（Massively Parallel Processing，MPP）系统性能提升的影响。并行子任务启动后不需要附带其他后台线程，增加了系统计算资源的有效利用率。

openGauss 的 SMP 技术可以在单机上实现更好的纵向扩展，为数据库的性能带来以下变化。

① 显著减小单个查询的执行时间。

② 提升相同时间段内系统的吞吐量，提高系统资源的利用率。

因此 openGauss 的 SMP 技术通过多线程子任务并行执行的机制实现了系统计算资源的高效利用。

9. 动态编译执行

openGauss 借助底层虚拟机（Low Level Virtual Machine，LLVM）提供的库函数，依据查询执行计划，将原本在执行器阶段才会确定查询实际执行路径的过程提前到执行初始化阶段，从而规避原本查询执行时出现的函数调用、逻辑条件分支判断以及大量的数据读取等问题，以达到提升查询性能的目的。

2.4.2　高可用

1．主备机

为了保证故障可恢复，需要将数据写多份，设置主备多个副本，通过日志进行数据同步，即使出现节点故障、停止后重启等情况，openGauss 也能够保证故障之前的数据无丢失，满足 ACID 特性。主备环境可以支持主备模式和一主多备模式。主备模式下，备机需要重做日志，可以升主。在初始化安装或者备份恢复时，需要根据主机重建备机的数据，此时需要进行 build，将主机的数据和 WAL 发送到备机。主机故障后重新以备机的角色加入时，也需要使用 build 功能将其数据和日志与现主机拉齐。build 包含全量 build 和增量 build，全量 build 是全部依赖主机数据进行重建，复制的数据量比较大，耗时比较长；而增量 build 只复制差异文件，数据量比较小，耗时比较短。一般情况下，优先选择增量 build 进行故障恢复，如果增量 build 失败，再执行全量 build，直至故障恢复。

2．逻辑备份

openGauss 提供逻辑备份能力，可以将用户表的数据以通用的.text 或者.csv 格式备份到本地磁盘，并在同构/异构数据库中恢复该用户表的数据。

3．物理备份

openGauss 提供物理备份能力，可以将整个实例的数据以数据库内部格式备份到本地磁盘，并在同构数据库中恢复整个实例的数据。物理备份主要分为全量备份和增量备份。全量备份包含备份时刻数据库的全量数据，耗时长（和数据库数据总量成正比），自身即可恢复完整的数据库。增量备份只包含从指定时刻之后的增量修改数据，耗时短（和增量数据成正比，和数据总量无关），但是必须和全量备份数据一起才能恢复完整的数据库。openGauss 支持全量备份和增量备份。

4．极致 RTO

RTO 指在故障或灾难发生之后，一台计算机、一个系统、一个网络或应用停止工作的最高可承受时间。RTO 定义了最大可容忍的时间，必须在这个时间内恢复数据服务。如果系统需要在灾难发生的 6 小时内恢复，那么 RTO 就是 6 小时。从故障发生后，系统死机导致服务中断的时间点，到系统恢复并可以支持各项服务正常工作的时间点，这两个时间点之间的长度即为 RTO，它是反映系统恢复的及时性指标，是业务从中断到恢复正常所需的时间，RTO 数值越小，代表容灾系统的数据恢复能力越强。RTO=0 是指在任何情况下都不允许服务中断。

RPO（Recovery Point Object，恢复点目标）指一个过去的时间点，当系统故障等事件发生时，数据可以恢复到的某个时间点，是业务系统所能容忍的数据丢失量。如每天凌晨 3:00 进行数据备份，那么如果今天发生了死机事件，数据可以恢复到的时间点（RPO）就是今天的凌晨 3:00，如果早上 6:00 发生故障或死机事件，损失的数据就是 3 小时，如果 12:00 发生灾难，那么损失的数据就是约 9 小时，该用户的 RPO 就是 9 小时，即用户最大的数据损失量是 9 小时。所以 RPO 指的是用户允许损失的最大数据量。RPO 与数据备份的频率有关，为改进 RPO，需要增加数据备份的频率。RPO 指标主要反映了业务连续性管理体系下备用数据的有效性，即 RPO 取值越小，表示系统对数据完整性的保证能力越强。

openGauss 数据库的极致 RTO 开关开启后，xlog 日志回放建立多级流水线，提高并发性和日志回放速度。一般情况下，当业务压力过大时，备机的回放速度跟不上主机的速度。在系统长时间的运行后，备机会出现日志累积。当主机故障后，数据恢复需要很长时间，数据库不可用，严重影响系统可用性。openGauss 数据库可以开启极致 RTO，减少了主机故障后数据的恢复时间，提高了可用性。openGauss 数据库在 60%负载，约 70 万 tpmC（每分钟系统处理订单的个数）下可达 RTO<10 秒，即主备切换指令后 10 秒内，备机接管业务。

5．逻辑复制

openGauss 提供逻辑解码功能。DN 将物理日志反解析为逻辑日志，数据复制服务（DRS）等工具将逻辑日志转化为 SQL 语句，到对端数据库（MySQL）回放。DRS 同时从 MySQL 数据库抽取逻辑日志，反解析为 SQL 语句并回放至 openGauss，达到与异构数据库同步数据的目的。目前 openGauss 数据库支持与 MySQL 数据库、Oracle 数据库之间的单向、双向逻辑复制。

2.4.3　高安全

1．访问控制

用户对数据库的访问控制权限包括数据库系统权限和对象权限。openGauss 支持基于角色的访问控制机制，将角色和权限关联，通过将权限赋予对应的角色，再将角色授予用户，可实现用户访问控制权限管理。其中登录访问控制通过用户标识和认证技术共同实现，而对象访问控制则基于用户在对象上的权限，通过对象权限检查实现对象访问控制。系统管理员为相关的数据库用户分配完成任务需要的最小权限从而将数据库使用风险降到最低。openGauss 支持三权分立权限访问控制模型，数据库角色可分为系统管理员、安全管理员和审计管理员。其中安全管理员负责创建和管理用户，系统管理员负责授予和撤销用户权限，审计管理员负责审计所有用户的行为。默认情况下，使用基于角色的访问控制模型，用户可通过设置参数选择是否开启三权分立模型。数据库中每个对象拥有的权限信息经常发生变化，比如授予对象的部分操作权限给其他用户，或者删除用户对某些对象的操作权限。为了保护数据安全，当用户对某个对象进行操作时，必须先检查用户对对象的操作权限，仅当用户对该对象拥有合法的操作权限时，才允许用户执行相应操作。访问控制列表（Access Control List，ACL）是 openGauss 进行对象权限管理和权限检查的基础。数据库中每个对象都有一个对应的 ACL，存储了该对象的所有授权信息。当用户想要访问对象时，只有它在对象的 ACL 中并且具有所需的权限时才能进行访问。当用户对对象的访问权限发生变更时，只需要在 ACL 上更新对应的权限即可。ACL 是内核中存储控制单元访问控制项（Access Control Entry，ACE）的集合，存储控制单元记录了授权者 OID（对象标识符）、被授权者 OID 以及权限位 3 部分信息。其中，权限位是一个 32 位的整数，每一位标记一个具体的权限操作，如 ACL_SELECT（第二位信息）标记查询用户是否有对对象的查询权限。每一个 ACE 对应一个 AclItem，记录了完整的对象访问用户和执行单元信息。在 openGauss 内部，每一个对象都对应一个 ACL，用户可以依据 ACL 信息校验对象上存在的权限信息。依据实际对象（如表、函数、语言）的不同，内核提供了不同的函数以实现对当前对象访问权限的校验，如校验表的访问权限可使用 has_table_privilege_*_* ARGS，函数中的星号分别代表用户信息和数据库对象信息。根据 ARGS（泛指一个可变数量的参数列表）提取的信息，如用户信息、表信息、需要校验的权限信息，依据 ACL 中记录的权限集与操作所需的权限集进行对比：如果 ACL 记录的权限集大于操作所需的权限集，则 ACL 检查通过，否则失败。当管理者对对象的权限进行授权/回收时，需要修改 ACL 中对应的权限信息，即在对应的权限标记位添加或删除指定的权限（权限对应的标志位被修改为 0 或者 1），完成对 ACL 的更新操作。在权限操作中，应避免循环授权的情况。

2. 三权分立模型

openGauss 数据库的超级用户具有最高权限，超级用户可以进行所有系统管理操作和数据管理操作，可以修改数据库对象和审计日志信息。但是超级用户如果稍有不慎，就可能对整个系统造成致命危害，因此将大部分系统管理权限交给某一个用户执行是不合适的。为了避免超级用户对系统造成意外的危害，需要在数据库内部设置其他的管理员管理系统。为了解决权限高度集中的问题，openGauss 数据库采用三权分立模型，如图 2-9 所示。三权分立模型中关键的三个角色为安全管理员、系统管理员和审计管理员。安全管理员用于创建用户；系统管理员对创建的用户进行授权；审计管理员则审计安全管理员、系统管理员、用户实际的操作行为。

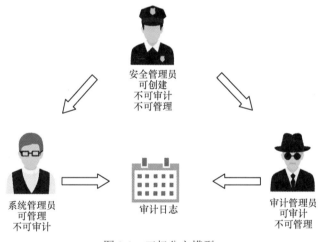

图 2-9　三权分立模型

openGauss 数据库通过三权分立模型实现权限的分配，三个管理员各自独立行使权限，相互协同并制衡，不会因为权限集中而产生安全风险。在生产环境中，系统采用三权分立模型后，需要有三个不同的实际用户分别掌握各自对应的账户，以达到真正权限分离的目的。

3. 角色管理机制

数据库创建完成后，用户需要进行访问。但是不同用户在系统中享有的权限不同，如果管理员在每次创建用户后还要对每个用户分别授权，则是一件非常麻烦的事情。openGauss 采用了业界目前通用的权限管理模型，实现了基于角色的访问控制机制，在数据库中对用户及权限进行管理，将具有相同权限的用户组成一个组，这个组就称为角色（Role），整个机制中的核心概念是"角色"，角色拥有的权限就是组中所有成员的权限。管理员只需将权限赋给角色，用户通过角色继承相应的权限，管理员不需要对每一个用户进行权限控制。当管理员增加和删减角色相关的权限时，角色中的用户的权限会自动跟随所属角色的权限变化而变化。openGauss 基于角色管理模型，用户可具备对对象的访问操作权限，并基于此完成数据管理。

在 openGauss 中，可以通过 CREATE ROLE 和 CREATE USER 分别创建角色和用户，两者语法基本相同，option 范围也相同。用户和角色的区别是：创建角色时默认没有登录权限，而创建用户时有登录权限；创建用户时，系统会默认创建一个与之同名的 schema，用于该用户进行对象管理。因此在权限管理实践中，建议通过角色进行权限的管理，通过用户进行数据的管理。和传统数据的授权管理模式相同，管理员可以通过 GRANT 语法将角色赋给相应的用户，使该用户拥有角色的权限。一个用户可以从属于不同的角色，从而继承不同角色的权限。

openGauss 的权限分为系统权限和对象权限。系统权限界定了用户使用数据库系统的权限（如访问数据库、创建数据库、创建用户等）。对象权限界定了用户操作数据库对象的能力（如增加、删除、修改、查表对象、执行函数、使用表空间等）。角色的权限信息存储在表 pg_authid 中，通过 createrole 字段标记当前角色是否拥有创建角色的权限。角色的系统属性界定了用户对数据库操作权限的能力。

4. 控制权和访问权分离

假如一家企业有多个业务部门，各部门间使用不同的用户进行业务操作，同时存在同级别的数据库维护部门使用管理员进行运维操作，那么在未经授权的情况下，管理员只能对各部门的数据进行控制操作，如 DROP、ALTER、TRUNCATE，但是不能进行访问操作，如 INSERT、DELETE、UPDATE、SELECT、COPY。即针对管理员，表对象的控制权和访问权分离，可以提高用户数据的安全性。管理员可以在创建用户时指定 INDEPENDENT 属性，表示该用户为私有用户。针对该用户的对象，数据库管理员（包含初始用户和其他管理员）在未经其授权前，只能进行控制操作，无权进行访问（SELECT、UPDATE、COPY、GRANT、REVOKE、ALTER OWNER）操作。

5. 数据库加密认证

openGauss 采用基于 RFC5802 标准的口令加密认证方法。加密认证过程中采用单向哈希不可逆加密算法 PBKDF2，可有效防止彩虹攻击。创建用户所设置的口令被加密存储在系统表中。整个认证过程中，口令加密存储和传输通过计算相应的哈希值并与服务器存储的值比较进行正确性校验。统一加密认证过程中的消息处理流程，可有效防止攻击者通过抓取报文猜解用户名或者口令。

6. 数据库审计

数据库审计在生产环节很有价值，通过审计可以追溯用户操作过程中的一些问题。审计可以督促用户在操作过程中的行为，因为任何不当操作都是可以事后审查的。审计日志可以对用户操作数据库的启停、连接、DDL、DML、DCL 等行为进行核查，避免了系统发生事故后找不到相关责任人和其行为的情况出现。审计日志主要增强数据库系统对非法操作的追溯及举证能力，用户可以通过参数对需要记录审计日志的语句或操作进行配置。

审计日志记录事件的时间、类型、执行结果、用户名、数据库、连接信息、数据库对象、数据库实例名称和端口号以及详细信息。openGauss 支持按起止时间段查询审计日志，并根据记录的字段进行筛选。管理员可以利用日志信息，重现导致数据库现状的一系列事件，找出非法操作的用户、时间和内容等。

统一审计利用策略和条件，在数据库内部有选择地进行审计，管理员可以对数据库资源或资源标签统一地配置审计策略，从而达到简化管理、针对性地生成审计日志、减少审计日志冗余、提高管理效率的目的。管理员可以为操作行为或数据库资源配置定制化的审计策略，该策略针对特定的用户场景、用户行为或数据库资源进行审计。在开启统一审计功能后，当用户访问数据库时，系统将根据用户身份信息，如访问 IP、客户端工具、用户名匹配相应的统一审计策略，之后根据策略信息对用户行为按照访问资源（LABEL）和用户操作类型（DML 或 DDL）进行统一审计。统一审计的作用是将现有的传统审计行为转变为针对性的跟踪审计行为，将目标外的行为排除，从而简化管理，提高数据库生成审计数据的准确性。

7. 全密态数据库等值查询

密态数据库是专门处理密文数据的数据库系统，数据以加密形态存储在数据库服务器中，数据库支持对密文数据的检索与计算，与查询相关的词法解析、语法解析、执行计划生成、事务一致性保证、存储都继承原有数据库能力。密态数据库加密需要在客户端进行大量的操作，包括管理数据密钥、加密数据、解析并修改执行的 SQL 语句、识别返回到客户端的加密的数据信息。openGauss 将这一系列的操作封装在前端解析中，对 SQL 查询结果中的敏感数据进行加密替换，使发送至数据库服务器的查询任务不会泄露用户查询意图；减少客户端的复杂安全管理及操作难度，使用户的应用开发不会因为加密而受到干扰。密态数据库实现数据库密文查询和计算，解决数据库云上隐私泄露问题及第三方信任问题，实现云上数据的全生命周期保护，实现数据拥有者与数据管理者读取能力分离。密态数据库使系统无论在何种业务场景下，数据在传输、运算以及存储的各个环节始终都处于密文状态。当数据拥有者在客户端完成数据加密并发送给服务器后，此时攻击者借助系统脆弱点窃取用户数据却仍然无法获得有效的价值信息，从而起到保护数据的作用。

8. 网络通信安全特性

openGauss 支持通过安全套接层（Secure Sockets Layer，SSL）加密客户端和服务器之间的通信数据，保证客户端与服务器的通信安全。openGauss 采用 TLS 1.2 协议，并使用安全强度较高的加密算法套件。

9. 行级访问控制

行级访问控制就是将数据库访问粒度控制到数据表行级别，使数据库具有行级访问控制的能力。不同用户执行相同的 SQL 查询操作，按照行级访问控制策略，读取的结果可能是不同的。用户可以在数据表创建行级访问控制策略，该策略是针对特定数据库用户、特定 SQL 操作生效的表达式。当用户访问数据表时，若 SQL 满足数据表特定的策略，在查询优化阶段，满足条件的表达式将按照属性（PERMISSIVE | RESTRICTIVE）的类型，通过 AND 或 OR 方式拼接，应用到执行计划。行级访问控制的作用是控制表中行级数据可见性，通过在数据表上预定义 Filter（过滤），在查询优化阶段将满足条件

的表达式应用到执行计划，影响最终的执行结果。当前行级访问控制支持的 SQL 语句包括 SELECT、UPDATE、DELETE。

10．资源标签

资源标签通过将数据库资源按照用户自定义的方式划分，实现资源分类管理的目的。管理员可以通过资源标签统一地为一组数据库资源进行安全策略的配置，如审计或数据脱敏。资源标签能够将数据库资源按照"特征""作用场景"等分组归类，对指定资源标签的管理操作也就是对标签范围下所有的数据库资源的管理操作。这样能够大大降低策略配置的复杂度和信息冗余度，提高管理效率。当前资源标签支持的数据库资源类型包括 SCHEMA、TABLE、COLUMN、VIEW、FUNCTION。

11．动态数据脱敏

为了在一定程度上限制非授权用户对隐私数据的窥探，可以利用动态数据脱敏策略保护用户隐私数据。当非授权用户访问已配置动态数据脱敏策略的数据时，数据库将返回脱敏后的数据而达到对隐私数据保护的目的。管理员可以在数据列上创建动态数据脱敏策略，该策略指出针对特定用户场景应采取何种数据脱敏方式。开启动态数据脱敏功能后，当用户访问敏感列数据时，系统将用户身份信息（如访问 IP、客户端工具、用户名）匹配相应的脱敏策略，匹配成功后根据脱敏策略对访问列的查询结果实施数据脱敏。动态数据脱敏的作用是在不改变源数据的前提下，通过在脱敏策略上配置针对的用户场景、指定的敏感列标签和对应的脱敏方式灵活地进行隐私数据保护。

12．用户口令强度校验机制

为了加固用户账户和数据的安全，openGauss 禁止设置过低强度的口令，当初始化数据库、创建用户、修改用户时需要指定密码。密码必须满足强度校验，否则会提示用户重新输入密码。密码复杂度对大小写字母、数字、特殊字符的最少个数，最大最小长度，不能和用户名、用户名倒写相同，不能是弱口令等进行了限制，从而增强了用户账户的安全性。其中弱口令指的是强度较低，容易被破解的密码，对于不同的用户或群体，弱口令的定义可能会有所区别，用户需要自己添加定制化的弱口令。用户口令强度校验机制是否开启由参数 password_policy 控制，该参数设置为 1 时表示开启用户口令强度校验机制，默认值为 1。

2.4.4　易维护

1．支持 WDR 诊断报告

WDR 基于两次不同时间点系统的性能快照数据，生成这两个时间点之间的性能表现报表，用于诊断数据库内核的性能故障。WDR 主要依赖两个组件。

① SNAPSHOT 性能快照：性能快照可以配置成按一定时间间隔从内核采集一定量的性能数据，持久化在用户表空间。任何一个 SNAPSHOT 可以作为一个性能基线，从其他 SNAPSHOT 与之比较的结果，可以分析出其他 SNAPSHOT 的性能表现。

② WDR Reporter：报表生成工具基于两个 SNAPSHOT，分析系统总体性能表现，并能计算出更多项具体的性能指标在这两个时间段之间的变化量，生成 SUMMARY 和 DETAIL 两个不同级别的诊断报告，具体分别见表 2-7 和表 2-8。

表 2-7　SUMMARY 级别诊断报告

诊断类别	描述
Database Stat	主要用于评估当前数据库上的负载、I/O 状况，负载和 I/O 状况是衡量 TP 系统最重要的特性。 包含当前连接该数据库的 Session，提交、回滚的事务数，读取的磁盘块的数量，高速缓存中已经发现的磁盘块的次数，通过数据库查询返回、抓取、插入、更新、删除的行数，冲突、死锁发生的次数，文件的使用量，I/O 读/写时间等
Load Profile	从时间、I/O、事务、SQL 几个维度评估当前系统负载的表现。 包含作业运行 elapse time、CPU time，事务日质量，逻辑和物理读的量，读/写 I/O 次数、大小，登入/登出次数，SQL、事务执行量，SQL P85、P90 响应时间等
Instance Efficiency Percentages	用于评估当前系统的缓存的效率。 主要包含数据库缓存命中率
Events	用于评估当前系统内核关键资源、关键事件的性能。 主要包含数据库内核关键事件的发生次数，事件的等待时间
Wait Classes	用于评估当前系统关键事件类型的性能。 主要包含数据内核在主要的等待事件的种类上的发布：STATUS、LWLOCK_EVENT、LOCK_EVENT、IO_EVENT
CPU	主要包含 CPU 在用户态、内核态、Wait I/O、空闲状态下的时间发布
IO Profile	主要包含 Database I/O 次数、Database I/O 数据量、Redo I/O 次数、Redo I/O 量
Memory Statistics	包含最大进程内存、进程已经使用内存、最大共享内存、共享已经使用内存等

表 2-8　DETAIL 级别诊断报告

诊断类别	描述
Time Model	主要用于评估当前系统在时间维度的性能表现。 包含系统在各个阶段消耗的时间：内核时间、CPU 时间、执行时间、解析时间、编译时间、查询重写时间、计划生成时间、网络时间、I/O 时间
SQL Statistics	主要用于 SQL 语句性能问题的诊断。 包含归一化的 SQL 语句的性能指标在多个维度上的排序：Elapsed Time、CPU Time、Rows Returned、Tuples Reads、Executions、Physical Reads、Logical Reads。这些指标的种类包括：执行时间、执行次数、行活动、Cache I/O 等
Wait Events	主要用于系统关键资源、关键时间的详细性能诊断。 包含所有关键事件在一段时间内的表现，主要是事件发生的次数、消耗的时间
Cache IO Stats	用于诊断用户表和索引的性能。 包含所有用户表、索引上的文件读/写、缓存命中
Utility status	用于诊断后端作业性能。 包含页面操作、复制等后端操作的性能
Object stats	用于诊断数据库对象的性能。 包含用户表、索引上的表、索引扫描活动，insert、update、delete 活动，有效行数量，表维护操作的状态等
Configuration settings	用于判断配置是否有变更。 包含当前所有配置参数的快照

WDR 报表是长期性能问题最主要的诊断手段。基于 SNAPSHOT 的性能基线，从多维度做性能分析，能帮助 DBA 掌握系统负载繁忙程度、各个组件的性能表现、性能瓶颈。

SNAPSHOT 也是后续性能问题自诊断和自优化建议的重要数据来源。

2．支持一键式收集诊断信息

openGauss 提供多种套件用于捕获、收集、分析诊断数据，使问题可以诊断，加速诊断过程。openGauss 能根据开发和定位人员的需要，从生产环境中将必要的数据库日志、数据库管理日志、堆栈信息等提取出来，定位人员根据信息进行问题的定界定位。一键式收集工具根据问题的不同，从生产环境中获取不同的信息，从而提高问题定位定界的效率。用户可以通过改写配置文件，收集自己想要的信息。可收集的主要信息如下。

① 操作系统相关的信息。

② 数据库系统相关的信息。

③ 数据库系统运行日志和数据库管理相关的日志。

④ 数据库系统的配置信息。

⑤ 数据库相关进程产生的 Core 文件。

⑥ 数据库相关进程的堆栈信息。

⑦ 数据库进程产生的 trace 信息。

⑧ 数据库产生的 Redo 日志文件 xlog。

⑨ 计划复现信息。

3．慢 SQL 诊断

慢 SQL 能根据用户提供的执行时间阈值，记录所有超过阈值的执行完毕的作业信息。历史慢 SQL 提供表和函数两种维度的查询接口，用户从接口中能查询到作业的执行计划、开始和结束执行时间、执行查询的语句、行活动、内核时间、CPU 时间、执行时间、解析时间、编译时间、查询重写时间、计划生成时间、网络时间、I/O 时间、网络开销及锁开销等。所有信息都是脱敏的。慢 SQL 为用户提供诊断所需的详细信息，用户无须通过复现就能离线诊断特定慢 SQL 的性能问题。表和函数接口方便用户统计慢 SQL 信息，对接第三方平台。

2.4.5　AI 能力

1．AI4DB

AI4DB 包括参数智能调优与诊断、慢 SQL 发现、索引推荐、时序预测、异常检测等，能够为用户提供更便捷的运维操作，性能提升，实现自调优、自监控、自诊断等功能。

2．DB4AI

DB4AI 新增 XGBoost、Prophet、GBDT 等高级且常用的算法套件，弥补 MADlib 生态的不足。DB4AI 统一 SQL 到机器学习的技术栈，实现从数据管理到模型训练的 SQL 语句"一键驱动"。

第 3 章
openGauss 数据库
安装部署

本章主要内容

3.1　openGauss 2.0.0 数据库安装

3.2　数据库连接和认证

3.3　工具介绍

3.1　openGauss 2.0.0 数据库安装

3.1.1　openGauss 安装流程概述

openGauss 提供极简版安装方式和企业版安装方式，可以使用专用服务器进行安装，也可以使用虚拟机进行安装。极简版主要用于体验，在数据库功能方面与企业版相差较大，因此本书介绍在虚拟机上安装企业版本，并分别通过单机部署、主备部署等不同方式实现。

openGauss 支持单机部署和单机 HA 部署两种方式。单机部署时，用户可在一台主机部署多个数据库实例，但为了数据安全，不建议用户采用这种方式。单机 HA 部署支持一台主机和最少一台备机。通过 openGauss 提供的脚本安装方式，只允许在单台物理机部署一个数据库系统。如果需要在单台物理机部署多个数据库系统，建议通过命令行安装 openGauss 数据库。

在实际产品中，硬件配置的规划需考虑数据规模及期望的数据库响应速度。硬件类型与配置描述见表 3-1。

表 3-1　硬件类型与配置描述

硬件类型	配置描述
内存	功能调试：32GB 以上。 性能测试和商业部署时，单实例部署：128GB 以上。 复杂的查询对内存的需求量比较大，在高并发场景下，可能会内存不足。此时建议使用大内存的机器，或使用负载管理限制系统的并发
CPU	功能调试最小 1×8 核 2.0GHz。 性能测试和商业部署时，建议 1×16 核 2.0GHz。 支持 CPU 超线程和非超线程两种模式。 说明：个人开发者最低配置 2 核 4GB，推荐配置 4 核 8GB。 目前，openGauss 仅支持鲲鹏服务器和基于 X86_64 通用 PC 服务器的 CPU
硬盘	用于安装 openGauss 的硬盘需至少满足以下要求： ① 至少 1GB 用于安装 openGauss 的应用程序； ② 每台主机需大约 300MB 用于元数据存储； ③ 预留 70%以上的磁盘空间用于数据存储。 建议系统盘配置为 RAID 1，数据盘配置为 RAID 5，且规划 4 组 RAID 5 数据盘用于安装 openGauss。有关 RAID 的配置，请参考硬件厂商的手册或互联网上的方法，其中 Disk Cache Policy 一项需设置为 Disabled，否则机器异常掉电后有数据丢失的风险。 openGauss 支持使用 SSD 作为数据库的主存储设备，支持 SAS 接口和 NVME 协议的 SSD，以 RAID 的方式部署使用

网络要求为 300Mbit/s 以上以太网。建议网卡设置为双网卡冗余。有关网卡冗余的配置方法在此不进行介绍。

软件类型与配置描述见表 3-2。

表 3-2 软件类型与配置描述

软件类型	配置描述
Linux 操作系统	ARM： • openEuler 20.3 LTS（推荐采用此操作系统） • 麒麟 V10 X86： • openEuler 20.3 LTS • CentOS 7.6 说明： 建议使用英文操作系统，当前安装包只能在英文操作系统上安装使用
Linux 文件系统	剩余 inode 个数 $>1.5\times10^9$（推荐）
工具	bzip2
Python	openEuler：支持 Python 3.7.X CentOS：支持 Python 3.6.X 麒麟：支持 Python 3.7.X 说明： Python 需要通过--enable-shared 方式编译

为了便于读者学习，本书使用虚拟机方式安装 openGauss，宿主操作系统为 Windows 10 专业版，虚拟机软件使用 VMware Workstation Pro（简称 VMware 虚拟机软件），虚拟机的硬件配置为：内存 4GB，硬盘空间 20GB，CPU 为双核，虚拟机操作系统为 CentOS 7.6，具体的安装过程请参考前面的章节。为了便于管理和记忆，本书操作过程中除特殊指定以外，所有的用户密码均使用：Jiangwf@123。

3.1.2 虚拟机软件的使用和安装配置

1. VMware 虚拟机软件的安装

openGauss 的数据库服务器需要运行在 Linux 操作系统上，Windows 操作系统上无法直接安装 openGauss 数据库服务器，因此首先需要安装 Linux 操作系统。对于大多数用户来说，日常使用的笔记本电脑和台式机安装的均是 Windows 操作系统，那么如何在 Windows 操作系统上安装 Linux 操作系统呢？答案是在 Windows 操作系统上安装虚拟机软件，该软件提供一个虚拟的硬件环境，可以让 Linux 操作系统顺利地运行。然后在 Linux 操作系统上安装 openGauss 数据库，就可以在笔记本电脑或台式机上学习和体验 openGauss 数据库了。本书将使用两种主流的虚拟机软件演示安装和部署 openGauss 数据库的过程。

VMware 虚拟机软件可以在一台机器上同时运行两个或更多个操作系统，如 Windows、DOS、Linux 操作系统。与多启动系统相比，VMware 采用完全不同的概念。多启动系统在一个时刻只能运行一个系统，在切换系统时需要重新启动机器。VMware

虚拟机软件可用来测试软件、安装操作系统（如 Linux）、病毒木马等。VMware 是真正"同时"运行多个操作系统在主系统的平台上，就像 Windows 应用程序那样切换，而且每个操作系统都可以进行虚拟的分区、配置而不影响真实硬盘的数据，几台虚拟机甚至可以通过网卡组建一个局域网。

VMware 虚拟机软件的主要功能有以下几个。

① 不需要分区或重启计算机就能在同一台计算机上使用两种以上的操作系统。

② 完全隔离并且保护不同操作系统的操作环境、所有安装在操作系统中的应用软件和资料。

③ 不同的操作系统之间能互动操作，如网络、周边的分享和文件复制和粘贴功能。

④ 有快照和复原功能，可以保留某个时刻整个系统的状态，并在需要的时候随时恢复该状态。

⑤ 能够设定并且随时修改操作系统的参数。

我们现在开始在 Windows10 专业版操作系统上安装 VMware 虚拟机软件，详细操作有以下几步。

第一步：安装 VMware 虚拟机软件。

在安装 VMware 虚拟机软件时，使用 administrator 用户登录 Windows 操作系统。如果用户的操作系统为家庭版，需要开启 administrator 用户，开启方式：启动命令行，在命令提示符中输入命令"net user administrator /active:yes"后按回车键，此时 administrator 用户已开启。在"开始"菜单中单击用户头像就可以看到切换选项并切换到 administrator 用户。

16.1.2 版本的 VMware Workstation Pro 提供 DirectX 11 和 OpenGL 4.1 3D 加速图形支持、全新的"暗黑模式"用户界面等新功能，但是本书中的案例可以不使用最新功能，因此也可以使用 VMware Workstation Pro 16.1.2 之前的版本，本书使用的 VMware Workstation Pro 版本号为 12。VMware Workstation Pro 的不同版本在操作上大同小异。

下载安装包后即可运行 VMware Workstation Pro 安装程序。安装 VMware 软件的步骤如图 3-1～图 3-11 所示。

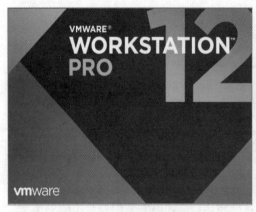

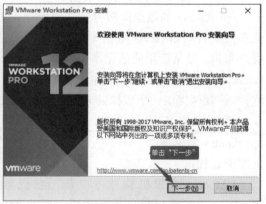

图 3-1　安装 VMware 软件 1　　　　　　图 3-2　安装 VMware 软件 2

图 3-3   安装 VMware 软件 3

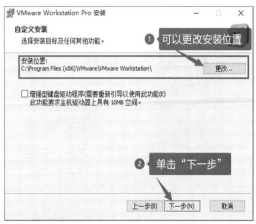

图 3-4   安装 VMware 软件 4

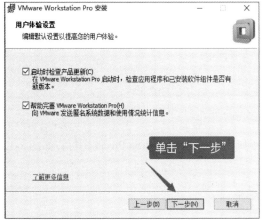

图 3-5   安装 VMware 软件 5

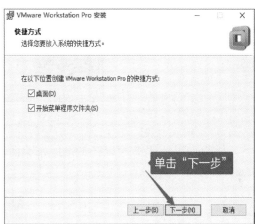

图 3-6   安装 VMware 软件 6

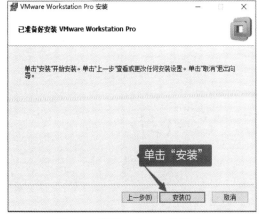

图 3-7   安装 VMware 软件 7

图 3-8   安装 VMware 软件 8

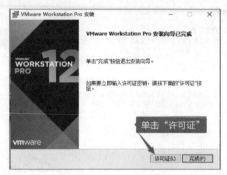
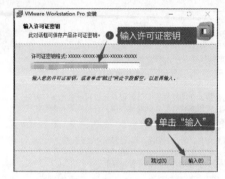

图 3-9　安装 VMware 软件 9　　　　　　图 3-10　安装 VMware 软件 10

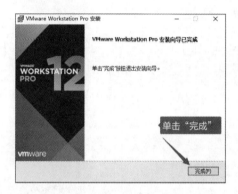

图 3-11　安装 VMware 软件 11

安装成功后，我们可以在 Windows 桌面看到 VMware Workstation Pro 的图标，如图 3-12 所示。

图 3-12　VMware Workstation Pro 的图标

VMware 软件启动界面如图 3-13 所示。

图 3-13　VMware 软件启动界面

第二步：检查并配置虚拟网络。

安装成功后，需要检查并配置虚拟网络，以确保后续的虚拟机能正常工作。打开"虚拟网络编辑器"，如图 3-14 所示。

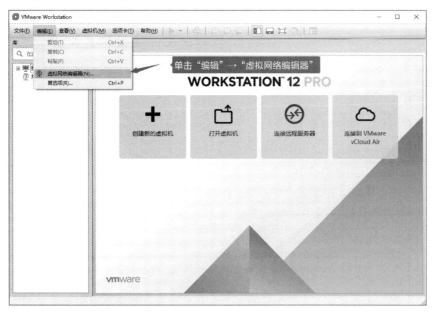

图 3-14　打开"虚拟网络编辑器"

VMware 软件安装完成后，会默认创建 3 个 VMware 网络适配器，如图 3-15 所示。如果未创建成功，就会造成后续虚拟机不能正常工作，可以单击左下角的"还原默认设置"重新创建。如果依然未创建成功，需要检查操作系统是否是在 administrator 用户下安装的 VMware 软件。如果不是，则重新安装，以确保虚拟网络正常。

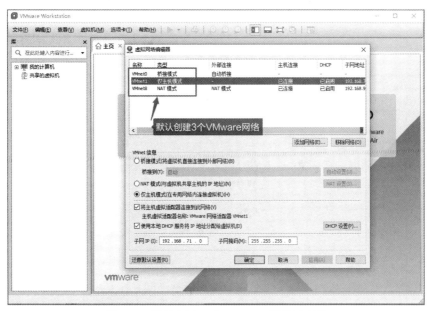

图 3-15　默认创建 3 个 VMware 网络适配器

　　确认虚拟网络正常后，返回 Windows 桌面，单击"开始"→"设置"→"控制面板"，打开"网络和 Internet"，配置虚拟网络，如图 3-16～图 3-21 所示。

图 3-16　配置虚拟网络 1

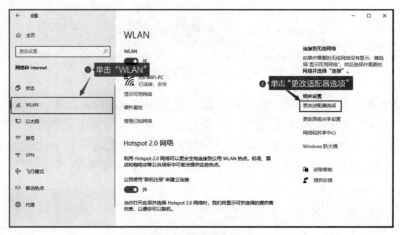

图 3-17　配置虚拟网络 2

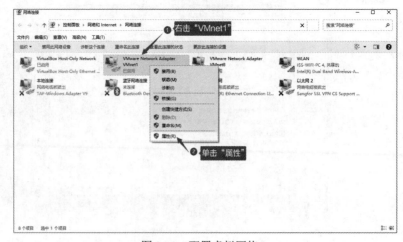

图 3-18　配置虚拟网络 3

图 3-19　配置虚拟网络 4

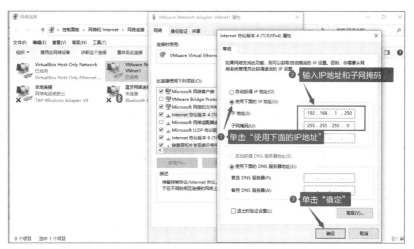

图 3-20　配置虚拟网络 5

图 3-21　配置虚拟网络 6

2．使用 VMware 软件安装 CentOS 7.6 操作系统

第一步：下载 CentOS 7.6 的 ISO 安装文件，如图 3-22 所示。

图 3-22　下载 CentOS 7.6 的 ISO 安装文件

第二步：启动 VMware 软件，新建虚拟机，如图 3-23～图 3-34 所示。

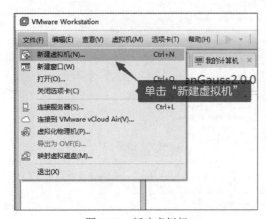

图 3-23　新建虚拟机 1

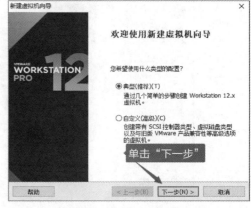

图 3-24　新建虚拟机 2

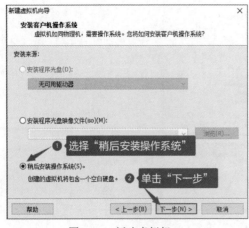

图 3-25　新建虚拟机 3

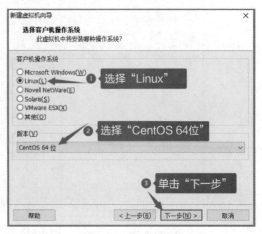

图 3-26　新建虚拟机 4

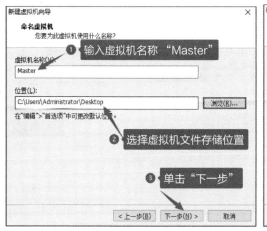

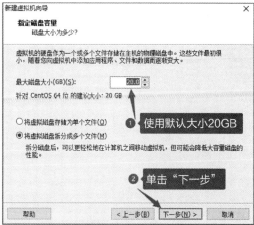

图 3-27　新建虚拟机 5　　　　　　　　图 3-28　新建虚拟机 6

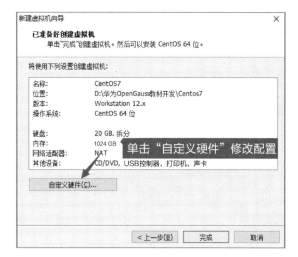

图 3-29　新建虚拟机 7

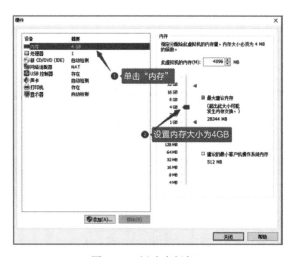

图 3-30　新建虚拟机 8

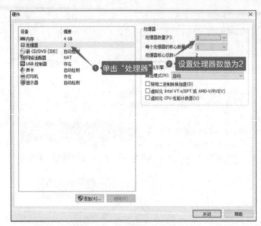

图 3-31　新建虚拟机 9

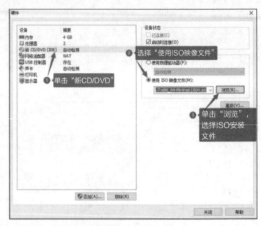

图 3-32　新建虚拟机 10

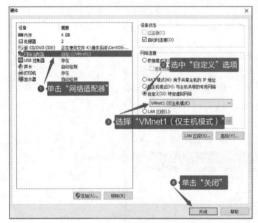

图 3-33　新建虚拟机 11

图 3-34　新建虚拟机 12

创建成功的虚拟机如图 3-35 所示。

图 3-35　创建成功的虚拟机

第三步：安装操作系统。

进入安装界面，如图 3-36 和图 3-37 所示。

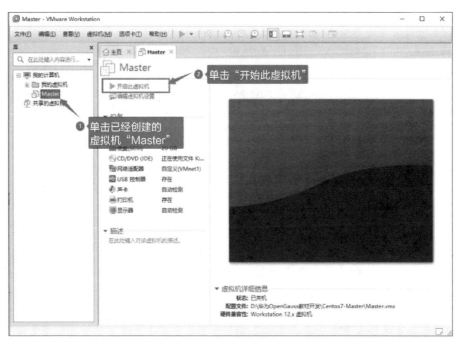

图 3-36　进入安装界面 1

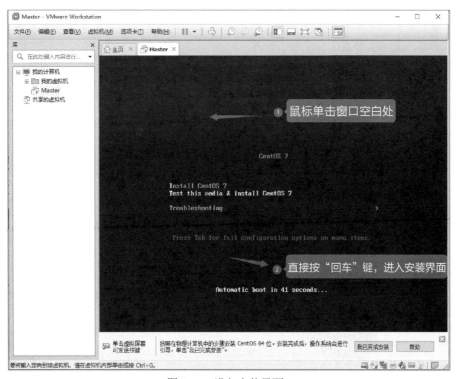

图 3-37　进入安装界面 2

等待一会儿就可以看到启动安装的界面，如图 3-38 所示。

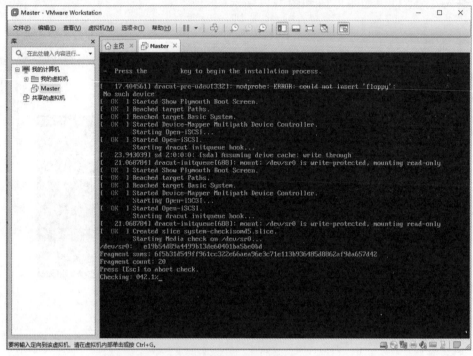

图 3-38　启动安装界面

安装操作系统的步骤如图 3-39～图 3-45 所示。

图 3-39　安装操作系统 1

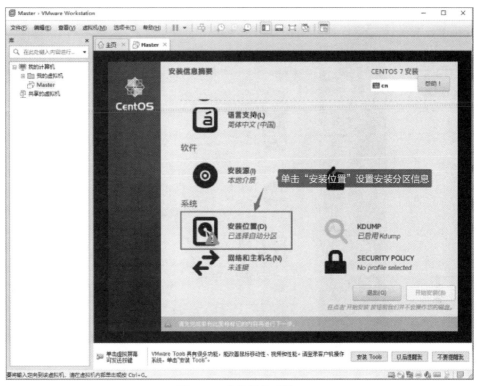

图 3-40　安装操作系统 2

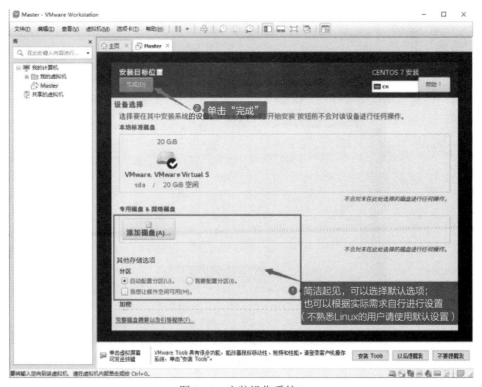

图 3-41　安装操作系统 3

图 3-42 安装操作系统 4

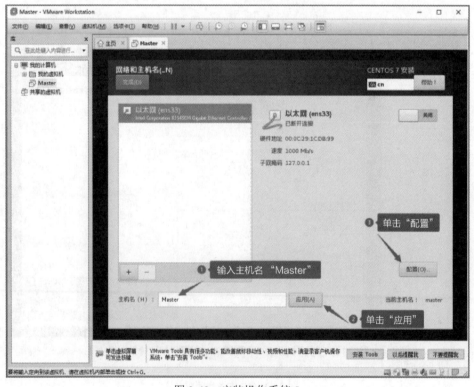

图 3-43 安装操作系统 5

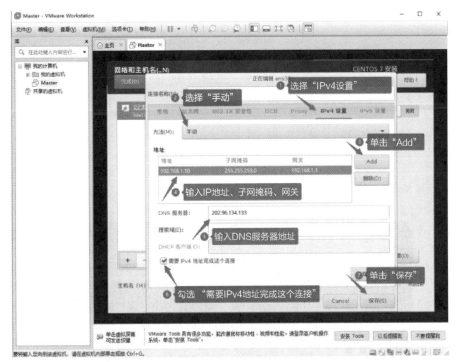

图 3-44　安装操作系统 6

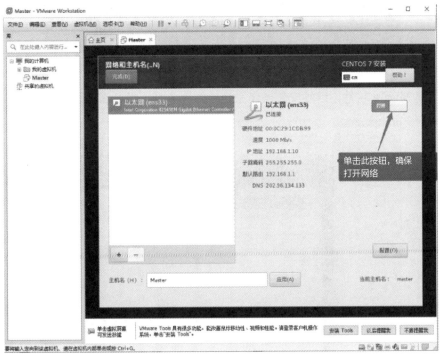

图 3-45　安装操作系统 7

返回 Windows 桌面，单击左下角"开始"→右击菜单→"运行"，进入"运行"对话框，输入"cmd"并单击"确定"，如图 3-46 所示。

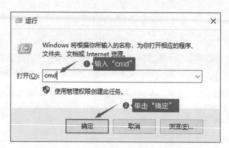

图 3-46　进入"运行"对话框

测试主机与虚拟机的网络通信，如图 3-47 所示。

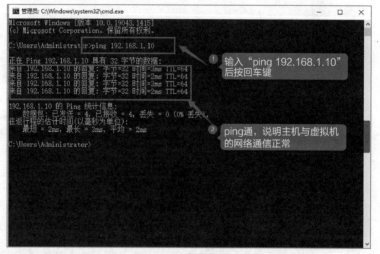

图 3-47　测试主机与虚拟机的网络通信

返回 VMware 软件，继续安装操作系统，如图 3-48～图 3-55 所示。

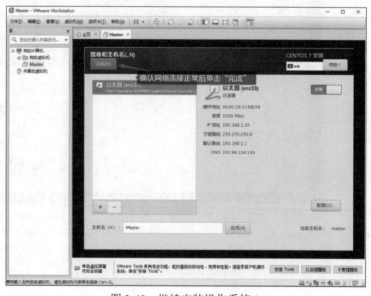

图 3-48　继续安装操作系统 1

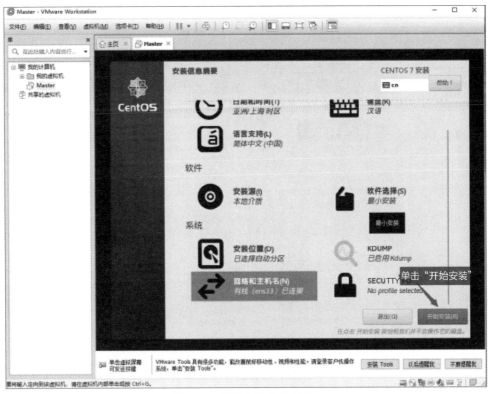

图 3-49　继续安装操作系统 2

图 3-50　继续安装操作系统 3

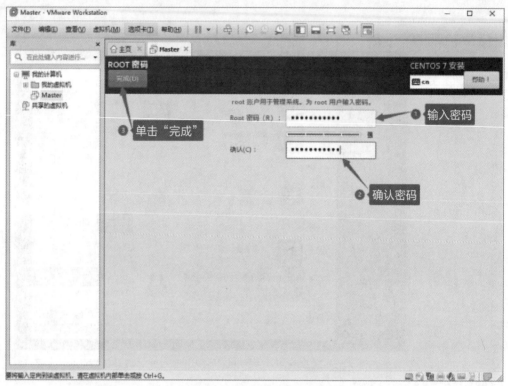

图 3-51　继续安装操作系统 4

图 3-52　继续安装操作系统 5

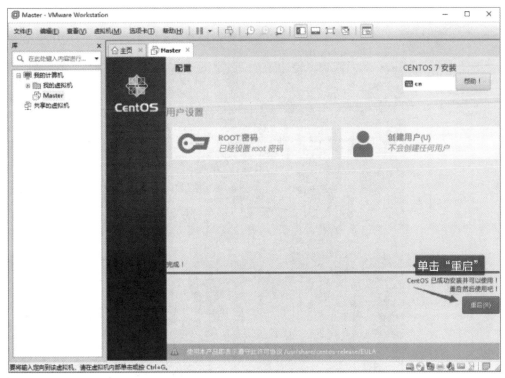

图 3-53   继续安装操作系统 6

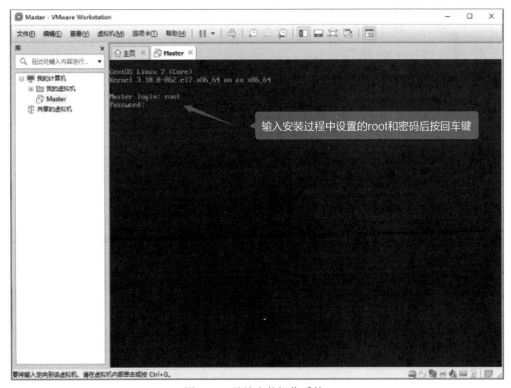

图 3-54   继续安装操作系统 7

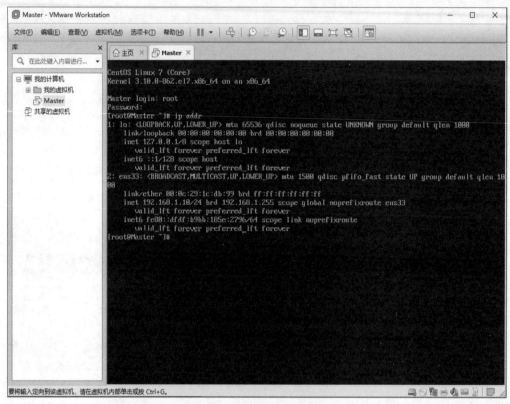

图 3-55　继续安装操作系统 8

至此，操作系统安装成功！

3．安装 VirtualBox 软件

第一步：下载并安装 VirtualBox 软件。

进入 VirtualBox 官网，下载 VirtualBox 软件，如图 3-56、图 3-57 所示。

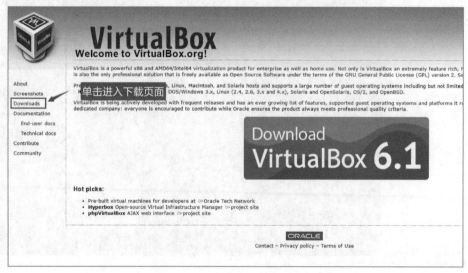

图 3-56　下载 VirtualBox 软件 1

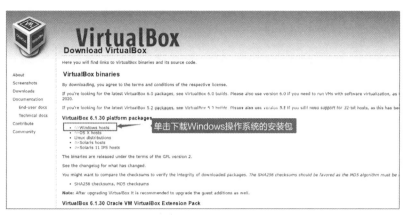

图 3-57　下载 VirtualBox 软件 2

VirtualBox 软件的安装程序图标如图 3-58 所示。

图 3-58　VirtualBox 软件的安装程序图标

安装 VirtualBox 软件的步骤如图 3-59～图 3-66 所示。

图 3-59　安装 VirtualBox 软件 1

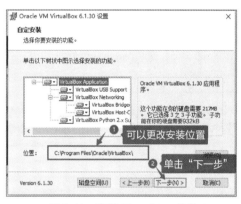

图 3-60　安装 VirtualBox 软件 2

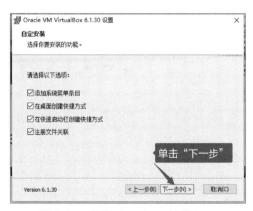

图 3-61　安装 VirtualBox 软件 3

图 3-62　安装 VirtualBox 软件 4

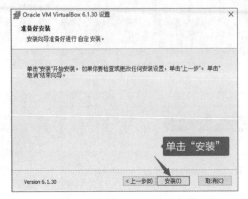

图 3-63　安装 VirtualBox 软件 5

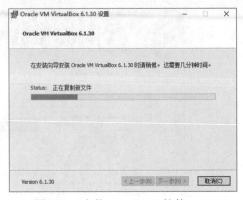

图 3-64　安装 VirtualBox 软件 6

图 3-65　安装 VirtualBox 软件 7

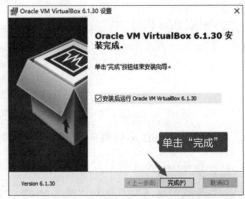

图 3-66　安装 VirtualBox 软件 8

第二步：配置 VirtualBox 的网络。

进入 Windows 桌面，单击"开始"→"设置"→"控制面板"，打开"网络和 Internet"，配置 VirtualBox 的网络，如图 3-67～图 3-72 所示。

图 3-67　配置 VirtualBox 的网络 1

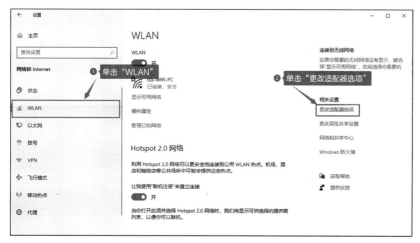

图 3-68　配置 VirtualBox 的网络 2

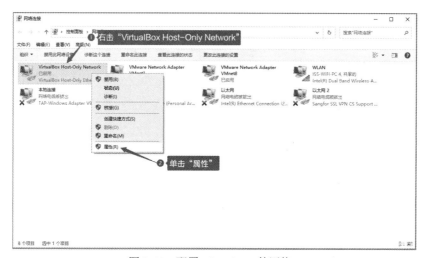

图 3-69　配置 VirtualBox 的网络 3

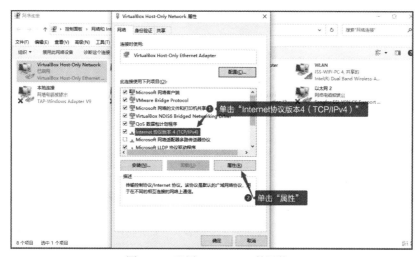

图 3-70　配置 VirtualBox 的网络 4

图 3-71　配置 VirtualBox 的网络 5

图 3-72　配置 VirtualBox 的网络 6

4．使用 VirtualBox 软件安装 openEuler 20.03 LTS SP2 操作系统

第一步：下载 openEuler 20.03 LTS SP2 的 ISO 安装文件，如图 3-73～图 3-77 所示。

图 3-73　openEuler 20.03 LTS SP2 的 ISO 安装文件 1

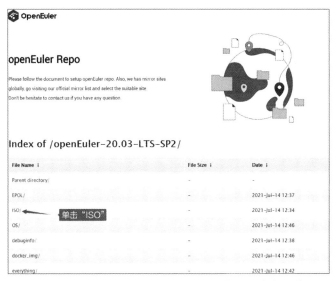

图 3-74　下载 openEuler 20.03 LTS SP2 的 ISO 安装文件 2

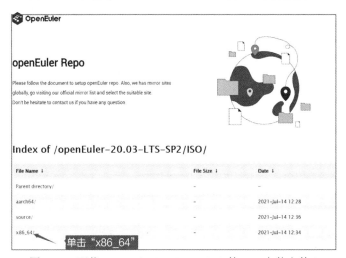

图 3-75　下载 openEuler 20.03 LTS SP2 的 ISO 安装文件 3

图 3-76　下载 openEuler 20.03 LTS SP2 的 ISO 安装文件 4

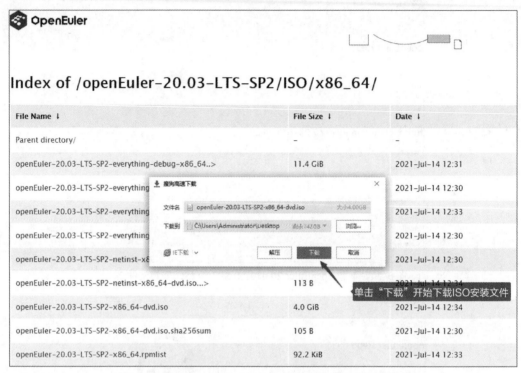

图 3-77　下载 openEuler 20.03 LTS SP2 的 ISO 安装文件 5

　　第二步：启动 VirtualBox 软件，开始安装 openEuler 虚拟机，如图 3-78～图 3-101
所示。

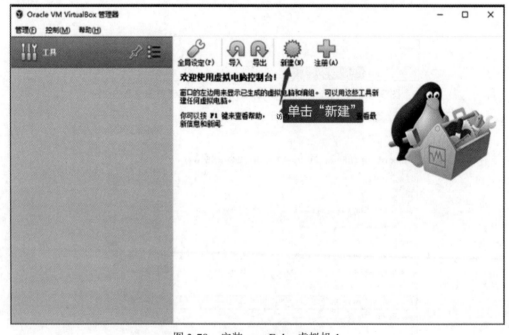

图 3-78　安装 openEuler 虚拟机 1

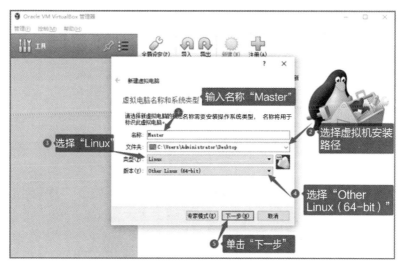

图 3-79 安装 openEuler 虚拟机 2

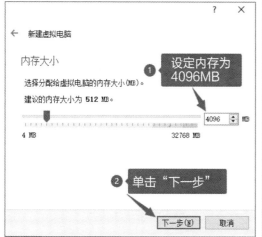

图 3-80 安装 openEuler 虚拟机 3

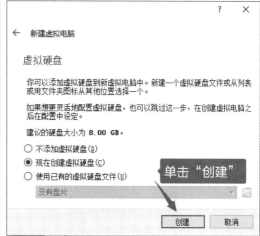

图 3-81 安装 openEuler 虚拟机 4

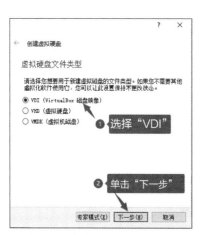

图 3-82 安装 openEuler 虚拟机 5

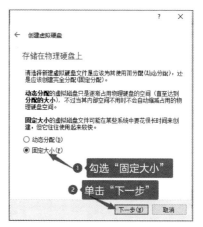

图 3-83 安装 openEuler 虚拟机 6

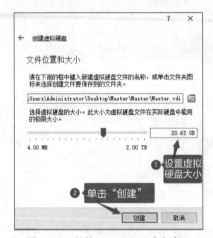

图 3-84　安装 openEuler 虚拟机 7

图 3-85　安装 openEuler 虚拟机 8

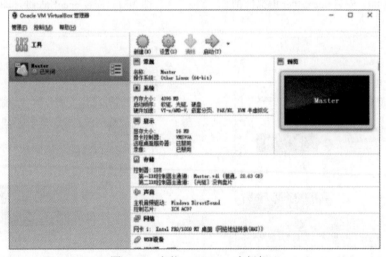

图 3-86　安装 openEuler 虚拟机 9

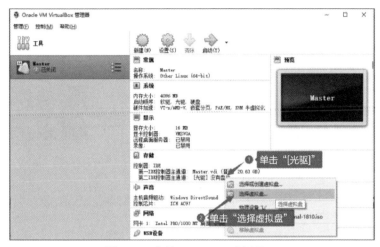

图 3-87　安装 openEuler 虚拟机 10

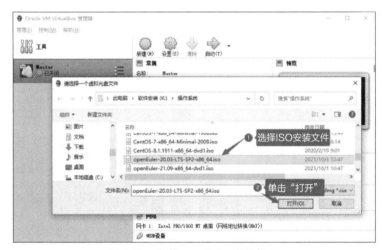

图 3-88　安装 openEuler 虚拟机 11

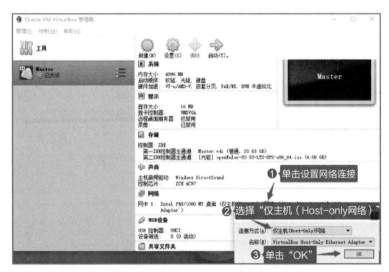

图 3-89　安装 openEuler 虚拟机 12

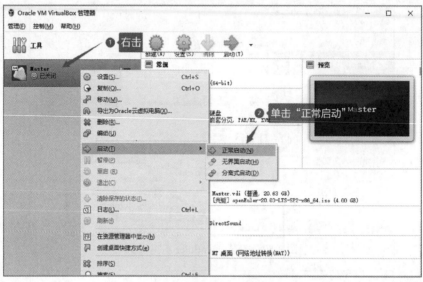

图 3-90　安装 openEuler 虚拟机 13

图 3-91　安装 openEuler 虚拟机 14

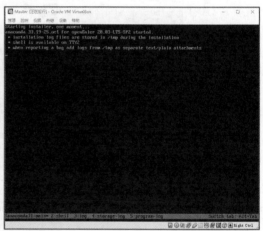

图 3-92　安装 openEuler 虚拟机 15

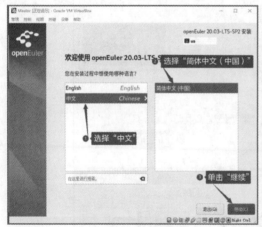

图 3-93　安装 openEuler 虚拟机 16

图 3-94　安装 openEuler 虚拟机 17

图 3-95　安装 openEuler 虚拟机 18　　　　　　图 3-96　安装 openEuler 虚拟机 19

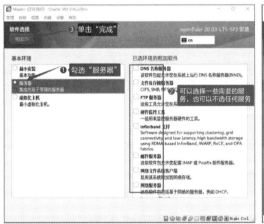

图 3-97　安装 openEuler 虚拟机 20　　　　　　图 3-98　安装 openEuler 虚拟机 21

图 3-99　安装 openEuler 虚拟机 22

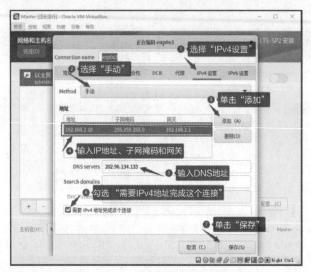

图 3-100　安装 openEuler 虚拟机 23

图 3-101　安装 openEuler 虚拟机 24

回到 Windows 桌面，单击左下角"开始"→右击菜单→"运行"，弹出"运行"对话框，输入"cmd"，如图 3-102 所示。

图 3-102　进入"运行"对话框

执行 ping 192.168.2.10 命令查看主机是否可以和虚拟机 ping 通，如图 3-103 所示。

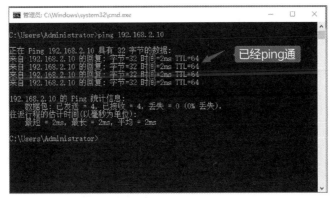

图 3-103　测试主机和虚拟机的连接

继续安装 openEuler 虚拟机，如图 3-104～图 3-109 所示。

图 3-104　继续安装 openEuler 虚拟机 1　　　　图 3-105　继续安装 openEuler 虚拟机 2

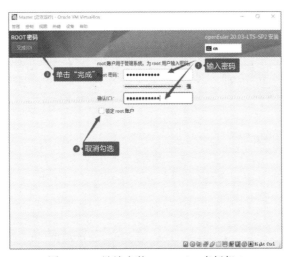

图 3-106　继续安装 openEuler 虚拟机 3

图 3-107　继续安装 openEuler 虚拟机 4

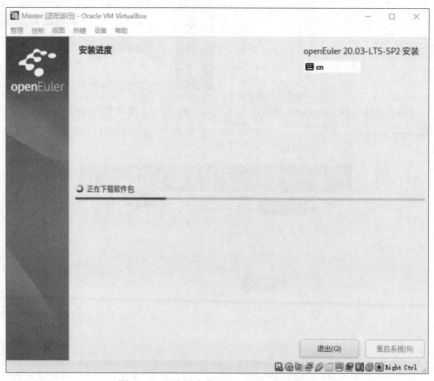

图 3-108　继续安装 openEuler 虚拟机 5

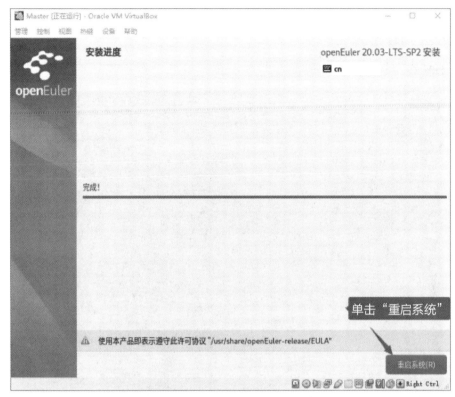

图 3-109　继续安装 openEuler 虚拟机 6

重启虚拟机前需要先移除虚拟盘，以便虚拟机在启动时能进入操作系统，如图 3-110 所示。

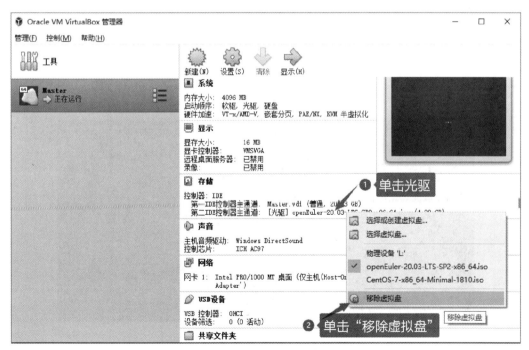

图 3-110　移除虚拟盘

　　移除虚拟盘后，启动虚拟机，自动启动操作系统，经过自检和启动过程后进入登录界面，如图 3-111 所示。

图 3-111　登录界面

　　默认情况下，openEuler 虚拟机进入系统后并没有启用预先设定的 IP 地址，因此需要通过 root 登录主机后，配置网络自动启动 IP 地址，配置命令如下。

```
cd /etc/sysconfig/network-scripts
vi ifcfg-enp0s3
```

命令行操作如图 3-112 所示。

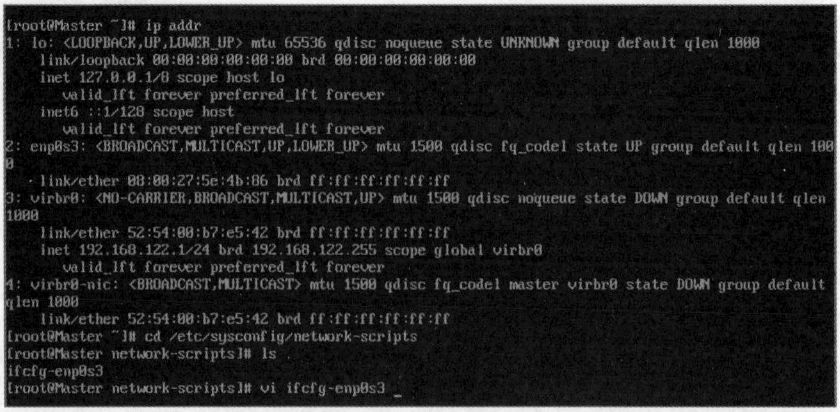

图 3-112　命令行操作

　　把"ONBOOT=no"修改为"ONBOOT=yes"并保存退出，如图 3-113 所示。

图 3-113　修改 ONBOOT

　　然后执行 reboot 命令重启虚拟机。再次登录系统，执行 ip addr 命令查看 IP 地址，可以看到 IP 地址正常启用，如图 3-114 所示。

图 3-114　IP 地址正常启用

5. 部署环境的补充说明

一般情况下，只要用户的笔记本电脑或者台式机的 CPU 为双核或以上、内存为 8GB 或以上，基本都可以正常安装虚拟机软件并部署 Linux 操作系统和 openGauss 数据库。如果用户有一台属于自己的专用服务器，那么也可以将其部署在专用服务器上进行学习和使用；如果用户希望高效地利用专用服务器，则可以在专用服务器上搭建私有云平台，然后在私有云平台上安装部署多个不同的操作系统以充分利用服务器资源，此时可以根据专用服务器的实际硬件配置选择不同的方案，例如部署 VMware ESXi、Proxmox 或者 OpenStack 等云平台，在应用方面推荐使用 VMware ESXi 和 Proxmox。下面以 VMware ESXi 为例做简要说明。

VMware ESXi 是 VMware 推出的一款可以免费使用的服务器级别的虚拟机软件。ESXi 不依赖任何操作系统，本身就可以被看作一个操作系统，并且可以在它上面安装系统。ESXi 专为运行虚拟机、最大限度降低配置要求和简化部署而设计。将 VMware ESXi 的 ISO 文件写入 U 盘，将 U 盘插入专用服务器并设置为第一启动项，就可以在开机后像安装 Linux 操作系统一样安装部署私有云平台。ESXi 6.0 之前的版本是在用户的计算机上安装客户端，然后通过客户端连接专用服务器，即可在服务器上创建大量的虚拟机。下面以 VMware ESXi 5.50 为例，介绍 VMware ESXi 的安装过程，如图 3-115～图 3-117 所示。

图 3-115　VMware ESXi 的安装过程 1

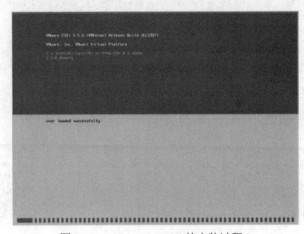

图 3-116　VMware ESXi 的安装过程 2

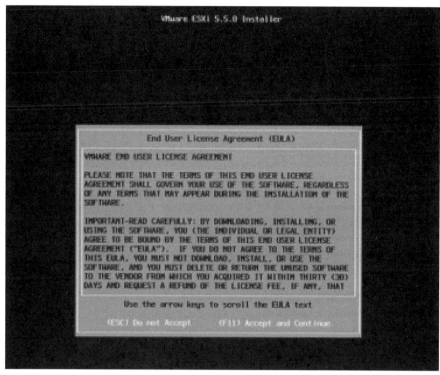

图 3-117　VMware ESXi 的安装过程 3

服务器安装部署后，在用户的计算机上安装 Windows 平台的管理端，然后启动管理端，即可对私有云平台进行操作，如图 3-118、图 3-119 所示。

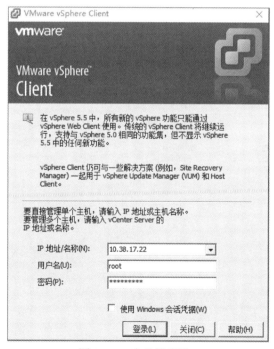

图 3-118　启动管理端 1

图 3-119　启动管理端 2

VMware ESXi 管理界面如图 3-120 所示。

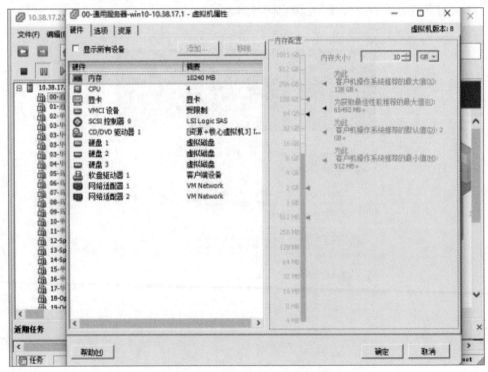

图 3-120　VMware ESXi 管理界面

6．使用远程终端软件连接 Master 虚拟机

虚拟机的操作系统安装成功后，我们可以把虚拟机想象成一台放置在机房里的真实的物理服务器。每次操作服务器时，不可能专门跑到服务器前，因此需要在计算机上运行远程终端软件，通过网络连接远程 Linux 服务器。远程终端软件可以使用 PuTTY、Xshell等。本书使用的远程终端软件是 MobaXterm，读者可以登录其官网进行下载。安装完成后，MobaXterm 启动界面如图 3-121～图 3-125 所示。

图 3-121　MobaXterm 启动界面 1

图 3-122　MobaXterm 启动界面 2

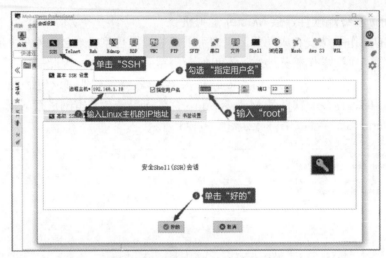

图 3-123　　MobaXterm 启动界面 3

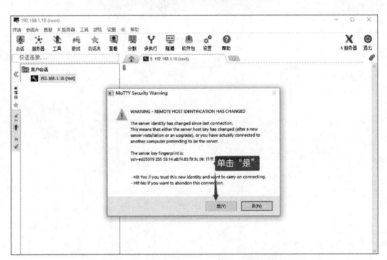

图 3-124　　MobaXterm 启动界面 4

图 3-125　　MobaXterm 启动界面 5

至此，远程终端软件连接成功！

3.1.3　在 CentOS 7.6 上部署单机环境和主备环境

1. 在 CentOS 7.6 上部署 openGauss 2.0.0 单机环境

（1）概述

单机部署只需要一台虚拟机。硬件配置描述见表 3-3。

表 3-3　硬件配置描述

硬件	配置描述
内存	功能调试：32GB 以上。 性能测试和商业部署时，单实例部署：128GB 以上。 复杂的查询对内存的需求量比较大，在高并发场景下，可能出现内存不足。此时建议使用大内存的机器，或使用负载管理限制系统的并发
CPU	功能调试最小 1×8 核 2.0GHz。 性能测试和商业部署时，建议 1×16 核 2.0GHz。 支持 CPU 超线程和非超线程两种模式。 说明： 个人开发者最低配置 2 核 4GB，推荐配置 4 核 8GB。 目前，openGauss 仅支持鲲鹏服务器和基于 X86_64 通用 PC 服务器的 CPU
硬盘	用于安装 openGauss 的硬盘需至少满足如下要求： ① 至少 1GB 用于安装 openGauss 的应用程序； ② 每个主机需大约 300MB 用于元数据存储； ③ 预留 70%以上的磁盘剩余空间用于数据存储。 建议系统盘配置为 RAID 1，数据盘配置为 RAID 5，且规划 4 组 RAID 5 数据盘用于安装 openGauss。有关 RAID 的配置方法在此不进行介绍。请参考硬件厂商的手册或互联网上的方法进行配置，其中 Disk Cache Policy 一项需要设置为 Disabled，否则机器异常掉电后有数据丢失的风险。 openGauss 支持使用 SSD 作为数据库的主存储设备，支持 SAS 接口和 NVME 协议的 SSD，以 RAID 的方式部署使用

网络要求为 300Mbit/s 以上以太网。建议网卡设置为双网卡冗余。有关网卡冗余的配置方法在此不进行介绍。

为了便于读者的学习使用，本次使用虚拟机的方式进行部署，且内存设置为 4GB，CPU 为双核即可，具体的部署流程为：首先是操作系统的安装配置，然后部署安装环境，最后初始化数据库。

（2）部署前准备

① 准备软件包。可以从 openGauss 开源社区下载 CentOS 系统的软件包，如图 3-126、图 3-127 所示。

② 安装操作系统。需要安装 CentOS 7.6 操作系统，内存为 4GB 或以上，CPU 为双核或以上，硬盘空间为 20GB 或以上，IP 地址为 192.168.1.10，机器名称为 Master。虚

拟机的安装过程请参考前面的章节，并确保远程终端正常连接虚拟机。

图 3-126　下载软件包 1

图 3-127　下载软件包 2

（3）部署 openGauss 2.0.0 单机环境

第一步：启动终端连接虚拟机，关闭防火墙，命令如下。

```
systemctl disable firewalld.service
systemctl stop firewalld.service
```

关闭防火墙如图 3-128 所示。

```
[root@Master ~]# systemctl disable firewalld.service
Removed symlink /etc/systemd/system/multi-user.target.wants/firewalld.service.
Removed symlink /etc/systemd/system/dbus-org.fedoraproject.FirewallD1.service.
[root@Master ~]# systemctl stop firewalld.service
[root@Master ~]#
```

图 3-128　关闭防火墙

第二步：修改"SELINUX"行，命令如下。

```
vi /etc/selinux/config
```

修改为"SELINUX=disabled"后保存退出，如图 3-129 所示。

```
# This file controls the state of SELinux on the system.
# SELINUX= can take one of these three values:
#     enforcing - SELinux security policy is enforced.
#     permissive - SELinux prints warnings instead of enforcing.
#     disabled - No SELinux policy is loaded.
SELINUX=disabled                          修改为disabled
# SELINUXTYPE= can take one of three two values:
#     targeted - Targeted processes are protected,
#     minimum - Modification of targeted policy. Only selected processes are protected.
#     mls - Multi Level Security protection.
SELINUXTYPE=targeted
```

图 3-129　修改"SELINUX"行

第三步：编辑/etc/hosts 文件，命令如下。

```
vi /etc/hosts
```

添加 192.168.1.10 Master 后保存退出，如图 3-130 所示。

```
127.0.0.1    localhost localhost.localdomain localhost4 localhost4.localdomain4
::1          localhost localhost.localdomain localhost6 localhost6.localdomain6
192.168.1.10 Master
~
~
~
~
```
添加192.168.1.10 Master

图 3-130　添加 192.168.1.10 Master

通过 ping Master 命令测试通信是否正常，如图 3-131 所示。

```
[root@Master ~]# ping Master
PING Master (192.168.1.10) 56(84) bytes of data.
64 bytes from Master (192.168.1.10): icmp_seq=1 ttl=64 time=0.017 ms
64 bytes from Master (192.168.1.10): icmp_seq=2 ttl=64 time=0.082 ms
64 bytes from Master (192.168.1.10): icmp_seq=3 ttl=64 time=0.036 ms
^Z
[1]+  已停止               ping Master
[root@Master ~]#
```

图 3-131　测试通信是否正常

第四步：设置操作系统字符集编码，命令如下。

```
vi /etc/profile
```

设置操作系统字符集编码，即在末尾添加 LANG=en_US.UTF-8 后保存退出，如图 3-132 所示。

```
for i in /etc/profile.d/*.sh /etc/profile.d/sh.local ; do
    if [ -r "$i" ]; then
        if [ "${-#*i}" != "$-" ]; then
            . "$i"
        else
            . "$i" >/dev/null
        fi
    fi
done

unset i
unset -f pathmunge
LANG=en_US.UTF-8
-- INSERT --
```
末尾添加 LANG=en_US.UTF-8

图 3-132　设置操作系统字符集编码

使用 source 命令使其生效，即输入 source/etc/profile，如图 3-133 所示。

```
[root@Master ~]# vi /etc/profile
[root@Master ~]# source /etc/profile
[root@Master ~]#
```
使用source命令

图 3-133　使用 source 命令

第五步：设置操作系统时区，命令如下。

```
cp /usr/share/zoneinfo/Asia/Shanghai  /etc/localtime
```

设置操作系统时区如图 3-134 所示。

```
[root@Master Asia]# cp /usr/share/zoneinfo/Asia/Shanghai  /etc/localtime
cp: '/usr/share/zoneinfo/Asia/Shanghai' and '/etc/localtime' are the same file
[root@Master Asia]#
```

图 3-134　设置操作系统时区

第六步：关闭 swap 交换内存。这是为了保障数据库的访问性能，避免把数据库的缓冲区内存淘汰到磁盘上，命令如下。

```
swapoff -a
```

执行命令后，可以通过 free -m 查看 swap 交换内存，如图 3-135 所示。

```
[root@Master ~]# swapoff -a
[root@Master ~]# free -m
              total        used        free      shared  buff/cache   available
Mem:           3773         103        3513          11         155        3454
Swap:             0           0           0
[root@Master ~]#
```

图 3-135   查看 swap 交换内存

第七步：配置安全外壳（Secure Shell，SSH）服务，允许 root 远程登录，命令如下。

```
vi /etc/ssh/sshd_config
```

找到#PermitRootLogin yes，取消注释，即删除#，如图 3-136 所示。

```
# Authentication:

#LoginGraceTime 2m              本行取消注释
PermitRootLogin yes
#StrictModes yes
#MaxAuthTries 6
#MaxSessions 10
```

图 3-136   取消注释

第八步：配置操作系统参数。

① 关闭操作系统的 THP，因为 THP 是在运行时动态分配内存的，会出现内存分配延误，所以不使用 THP 功能。输入以下命令后保存退出。

```
vi /etc/default/grub
```

GRUB_CMDLINE_LINUX="" 的一行中添加内容 transparent_hugepage=never，如图 3-137 所示。

```
GRUB_TIMEOUT=5
GRUB_DISTRIBUTOR="$(sed 's, release .*$,,g' /etc/system-release)"
GRUB_DEFAULT=saved
GRUB_DISABLE_SUBMENU=true
GRUB_TERMINAL_OUTPUT="console"
GRUB_CMDLINE_LINUX="crashkernel=auto rd.lvm.lv=centos/root rd.lvm.lv=centos/swap rhgb quiet transparent_hugepage
=never "
GRUB_DISABLE_RECOVERY="true"
~
~                                       添加transparent_hugepage=never
```

图 3-137   添加内容

② 配置资源限制，执行以下命令。

```
echo "* soft stack 3072" >> /etc/security/limits.conf
echo "* hard stack 3072" >> /etc/security/limits.conf
echo "* soft nofile 1000000" >> /etc/security/limits.conf
echo "* hard nofile 1000000" >> /etc/security/limits.conf
echo "* soft nproc unlimited" >> /etc/security/limits.d/90-nproc.conf
echo "* soft nproc 4096" >> /etc/security/limits.d/20-nproc.conf
echo "root soft nproc unlimited" >> /etc/security/limits.d/20-nproc.conf
```

③ 配置 sysctl.conf，命令如下。

```
cat >> /etc/sysctl.conf << EOF
net.ipv4.tcp_retries1 = 5
net.ipv4.tcp_syn_retries = 5
net.sctp.path_max_retrans = 10
net.sctp.max_init_retransmits = 10
EOF
```

第九步：确保已连接互联网，通过 Yum 命令安装依赖包后升级 Python3。

默认情况下，虚拟机连接的是 VMnet1（仅主机模式），因此需要修改虚拟机的网络连接 NAT 模式的 VMnet8，然后将本地主机的上网网卡（Wi-Fi 网卡或者连接网线的网卡）共享给 VMware 的 NAT 网卡（即 VMnet8）后，VMnet8 的 IP 地址会变动，我们再将虚拟机的 IP 地址与 VMnet8 的 IP 地址设置为同一网段，并设置虚拟机的网关为 VMnet8 的 IP 地址，重启网络后即可上网。修改虚拟机的网络连接如图 3-138、图 3-139 所示。

图 3-138　修改虚拟机的网络连接 1

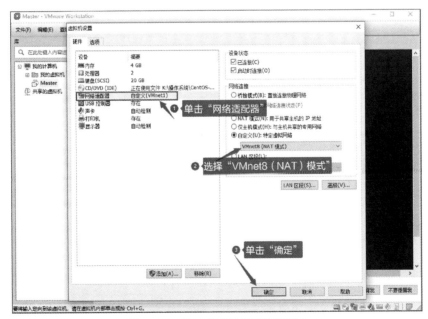

图 3-139　修改虚拟机的网络连接 2

返回 Windows 桌面，单击"开始"→"设置"，进入"设置"窗口，单击"网络和 Internet"→"WLAN"→"更改适配器选项"，如图 3-140 所示。

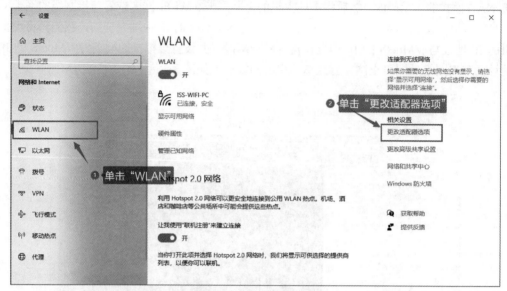

图 3-140　进入"设置"窗口

记录此时的 DNS 地址，供虚拟机修改 IP 地址信息使用，如图 3-141 所示。

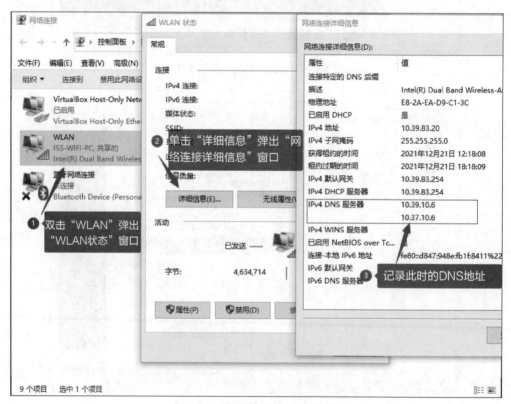

图 3-141　记录此时的 DNS 地址

把网络连接共享给 VMnet8，如图 3-142、图 3-143 所示。

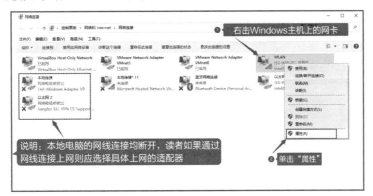

图 3-142　把网络连接共享给 VMnet8 1

图 3-143　把网络连接共享给 VMnet8 2

记录 IPv4 地址，如图 3-144～图 3-146 所示。

图 3-144　记录 IPv4 地址 1

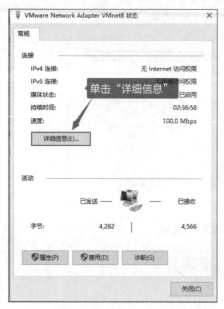

图 3-145 记录 IPv4 地址 2   图 3-146 记录 IPv4 地址 3

把 Windows 主机的网络连接共享给 VMnet8 后，VMnet8 的 IP 地址发生变化，记录 IPv4 地址 192.168.0.1 并修改虚拟机的 IP 地址。由于修改虚拟机网络连接 VMnet8 后，远程终端软件原本连接的 192.168.1.10 会话会断开，因此后续的操作可以直接在 VMware 虚拟机软件窗口中操作，也可以在远程终端软件中新建一个会话，连接 192.168.0.10 即可。登录虚拟机后，输入以下命令。

```
cd /etc/sysconfig/network-scripts
ls  #查看目录下的文件
ip addr #查看 IP 地址，根据 IP 所属的连接内容即可确定通过修改哪个文件可以修改本机 IP 地址
```

说明：如果虚拟机只有一个网卡，一般情况下修改 ifcfg-ens××文件就可以修改 IP 地址。但是如果虚拟机有多个网卡，如何知道 IP 地址对应哪个文件呢？根据 IP 地址找到对应的网卡配置文件，修改该文件即可修改 IP 地址，如图 3-147 所示。

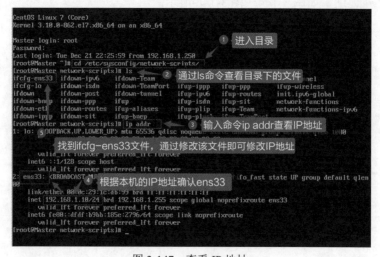

图 3-147 查看 IP 地址

修改 IP 地址，可以通过以下命令实现。

```
vi /etc/sysconfig/network-scripts/ifcfg-ens33
```

修改 IP 地址和 DNS 地址，IP 地址需要和 192.168.0.1 在同一个网段，因此我们设置为 192.168.0.10，网关设置为 VMnet8 的 IP 地址 192.168.0.1，DNS 地址为无线网卡分配的 DNS 地址 10.39.10.6 和 10.37.10.6。修改 IP 地址和 DNS 地址如图 3-148 所示。

图 3-148　修改 IP 地址和 DNS 地址

修改完成后，保存退出，输入以下命令重新启动网络。

```
systemctl restart network.service
```

通过 ping 命令测试虚拟机是否可以上网，如图 3-149 所示。

图 3-149　测试虚拟机是否可以上网

第十步：开始升级 Python3 和 Yum 安装依赖包。

虚拟机连通网络后，通过以下命令安装 Yum 所需依赖包和升级 Python3，由于使用默认的 Yum 源在国外，可能会因为网络连接不畅顺安装失败，可以多尝试几次，如果始终无法连接成功，可以下载华为的 repo 文件。

```
mkdir /etc/yum.repos.d/bak
mv /etc/yum.repos.d/*.repo  /etc/yum.repos.d/bak/
wget -O /etc/yum.repos.d/CentOS-Base.repo https://repo.huaweicloud.com/repository
/conf/CentOS-7-reg.repo
yum clean all
```

运行以下命令安装依赖包并同时升级 Python 3。

```
yum install -y wget bzip2 python3
```

安装过程如图 3-150、图 3-151 所示。

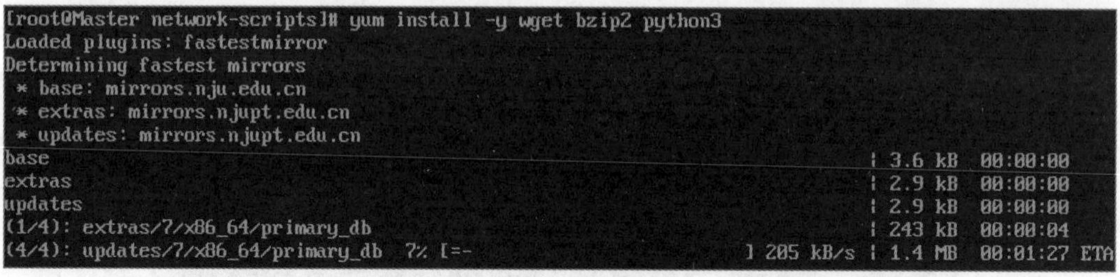

图 3-150　安装过程 1

图 3-151　安装过程 2

执行以下命令，自动下载依赖包，并自动安装依赖包。

```
yum install -y libaio-devel flex bison ncurses-devel glibc-devel patch redhat-lsb-core
readline-devel net-tools tar unzip zip
```

如果要在本机配置 ODBC 数据源，需要安装 ODBC 所需的依赖包，命令如下。

```
yum install gcc-c++ libtool-ltdl libtool-ltdl-devel -y
```

安装 ODBC 所需的依赖包，如图 3-152、图 3-153 所示。

图 3-152　安装 ODBC 所需的依赖包 1

图 3-153　安装 ODBC 所需的依赖包 2

Yum 安装成功后，把虚拟机的 IP 地址改回 192.168.1.10，并修改虚拟机的网络连接 VMnet1。具体命令如下。

```
vi ifcfg-ens33
```

执行命令如图 3-154 所示。

图 3-154　执行命令

改回 IP 地址后保存退出，如图 3-155 所示。

```
TYPE="Ethernet"
PROXY_METHOD="none"
BROWSER_ONLY="no"
BOOTPROTO="none"
DEFROUTE="yes"
IPV4_FAILURE_FATAL="yes"
IPV6INIT="yes"
IPV6_AUTOCONF="yes"
IPV6_DEFROUTE="yes"
IPV6_FAILURE_FATAL="no"
IPV6_ADDR_GEN_MODE="stable-privacy"
NAME="ens33"
UUID="da5d6a60-2025-4a49-b66b-2de0be32ea??"
DEVICE="ens33"
ONBOOT="yes"
IPADDR="192.168.1.10"        ①  改回的IP地址为192.168.1.10
PREFIX="24"
GATEWAY="192.168.1.1"        ②  修改网关为192.168.1.1
DNS1="10.39.10.6"
IPV6_PRIVACY="no"
```

图 3-155   改回 IP 地址后保存退出

修改虚拟机的网络连接，从 VMnet8 修改为 VMnet1，如图 3-156、图 3-157 所示。

图 3-156   修改虚拟机的网络连接 1

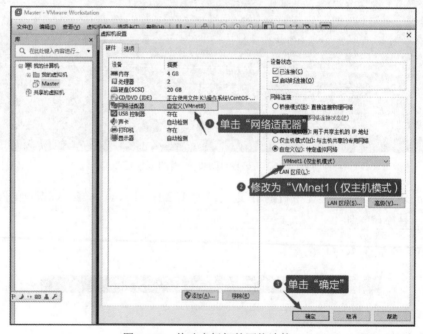

图 3-157   修改虚拟机的网络连接 2

重启网络或重启虚拟机，命令如下。

```
systemctl restart network.service 或者: reboot
```

重启网络或重启虚拟机后的界面如图 3-158 所示。

图 3-158　重启网络或重启虚拟机后的界面

通过远程终端连接并登录虚拟机后，输入以下命令。

```
mv /usr/bin/python  /usr/bin/python2_bak
ln -s /usr/bin/python3 /usr/bin/python
python -V
```

查看 Python 是否升级到 3.6.8 版本，如图 3-159 所示。

```
[root@Master ~]# mv /usr/bin/python  /usr/bin/python2_bak
[root@Master ~]# ln -s /usr/bin/python3 /usr/bin/python
[root@Master ~]# python -V
Python 3.6.8          Python升级到3.6.8版本
[root@Master ~]#
```

图 3-159　查看 Python 是否升级到 3.6.8 版本

进入/etc/sysconfig/network-scripts 目录，查看网卡的名称，命令如下。

```
cd /etc/sysconfig/network-scripts
ls
```

查看网卡的名称，如图 3-160 所示。

```
[root@Master network-scripts]# cd /etc/sysconfig/network-scripts
[root@Master network-scripts]# ls
ifcfg-ens33    ifdown-bnep    网卡的名称为 ens-33    ifdown-Team    ifup    ifup-eth    if
ifcfg-lo       ifdown-eth                           ifdown-TeamPort ifup-aliases ifup-ippp if
ifdown         ifdown-ippp    ifdown-post ifdown-sit ifdown-tunnel  ifup-bnep   ifup-ipv6  if
```

图 3-160　查看网卡的名称

执行以下命令设置最大传输单元（Maximum Transmission Unit，MTU）为 1500。

```
Ifconfig ens33 mtu 1500
```

设置 MTU 如图 3-161 所示。

```
[root@Master network-scripts]# cd /etc/sysconfig/network-scripts
[root@Master network-scripts]# ls
ifcfg-ens33    ifdown-ipv6      ifdown-Team      ifup-eth      ifup-post      ifup-tunnel
ifcfg-lo       ifdown-isdn      ifdown-TeamPort  ifup-ippp     ifup-ppp       ifup-wireless
ifdown         ifdown-post      ifdown-tunnel    ifup-ipv6     ifup-routes    init.ipv6-global
ifdown-bnep    ifdown-ppp       ifup             ifup-isdn     ifup-sit       network-functions
ifdown-eth     ifdown-routes    ifup-aliases     ifup-plip     ifup-Team      network-functions-ipv6
ifdown-ippp    ifdown-sit       ifup-bnep        ifup-plusb    ifup-TeamPort
[root@Master network-scripts]# ifconfig ens33 mtu 1500
[root@Master network-scripts]#
```

图 3-161　设置 MTU

第十一步：创建目录，上传安装包并编辑安装所需的 XML 文件。

创建目录命令如下。

```
mkdir -p /opt/software/openGauss
cd /opt/software/openGauss
```

将从 openGauss 官网下载的 openGauss-2.0.0-CentOS-64bit-all.tar.gz 文件上传到虚拟机的/opt/software/openGauss/目录下，如图 3-162 所示。

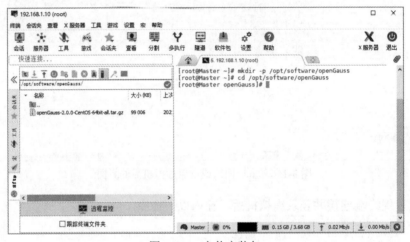

图 3-162　上传安装包

输入以下命令，编辑安装所需的 cluster_config.xml 文件。

```
vi cluster_config.xml   #输入以下文本内容
<?xml version="1.0" encoding="utf-8"?>
<ROOT>
  <CLUSTER>
    <PARAM name="clusterName" value="rt" />
    <PARAM name="nodeNames" value="Master"/>
    <PARAM name="gaussdbAppPath" value="/opt/huawei/install/app" />
    <PARAM name="gaussdbLogPath" value="/var/log/omm" />
    <PARAM name="tmpMppdbPath" value="/opt/huawei/tmp"/>
    <PARAM name="gaussdbToolPath" value="/opt/huawei/install/om" />
    <PARAM name="corePath" value="/opt/huawei/corefile"/>
    <PARAM name="backIp1s" value="192.168.1.10"/>
  </CLUSTER>

  <DEVICELIST>
    <DEVICE sn="node1_hostname">
      <PARAM name="name" value="Master"/>
      <PARAM name="azName" value="AZ1"/>
      <PARAM name="azPriority" value="1"/>
      <PARAM name="backIp1" value="192.168.1.10"/>
      <PARAM name="sshIp1" value="192.168.1.10"/>
      <!-- dn -->
      <PARAM name="dataNum" value="1"/>
      <PARAM name="dataPortBase" value="26000"/>
      <PARAM name="dataNode1" value="/opt/huawei/install/data/dn"/>
      <PARAM name="dataNode1_syncNum" value="0"/>
```

```
    </DEVICE>
  </DEVICELIST>
</ROOT>
```

输入命令编辑文件，如图 3-163 所示。

图 3-163　输入命令编辑文件

解压安装文件，命令如下。

```
cd /opt/software/openGauss
tar -zxvf openGauss-2.0.0-CentOS-64bit-all.tar.gz
tar -zxvf openGauss-2.0.0-CentOS-64bit-om.tar.gz
```

解压安装文件如图 3-164 所示。

图 3-164　解压安装文件

第十二步：执行预安装。

安装前通过 reboot 命令重启，使系列配置信息生效。

执行预安装命令如下。

```
chmod 755 -R /opt/software
python /opt/software/openGauss/script/gs_preinstall -U omm -G dbgrp -X /opt/software/
openGauss/cluster_config.xml
```

执行预安装如图 3-165 所示。

图 3-165　执行预安装

第十三步：安装 openGauss。

给安装脚本的属主和属组授权，命令如下。

```
chmod  -R 755 /opt/software/openGauss/script
chown  -R omm:dbgrp /opt/software/openGauss/script
#切换到 omm 用户
su omm
./gs_install-X/opt/software/openGauss/cluster_config.xml
--gsinit-parameter="--encoding=UTF8"  --dn-guc="max_connections=10000" --dn-guc=
"max_process_memory=4GB"  --dn-guc="shared_buffers=128MB"  --dn-guc="bulk_write_ring_
size=128MB" --dn-guc="cstore_buffers=16MB"
```

给安装脚本的属主和属组授权，如图 3-166 所示。

```
[root@Master script]# chmod  -R 755 /opt/software/openGauss/script
[root@Master script]# chown  -R omm:dbgrp /opt/software/openGauss/script
[root@Master script]# su omm
[omm@Master script]$ ./gs_install  -X /opt/software/openGauss/cluster_config.xml --gsinit-paramete
r="--encoding=UTF8" --dn-guc="max_connections=10000" --dn-guc="max_process_memory=4GB" --dn-guc="
shared_buffers=128MB" --dn-guc="bulk_write_ring_size=128MB" --dn-guc="cstore_buffers=16MB"
Parsing the configuration file.
Check preinstall on every node.
Successfully checked preinstall on every node.
Creating the backup directory.
Successfully created the backup directory.
begin deploy..
Installing the cluster.
begin prepare Install Cluster..
Checking the installation environment on all nodes.
begin install Cluster..
Installing applications on all nodes.
Successfully installed APP.
begin init Instance..
encrypt cipher and rand files for database.
Please enter password for database:         输入数据库密码（大小写字母加特殊字符），
Please repeat for database:                 例如Jiangwf@123
begin to create CA cert files
The sslcert will be generated in /opt/huawei/install/app/share/sslcert/om
Cluster installation is completed.
Configuring.
Deleting instances from all nodes.
Successfully deleted instances from all nodes.
Checking node configuration on all nodes.
Initializing instances on all nodes.
Updating instance configuration on all nodes.
Check consistence of memCheck and coresCheck on database nodes.
Configuring pg_hba on all nodes.
Configuration is completed.
Successfully started cluster.
Successfully installed application.
end deploy..
[omm@Master script]$
```

图 3-166　给安装脚本的属主和属组授权

第十四步：查看数据库状态和性能统计结果。

以 omm 用户身份登录服务器，命令如下。

```
su omm
cd /opt/software/openGauss/script/
```

查看数据库状态，命令如下。

```
gs_om -t status
```

查看数据库状态如图 3-167 所示。

图 3-167　查看数据库状态

"cluster_state" 显示 "Normal" 表示数据库可正常使用。

查看数据库性能统计结果，命令如下。

```
gs_checkperf -i pmk -U omm
```

查看数据库性能统计结果，如图 3-168 所示。

```
[omm@Master script]$ gs_checkperf -i pmk -U omm
Cluster statistics information:
    Host CPU busy time ratio              :    4.43       %
    MPPDB CPU time % in busy time         :    100.00     %
    Shared Buffer Hit ratio               :    97.96      %
    In-memory sort ratio                  :    0
    Physical Reads                        :    353
    Physical Writes                       :    84
    DB size                               :    32         MB
    Total Physical writes                 :    84
    Active SQL count                      :    4
    Session count                         :    6
[omm@Master script]$
```

图 3-168　查看数据库性能统计结果

数据库安装完成后，默认生成名称为 postgres 的数据库。第一次连接数据库时可以连接此数据库，命令如下。

```
gsql -d postgres -p 26000
```

其中 postgres 为数据库名称，26000 为数据库主节点的端口号，即 XML 配置文件中的 dataPortBase 的值，请根据实际情况替换。

数据库连接成功后，系统出现数据库连接成功提示，如图 3-169 所示。

```
[omm@Master script]$ gsql -d postgres -p 26000
gsql ((openGauss 2.0.0 build 78689da9) compiled at 2021-03-31 21:04:03 commit 0 last mr  )
Non-SSL connection (SSL connection is recommended when requiring high-security)
Type "help" for help.

postgres=#    此提示表示成功连接数据库
```

图 3-169　数据库连接成功提示

至此，openGauss 数据库在 CentOS 7.6 上成功部署单机环境！

2. 在 CentOS 7.6 上部署 openGauss 2.0.0 一主一备环境

（1）概述

单机 HA 部署支持一台主机和最少一台备机，备机最多可配置 8 台。部署流程与单机部署基本一致。

（2）部署前准备

① 准备安装包，可以从 openGauss 开源社区下载 CentOS 系统的软件包，下载过程

可参考部署单机环境的下载过程。

② 安装操作系统。一主一备环境需要两台虚拟机都安装 CentOS 7.6 操作系统，内存为 4GB 或以上，CPU 为双核或以上，硬盘空间为 20GB 或以上，机器名称分别为 Master 和 Slave，IP 地址分别为 192.168.1.10（Master）和 192.168.1.11（Slave）。虚拟机的安装过程请参考前面的章节，并确保远程终端正常连接虚拟机。

（3）部署 openGauss 2.0.0 的一主一备环境

第一步：启动终端分别连接虚拟机 Master 和 Slave。关闭防火墙，命令如下。

```
systemctl disable firewalld.service
systemctl stop firewalld.service
```

关闭防火墙如图 3-170 所示。

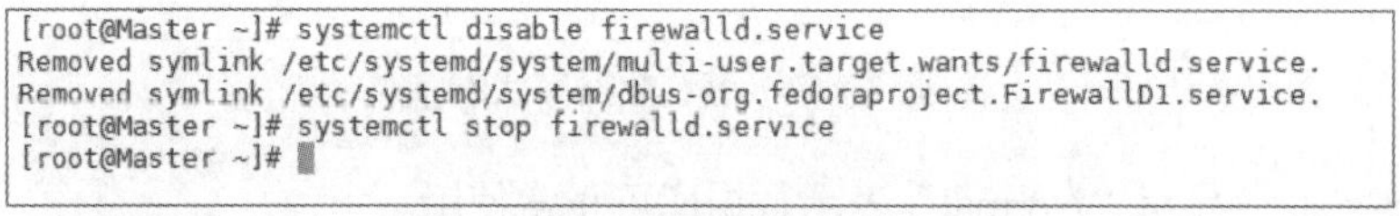

```
[root@Master ~]# systemctl disable firewalld.service
Removed symlink /etc/systemd/system/multi-user.target.wants/firewalld.service.
Removed symlink /etc/systemd/system/dbus-org.fedoraproject.FirewallD1.service.
[root@Master ~]# systemctl stop firewalld.service
[root@Master ~]#
```

图 3-170 关闭防火墙

第二步：两台虚拟机修改“SELINUX”行，命令如下。

```
vi /etc/selinux/config
```

修改为“SELINUX=disabled”后保存退出，如图 3-171 所示。

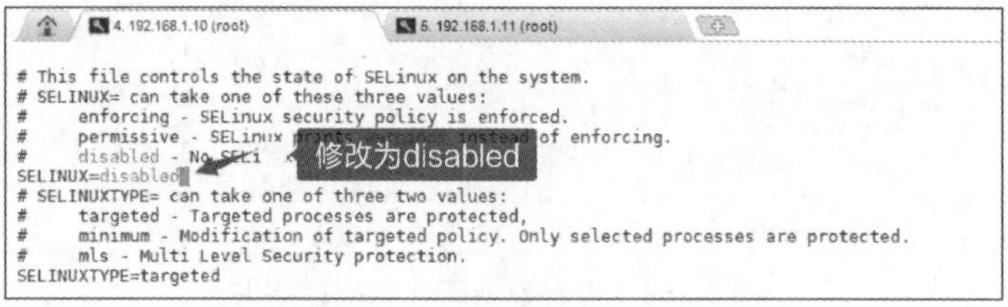

```
# This file controls the state of SELinux on the system.
# SELINUX= can take one of these three values:
#     enforcing - SELinux security policy is enforced.
#     permissive - SELinux             of enforcing.
#     disabled - No SEL          修改为disabled
SELINUX=disabled
# SELINUXTYPE= can take one of three two values:
#     targeted - Targeted processes are protected,
#     minimum - Modification of targeted policy. Only selected processes are protected.
#     mls - Multi Level Security protection.
SELINUXTYPE=targeted
```

图 3-171 修改“SELINUX”行

第三步：两台虚拟机 Master 和 Slave 编辑/etc/hosts 文件，命令如下。

```
vi /etc/hosts
```

添加以下内容后，保存退出。

```
192.168.1.10 Master
192.168.1.11 Slave
```

在 Slave 上可以通过 ping Master 命令测试通信是否正常，如图 3-172 所示。同理，在 Master 上可以通过 ping Slave 命令进行测试。

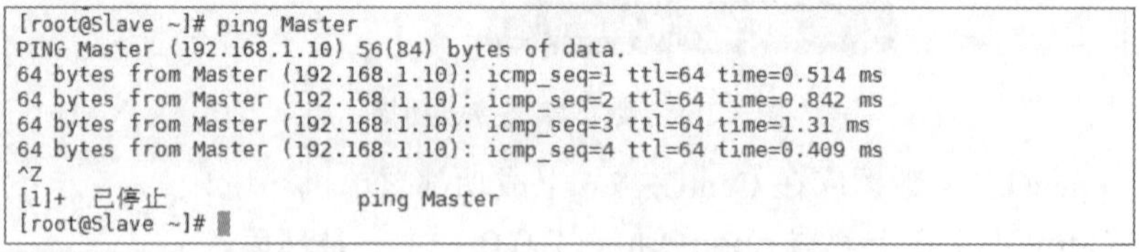

```
[root@Slave ~]# ping Master
PING Master (192.168.1.10) 56(84) bytes of data.
64 bytes from Master (192.168.1.10): icmp_seq=1 ttl=64 time=0.514 ms
64 bytes from Master (192.168.1.10): icmp_seq=2 ttl=64 time=0.842 ms
64 bytes from Master (192.168.1.10): icmp_seq=3 ttl=64 time=1.31 ms
64 bytes from Master (192.168.1.10): icmp_seq=4 ttl=64 time=0.409 ms
^Z
[1]+ 已停止                ping Master
[root@Slave ~]#
```

图 3-172 在 Slave 上测试通信是否正常

第四步：两台虚拟机 Master 和 Slave 设置操作系统字符集编码，命令如下。

```
vi /etc/profile
```

设置操作系统字符集编码，即在末尾添加 LANG=en_US.UTF-8 后保存退出，如图 3-173 所示。

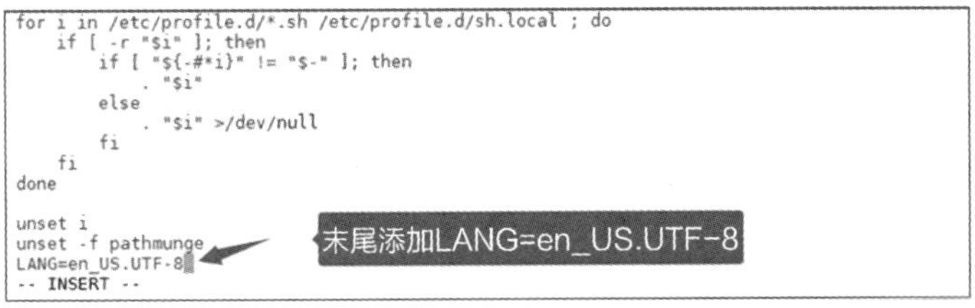

图 3-173　设置操作系统字符集编码

使用 source 命令生效，即输入 source /etc/profile，如图 3-174 所示。

图 3-174　使用 source 命令

第五步：两台虚拟机 Master 和 Slave 设置操作系统时区，并设置时间与主机同步。设置操作系统时区命令如下。

```
cp /usr/share/zoneinfo/Asia/Shanghai  /etc/localtime
```

设置操作系统时区如图 3-175 所示。

图 3-175　设置操作系统时区

如果需要设置虚拟机和主机时间同步，首先要安装 VMware tools，然后才能进行设置，如图 3-176、图 3-177 所示。也可以手动设置时间让两台虚拟机时间同步，命令格式为：date -s "2021-12-23 13:30:00"。

图 3-176　设置时间与主机同步 1

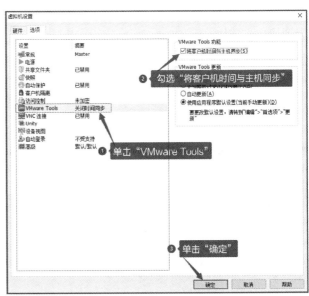

图 3-177　设置时间与主机同步 2

第六步：两台虚拟机 Master 和 Slave 关闭 swap 交换内存，这是为了保障数据库的访问性能，避免把数据库的缓冲区内存淘汰到磁盘上，命令如下。

```
swapoff -a
```

执行命令后，可以通过 free -m 查看 swap 交换内存，如图 3-178 所示。

```
[root@Master ~]# swapoff -a
[root@Master ~]# free -m
              total        used        free      shared  buff/cache   available
Mem:           3773         103        3513          11         155        3454
Swap:             0           0           0
[root@Master ~]#
```

图 3-178　查看 swap 交换内存

第七步：两台虚拟机 Master 和 Slave 配置 SSH 服务，允许 root 远程登录，命令如下。

```
vi /etc/ssh/sshd_config
```

找到#PermitRootLogin yes，取消注释，即删除#，如图 3-179 所示。

图 3-179　取消注释

第八步：两台虚拟机 Master 和 Slave 配置操作系统参数。

① 关闭操作系统的 THP，因为 THP 是在运行时动态分配内存的，会出现内存分配延误，所以不使用 THP 功能。输入以下命令后保存退出。

```
vi /etc/default/grub
```

GRUB_CMDLINE_LINUX=“ ”的一行中添加内容 transparent_hugepage=never，如图 3-180 所示。

```
GRUB_TIMEOUT=5
GRUB_DISTRIBUTOR="$(sed 's, release .*$,,g' /etc/system-release)"
GRUB_DEFAULT=saved
GRUB_DISABLE_SUBMENU=true
GRUB_TERMINAL_OUTPUT="console"
GRUB_CMDLINE_LINUX="crashkernel=auto rd.lvm.lv=centos/root rd.lvm.lv=centos/swap rhgb quiet transparent_hugepage
=never "
GRUB_DISABLE_RECOVERY="true"
~
~
```

添加transparent_hugepage=never

图 3-180　添加内容

② 配置资源限制，执行以下命令。

```
echo "* soft stack 3072" >> /etc/security/limits.conf
echo "* hard stack 3072" >> /etc/security/limits.conf
echo "* soft nofile 1000000" >> /etc/security/limits.conf
echo "* hard nofile 1000000" >> /etc/security/limits.conf
echo "* soft nproc unlimited" >> /etc/security/limits.d/90-nproc.conf
echo "* soft nproc 4096" >> /etc/security/limits.d/20-nproc.conf
echo "root soft nproc unlimited" >> /etc/security/limits.d/20-nproc.conf
```

③ 配置 sysctl.conf，命令如下。

```
cat >> /etc/sysctl.conf << EOF
net.ipv4.tcp_retries1 = 5
net.ipv4.tcp_syn_retries = 5
net.sctp.path_max_retrans = 10
```

```
net.sctp.max_init_retransmits = 10
EOF
```

第九步： 两台虚拟机 Master 和 Slave 确保已连接互联网，通过 Yum 命令安装依赖包后升级 Python3。以下是虚拟机 Master 的演示过程，虚拟机 Slave 的操作与之相同。

默认情况下，虚拟机连接的是 VMnet1（仅主机模式），因此需要修改虚拟机的网络连接 NAT 模式的 VMnet8，然后将本地主机的上网网卡（Wi-Fi 网卡或者连接网线的网卡）共享给 VMware 的 NAT 网卡（即 VMnet8）后，VMnet8 的 IP 地址会变动，再将虚拟机的 IP 地址与 VMnet8 的 IP 地址设置为同一网段，并设置虚拟机的网关为 VMnet8 的 IP 地址，重启网络后即可上网。修改虚拟机的网络连接如图 3-181、图 3-182 所示。

图 3-181　修改虚拟机的网络连接 1

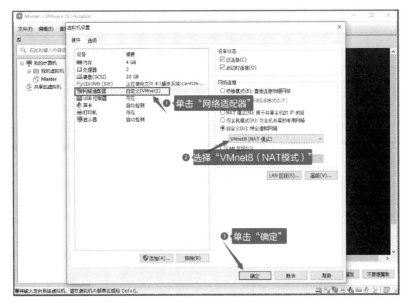

图 3-182　修改虚拟机的网络连接 2

返回 Windows 桌面，单击"开始"→"设置"，进入"设置"窗口，单击"网络和 Internet"→"WLAK"→"更改适配器选项"，如图 3-183 所示。

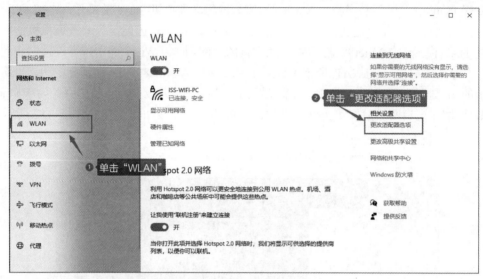

图 3-183　进入"设置"窗口

记录此时的 DNS 地址，供虚拟机修改 IP 地址信息使用，如图 3-184 所示。

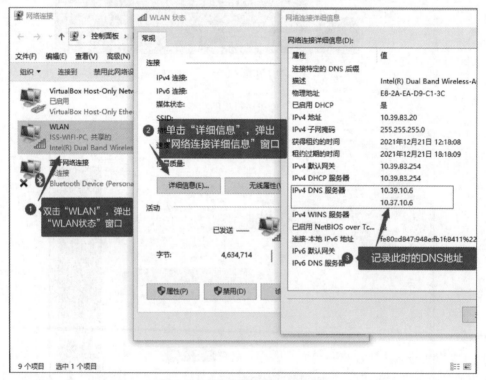

图 3-184　记录此时的 DNS 地址

把网络连接共享给 VMnet8，如图 3-185、图 3-186 所示。

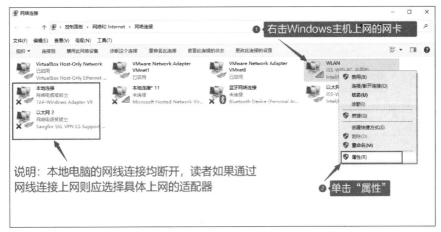

图 3-185　把网络连接共享给 VMnet8 1

图 3-186　把网络连接共享给 VMnet8 2

记住 IPv4 地址，如图 3-187～图 3-189 所示。

图 3-187　记住 IPv4 地址 1

图 3-188　记住 IPv4 地址 2   图 3-189　记住 IPv4 地址 3

把 Windows 主机的网络连接共享给 VMnet8 后，VMnet8 的 IP 地址发生变化，记住 IPv4 地址 192.168.0.1 并修改虚拟机的 IP 地址。由于修改虚拟机网络连接 VMnet8 后，远程终端软件原本连接的 192.168.1.10 会话会断开，因此后续的操作可以直接在 VMware 虚拟机软件窗口中操作，也可以在远程终端软件中新建一个会话，连接 192.168.0.10 即可。登录虚拟机后，输入以下命令。

```
cd /etc/sysconfig/network-scripts
ls  #查看目录下的文件
ip addr #查看 IP 地址，根据 IP 所属的连接内容即可确定通过修改哪个文件可以修改本机 IP 地址
```

说明：如果虚拟机只有一个网卡，一般情况下修改 ifcfg-ens×× 文件就可以修改 IP 地址。但是如果虚拟机有多个网卡，如何知道 IP 地址对应哪个文件呢？根据 IP 地址找到对应的网卡配置文件，修改该文件即可修改 IP 地址，如图 3-190 所示。

图 3-190　修改 IP 地址

修改 IP 地址，可以通过以下命令实现。

```
vi /etc/sysconfig/network-scripts/ifcfg-ens33
```

修改 IP 地址和 DNS 地址，IP 地址需要和 192.168.0.1 在同一个网段，因此我们设置为 192.168.0.10，网关设置为 VMnet8 的 IP 地址 192.168.0.1，DNS 地址为无线网卡分配的 DNS 地址 10.39.10.6 和 10.37.10.6。修改 IP 地址和 DNS 地址如图 3-191 所示。

图 3-191　修改 IP 地址和 DNS 地址

修改完成后，保存退出，输入以下命令重新启动网络。

```
systemctl restart network.service
```

通过 ping 命令测试虚拟机是否可以成功上网，如图 3-192 所示。

图 3-192　测试虚拟机是否可以成功上网

第十步：两台虚拟机 Master 和 Slave 开始升级 Python3 和 Yum 安装依赖包。

虚拟机连通网络后，通过以下命令安装 Yum 所需依赖包和升级 Python3，由于使用默认的 Yum 源在国外，可能会因为网络连接不畅顺安装失败，可以多尝试几次，如果始终无法连接成功，可以下载华为的 repo 文件。

```
mkdir /etc/yum.repos.d/bak
mv /etc/yum.repos.d/*.repo  /etc/yum.repos.d/bak/
wget -O /etc/yum.repos.d/CentOS-Base.repo https://repo.huaweicloud.com/repository/
conf/CentOS-7-reg.repo
yum clean all
```

运行以下命令安装依赖包并同时升级 Python 3。

```
yum install -y wget bzip2 python3
```

安装过程如图 3-193、图 3-194 所示。

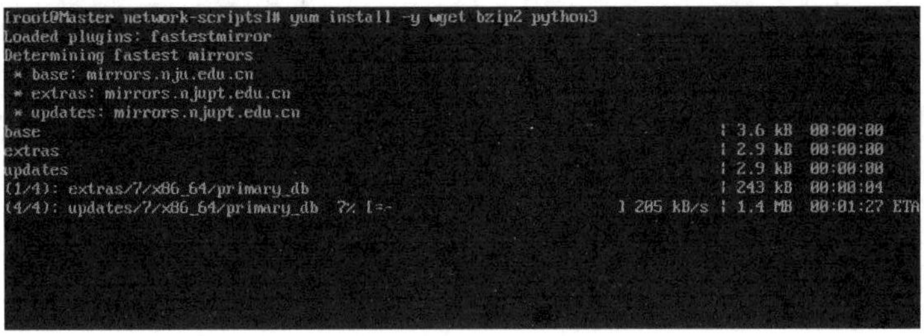

图 3-193　安装过程 1

图 3-194　安装过程 2

执行以下命令，自动下载依赖包，并自动安装依赖包。

```
yum install -y libaio-devel flex bison ncurses-devel glibc-devel patch redhat-lsb-core
readline-devel net-tools tar unzip zip
```

如果要在本机配置 ODBC 数据源，需要安装 ODBC 所需的依赖包，命令如下。

```
yum install gcc-c++ libtool-ltdl libtool-ltdl-devel -y
```

安装 ODBC 所需的依赖包，如图 3-195、图 3-196 所示。

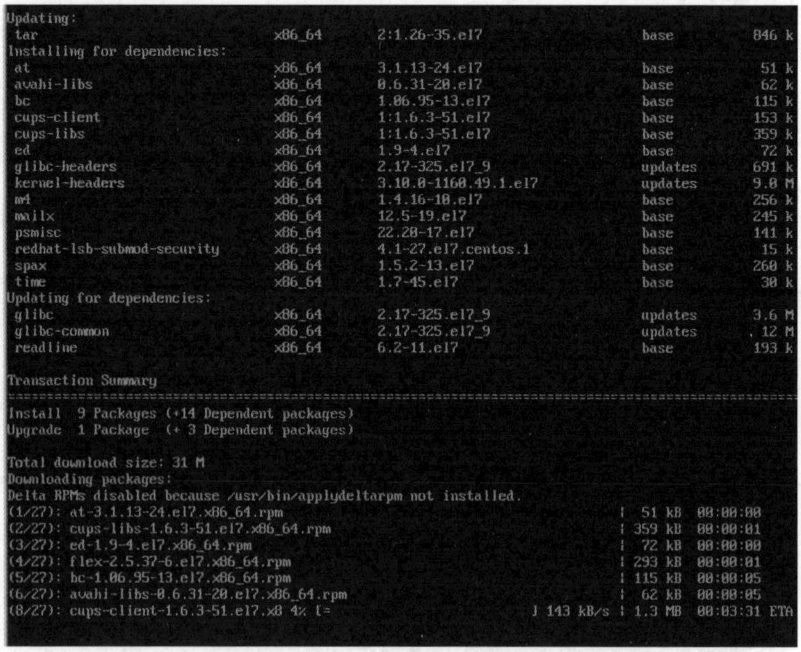

图 3-195　安装 ODBC 所需的依赖包 1

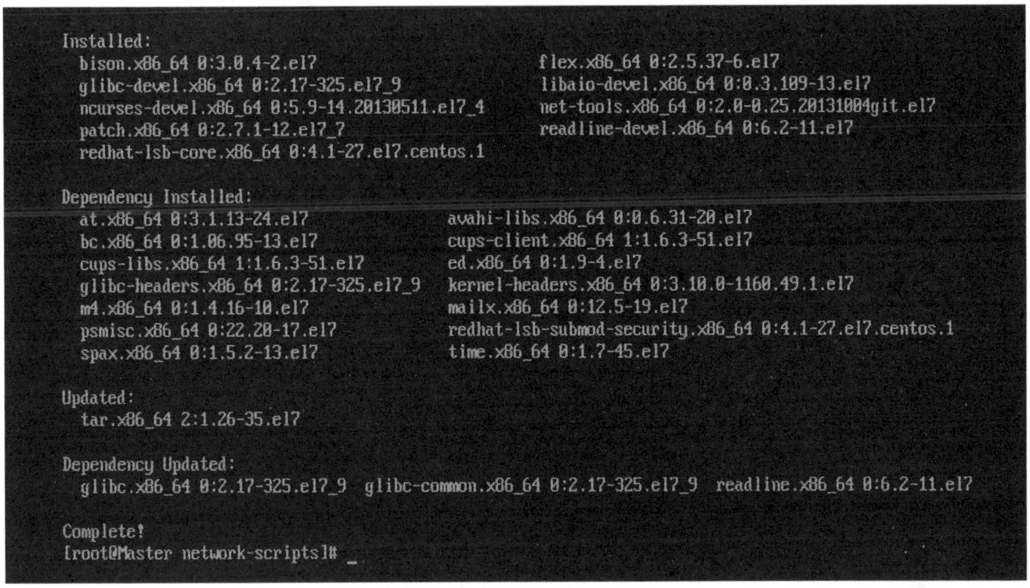

图 3-196　安装 ODBC 所需的依赖包 2

Yum 安装成功后，把虚拟机的 IP 地址改回 192.168.1.10，并修改虚拟机的网络连接 VMnet1，具体命令如下。虚拟机 Master 和 Slave 两个节点的操作方式相同，仅以虚拟机 Master 为例。

```
vi ifcfg-ens33
```

执行命令如图 3-197 所示。

图 3-197　执行命令

改回 IP 地址后保存退出，如图 3-198 所示。

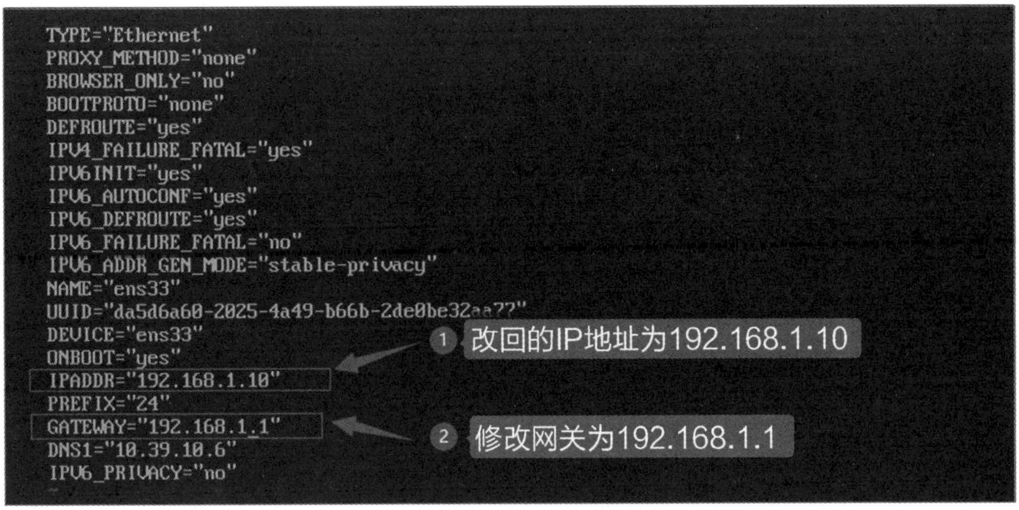

图 3-198　改回 IP 地址后保存退出

修改虚拟机的网络连接，从 VMnet8 修改为 VMnet1，如图 3-199、图 3-200 所示。

图 3-199　修改虚拟机的网络连接 1

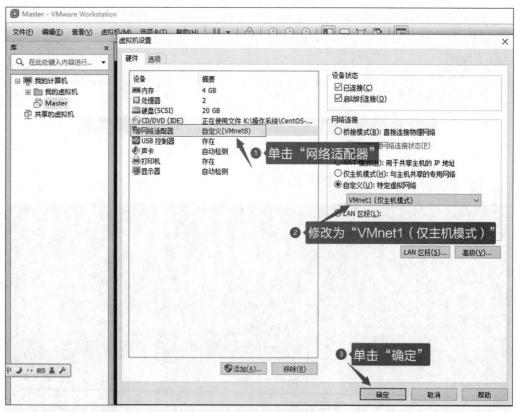

图 3-200　修改虚拟机的网络连接 2

重启网络或重启虚拟机，命令如下。

```
systemctl restart network.service
```

重启网络或重启虚拟机后的界面如图 3-201 所示。

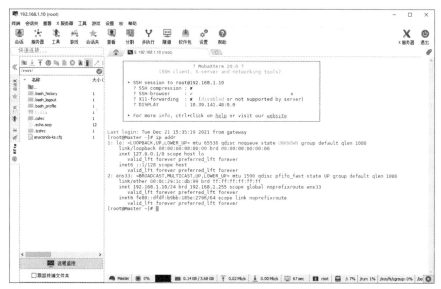

图 3-201　重启网络或重启虚拟机后的界面

通过远程终端连接并登录 Master 和 Slave 虚拟机，输入以下命令。

```
mv /usr/bin/python  /usr/bin/python2_bak
ln -s /usr/bin/python3 /usr/bin/python
python -V
```

查看 Python 是否升级到 3.6.8 版本，如图 3-202 所示。

```
[root@Master ~]# mv /usr/bin/python  /usr/bin/python2_bak
[root@Master ~]# ln -s /usr/bin/python3 /usr/bin/python
[root@Master ~]# python -V
Python 3.6.8      ◀━━   Python升级到3.6.8版本
[root@Master ~]#
```

图 3-202　查看 Python 是否升级到 3.6.8 版本

进入/etc/sysconfig/network-scripts 目录，查看网卡的名称，命令如下。

```
cd /etc/sysconfig/network-scripts
ls
```

查看网卡的名称，如图 3-203 所示。

```
[root@Master network-scripts]# cd /etc/sysconfig/network-scripts
[root@Master network-scripts]# ls
ifcfg-ens33    ifdown         网卡的名称为ens33    ifdown-Team    ifup      ifup-eth    if
ifcfg-lo       ifdown-...                    routes    ifdown-TeamPort  ifup-aliases  ifup-ippp   if
ifdown         ifdown-ippp    ifdown-post    ifdown-sit    ifdown-tunnel    ifup-bnep    ifup-ipv6   if
```

图 3-203　查看网卡的名称

Master 和 Slave 执行以下命令设置 MTU 为 1500。

```
ifconfig ens33 mtu 1500
```

设置 MTU 如图 3-204 所示。

```
[root@Master network-scripts]# cd /etc/sysconfig/network-scripts
[root@Master network-scripts]# ls
ifcfg-ens33    ifdown-ipv6    ifdown-Team      ifup-eth    ifup-post    ifup-tunnel
ifcfg-lo       ifdown-isdn    ifdown-TeamPort  ifup-ippp   ifup-ppp     ifup-wireless
ifdown         ifdown-post    ifdown-tunnel    ifup-ipv6   ifup-routes  init.ipv6-global
ifdown-bnep    ifdown-ppp     ifup             ifup-isdn   ifup-sit     network-functions
ifdown-eth     ifdown-routes  ifup-aliases     ifup-plip   ifup-Team    network-functions-ipv6
ifdown-ippp    ifdown-sit     ifup-bnep        ifup-plusb  ifup-TeamPort
[root@Master network-scripts]# ifconfig ens33 mtu 1500
[root@Master network-scripts]#
```

图 3-204　设置 MTU

第十一步：虚拟机 Master 和 Slave 分别创建目录，命令如下。

```
mkdir -p /opt/software/openGauss
chmod 755 -R /opt/software
```

虚拟机 Master 创建目录，如图 3-205 所示。

```
[root@Master network-scripts]# mkdir -p /opt/software/openGauss
[root@Master network-scripts]# chmod 755 -R /opt/software
[root@Master network-scripts]#
```

图 3-205　虚拟机 Master 创建目录

虚拟机 Slave 创建目录，如图 3-206 所示。

```
[root@Slave network-scripts]# mkdir -p /opt/software/openGauss
[root@Slave network-scripts]# chmod 755 -R /opt/software
[root@Slave network-scripts]#
```

图 3-206　虚拟机 Slave 创建目录

第十二步：上传安装包到虚拟机 Master 上，并编辑安装所需的 XML 文件。上传安装包命令如下。

```
cd /opt/software/openGauss
```

将从 openGauss 官网下载的 openGauss-2.0.0-CentOS-64bit-all. tar.gz 文件上传到虚拟机 Master 的/opt/software/openGauss/目录下，如图 3-207 所示。

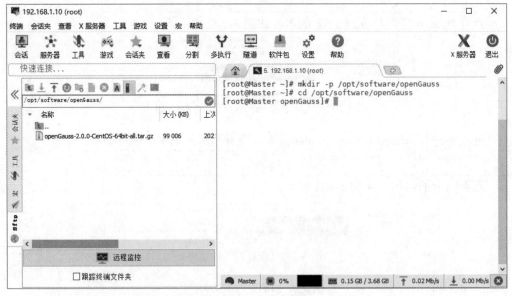

图 3-207　上传安装包

输入以下命令，编辑安装所需的 cluster_config.xml 文件。

```
vi cluster_config.xml  #输入以下文本内容
<?xml version="1.0" encoding="utf-8"?>
<ROOT>
  <CLUSTER>
    <PARAM name="clusterName" value="rt" />
    <PARAM name="nodeNames" value="Master,Slave"/>
    <PARAM name="gaussdbAppPath" value="/opt/huawei/install/app" />
    <PARAM name="gaussdbLogPath" value="/var/log/omm" />
    <PARAM name="tmpMppdbPath" value="/opt/huawei/tmp"/>
```

```
    <PARAM name="gaussdbToolPath" value="/opt/huawei/install/om" />
    <PARAM name="corePath" value="/opt/huawei/corefile"/>
    <PARAM name="backIp1s" value="192.168.1.10, 192.168.1.11"/>
  </CLUSTER>

  <DEVICELIST>
    <DEVICE sn="node1_hostname">
      <PARAM name="name" value="Master"/>
      <PARAM name="azName" value="AZ1"/>
      <PARAM name="azPriority" value="1"/>
      <PARAM name="backIp1" value="192.168.1.10"/>
      <PARAM name="sshIp1" value="192.168.1.10"/>
      <!-- dn -->
      <PARAM name="dataNum" value="1"/>
      <PARAM name="dataPortBase" value="26000"/>
      <PARAM       name="dataNode1"       value="/opt/huawei/install/data/dn,Slave,
/opt/huawei/install/data/dn"/>
      <PARAM name="dataNode1_syncNum" value="0"/>
</DEVICE>
<DEVICE sn="node2_hostname">
      <PARAM name="name" value="Slave"/>
      <PARAM name="azName" value="AZ1"/>
      <PARAM name="azPriority" value="1"/>
      <PARAM name="backIp1" value="192.168.1.11"/>
      <PARAM name="sshIp1" value="192.168.1.11"/>
</DEVICE>
  </DEVICELIST>
</ROOT>
```

输入命令编辑文件，如图 3-208 所示。

图 3-208　输入命令编辑文件

以 root 用户登录虚拟机 Master，解压安装文件，命令如下。

```
cd /opt/software/openGauss
tar -zxvf openGauss-2.0.0-CentOS-64bit-all.tar.gz
tar -zxvf openGauss-2.0.0-CentOS-64bit-om.tar.gz
```

解压安装文件如图 3-209 所示。

图 3-209　解压安装文件

第十三步：在虚拟机 Master 上执行预安装，命令如下。

```
#在虚拟机 Master 上执行授权
chmod 755 -R /opt/software
#虚拟机 Master 和虚拟机 Slave 均重启，使系列配置信息生效
reboot
#用 root 用户登录虚拟机 Master，执行预安装命令
python /opt/software/openGauss/script/gs_preinstall -U omm -G dbgrp -X /opt/software/
openGauss/cluster_config.xml
```

执行预安装过程如图 3-210 所示。

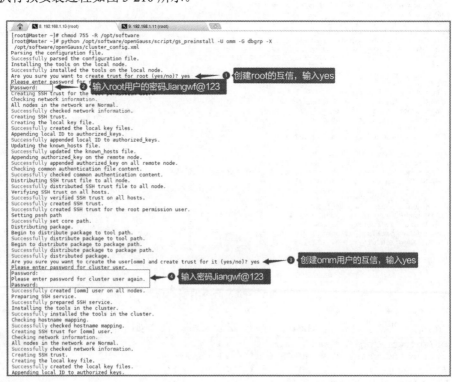

图 3-210　执行预安装过程

预安装成功提示如图 3-211 所示。

```
Successfully created [omm] user on all nodes.
Preparing SSH service.
Successfully prepared SSH service.
Installing the tools in the cluster.
Successfully installed the tools in the cluster.
Checking hostname mapping.
Successfully checked hostname mapping.
Creating SSH trust for [omm] user.
Checking network information.
All nodes in the network are Normal.
Successfully checked network information.
Creating SSH trust.
Creating the local key file.
Successfully created the local key files.
Appending local ID to authorized_keys.
Successfully appended local ID to authorized_keys.
Updating the known_hosts file.
Successfully updated the known_hosts file.
Appending authorized_key on the remote node.
Successfully appended authorized_key on all remote node.
Checking common authentication file content.
Successfully checked common authentication content.
Distributing SSH trust file to all node.
Successfully distributed SSH trust file to all node.
Verifying SSH trust on all hosts.
Successfully verified SSH trust on all hosts.
Successfully created SSH trust.
Successfully created SSH trust for [omm] user.
Checking OS software.
Successfully check os software.
Checking OS version.
Successfully checked OS version.
Creating cluster's path.
Successfully created cluster's path.
Setting SCTP service.
Successfully set SCTP service.
Set and check OS parameter.
Setting OS parameters.
Successfully set OS parameters.
Warning: Installation environment contains some warning messages.
Please get more details by "/opt/software/openGauss/script/gs_checkos -i A -h Master,Slave --detail".
Set and check OS parameter completed.
Preparing CRON service.
Successfully prepared CRON service.
Setting user environmental variables.
Successfully set user environmental variables.
Setting the dynamic link library.
Successfully set the dynamic link library.
Setting Core file
Successfully set core path.
Setting pssh path
Successfully set pssh path.
Set ARM Optimization.
No need to set ARM Optimization.
Fixing server package owner.               预安装成功
Setting finish flag.
Successfully set finish flag
Preinstallation succeeded.
[root@Master ~]#
```

图 3-211 预安装成功提示

第十四步：在虚拟机 Master 上安装 openGauss。

以 root 用户登录虚拟机 Master，给安装脚本的属主和属组授权，命令如下。

```
chmod  -R 755 /opt/software/openGauss/script
chown  -R omm:dbgrp /opt/software/openGauss/script
#切换到 omm 用户
su omm
cd /opt/software/openGauss/script
./gs_install  -X /opt/software/openGauss/cluster_config.xml --gsinit-parameter=
"--encoding=UTF8"  --dn-guc="max_connections=10000" --dn-guc="max_process_memory=
4GB" --dn-guc="shared_buffers=128MB" --dn-guc="bulk_write_ring_size=128MB" --dn-guc=
"cstore_buffers=16MB"
```

在虚拟机 Master 上安装 openGauss，如图 3-212 所示。

第十五步：查看数据库状态。

以 omm 用户身份登录服务器，命令如下。

```
cd /opt/software/openGauss/script
su omm
gs_om -t status --detail
gs_om -t status --all #可以显示更加详细的信息
```

图 3-212　在虚拟机 Master 上安装 openGauss

查看数据库状态如图 3-213 所示。

```
[omm@Master script]$ gs_om -t status --detail
[   Cluster State   ]

cluster_state   : Normal
redistributing  : No
current_az      : AZ_ALL

[  Datanode State   ]

node    node_ip         instance                        state         | node       node_ip
------------------------------------------------------------------------------------------
1   Master 192.168.1.10    6001 /opt/huawei/install/data/dn P Primary Normal | 2    Slave  192.168.1.11      60
[omm@Master script]$ 
```

图 3-213　查看数据库状态

"cluster_state" 显示 "Normal" 表示数据库可正常使用，并能看到集群主备的相关信息。

使用 ps 命令查看进程是否正常。

```
ps ux | grep gaussdb
```

使用 ps 命令查看进程是否正常，如图 3-214 所示。

```
[omm@Master script]$ ps ux | grep gaussdb
omm      7779 91.3 37.5 4035320 1449912 pts/0 Sl   13:32  12:09 /opt/huawei/install/app/bin/gaussdb -D /opt/huawei/insta
ll/data/dn -M primary
omm      35901  0.0  0.0 110480   908 pts/0   S+   13:45   0:00 grep --color=auto gaussdb
[omm@Master script]$ 

[root@Slave ~]# cd /opt/software/openGauss/script/
[root@Slave script]# su omm
[omm@Slave script]$ ps ux | grep gaussdb
omm      1811 18.5 36.7 4035292 1419496 ?     Sl   13:32   2:35 /opt/huawei/install/app/bin/gaussdb -D /opt/huawei/insta
ll/data/dn -M standby
omm      17703  0.0  0.0 110480   908 pts/0   S+   13:46   0:00 grep --color=auto gaussdb
[omm@Slave script]$ 
```

图 3-214　使用 ps 命令查看进程是否正常

至此，openGauss 数据库成功部署一主一备环境！

3.1.4　在 openEuler 20.03 LTS SP2 上部署 openGauss 单机环境和主备环境

1. 在 openEuler 20.03 LTS SP2 上部署 openGauss 2.0.0 单机环境

（1）概述

openEuler 是一款开源操作系统。openEuler 内核源于 Linux 操作系统，支持鲲鹏及其他多种处理器，能够充分释放计算芯片的潜能，是由全球开源贡献者构建的高效、稳定、安全的操作系统，适用于数据库、大数据、云计算、人工智能等应用场景。同时，openEuler 是一个面向全球的操作系统开源社区，通过社区合作，打造创新平台，构建支持多处理器架构、统一和开放的操作系统，推动软硬件应用生态繁荣发展。

本小节介绍在 openEuler 操作系统上部署 openGauss 环境。需要注意的是，虽然本书是在 openEuler 20.03 LTS SP2 上安装 openGauss 2.0.0 的，但是 openGauss 官方建议 openGauss 2.0.0 在 openEuler 20.03 LTS 上安装，因此读者如果按照本书的步骤安装失败，请查阅 openGauss 官方文档确认所要求的操作系统版本。

（2）部署前准备

在 VMware 或者 VirtualBox 软件上安装 openEuler 20.03 LTS SP2 操作系统，内存为 4GB 或以上，CPU 为双核或以上，硬盘空间为 20GB 或以上，IP 地址为 192.168.2.10，机器名称为 Master。虚拟机的安装过程请参考前面的章节，并确保远程终端正常连接虚拟机。

在 openEuler 上部署 openGauss 2.0.0 环境需要下载 openEuler 系统的软件包，如图 3-215 和图 3-216 所示。

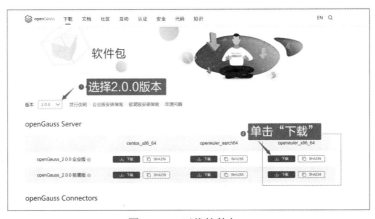

图 3-215　下载软件包 1

图 3-216　下载软件包 2

（3）部署 openGauss 2.0.0 单机环境

第一步：启动终端连接虚拟机，关闭防火墙，命令如下。

```
systemctl disable firewalld.service
systemctl stop firewalld.service
```

关闭防火墙如图 3-217 所示。

```
[root@Master ~]# systemctl disable firewalld.service
Removed symlink /etc/systemd/system/multi-user.target.wants/firewalld.service.
Removed symlink /etc/systemd/system/dbus-org.fedoraproject.FirewallD1.service.
[root@Master ~]# systemctl stop firewalld.service
[root@Master ~]#
```

图 3-217　关闭防火墙

第二步：编辑/etc/hosts 文件，命令如下。

```
vi /etc/hosts
```

添加 192.168.2.10 Master 后保存退出，如图 3-218 所示。

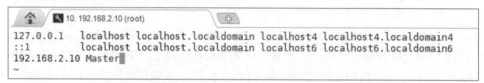

```
127.0.0.1    localhost localhost.localdomain localhost4 localhost4.localdomain4
::1          localhost localhost.localdomain localhost6 localhost6.localdomain6
192.168.2.10 Master
~
```

图 3-218　添加 192.168.2.10 Master 后保存退出

通过 ping Master 命令测试通信是否正常，如图 3-219 所示。

```
[root@Master ~]# ping Master
PING Master (192.168.2.10) 56(84) bytes of data.
64 bytes from Master (192.168.2.10): icmp_seq=1 ttl=64 time=0.022 ms
64 bytes from Master (192.168.2.10): icmp_seq=2 ttl=64 time=0.034 ms
64 bytes from Master (192.168.2.10): icmp_seq=3 ttl=64 time=0.034 ms
64 bytes from Master (192.168.2.10): icmp_seq=4 ttl=64 time=0.031 ms
^Z
[1]+  已停止              ping Master
[root@Master ~]#
```

图 3-219　测试通信是否正常

第三步：设置操作系统字符集编码，命令如下。

```
vi /etc/profile
```

设置操作系统字符集编码，即在末尾添加 LANG=en_US.UTF-8 后保存退出，如图 3-220 所示。

```
unset i
unset -f pathmunge

if [ -n "${BASH_VERSION-}" ] ; then
        if [ -f /etc/bashrc ] ; then
                # Bash login shells run only /etc/profile
                # Bash non-login shells run only /etc/bashrc
                # Check for double sourcing is done in /etc/bashrc.
                . /etc/
        fi                          末尾添加LANG=en_US.UTF-8
fi
LANG=en_US.UTF-8
-- INSERT --
```

图 3-220　设置操作系统字符集编码

使用 source 命令生效，即输入 source /etc/profile，如图 3-221 所示。

```
[root@Master ~]# source /etc/profile

Welcome to 4.19.90-2106.3.0.0095.oel.x86_64

System information as of time:  2021年 12月 22日 星期三 14:44:38 CST

System load:    0.06
Processes:      97
Memory used:    3.4%
Swap used:      0.0%
Usage On:       18%
IP address:     192.168.2.10
Users online:   1


[root@Master ~]#
```

图 3-221　使用 source 命令

第四步：设置操作系统时区，命令如下。

```
cp /usr/share/zoneinfo/Asia/Shanghai  /etc/localtime
```

设置操作系统时区如图 3-222 所示。

```
[root@Master Asia]# cp /usr/share/zoneinfo/Asia/Shanghai  /etc/localtime
cp: '/usr/share/zoneinfo/Asia/Shanghai' and '/etc/localtime' are the same file
[root@Master Asia]#
```

图 3-222　设置操作系统时区

第五步：关闭 swap 交换内存。这是为了保障数据库的访问性能，避免把数据库的缓冲区内存淘汰到磁盘上，命令如下。

```
swapoff -a
```

执行命令后，可以通过 free -m 查看 swap 交换内存，如图 3-223 所示。

```
[root@Master ~]# swapoff -a
[root@Master ~]# free -m
               total        used        free      shared  buff/cache   available
Mem:            3429         113        3066           8         249        3002
Swap:              0           0           0
[root@Master ~]#
```

图 3-223　查看 swap 交换内存

第六步：修改 performance.sh 文件，命令如下。

```
vi /etc/profile.d/performance.sh
```

在"sysctl –w vm.min_free_kbytes=112640 &> /dev/null"行加注释，即行首加#，如图 3-224 所示。

图 3-224　加注释

第七步：配置操作系统参数。

① 配置资源限制，执行以下命令即可。

```
echo "* soft stack 3072" >> /etc/security/limits.conf
echo "* hard stack 3072" >> /etc/security/limits.conf
echo "* soft nofile 1000000" >> /etc/security/limits.conf
echo "* hard nofile 1000000" >> /etc/security/limits.conf
echo "* soft nproc unlimited" >> /etc/security/limits.d/90-nproc.conf
echo "* soft nproc 4096" >> /etc/security/limits.d/20-nproc.conf
echo "root soft nproc unlimited" >> /etc/security/limits.d/20-nproc.conf
```

② 配置 sysctl.conf ，命令如下。

```
cat >> /etc/sysctl.conf << EOF
net.ipv4.tcp_retries1 = 5
net.ipv4.tcp_syn_retries = 5
net.sctp.path_max_retrans = 10
net.sctp.max_init_retransmits = 10
EOF
```

③ 关闭 RemoveIPC。

执行以下命令修改 logind.conf 文件。

```
vi /etc/systemd/logind.conf
```

取消#RemoveIPC=no 的注释，即删除#，添加以下内容后，保存并退出。

```
vi /usr/lib/systemd/system/systemd-logind.service
```

重新加载配置参数，命令如下。

```
systemctl daemon-reload
systemctl restart systemd-logind
```

检查修改是否生效，命令如下。

```
loginctl show-session | grep RemoveIPC
systemctl show systemd-logind | grep RemoveIPC
```

第八步：确保已连接互联网，通过 Yum 命令安装依赖包。

使用 VirtualBox 软件时，虚拟机连接的是仅主机（Host-Only）网络，需要将本地主机的上网网卡（Wi-Fi 网卡或者连接网线的网卡）共享给 VirtualBox Host-Only Network 网卡，共享后，VirtualBox Host-Only Network 网卡的 IP 地址会变动，再将虚拟机的 IP 地址与 VirtualBox Host-Only Network 网卡的 IP 地址设置为同一网段，并设置虚拟机的网关为 VirtualBox Host-Only Network 网卡的 IP 地址，重启网络后即可上网。网络连接情况如图 3-225 所示。

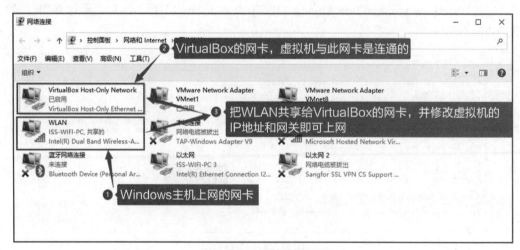

图 3-225　网络连接情况

虚拟机的网络项如图 3-226 所示。

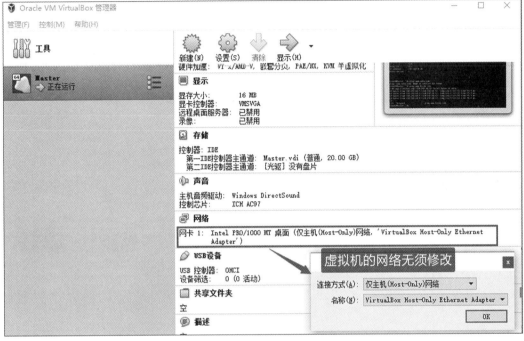

图 3-226　虚拟机的网络项

返回 Windows 桌面，单击"开始"→"设置"，进入"设置"窗口，单击"网络和 Internet"→"WLAN"→"更改适配器选项"，如图 3-227 所示。

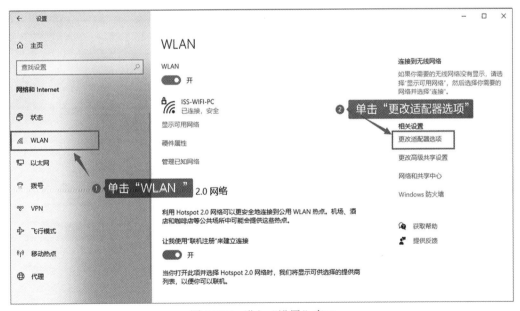

图 3-227　进入"设置"窗口

记录此时的 DNS 地址，供虚拟机修改 IP 地址信息使用，如图 3-228 所示。

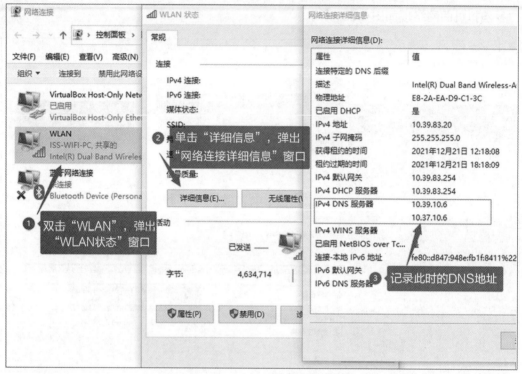

图 3-228　记录此时的 DNS 地址

把网络连接共享给 VirtualBox Host-Only Network 网卡，如图 3-229、图 3-230 所示。

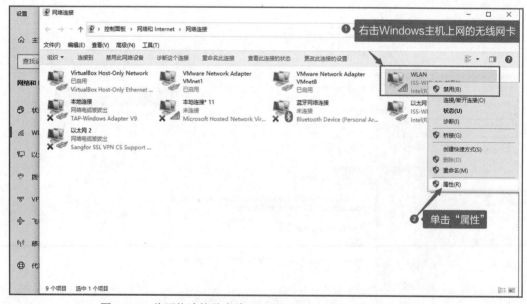

图 3-229　将网络连接共享给 VirtualBox Host-Only Network 网卡 1

图 3-230　将网络连接共享给 VirtualBox Host-Only Network 网卡 2

网络连接共享给 VirtualBox Host-Only Network 网卡后，VirtualBox Host-Only Network 网卡的 IP 地址就会发生变化，此时需要记录 IPv4 地址，如图 3-231 所示。

需要注意的是，不同计算机的新 IP 地址可能会不同，请记录这个新地址，新地址所在的网段将作为虚拟机的网段，新地址则作为虚拟机的网关地址。

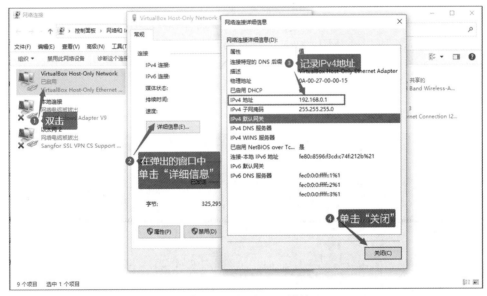

图 3-231　记录 IPv4 地址

由于修改虚拟机网络连接 VirtualBox Host-Only Network 网卡后，远程终端软件原本连接的 192.168.2.10 会话会断开，因此后续的操作可以直接在虚拟机软件窗口中操作。登录虚拟机后，输入以下命令。

```
cd /etc/sysconfig/network-scripts
```

```
ls    #查看目录下的文件
ip addr #查看 IP 地址，根据 IP 所属的连接内容即可确定通过修改哪个文件可以修改本机 IP 地址
```

　　需要说明的是，如果虚拟机只有一个网卡，一般情况下修改 ifcfg-ens×× 文件就可以修改 IP 地址。但是如果虚拟机有多个网卡，如何知道 IP 地址对应哪个文件呢？根据 IP 地址找到对应的网卡配置文件，修改该文件即可修改 IP 地址，如图 3-232 所示。

图 3-232　查看 IP 地址

　　修改 IP 地址，命令如下。

```
vi /etc/sysconfig/network-scripts/ifcfg-enp0s3
```

　　修改 IP 地址和 DNS 地址，虚拟机的 IP 地址需要和 192.168.0.1 在同一个网段，因此我们将其设置为 192.168.0.10，网关设置为 VirtualBox Host-Only Network 网卡的 IP 地址 192.168.0.1，DNS 地址为无线网卡分配的 DNS 地址 10.39.10.6 和 10.37.10.6，选择一个即可。修改 IP 地址和 DNS 地址如图 3-233 所示。

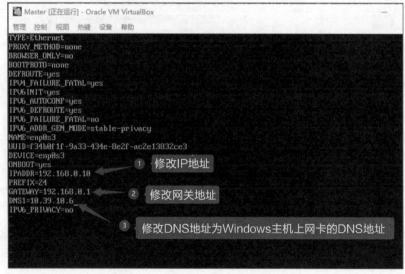

图 3-233　修改 IP 地址和 DNS 地址

修改完成后保存退出，使用 reboot 命令重启虚拟机。

通过 ping 命令测试虚拟机是否可以上网，如图 3-234 所示。

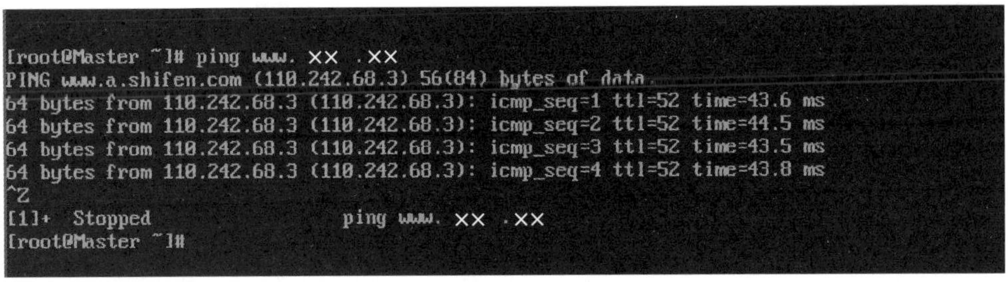

图 3-234　测试虚拟机是否可以上网

第九步： 开始联网 Yum 安装依赖包。

运行以下命令。

```
yum install libaio* -y
yum install -y unzip zip
```

安装依赖包如图 3-235 所示。

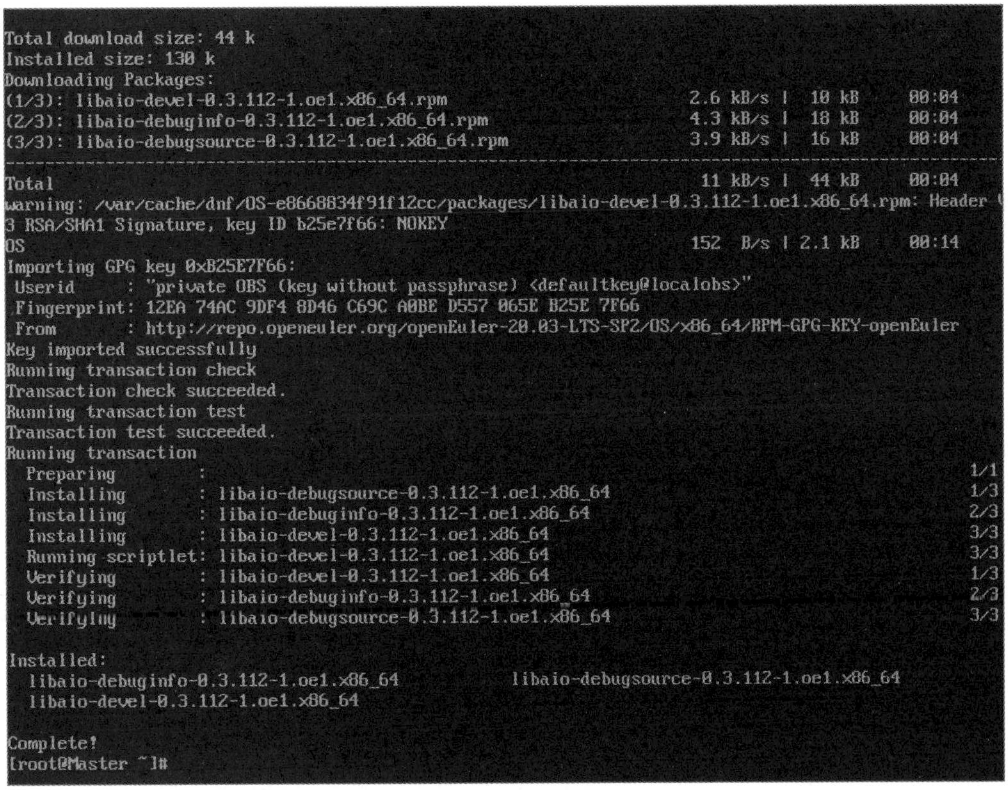

图 3-235　安装依赖包

Yum 安装成功后，把虚拟机的 IP 地址改回 192.168.2.10，取消 Windows 主机网卡的共享，此时 VirtualBox Host-Only Network 网卡的 IP 地址会恢复到最初的设定。重启虚拟机，并通过远程终端连接虚拟机，如图 3-236、图 3-237 所示。

图 3-236　通过远程终端连接虚拟机 1

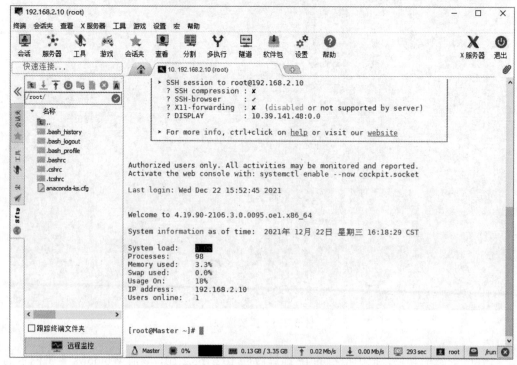

图 3-237　通过远程终端连接虚拟机 2

第十步：设置默认的 Python 版本为 3.7.9，命令如下。

```
cd /usr/bin
mv python python.bak
ln -s python3 /usr/bin/python
python -V
```

设置默认的 Python 版本为 3.7.9，如图 3-238 所示。

```
[root@Master ~]# cd /usr/bin
[root@Master bin]# mv python python.bak
[root@Master bin]# ln -s python3 /usr/bin/python
[root@Master bin]# python -V
Python 3.7.9
[root@Master bin]#
```

图 3-238　设置默认的 Python 版本为 3.7.9

第十一步：创建目录，上传安装包并编辑安装所需的 XML 文件。

创建目录命令如下。

```
mkdir -p /opt/software/openGauss
cd /opt/software/openGauss
```

将从 openGauss 官网下载的 openGauss-2.0.0-openEuler-64bit-all.tar.gz 文件上传到虚拟机的/opt/software/openGauss/目录下。

输入以下命令，编辑安装所需的 cluster_config.xml 文件。

```
vi cluster_config.xml   #输入以下文本内容
<?xml version="1.0" encoding="utf-8"?>
<ROOT>
  <CLUSTER>
    <PARAM name="clusterName" value="rt" />
    <PARAM name="nodeNames" value="Master"/>
    <PARAM name="gaussdbAppPath" value="/opt/huawei/install/app" />
    <PARAM name="gaussdbLogPath" value="/var/log/omm" />
    <PARAM name="tmpMppdbPath" value="/opt/huawei/tmp"/>
    <PARAM name="gaussdbToolPath" value="/opt/huawei/install/om" />
    <PARAM name="corePath" value="/opt/huawei/corefile"/>
    <PARAM name="backIp1s" value="192.168.2.10"/>
  </CLUSTER>

  <DEVICELIST>
    <DEVICE sn="node1_hostname">
      <PARAM name="name" value="Master"/>
      <PARAM name="azName" value="AZ1"/>
      <PARAM name="azPriority" value="1"/>
      <PARAM name="backIp1" value="192.168.2.10"/>
      <PARAM name="sshIp1" value="192.168.2.10"/>
      <!-- dn -->
      <PARAM name="dataNum" value="1"/>
      <PARAM name="dataPortBase" value="26000"/>
      <PARAM name="dataNode1" value="/opt/huawei/install/data/dn"/>
      <PARAM name="dataNode1_syncNum" value="0"/>
    </DEVICE>
  </DEVICELIST>
</ROOT>
```

解压安装文件，命令如下。

```
cd /opt/software/openGauss
tar -zxvf openGauss-2.0.0-openEuler-64bit-all.tar.gz
tar -zxvf openGauss-2.0.0-openEuler-64bit-om.tar.gz
```

解压安装文件，如图 3-239 所示。

```
[root@Master openGauss]# vi cluster_config.xml
[root@Master openGauss]# cd /opt/software/openGauss
[root@Master openGauss]# tar -zxvf openGauss-2.0.0-openEuler-64bit-all.tar.gz

openGauss-2.0.0-openEuler-64bit-om.tar.gz
openGauss-2.0.0-openEuler-64bit.tar.bz2
openGauss-2.0.0-openEuler-64bit-om.sha256
openGauss-2.0.0-openEuler-64bit.sha256
upgrade_sql.tar.gz
upgrade_sql.sha256
[root@Master openGauss]# tar -zxvf openGauss-2.0.0-openEuler-64bit-om.tar.gz

./lib/
./lib/_cffi_backend.so
./lib/six.py
./lib/paramiko/
./lib/paramiko/proxy.py
./lib/paramiko/pipe.py
./lib/paramiko/kex_curve25519.py
./lib/paramiko/sftp_attr.py
./lib/paramiko/buffered_pipe.py
./lib/paramiko/kex_gex.py
./lib/paramiko/client.py
./lib/paramiko/auth_handler.py
./lib/paramiko/kex_group14.py
./lib/paramiko/ber.py
./lib/paramiko/kex_group1.py
./lib/paramiko/sftp_handle.py
./lib/paramiko/agent.py
```

图 3-239　解压安装文件

第十二步：执行预安装。

安装前通过以下命令重启，使系列配置信息生效。

```
chmod 755 -R /opt/software
reboot
```

执行预安装，命令如下。

```
python/opt/software/openGauss/script/gs_preinstall -U omm -G dbgrp -X/opt/software/
openGauss/cluster_config.xml
```

执行预安装如图 3-240 所示。

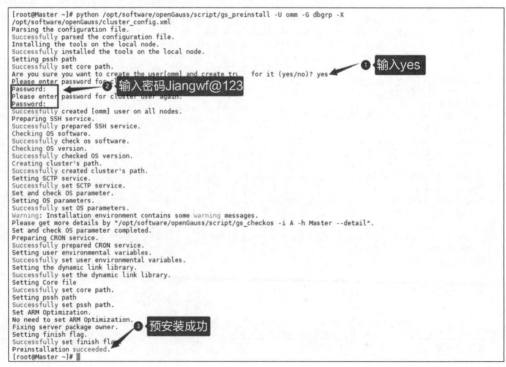

图 3-240　执行预安装

第十三步：安装 openGauss 数据库。

在 root 用户下，给安装脚本的属主和属组授权，命令如下。

```
chmod  -R 755 /opt/software/openGauss/script
chown  -R omm:dbgrp /opt/software/openGauss/script
#切换到 omm 用户
su omm
cd /opt/software/openGauss/script/
./gs_install  -X /opt/software/openGauss/cluster_config.xml
--gsinit-parameter="--encoding=UTF8"                --dn-guc="max_connections=10000"
--dn-guc="max_process_memory=4GB"                --dn-guc="shared_buffers=128MB"
--dn-guc="bulk_write_ring_size=128MB" --dn-guc="cstore_buffers=16MB"
```

给安装脚本的属主和属组授权如图 3-241 所示。

图 3-241　给安装脚本的属主和属组授权

第十四步：查看数据库状态。

以 omm 用户身份登录服务器。执行以下命令检查数据库状态是否正常。

```
gs_om -t status
```

查看数据库状态如图 3-242 所示。

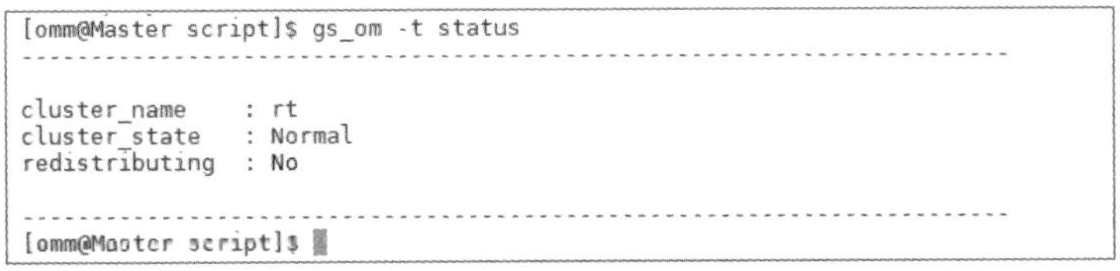

图 3-242　查看数据库状态

"cluster_state"显示"Normal"表示数据库可正常使用。

至此，openGauss 数据库在 openEuler 操作系统上成功部署单机环境！

2．在 openEuler 20.03 LTS SP2 上部署 openGauss 2.0.0 一主一备环境

（1）概述

在 openEuler 操作系统上部署 openGauss 2.0.0 一主一备环境，与在 CentOS 系统部署一主一备环境的过程类似。

（2）部署前准备

① 准备安装包。可以从 openGauss 开源社区下载 openEuler 系统的软件包，下载过程可参考在 openEuler 操作系统部署 openGauss 单机环境的下载过程。

② 安装操作系统。一主一备环境需要两台虚拟机都通过 VirtualBox 软件安装 openEuler 20.03 LTS SP2 版本的操作系统，内存为 4GB 或以上，CPU 为双核或以上，硬盘空间为 20GB 或以上，机器名称分别为 Master 和 Slave，IP 地址分别为 192.168.2.10（Master）和 192.168.2.11（Slave），root 用户启用，root 密码设定为 Jiangwf@123。虚拟机的安装过程请参考前面的章节，并确保远程终端正常连接虚拟机。

（3）部署 openGauss 2.0.0 一主一备环境

第一步：启动终端分别连接两台虚拟机 Master 和 Slave。两台虚拟机均关闭防火墙，命令如下。

```
systemctl disable firewalld.service
systemctl stop firewalld.service
```

关闭防火墙如图 3-243 所示。

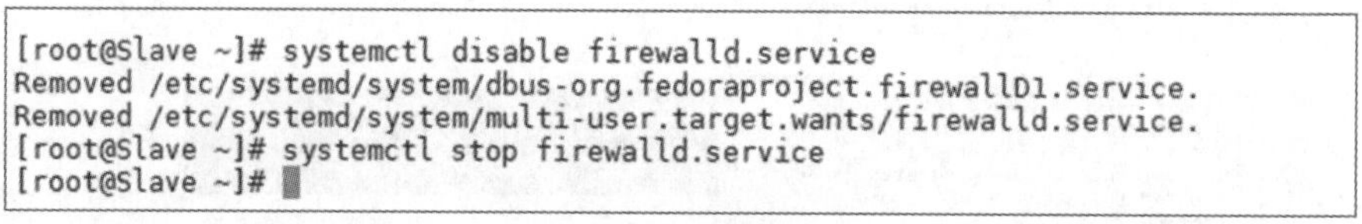

```
[root@Slave ~]# systemctl disable firewalld.service
Removed /etc/systemd/system/dbus-org.fedoraproject.firewallD1.service.
Removed /etc/systemd/system/multi-user.target.wants/firewalld.service.
[root@Slave ~]# systemctl stop firewalld.service
[root@Slave ~]#
```

图 3-243　关闭防火墙

第二步：两台虚拟机编辑/etc/hosts 文件，命令如下。

```
vi /etc/hosts
```

添加以下内容后，保存退出。

```
192.168.2.10 Master
192.168.2.11 Slave
```

添加内容如图 3-244 所示。

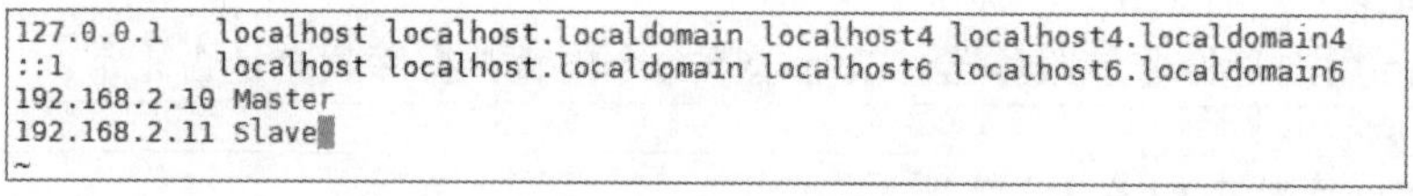

```
127.0.0.1    localhost localhost.localdomain localhost4 localhost4.localdomain4
::1          localhost localhost.localdomain localhost6 localhost6.localdomain6
192.168.2.10 Master
192.168.2.11 Slave
~
```

图 3-244　添加内容

在 Slave 和 Master 上分别通过 ping Master 和 ping Slave 命令测试通信是否正常，如图 3-245 所示。

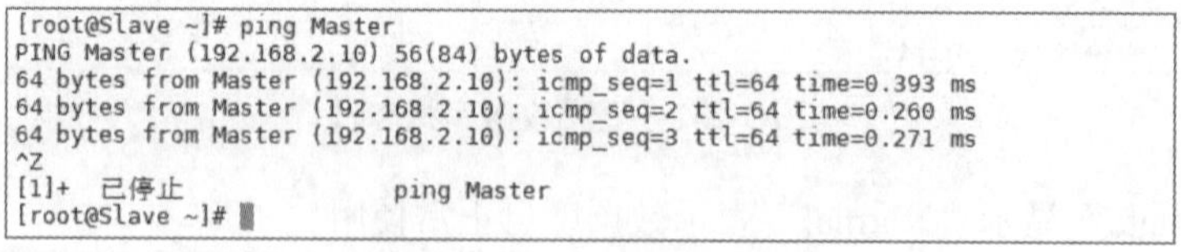

```
[root@Slave ~]# ping Master
PING Master (192.168.2.10) 56(84) bytes of data.
64 bytes from Master (192.168.2.10): icmp_seq=1 ttl=64 time=0.393 ms
64 bytes from Master (192.168.2.10): icmp_seq=2 ttl=64 time=0.260 ms
64 bytes from Master (192.168.2.10): icmp_seq=3 ttl=64 time=0.271 ms
^Z
[1]+  已停止              ping Master
[root@Slave ~]#
```

图 3-245　Slave 和 Master 分别测试通信是否正常

第三步：两台虚拟机 Master 和 Slave 设置操作系统字符集编码，命令如下。

```
vi /etc/profile
```

设置操作系统字符集编码，即在末尾添加 LANG=en_US.UTF-8 后保存退出，如图 3-246 所示。

```
unset i
unset -f pathmunge

if [ -n "${BASH_VERSION-}" ] ; then
        if [ -f /etc/bashrc ] ; then
                # Bash login shells run only /etc/profile
                # Bash non-login shells run only /etc/bashrc
                # Check for double sourcing is done in /etc/bashrc.
                . /etc/bash
        fi
fi
LANG=en_US.UTF-8
-- INSERT --
```

末尾添加LANG=en_US.UTF-8

图 3-246　设置操作系统字符集编码

使用 source 命令生效，即输入 source /etc/profile，如图 3-247 所示。

```
[root@Slave ~]# vi /etc/profile
[root@Slave ~]# source /etc/profile

Welcome to 4.19.90-2106.3.0.0095.oe1.x86_64

System information as of time:  2021年 12月 23日 星期四 10:07:36 CST

System load:    0.00
Processes:      97
Memory used:    3.6%
Swap used:      0.0%
Usage On:       17%
IP address:     192.168.2.11
Users online:   1


[root@Slave ~]#
```

图 3-247　使用 source 命令

第四步：两台虚拟机 Master 和 Slave 设置操作系统时区，命令如下。

```
cp /usr/share/zoneinfo/Asia/Shanghai  /etc/localtime
```

设置操作系统时区，如图 3-248 所示。

```
[root@Master Asia]# cp /usr/share/zoneinfo/Asia/Shanghai  /etc/localtime
cp: '/usr/share/zoneinfo/Asia/Shanghai' and '/etc/localtime' are the same file
[root@Master Asia]#
```

图 3-248　设置操作系统时区

如果需要设置虚拟机和主机时间同步，首先要安装 VMware tools，然后才能进行设置。也可以手动设置时间让两台虚拟机时间同步，命令格式为：date -s "2021-12-23 13:30:00"。

第五步：两台虚拟机 Master 和 Slave 关闭 swap 交换内存，这是为了保障数据库的访问性能，避免把数据库的缓冲区内存淘汰到磁盘上，命令如下。

```
swapoff -a
```

执行命令后，可以通过 free -m 查看 swap 交换内存，如图 3-249 所示。

```
[root@Master ~]# swapoff -a
[root@Master ~]# free -m
              total        used        free      shared  buff/cache   available
Mem:           3429         113        3066           8         249        3002
Swap:             0           0           0
[root@Master ~]#
```

图 3-249　查看 swap 交换内存

第六步：两台虚拟机 Master 和 Slave 修改 performance.sh 文件，命令如下。

```
vi /etc/profile.d/performance.sh
```

在"sysctl -w vm.min_free_kbytes=112640 &> /dev/null"行加注释，即行首加#，如图 3-250 所示。

图 3-250　加注释

第七步：两台虚拟机 Master 和 Slave 配置操作系统参数。

① 配置资源限制，执行以下命令。

```
echo "* soft stack 3072" >> /etc/security/limits.conf
echo "* hard stack 3072" >> /etc/security/limits.conf
echo "* soft nofile 1000000" >> /etc/security/limits.conf
echo "* hard nofile 1000000" >> /etc/security/limits.conf
echo "* soft nproc unlimited" >> /etc/security/limits.d/90-nproc.conf
echo "* soft nproc 4096" >> /etc/security/limits.d/20-nproc.conf
echo "root soft nproc unlimited" >> /etc/security/limits.d/20-nproc.conf
```

② 配置 sysctl.conf，命令如下。

```
cat >> /etc/sysctl.conf << EOF
net.ipv4.tcp_retries1 = 5
net.ipv4.tcp_syn_retries = 5
net.sctp.path_max_retrans = 10
net.sctp.max_init_retransmits = 10
EOF
```

③ 关闭 RemoveIPC。

执行以下命令修改 logind.conf 文件。

```
vi /etc/systemd/logind.conf
```

取消#RemoveIPC=no 的注释，即删除#，添加以下内容后，保存并退出。

```
vi /usr/lib/systemd/system/systemd-logind.service
```

重新加载配置参数，命令如下。

```
systemctl daemon-reload
systemctl restart systemd-logind
```

检查修改是否生效，命令如下。

```
loginctl show-session | grep RemoveIPC
systemctl show systemd-logind | grep RemoveIPC
```

第八步：两台虚拟机 Master 和 Slave 确保已连接互联网，通过 Yum 命令安装依赖包。

使用 VirtualBox 软件时，虚拟机连接的是仅主机（Host-Only）网络，需要将本地主机的上网网卡（Wi-Fi 网卡或者连接网线的网卡）共享给 VirtualBox Host-Only Network

网卡，共享后，VirtualBox Host-Only Network 网卡的 IP 地址会变动，再将虚拟机的 IP 地址与 VirtualBox Host-Only Network 网卡的 IP 地址设置为同一网段，并设置虚拟机的网关为 VirtualBox Host-Only Network 网卡的 IP 地址，重启网络后即可上网。网络连接情况如图 3-251 所示。

图 3-251　网络连接情况

Master 和 Slave 的操作过程相同，以虚拟机 Slave 为例，操作过程如下。

虚拟机的网络项如图 3-252 所示。

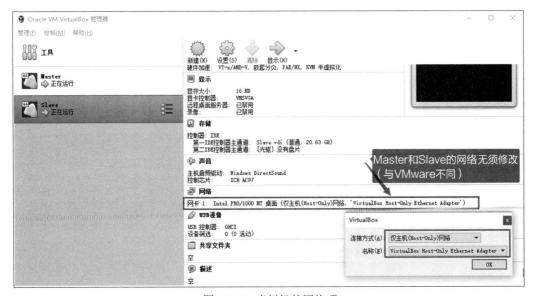

图 3-252　虚拟机的网络项

返回 Windows 桌面，单击"开始"→"设置"，进入"设置"窗口，单击"网络和 Internet"→"WLAN"→"更改适配器选项"，如图 3-253 所示。

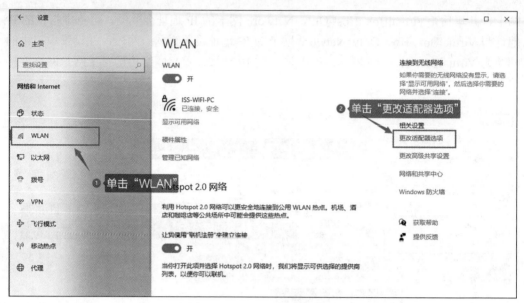

图 3-253　进入"设置"窗口

记录此时的 DNS 地址，供虚拟机修改 IP 地址信息使用，如图 3-254 所示。

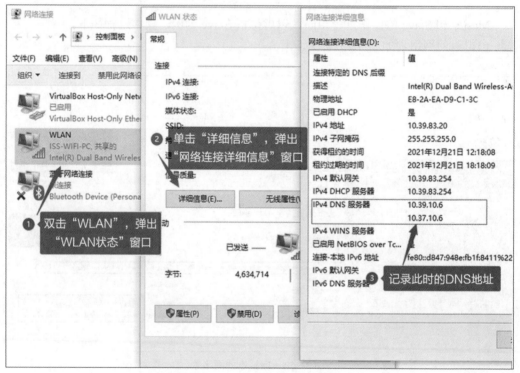

图 3-254　记录此时的 DNS 地址

把网络连接共享给 VirtualBox Host-Only Network 网卡，如图 3-255～图 3-257 所示。

图 3-255　把网络连接共享给 VirtualBox Host-Only Network 网卡 1

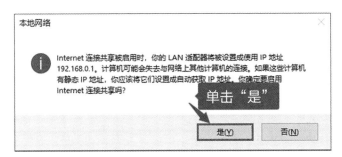

图 3-256　把网络连接共享给 VirtualBox Host-Only Network 网卡 2

图 3-257　把网络连接共享给 VirtualBox Host-Only Network 网卡 3

网络连接共享给 VirtualBox Host-Only Network 网卡后，VirtualBox Host-Only Network 网

卡的 IP 地址就会发生变化，此时需要记录 IPv4 地址，如图 3-258 所示。

　　注意：不同计算机的 IP 地址可能会不同，请记录这个新的 IP 地址，这个 IP 地址所在的网段将作为虚拟机的网段地址，这个新 IP 地址则作为虚拟机的网关地址。

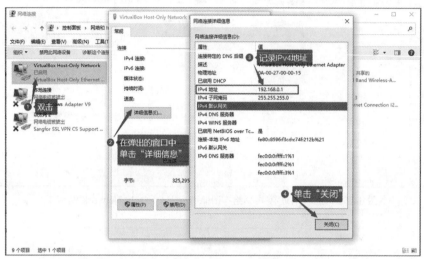

图 3-258　记录 IPv4 地址

　　由于修改虚拟机网络连接 VirtualBox Host-Only Network 网卡后，远程终端软件原本连接的 192.168.2.10 会话会断开，后续的操作可以直接在虚拟机软件窗口中操作。登录虚拟机后，输入以下命令。

```
cd /etc/sysconfig/network-scripts
ls  #查看目录下的文件
ip addr #查看 IP 地址，根据 IP 所属的连接内容即可确定通过修改哪个文件可以修改本机 IP 地址
```

　　说明：如果虚拟机只有一个网卡，一般情况下修改 ifcfg-ens××文件就可以修改 IP 地址。但是如果虚拟机有多个网卡，如何知道 IP 地址对应哪个文件呢？根据 IP 地址找到对应的网卡配置文件，修改该文件即可修改 IP 地址，如图 3-259 所示。

图 3-259　修改 IP 地址

修改 IP 地址，命令如下。

```
vi /etc/sysconfig/network-scripts/ifcfg-enp0s3
```

修改 IP 地址和 DNS 地址，虚拟机的 IP 地址需要和 192.168.0.1 在同一个网段，因此我们设置为 192.168.0.10，网关设置为 VirtualBox Host-Only Network 网卡的 IP 地址 192.168.0.1，DNS 地址为无线网卡分配的 DNS 地址 10.39.10.6 和 10.37.10.6，选择一个即可。修改 IP 地址和 DNS 地址如图 3-260 所示。

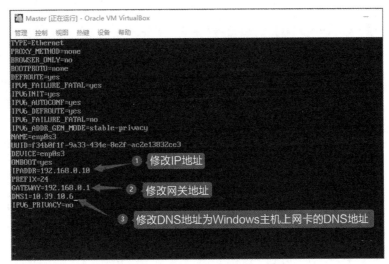

图 3-260　修改 IP 地址和 DNS 地址

修改完成后保存退出，使用 reboot 命令重启虚拟机。

通过 ping 命令测试虚拟机是否可以上网，如图 3-261 所示。

```
[root@Master ~]# ping www.××.××
PING www.a.shifen.com (110.242.68.3) 56(84) bytes of data.
64 bytes from 110.242.68.3 (110.242.68.3): icmp_seq=1 ttl=52 time=43.6 ms
64 bytes from 110.242.68.3 (110.242.68.3): icmp_seq=2 ttl=52 time=44.5 ms
64 bytes from 110.242.68.3 (110.242.68.3): icmp_seq=3 ttl=52 time=43.5 ms
64 bytes from 110.242.68.3 (110.242.68.3): icmp_seq=4 ttl=52 time=43.8 ms
^Z
[1]+  Stopped                 ping www.××.××
[root@Master ~]#
```

图 3-261　测试虚拟机是否可以上网

第九步：两台虚拟机 Master 和 Slave 开始联网 Yum 安装依赖包，执行以下命令。

```
yum install libaio* -y
yum install -y unzip zip
```

安装依赖包如图 3-262、图 3-263 所示。

```
[root@Slave ~]# yum install libaio* -y
DS                                                         84 kB/s | 3.5 MB     00:42
everything                                                221 kB/s |  14 MB     01:04
EPOL                    虚拟机Master和Slave都需要安装依赖包    231 kB/s | 3.0 MB     00:13
EPOL-UPDATE                                                21  B/s | 257  B     00:12
debuginfo                                                233 kB/s | 3.7 MB     00:16
source                                                    69 kB/s | 1.2 MB     00:17
```

图 3-262　安装依赖包 1

```
Total download size: 44 k
Installed size: 130 k
Downloading Packages:
(1/3): libaio-devel-0.3.112-1.oe1.x86_64.rpm              2.6 kB/s |  10 kB   00:04
(2/3): libaio-debuginfo-0.3.112-1.oe1.x86_64.rpm         4.3 kB/s |  18 kB   00:04
(3/3): libaio-debugsource-0.3.112-1.oe1.x86_64.rpm       3.9 kB/s |  16 kB   00:04
------------------------------------------------------------------------------------
Total                                                     11 kB/s |  44 kB   00:04
warning: /var/cache/dnf/OS-e8668834f91f12cc/packages/libaio-devel-0.3.112-1.oe1.x86_64.rpm: Header V
3 RSA/SHA1 Signature, key ID b25e7f66: NOKEY
OS                                                        152  B/s | 2.1 kB   00:14
Importing GPG key 0xB25E7F66:
 Userid     : "private OBS (key without passphrase) <defaultkey@localobs>"
 Fingerprint: 12EA 74AC 9DF4 8D46 C69C A0BE D557 065E B25E 7F66
 From       : http://repo.openeuler.org/openEuler-20.03-LTS-SP2/OS/x86_64/RPM-GPG-KEY-openEuler
Key imported successfully
Running transaction check
Transaction check succeeded.
Running transaction test
Transaction test succeeded.
Running transaction
  Preparing        :                                                              1/1
  Installing       : libaio-debugsource-0.3.112-1.oe1.x86_64                      1/3
  Installing       : libaio-debuginfo-0.3.112-1.oe1.x86_64                        2/3
  Installing       : libaio-devel-0.3.112-1.oe1.x86_64                            3/3
  Running scriptlet: libaio-devel-0.3.112-1.oe1.x86_64                            3/3
  Verifying        : libaio-devel-0.3.112-1.oe1.x86_64                            1/3
  Verifying        : libaio-debuginfo-0.3.112-1.oe1.x86_64                        2/3
  Verifying        : libaio-debugsource-0.3.112-1.oe1.x86_64                      3/3

Installed:
  libaio-debuginfo-0.3.112-1.oe1.x86_64          libaio-debugsource-0.3.112-1.oe1.x86_64
  libaio-devel-0.3.112-1.oe1.x86_64

Complete!
[root@Master ~]#
```

图 3-263　安装依赖包 2

　　Yum 安装成功后，把虚拟机的 IP 地址改回 192.168.2.10，取消 Windows 主机网卡的共享，此时 VirtualBox Host-Only Network 网卡的 IP 地址会恢复到最初的设定。重启虚拟机并通过远程终端连接虚拟机，如图 3-264、图 3-265 所示。

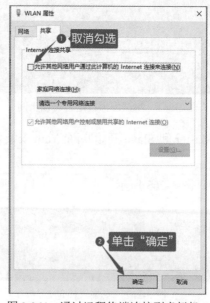

图 3-264　通过远程终端连接到虚拟机 1

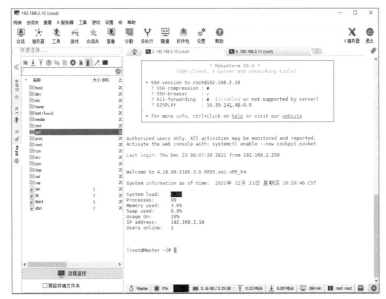

图 3-265　通过远程终端连接到虚拟机 2

第十步：设置默认的 Python 版本为 3.7.9，命令如下。

```
cd /usr/bin
mv python python.bak
ln -s python3 /usr/bin/python
python -V
```

设置默认的 Python 版本为 3.7.9，如图 3-266 所示。

```
[root@Master ~]# cd /usr/bin
[root@Master bin]# mv python python.bak
[root@Master bin]# ln -s python3 /usr/bin/python
[root@Master bin]# python -V
Python 3.7.9
[root@Master bin]#
```

图 3-266　设置默认的 Python 版本为 3.7.9

第十一步：登录虚拟机 Master 创建目录，上传安装包并编辑安装所需的 XML 文件。创建目录命令如下。

```
mkdir -p /opt/software/openGauss
cd /opt/software/openGauss
```

将从 openGauss 官网下载的 openGauss-2.0.0-openEuler-64bit-all.tar.gz 文件上传到虚拟机 Master 的/opt/software/openGauss/目录下。

输入以下命令，编辑安装所需的 cluster_config.xml 文件。

```
vi cluster_config.xml    #输入以下文本内容
<?xml version="1.0" encoding="utf-8"?>
<ROOT>
  <CLUSTER>
    <PARAM name="clusterName" value="rt" />
    <PARAM name="nodeNames" value="Master,Slave"/>
    <PARAM name="gaussdbAppPath" value="/opt/huawei/install/app" />
    <PARAM name="gaussdbLogPath" value="/var/log/omm" />
    <PARAM name="tmpMppdbPath" value="/opt/huawei/tmp"/>
    <PARAM name="gaussdbToolPath" value="/opt/huawei/install/om" />
    <PARAM name="corePath" value="/opt/huawei/corefile"/>
    <PARAM name="backIp1s" value="192.168.2.10, 192.168.2.11"/>
  </CLUSTER>
```

```
  <DEVICELIST>
    <DEVICE sn="node1_hostname">
      <PARAM name="name" value="Master"/>
      <PARAM name="azName" value="AZ1"/>
      <PARAM name="azPriority" value="1"/>
      <PARAM name="backIp1" value="192.168.2.10"/>
      <PARAM name="sshIp1" value="192.168.2.10"/>
      <!-- dn -->
      <PARAM name="dataNum" value="1"/>
      <PARAM name="dataPortBase" value="26000"/>
      <PARAM          name="dataNode1"          value="/opt/huawei/install/data/dn,Slave,
/opt/huawei/install/data/dn"/>
      <PARAM name="dataNode1_syncNum" value="0"/>
</DEVICE>
<DEVICE sn="node2_hostname">
      <PARAM name="name" value="Slave"/>
      <PARAM name="azName" value="AZ1"/>
      <PARAM name="azPriority" value="1"/>
      <PARAM name="backIp1" value="192.168.2.11"/>
      <PARAM name="sshIp1" value="192.168.2.11"/>
</DEVICE>
  </DEVICELIST>
</ROOT>
```

输入命令编辑文件，如图 3-267 所示。

图 3-267　输入命令编辑文件

解压安装文件，命令如下。

```
cd /opt/software/openGauss
tar -zxvf openGauss-2.0.0-openEuler-64bit-all.tar.gz
tar -zxvf openGauss-2.0.0-openEuler-64bit-om.tar.gz
```

解压安装文件，如图 3-268 所示。

第十二步：以 root 用户登录虚拟机 Master，执行预安装命令。

安装前通过以下命令重启，使系列配置信息生效。

```
chmod 755 -R /opt/software
reboot
```

```
[root@Master openGauss]# vi cluster_config.xml
[root@Master openGauss]# cd /opt/software/openGauss
[root@Master openGauss]# tar -zxvf openGauss-2.0.0-openEuler-64bit-all.tar.gz
openGauss-2.0.0-openEuler-64bit-om.tar.gz
openGauss-2.0.0-openEuler-64bit.tar.bz2
openGauss-2.0.0-openEuler-64bit-om.sha256
openGauss-2.0.0-openEuler-64bit.sha256
upgrade_sql.tar.gz
upgrade_sql.sha256
[root@Master openGauss]# tar -zxvf openGauss-2.0.0-openEuler-64bit-om.tar.gz
./lib/
./lib/_cffi_backend.so
./lib/six.py
./lib/paramiko/
./lib/paramiko/proxy.py
./lib/paramiko/pipe.py
./lib/paramiko/kex_curve25519.py
./lib/paramiko/sftp_attr.py
./lib/paramiko/buffered_pipe.py
./lib/paramiko/kex_gex.py
./lib/paramiko/client.py
./lib/paramiko/auth_handler.py
./lib/paramiko/kex_group14.py
./lib/paramiko/ber.py
./lib/paramiko/kex_group1.py
./lib/paramiko/sftp_handle.py
./lib/paramiko/agent.py
```

图 3-268　解压安装文件

执行预安装命令如下。

```
python /opt/software/openGauss/script/gs_preinstall -U omm -G dbgrp -X /opt/software/
openGauss/cluster_config.xml
```

执行预安装命令如图 3-269 所示。

图 3-269　执行预安装命令

第十三步：安装 openGauss 数据库。

在 root 用户下，给安装脚本的属主和属组授权，命令如下。

```
chmod  -R 755 /opt/software/openGauss/script
chown  -R omm:dbgrp /opt/software/openGauss/script
#切换到 omm 用户
su omm
cd /opt/software/openGauss/script/
./gs_install-X/opt/software/openGauss/cluster_config.xml
--gsinit-parameter="--encoding=UTF8"          --dn-guc="max_connections=10000"
--dn-guc="max_process_memory=4GB"             --dn-guc="shared_buffers=128MB"
--dn-guc="bulk_write_ring_size=128MB" --dn-guc="cstore_buffers=16MB"
```

给安装脚本的属主和属组授权，如图 3-270 所示。

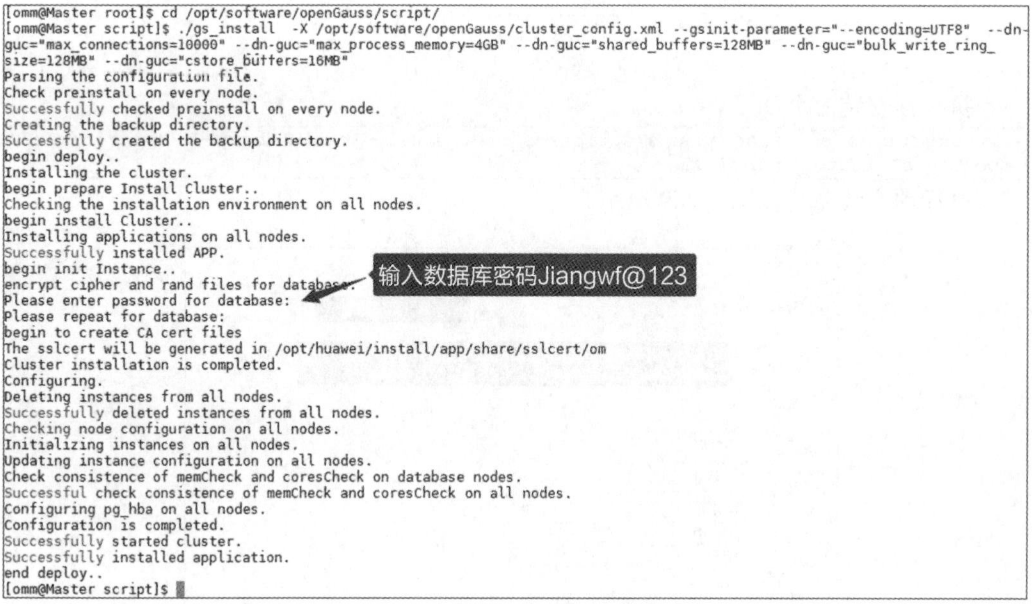

```
[omm@Master root]$ cd /opt/software/openGauss/script/
[omm@Master script]$ ./gs_install  -X /opt/software/openGauss/cluster_config.xml --gsinit-parameter="--encoding=UTF8"  --dn-guc="max_connections=10000" --dn-guc="max_process_memory=4GB" --dn-guc="shared_buffers=128MB" --dn-guc="bulk_write_ring_size=128MB" --dn-guc="cstore_buffers=16MB"
Parsing the configuration file.
Check preinstall on every node.
Successfully checked preinstall on every node.
Creating the backup directory.
Successfully created the backup directory.
begin deploy..
Installing the cluster.
begin prepare Install Cluster..
Checking the installation environment on all nodes.
begin install Cluster..
Installing applications on all nodes.
Successfully installed APP.
begin init Instance..
encrypt cipher and rand files for database.
Please enter password for database:
Please repeat for database:
begin to create CA cert files
The sslcert will be generated in /opt/huawei/install/app/share/sslcert/om
Cluster installation is completed.
Configuring.
Deleting instances from all nodes.
Successfully deleted instances from all nodes.
Checking node configuration on all nodes.
Initializing instances on all nodes.
Updating instance configuration on all nodes.
Check consistence of memCheck and coresCheck on database nodes.
Successful check consistence of memCheck and coresCheck on all nodes.
Configuring pg_hba on all nodes.
Configuration is completed.
Successfully started cluster.
Successfully installed application.
end deploy..
[omm@Master script]$
```


图 3-270　给安装脚本的属主和属组授权

第十四步：查看数据库状态。

以 omm 用户身份登录服务器。执行以下命令检查数据库状态是否正常。

```
gs_om -t status --detail
```

查看数据库状态如图 3-271 所示。

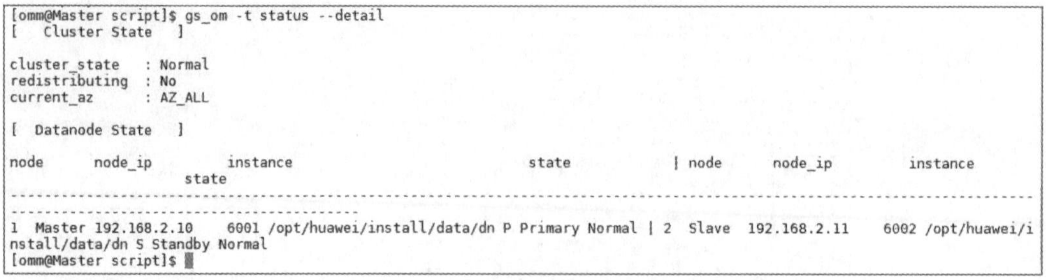

```
[omm@Master script]$ gs_om -t status --detail
[   Cluster State   ]

cluster_state    : Normal
redistributing   : No
current_az       : AZ_ALL

[  Datanode State   ]

node      node_ip         instance                              state            | node      node_ip          instance
            state
----------------------------------------------------------------------------------------------------------------------------
----------------------------------------
1  Master 192.168.2.10    6001 /opt/huawei/install/data/dn P Primary Normal | 2  Slave  192.168.2.11    6002 /opt/huawei/i
nstall/data/dn S Standby Normal
[omm@Master script]$
```

图 3-271　查看数据库状态

“cluster_state”显示“Normal”表示数据库可正常使用。

至此，openGauss 在 openEuler 操作系统上成功部署一主一备环境！

3.1.5　启动和关闭 openGauss 服务

1．启动 openGauss 服务

启动 openGauss 服务，需要以 omm 用户身份登录数据库主节点（192.168.2.10 Master 节点），执行以下命令。

```
su omm
cd /opt/software/openGauss/script/
gs_om -t start
```

启动 openGauss 服务如图 3-272 所示。

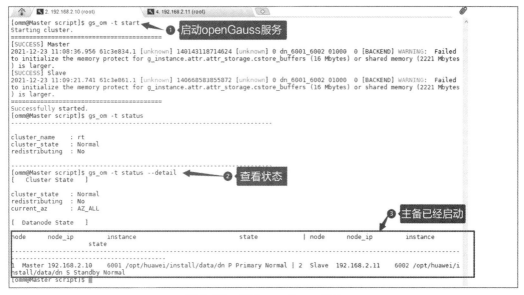

图 3-272　启动 openGauss 服务

2．关闭 openGauss 服务

关闭 openGauss 服务，需要以 omm 用户身份登录数据库主节点（192.168.2.10 Master 节点），执行以下命令。

```
su omm
cd /opt/software/openGauss/script/
gs_om -t stop
```

关闭 openGauss 服务如图 3-273 所示。

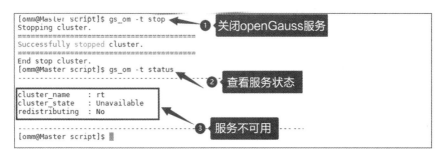

图 3-273　关闭 openGauss 服务

3.2　数据库连接和认证

3.2.1　openGauss 数据库的安全策略

openGauss 数据库环境部署完成并正常运行后，需要面对各种远程连接登录数据库并对数据库的相关对象进行操作，如 DBA、用户、应用程序的 API 调用，甚至通过实际应用中各种不同途径连接数据库的攻击者。openGauss 的安全机制需要对合法用户提供身份认证并响应请求，对非法用户则拒绝访问。openGauss 提供 gsql 以命令行的方式访问数据库，也提供基于图形用户界面的 Data Studio 客户端工具访问数据库，同时还提供 JDBC/ODBC 等应用程序编程接口访问数据库。

安全策略的第一道关卡是访问源的验证。openGauss 应对各种客户端的访问请求，通过认证模块限制客户端对数据库的访问，其中包括对端口和远程 IP 地址的限制，提供黑名单/白名单的机制对不同 IP 地址来源的请求进行限制，验证远程请求在白名单范围内的地址才准予通过。

访问源的验证通过后，进入第二道关卡，服务器端身份认证模块会对本次访问进行身份和口令的有效性验证，确保客户端属于 openGauss 服务器许可的用户身份，从而建立客户端到服务器端的安全通道。登录过程通过完整的认证来及时保障，满足 RFC 5802 通信标准，验证通过后系统根据客户端所属的角色进行数据库对象访问安全控制。系统将登录用户按照不同的角色进行资源管理。通过基于角色的访问控制（Role-Based Access Control，RBAC）机制，经过授权的用户可以获得相应的数据库资源及对应的对象访问权限。数据库角色是目前主流的权限管理概念，角色可以理解为同一类人，如仓库管理员、收银员等。角色是权限的集合，用户归属于某个角色，管理员通过增加和删除角色的权限，可对某个角色中的所有用户进行权限的管理。通过安全认证的用户对数据库中的对象的访问操作本质上是对数据库对象和表数据的管理，如增加、删除、修改、查询等。不同的用户获得的权限各不相同，因此每一次对象访问操作需要进行权限检查。当用户权限发生变更时，需要更新对应的对象访问权限，且权限变更即时生效。可访问的数据库对象包括表、视图、索引、序列、数据库、模式、函数及语言等。数据库安全对数据库系统来说至关重要。openGauss 将用户对数据库的所有操作写入审计日志。数据库安全管理员可以利用日志信息，重现导致数据库现状的一系列事件，找出非法操作的用户、时间和内容等。

客户端对服务器端的访问结果最终体现为数据，openGauss 在第三道关卡对数据安全进行有效的管理。由于数据在存储、传输、处理、显示等阶段都会面临信息泄露的风险，因此 openGauss 提供了数据加密、数据脱敏及加密数据导入/导出等机制，保障用户数据的隐私安全。

安全策略如图 3-274 所示。

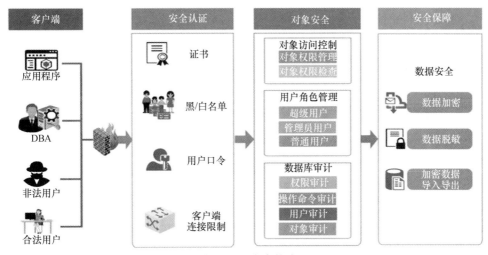

图 3-274　安全策略

1. openGauss 认证流程

openGauss 是一款标准的基于 C/S 模式工作的数据库系统，每一个完整的会话连接都由后台服务进程和客户端进程组成。openGauss 认证的详细流程如下。

① 客户端依据用户需求配置相关认证信息，主要是 SSL 认证相关信息，建立与服务器端的连接。

② 连接建立完成后，客户端发送访问需要的连接请求信息给服务器端，验证请求信息的工作都在服务器端完成。

③ 服务器端首先需要进行访问源的校验，即根据配置文件对访问的端口号、IP 地址、允许用户访问的范围及访问数据对象进行校验。

④ 完成校验后，服务器端连同认证方式和必要的信息返回给客户端。

⑤ 客户端依据认证方式加密口令并发送认证所需的信息给服务器端。

⑥ 服务器端对收到的认证信息进行认证。认证通过，则启动会话任务，与客户端进行通信，提供数据库服务，否则拒绝当前连接，并退出会话。客户端安全认证机制是 openGauss 的第一层安全保护机制，解决了访问源与数据库服务器端间的信任问题。这层机制可有效拦截非法用户对数据库的恶意访问，避免后续的非法操作。

openGauss 认证流程如图 3-275 所示。

图 3-275　openGauss 认证流程

2. 客户端配置信息

安全认证机制首先要解决客户端访问来源是否可信的问题。openGauss 通过系统配置将访问方式、源 IP 地址（客户端地址）及认证方法存放在服务器端的配置文件中，同时存放的还有数据库名和用户名。这些信息组成一条认证记录，存放在基于主机的认证 (Host-Based Authentication，HBA)文件中，路径为/opt/huawei/install/data/dn/pg_hba.conf。HBA 文件记录的格式有以下 4 种。

① local DATABASE USER METHOD [OPTIONS]

② host DATABASE USER ADDRESS METHOD [OPTIONS]

③ hostssl DATABASE USER ADDRESS METHOD [OPTIONS]

④ hostnossl DATABASE USER ADDRESS METHOD [OPTIONS]

一个 HBA 文件中可以包含多条记录，一条记录不能跨行存在，每条记录内部由若干个空格、/和制表符分隔的字段组成。在实际认证过程中，身份认证模块需要依据 HBA 文件中记录的内容对每个连接请求进行检查，因此记录的顺序是非常关键的。

记录中各个字段的具体含义如下。

① local：表示这条记录只接收通过 UNIX 域套接字进行的连接。没有这种类型的记录，就不允许 UNIX 域套接字的连接。只有从服务器本机连接且不指定-U 参数时，才会通过 UNIX 域套接字连接。

② host：表示这条记录既接收一个普通的 TCP/IP 套接字连接，又接收一个经过 SSL 加密的 TCP/IP 套接字连接。

③ hostssl：表示这条记录只接收一个经过 SSL 加密的 TCP/IP 套接字连接。

④ hostnossl：表示这条记录只接收一个普通的 TCP/IP 套接字连接。

⑤ DATABASE：声明当前记录匹配且允许访问的数据库。该字段可选用 all、sameuser 或 samerole。其中，all 表示当前记录允许访问所有数据库对象；sameuser 表示数据库必须与请求访问的用户同名才可访问；samerole 表示请求访问的用户必须与数据库角色中的成员同名才可访问。

⑥ USER：声明当前记录匹配且允许访问的数据库用户。该字段可选用 all 以及"+角色（角色组）"。其中，all 表示允许所有数据库用户访问；"+角色（角色组）"表示匹配该角色或属于该角色的成员，这些成员通过继承方式获得。

⑦ ADDRESS：指定与记录匹配且允许访问的 IP 地址范围。目前支持 IPv4 和 IPv6 两种形式的地址。

⑧ METHOD：声明连接时使用的认证方法。目前 openGauss 支持的认证方法包括 trust、reject、sha256、cert 及 gss。

⑨ OPTIONS：可选字段，其含义取决于选择的认证方法。目前作为保留项方便后续认证方法扩展。

openGauss 除了支持手动配置认证信息外，还支持使用大统一配置（Grand Unified Configuration，GUC）工具进行规则配置，如允许名为 jiangwf 的用户在 IP 地址为 192.168.1.250 的客户端，以 sha256 方式登录数据库 jiangwfdb，命令如下。

```
gs_guc set -Z coordinator -N all -I all -h "host jiangwfdb jiangwf 192.168.1.250/32
sha256"
```

该命令将在服务器端对应的 HBA 文件中添加对应规则。修改客户端认证策略的命令语法格式如下。

```
gs_guc [ set | reload ] [-N NODE-NAME] [-I INSTANCE-NAME | -D DATADIR] -h "HOSTTYPE
DATABASE USERNAME IPADDR-WITH-IPMASK AUTHMEHOD authentication-options"
```

参数说明如下。

① set：表示只修改配置文件中的参数。

② reload：表示修改配置文件中的参数，同时发送信号给数据库进程，使其重新加载配置文件。

③ -N：需要设置的主机名称。取值为已有主机名称。当参数取值为 all 时，表示设置 openGauss 中所有的主机。

④ -I INSTANCE-NAME：需要设置的实例名称。取值为已有实例名称。当参数取值为 all 时，表示设置主机中所有的实例。

⑤ -D：需要执行命令的 openGauss 实例路径。使用 encrypt 命令时，此参数表示指定的密码文件生成的路径。

3．服务器端认证方法

openGauss 安全认证方法在 HBA 文件中由数据库运维人员配置，下面介绍常用的 trust 认证、口令认证和 cert 认证。

（1）trust 认证

trust 认证意味着采用当前认证模式时，openGauss 无条件接收连接请求，且请求访问时无须提供口令。trust 认证如果使用不当，会允许所有用户在不提供口令的情况下直接连接数据库。为保障安全，openGauss 当前仅支持数据库超级用户在本地使用 trust 认证，不允许远程连接使用 trust 认证。通过 root 用户登录 openGauss 数据库所在的服务器，使用 gsql 方式直接登录数据库，无须提供用户名和密码即属于 trust 认证。

（2）口令认证

openGauss 目前主要支持 sha256 加密口令认证。由于在身份认证过程中，不需要还原明文口令，因此采用 PBKDF2 单向加密算法。其中 Hash 函数使用 sha256 算法，salt 则通过安全随机数生成。算法中涉及的迭代次数可由用户根据不同的场景决定，需考虑安全和性能间的平衡。为了保留对历史版本的兼容性，在某些场景下，openGauss 还支持 MD5 算法对口令进行加密，但默认不推荐。openGauss 管理员在创建用户信息时不允许创建空口令，这意味着非超级用户在登录时必须提供口令信息（命令方式或交互式方式）。用户的口令信息被存放在系统表 pg_authid 中的 rolpassword 字段中，如果为空，则表示出现元信息错误。

（3）cert 认证

openGauss 支持使用 SSL 安全连接通道。cert 认证表示使用 SSL 客户端进行认证不需要提供用户密码。在 cert 认证中，客户端和服务器端数据经过加密处理。在连接通道建立后，服务器端会发送主密钥信息给客户端，以响应客户端的握手信息，主密钥是服务器端识别客户端的重要依据。值得注意的是，cert 认证只支持 hostssl 类型的规则。openGauss 支持 SSL 协议（TLS1.2）。SSL 协议是安全性较高的协议，它加入了数字签名和数字证书来实现客户端和服务器端的双向身份验证，保证通信双方更加安全地数据传输。openGauss 在安装部署完成后，默认开启 SSL 认证模式。安装包中包含认证需要的证书和密钥信，证书由认证机构（Certification Authority，CA）可信中心颁发。假设服务器端的私钥为 server.key，证书为 server.crt，客户端的私钥为 client.key，证书为 client.crt，CA 根证书名称为 cacert.pem。需要说明的是，集群安装部署完成后，服务器端证书、私钥及根证书均已默认配置完成，用户只需要配置客户端相关的参数。在实际应用中，应结合场景进行配置。从安全性考虑，建议使用双向认证方式，此时客户端的 PGSSLMODE 变量建议设置为 verify-ca。但如果数据库处在一个安全的环境下，且业务具有高并发、低时延特点，则可使用单向认证模式。除了通过 SSL 进行安全的 TCP/IP 连接外，openGauss 还支持 SSH 隧道进行安全的 TCP/IP 连接。SSH 专为远程登录会话和其他网络服务提供安全性的协议。在实际执行过程中，SSH 服务和数据库服务应运行在同一台服务器上。从 SSH 客户端来看，SSH 提供了两种级别的安全验证，具体如下。

① 基于口令的安全验证：使用账号和口令登录远程主机。所有传输的数据都会被加密，但是不能保证正在连接的服务器就是需要连接的服务器，可能会有其他服务器冒充真正的服务器，也就是受到"中间人"的攻击。

② 基于密钥的安全验证：用户必须为自己创建一对密钥，并把公钥放在需要访问的服务器上。这种级别的安全验证不仅加密所有传送的数据，而且避免"中间人"攻击。但是整个登录的过程可能需要数秒的时延。

（4）SSL 证书管理

openGauss 默认配置了通过 openssl 生成的安全证书、私钥，并且提供替换证书的接口，方便用户进行证书的替换。配置过程中需要输入密码，这里统一将密码设置为 Jiangwf@123。详细配置过程如下。

第一步：准备工作，确认 Linux 系统已经安装了 openssl 组件、添加了 omm 用户，搭建 CA 的路径为 test。以 root 用户身份登录 Linux 系统，切换到用户 omm，执行以下命令。

```
su omm
cd /home/omm
mkdir test
#复制配置文件 openssl.cnf 到文件夹 test 下
cp /etc/pki/tls/openssl.cnf /home/omm/test
cd /home/omm/test
#在文件夹 test 下搭建 CA 环境
#创建文件夹 demoCA、./demoCA/newcerts、./demoCA/private
mkdir ./demoCA ./demoCA/newcerts ./demoCA/private
chmod 777 ./demoCA/private
#创建 serial 文件，写入 01
echo '01'>./demoCA/serial
#创建文件 index.txt
touch ./demoCA/index.txt
```

用文本编辑器打开/home/omm/test/openssl.cnf 文件，修改配置文件 openssl.cnf 中的参数，即查找 dir 行并修改为 dir= ./demoCA。

修改参数如图 3-276～图 3-279 所示。

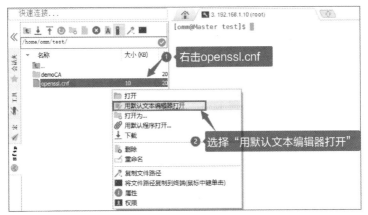

图 3-276　修改参数 1

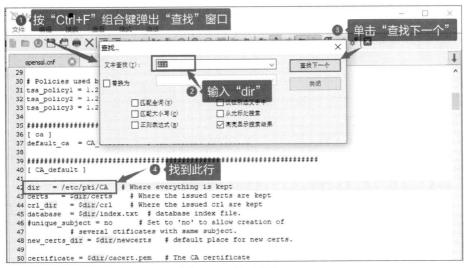

图 3-277　修改参数 2

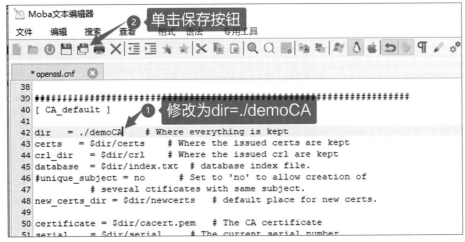

图 3-278　修改参数 3

图 3-279　　修改参数 4

参数修改完成，即 CA 环境搭建完成。

第二步：生成根私钥，命令如下。

```
cd /home/omm/test
openssl genrsa -aes256 -out demoCA/private/cakey.pem 2048
```

生成根私钥如图 3-280 所示。

图 3-280　　生成根私钥

第三步：使用 omm 用户在/home/omm/test 目录下执行以下命令，生成 CA 根证书请求文件 careq.pem。

```
#生成 CA 根证书请求文件 careq.pem
openssl req -config openssl.cnf -new -key demoCA/private/cakey.pem -out demoCA/
careq.pem
```

生成 CA 根证书请求文件如图 3-281 所示。

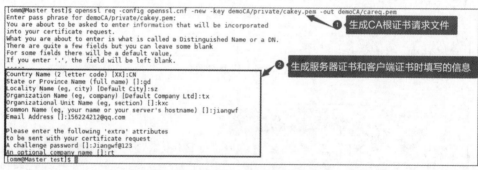

图 3-281　　生成 CA 根证书请求文件

生成服务器证书和客户端证书时，填写的信息需要与此处的一致。输入的信息请牢记，填写的内容和说明如下。

```
Country Name (2 letter code) [AU]:CN
State or Province Name (full name) [Some-State]:gd
Locality Name (eg, city) []:sz
Organization Name (eg, company) [Internet Widgits Pty Ltd]:tx
Organizational Unit Name (eg, section) []:kxc
#Common Name 可以随意命名
Common Name (eg, YOUR name) []:jiangwf
#Email 可以选择性填写
Email Address []:156224212@qq.com
```

```
Please enter the following 'extra' attributes
to be sent with your certificate request
A challenge password []:Jiangwf@123
An optional company name []:rt
```

第四步：生成 CA 根证书。

生成根证书时，需要修改 openssl.cnf 文件，即把 basicConstraints=CA:FALSE 修改为 basicConstraints=CA:TRUE。使用文本编辑器打开/home/omm/test/openssl.cnf 文件，修改后保存退出，如图 3-282 所示。

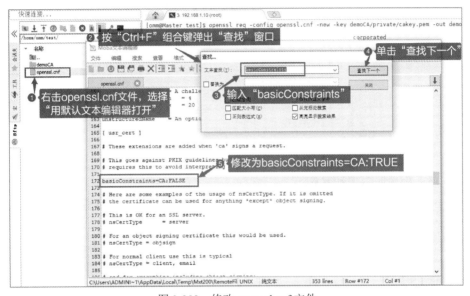

图 3-282　修改 openssl.cnf 文件

生成 CA 根证书，命令如下。

```
openssl ca -config openssl.cnf -out demoCA/cacert.pem -keyfile demoCA/private/cakey.
pem -selfsign -infiles demoCA/careq.pem
```

生成 CA 根证书如图 3-283 所示。

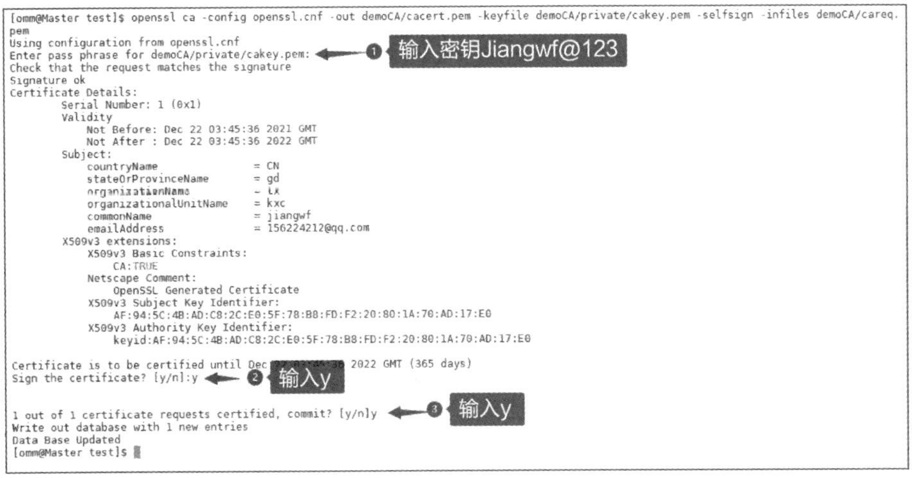

图 3-283　生成 CA 根证书

至此，CA 根证书 cacert.pem 生成，保存在/home/omm/test/demoCA 下，如图 3-284 所示。

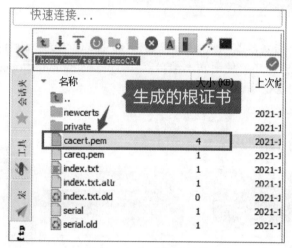

图 3-284　生成的根证书

第五步：生成服务器端私钥。

使用 omm 用户在/home/omm/test 目录下执行以下命令，生成服务器端私钥 server.key。

```
openssl genrsa -aes256 -out server.key 2048
```

生成服务器端私钥如图 3-285 所示。

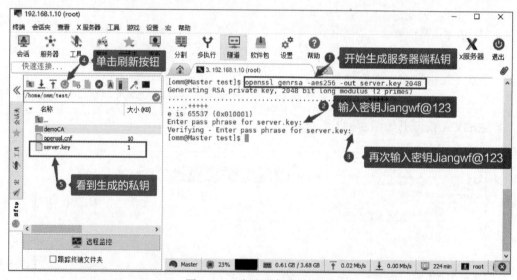

图 3-285　生成服务器端私钥

第六步：生成服务器端证书请求文件。

使用 omm 用户在/home/omm/test 目录下执行以下命令，生成服务器端证书请求文件 server.req。

```
openssl req -config openssl.cnf -new -key server.key -out server.req
```

生成服务器端证书请求文件如图 3-286 所示。

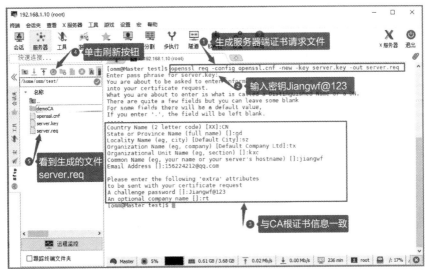

图 3-286 生成服务器端证书请求文件

第七步：生成服务器端证书。

生成服务器端证书时，修改 openssl.cnf 文件，将 basicConstraints=CA:TRUE 修改为 basicConstraints=CA:FALSE，如图 3-287、图 3-288 所示。

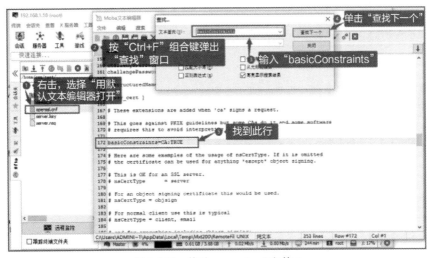

图 3-287 修改 openssl.cnf 文件 1

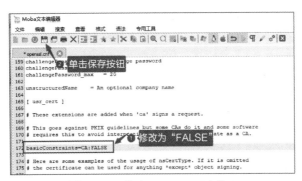

图 3-288 修改 openssl.cnf 文件 2

进入文件所在的目录并打开文件，命令如下。

```
cd /home/omm/test/demoCA/
vi index.txt.attr
```

修改为 unique_subject =no，如图 3-289 所示。

图 3-289　　修改为 unique_subject =no

执行以下命令，对生成的服务器端证书请求文件进行签发，签发后将生成正式的服务器端证书 server.crt，命令如下。

```
cd /home/omm/test
openssl ca  -config openssl.cnf -in server.req -out server.crt -days 3650 -md sha256
```

生成服务器端证书如图 3-290 所示。

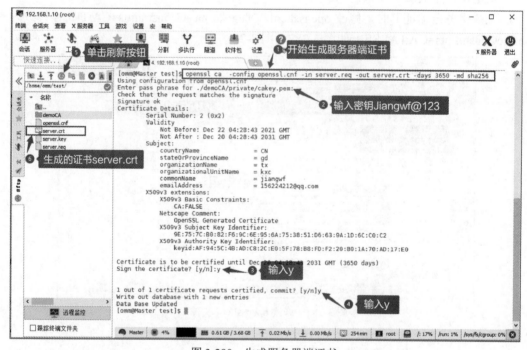

图 3-290　　生成服务器端证书

去掉私钥密码保护，输入以下命令。

```
openssl rsa -in server.key -out server.key
gs_guc encrypt -M server -K Jiangwf@123 -D ./
```

若服务器的私钥密码保护未启用，用户需执行 gs_guc 命令启用，具体如下。

```
gs_guc encrypt -M server -K Jiangwf@123 -D ./
```

使用 gs_guc 命令后，会生成私钥密码保护文件 server.key.cipher 和 server.key.rand。生成私钥密码保护文件如图 3-291 所示。

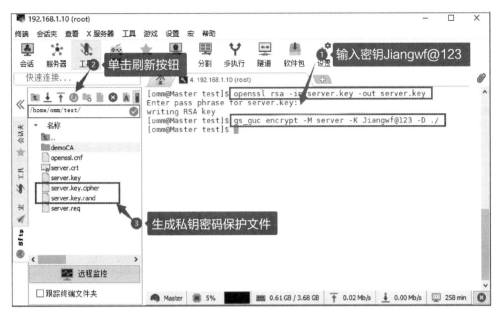

图 3-291　生成私钥密码保护文件

第八步： 生成客户端证书和私钥。

生成客户端证书和私钥的方法与服务器端相同。生成客户端私钥的命令如下。

```
openssl genrsa -aes256 -out client.key 2048
```

生成客户端私钥如图 3-292 所示。

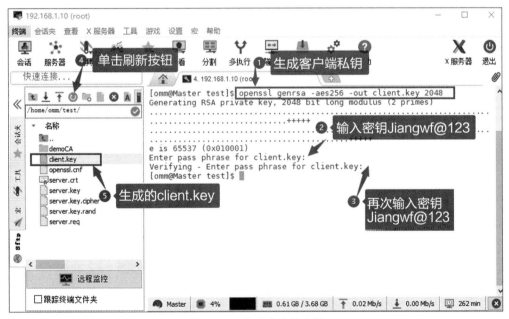

图 3-292　生成客户端私钥

生成客户端证书请求文件命令如下。

```
openssl req -config openssl.cnf -new -key client.key -out client.req
```

生成客户端证书请求文件如图 3-293 所示。

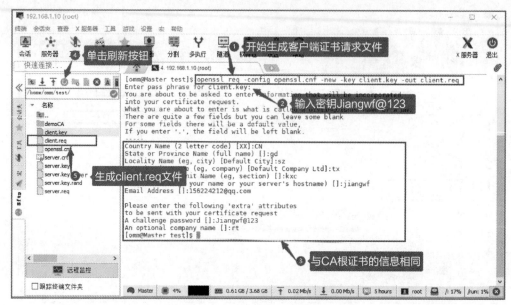

图 3-293 生成客户端证书请求文件

对生成的客户端证书请求文件进行签发，签发后将生成正式的客户端证书 client.crt。

```
openssl ca -config openssl.cnf -in client.req -out client.crt -days 3650 -md sha256
```

生成客户端证书如图 3-294 所示。

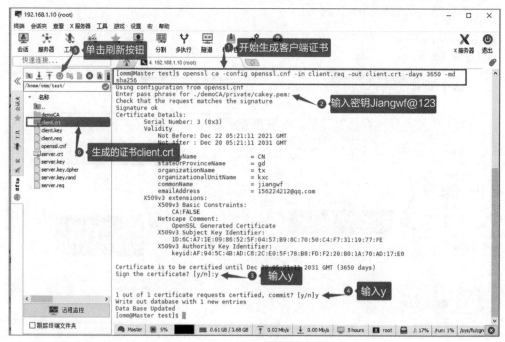

图 3-294 生成客户端证书

去掉私钥密码保护，命令如下。

```
openssl rsa -in client.key -out client.key
gs_guc encrypt -M client -K Jiangwf@123 -D ./
```

若不删除客户端私钥密码，则需要使用 gs_guc 命令对密码进行加密，命令如下。

```
gs_guc encrypt -M client -K Jiangwf@123 -D ./
```

使用 gs_guc 命令后，会生成私钥密码保护文件 client.key.cipher 和 client.key.rand。

将客户端私钥转换为 DER 格式，命令如下。

```
openssl pkcs8 -topk8 -outform DER -in client.key -out client.key.pk8 -nocrypt
```

客户端私钥转换为 DER 格式如图 3-295 所示。

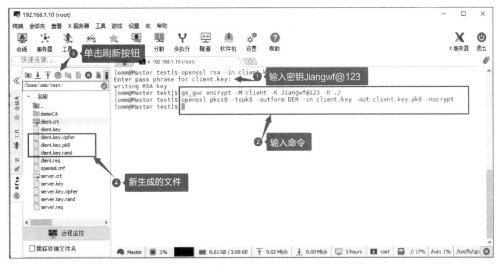

图 3-295　客户端私钥转换为 DER 格式

第九步：生成证书吊销列表，命令如下。

```
#创建 crlnumber 文件
echo  '00'>./demoCA/crlnumber
#吊销服务器证书
openssl ca -config openssl.cnf -revoke server.crt
#生成证书吊销列表
openssl ca -config openssl.cnf -gencrl -out sslcrl-file.crl
```

生成证书吊销列表如图 3-296 所示。

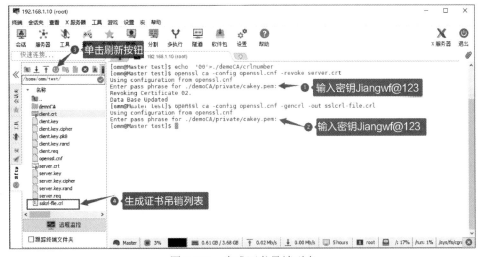

图 3-296　生成证书吊销列表

如果主机需要远程连接数据库，必须在数据库系统的配置文件中增加主机的信息，并且进行客户端接入认证。配置文件（默认名称为 pg_hba.conf）存放在数据库的数据目录中。

pg_hba.conf 文件的格式是一行写一条信息，表示一个认证规则，空白和注释（以#开头）被忽略。每个认证规则是由以若干个空格和/，空格和制表符分隔的字段组成的。如果字段用引号包围，则它可以包含空白。一条记录不能跨行存在。

3.2.2 使用 gsql 客户端连接本地和远程服务器

1. gsql 介绍和常用元命令

gsql 是 openGauss 提供的在命令行下运行的数据库连接工具。此工具除了具备操作数据库的基本功能外，还提供了若干高级特性，便于用户使用。使用 gsql 可以连接数据库，交互式地键入并执行 SQL 语句，也可以执行一个文件中指定的 SQL 语句，还可以执行元命令（以不带引号的反斜杠开头的命令）。元命令可以帮助管理员查看数据库对象的信息、查询缓存区信息、格式化 SQL 输出结果，以及连接新的数据库等。

元命令包含一般的元命令、查询缓存区元命令、输入/输出元命令、显示信息元命令、格式化元命令、连接元命令、操作系统元命令、变量元命令和大对象元命令。例如：查看当前数据库集群中的数据库使用\l 命令；查看版权信息使用\copyright 命令；查看所有的命令列表和描述信息使用\? 命令；查看用户和角色使用\du 命令；查看数据库中的表空间使用\db 命令；查看当前数据库下所有数据库对象使用\d 命令。元命令操作如图 3-297 所示。

图 3-297　元命令操作

一般的元命令及其描述见表 3-4。

表 3-4　一般的元命令及其描述

命令	描述	取值
\copyright	显示 openGauss 的版权信息	—
\g [FILE] or ;	执行查询（并将结果发送到文件或管道）	—
\h（\help）[NAME]	给出指定 SQL 语句的语法帮助	如果没有给出 NAME，gsql 将列出可获得帮助的所有命令。如果 NAME 是 *，则显示所有 SQL 语句的语法帮助
\parallel [on [num]|off]	控制并发执行开关。 ① on：打开控制并发执行开关，且最大并发数为 num。 ② off：关闭控制并发执行开关。 说明： ① 不支持事务中开启并发执行及并发中开启事务。 ② 不支持\d 这类元命令的并发。 ③ 并发 select 返回结果混乱问题，此为客户可接受，core、进程停止响应不可接受。 ④ 不推荐在并发中使用 set 语句，否则导致结果与预期不一致。 ⑤ 不支持创建临时表，如需使用临时表，需要在开启 parallel 之前创建，并在 parallel 内部使用。parallel 内部不允许创建临时表。 ⑥ \parallel 执行时最多启动 num 个独立的 gsql 进程连接服务器。 ⑦ \parallel 中所有作业的持续时间不能超过 session_timeout，否则可能会导致并发执行过程断连	num 的默认值为 1024。 说明： ① 服务器能接受的最大连接数受 max_connection 及当前已有连接数限制。 ② 设置 num 时需根据服务器当前可接受的实际连接数进行合理指定
\q	退出 gsql 程序。在一个脚本文件中，只在脚本终止的时候执行	—

常用查询缓存区元命令及其描述见表 3-5。

表 3-5　常用查询缓存区元命令及其描述

命令	描述
\e [FILE] [LINE]	使用外部编辑器编辑查询缓存区（或者文件）
\ef [FUNCNAME [LINE]]	使用外部编辑器编辑函数定义。如果指定了 LINE（即行号），则光标会指到函数体的指定行
\p	打印当前查询缓存区到标准输出
\r	重置（或清空）查询缓存区
\w FILE	将当前查询缓存区输出到文件

常用输入/输出元命令及其描述见表 3-6。

表 3-6　常用输入/输出元命令及其描述

命令	描述
\copy { table [(column_list)] | (query) } { from | to } { filename | stdin | stdout | pstdin | pstdout } [with] [binary] [oids] [delimiter [as] 'character'] [null [as] 'string'] [csv [header] [quote [as] 'character'] [escape [as] 'character'] [force quote column_list | *] [force not null column_list]]	任何 psql 客户端成功登录数据库后，可以执行导入/导出数据，这是一个运行 SQL COPY 命令的操作，但不是读取或写入指定文件的服务器，而是读取或写入文件，并在服务器和本地文件系统之间路由数据。这意味着文件的可访问性和权限是本地用户的权限，而不是服务器的权限，并且不需要数据库初始化用户权限。 说明： \COPY 只适合小批量、格式良好的数据导入，不会对非法字符进行预处理，也无容错能力。导入数据应优先选择 COPY
\echo [STRING]	把字符串写到标准输出
\i FILE	从 FILE 中读取内容，并将其作为输入，执行查询
\i+ FILE KEY	执行加密文件中的命令
\ir FILE	和\i 类似，只是相对于存放当前脚本的路径
\ir+ FILE KEY	和\i+类似，只是相对于存放当前脚本的路径
\o [FILE]	把所有的查询结果发送到文件
\qecho [STRING]	把字符串写到查询结果输出流中

常用格式化元命令及其描述见表 3-7。

表 3-7　常用格式化元命令及其描述

命令	描述
\a	对齐模式和非对齐模式之间的切换
\C [STRING]	把正在打印的表的标题设置为一个查询的结果或者取消这样的设置
\f [STRING]	对于不对齐的查询输出，显示或者设置域分隔符
\H	若当前为文本格式，则切换为 HTML 格式； 若当前为 HTML 格式，则切换为文本格式
\pset NAME [VALUE]	设置影响查询结果表输出的选项
\t [on|off]	切换输出的字段名的信息和行计数脚注
\T [STRING]	指定在使用 HTML 输出格式时放在 table 标签里的属性。如果参数为空，不设置
\x [on|off|auto]	切换扩展行格式

常用连接元命令及其描述见表 3-8。

表 3-8　常用连接元命令及其描述

命令	描述	取值
\c[onnect]　　[DBNAME|-USER|- HOST|- PORT|-]	连接一个新的数据库（当前数据库为 postgres）。当数据库名称长度超过 63 个字节时，默认前 63 个字节有效，因此连接到前 63 个字节对应的数据库，但是 gsql 的命令提示符中显示的数据库对象名仍为截断前的名称。 说明： 重新建立连接时，如果切换数据库登录用户，可能会出现交互式输入，要求输入新用户的连接密码。该密码最大长度为 999 字节，受限于 GUC 参数 password_max_length 的值	—
\encoding[ENCODING]	设置客户端字符编码格式	不带参数时，显示当前的编码格式
\conninfo	输出当前连接的数据库的信息	—

常用操作系统元命令及其描述见表 3-9。

表 3-9　常用操作系统元命令及其描述

命令	描述	取值
\cd [DIR]	切换当前的工作目录	绝对路径或相对路径,且满足操作系统路径命名规则
\setenv NAME [VALUE]	设置环境变量 NAME 为 VALUE,如果没有给出 VALUE 值，则不设置环境变量	—
\timing [on|off]	以毫秒为单位显示每条 SQL 语句的执行时间	on 表示打开显示； off 表示关闭显示
\! [COMMAND]	返回到一个单独的 UNIX shell 或者执行 UNIX 命令 COMMAND	—

常用变量元命令及其描述见表 3-10。

表 3-10　常用变量元命令及其描述

命令	描述
\prompt [TEXT] NAME	提示用户用文本格式指定变量名称
\set [NAME [VALUE]]	设置内部变量 NAME 为 VALUE 或者如果给出的多于一个值，设置为所有值的连接结果。如果没有给出第二个参数，就只设变量不设值。 有一些常用变量被 gsql 特殊对待，它们是一些选项设置，通常所有特殊对待的变量都是由大写字母组成（可能还有数字和下划线）
\unset NAME	不设置（或删除）gsql 变量名

2. 使用 gsql 连接数据库前的准备工作

客户端工具通过数据库主节点连接数据库。因此连接前，用户需查询数据库主节点所在服务器的 IP 地址及数据库主节点的端口号信息，具体操作步骤如下。

① 以操作系统用户 omm 登录数据库主节点。

② 使用 gs_om -t status --detail 命令查询 openGauss 各实例情况，如图 3-298 所示。

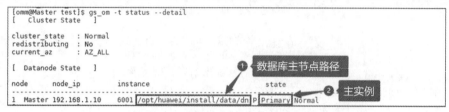

图 3-298   查询 openGauss 各实例情况

③ 根据数据库主节点路径，在 postgresql.conf 文件中查看端口号信息，命令如下。

```
cat /opt/huawei/install/data/dn/postgresql.conf | grep port
```

查看端口号信息如图 3-299 所示。

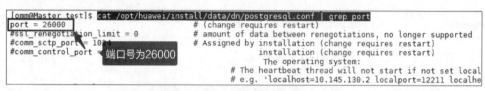

图 3-299   查看端口号信息

3. 使用 gsql 连接本地数据库

默认情况下，已连接数据库的客户端在处于空闲状态时，根据参数 session_timeout 的默认值自动断开连接，默认为 1 分钟。如果要关闭超时设置，参数 session_timeout 设置为 0 即可。gsql 进行数据库连接的参数及其说明见表 3-11。

表 3-11   gsql 进行数据库连接的参数及其说明

参数	说明	取值
-h，--host=HOSTNAME	指定正在运行服务器的主机名或者 UNIX 域套接字的路径	如果省略主机名，gsql 将通过 UNIX 域套接字与本地主机的服务器连接，或者在没有 UNIX 域套接字的机器上，通过 TCP/IP 与 localhost 连接
-p，--port=PORT	指定数据库服务器的端口号。可以通过 port 参数修改默认端口号	默认为 5432
-U，--username=USERNAME	指定连接数据库的用户。 说明： ① 通过该参数指定用户连接数据库时，需要同时提供用户密码以进行身份验证。可以通过交换方式输入密码，或者通过-W 参数指定密码。 ② 若用户名中包含字符$，则需要在字符$前增加转义字符才可成功连接数据库	字符串。默认使用与当前操作系统用户同名的用户

（续表）

参数	说明	取值
-W，--password=PASSWORD	当使用-U 参数连接远端数据库时，可通过该选项指定密码。 说明： ① 数据库主节点所在服务器在连接本地数据库主节点实例时，默认使用 trust 连接，忽略此参数。 ② 用户密码中包含特殊字符"\"时，需要增加转义字符才可成功连接数据库。 如果用户未输入该参数，但是数据库连接需要用户密码，这时将出现交互式输入，用户输入当前连接的密码即可。该密码最大长度为 999 字节，受限于 GUC 参数 password_max_length 的值	符合密码复杂度要求

数据库安装完成后，默认生成名称为 postgres 的数据库。第一次连接数据库时可以连接此数据库。使用 gsql 本地连接数据库的过程如下。

① 以操作系统用户 omm 登录数据库主节点。

② 执行以下命令连接数据库，其中 postgres 为数据库名称，26000 为数据库主节点的端口号。

```
gsql -d postgres -p 26000
```

连接数据库如图 3-300 所示。

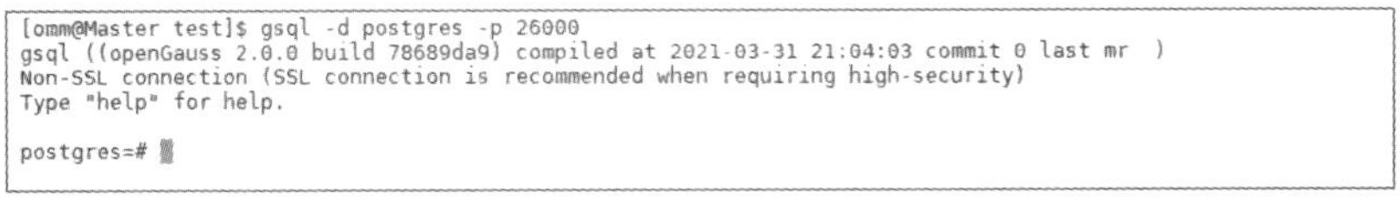

```
[omm@Master test]$ gsql -d postgres -p 26000
gsql ((openGauss 2.0.0 build 78689da9) compiled at 2021-03-31 21:04:03 commit 0 last mr  )
Non-SSL connection (SSL connection is recommended when requiring high-security)
Type "help" for help.

postgres=#
```

图 3-300　连接数据库

连接后显示的"postgres=#"表示使用管理员 omm 用户登录，如果使用普通用户登录并连接数据库，则显示为"DBNAME=>"。"Non-SSL connection"表示未使用 SSL 方式连接数据库。如果需要高安全性时，则需使用 SSL 连接。

③ 当前使用的 openGauss 2.0.0 无须修改初始密码，初始密码为安装 openGauss 数据库手动输入的密码。如果需要将初始密码修改为自定义的密码，命令如下。

```
postgres=# ALTER ROLE omm IDENTIFIED BY 'REPLACE';
```

④ 退出数据库，命令如下。

```
postgres=# \q
```

4. 使用 gsql 用其他用户连接数据库

在成功部署了 openGauss 的主机上，直接使用 omm 用户登录后，可以使用 gsql -d postgres -p 26000 命令登录本地数据库，无须输入用户密码，因为此时系统默认是以 omm 用户登录的。但是如果在数据库中创建了其他用户，或者以本地的 gsql 客户端登录远程的 openGauss 数据库服务器，那么就需要先在数据库服务器上创建用户，再使用 gsql 进行登录，具体操作过程如下。

① 使用 omm 用户登录服务器并连接数据库，创建用户、表空间和数据库。登录服务器的命令如下。

```
su omm
gsql -d postgres -p 26000
```

登录服务器后，创建用户等的命令如下。

```
create user jiangwf identified by 'Jiangwf@123';
alter user jiangwf sysadmin;
create tablespace jiangwf_tablespace relative location 'tablespace/jiangwf_tablespace1';
create database jiangwfdb with tablespace=jiangwf_tablespace;
\q
```

登录服务器并创建用户等，如图 3-301 所示。

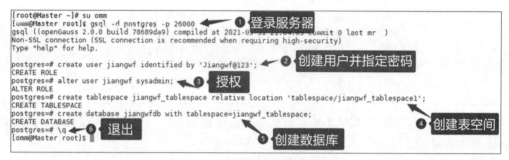

图 3-301   登录服务器并创建用户等

② 修改/opt/huawei/install/data/dn/pg_hba.conf 文件。使用默认文本编辑器打开文件，把 trust 修改为 sha256，如图 3-302～图 3-305 所示。

图 3-302   修改 pg_hba.conf 文件 1

图 3-303　修改 pg_hba.conf 文件 2

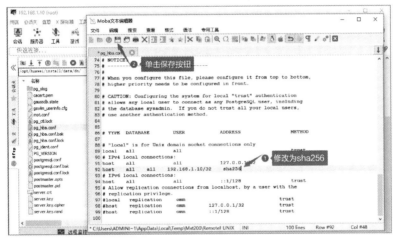

图 3-304　修改 pg_hba.conf 文件 3

图 3-305　修改 pg_hba.conf 文件 4

如果是远程客户端连接还需要配置 IP 地址白名单，命令如下。本次可以省略。

```
gs_guc set -N all -I all -h "host all jiangwf X.X.X.X/32 sha256"
```

③ 通过 gsql 使用创建的用户登录系统，命令如下。

```
gsql -d jiangwfdb -h 192.168.1.10 -U jiangwf -p 26000 -W Jiangwf@123
```

使用创建的用户登录如图 3-306 所示。

```
[omm@Master root]$ gsql -d jiangwfdb -h 192.168.1.10 -U jiangwf -p 26000 -W Jiangwf@123
gsql ((openGauss 2.0.0 build 78689da9) compiled at 2021-03-31 21:04:03 commit 0 last m
r )
SSL connection (cipher: DHE-RSA-AES128-GCM-SHA256, bits: 128)
Type "help" for help.
jiangwfdb=>       使用创建的用户登录成功
```

图 3-306　使用创建的用户登录

3.2.3　使用 Data Studio 连接远程服务器

1. 下载并安装 Data Studio 2.0.0

进入 openGauss 开源社区，在下载界面最底部找到 "openGauss Tools"，下载 Data Studio_2.0.0，如图 3-307、图 3-308 所示。

图 3-307　下载 Data Studio_2.0.0 1

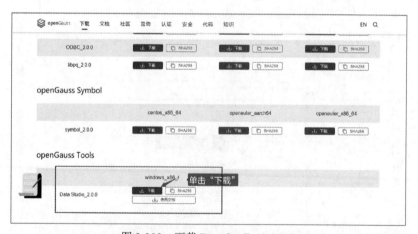

图 3-308　下载 Data Studio_2.0.0 2

Data Studio 安装程序如图 3-309 所示，双击程序进行安装。

图 3-309　Data Studio 安装程序

安装完成后，可以使用 Data Studio 登录 openGauss 数据库服务器。

2. 创建用户并配置白名单

第一步：使用 omm 用户登录服务器并连接数据库，创建用户、表空间和数据库（如果该用户已经创建，可以跳过本步骤）。登录服务器的命令如下。

```
su omm
gsql -d postgres -p 26000
```

登录服务器后，创建用户、表空间和数据库，命令如下。

```
create user jiangwf identified by 'Jiangwf@123';
alter user jiangwf sysadmin;
create tablespace jiangwf_tablespace relative location 'tablespace/ jiangwf_ tablespace1';
create database jiangwfdb with tablespace=jiangwf_tablespace;
\q
```

登录服务器并创建用户、表空间和数据库，如图 3-310 所示。

图 3-310　登录服务器并创建用户、表空间和数据库

第二步：修改/opt/huawei/install/data/dn/pg_hba.conf 文件。使用默认文本编辑器打开文件，把 trust 修改为 sha256（如果配置文件已经修改，可以跳过本步骤），如图 3-311～图 3-314 所示。

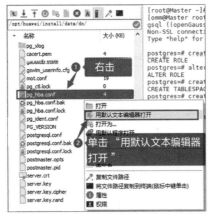

图 3-311　修改 pg_hba.conf 文件 1

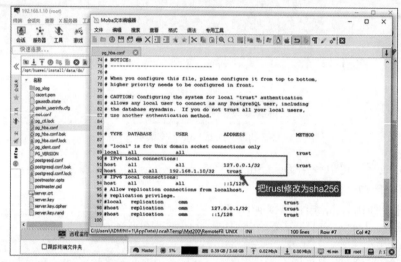

图 3-312　修改 pg_hba.conf 文件 2

图 3-313　修改 pg_hba.conf 文件 3

图 3-314　修改 pg_hba.conf 文件 4

第三步：因为 Data Studio 2.0.0 是在 Windows 下运行的程序，所以对于 openGauss 数据库服务器来说，Data Studio 是来自远程客户端的连接。在 openGauss 数据库的安全策略中，可以对远程连接的 IP 地址进行过滤，因此我们需要把 Windows 下远程连接的网卡的地址加入白名单，即虚拟机连接的网卡（VMnet1）的地址。查看网卡的地址如图 3-315、图 3-316 所示。

图 3-315　查看网卡的地址 1

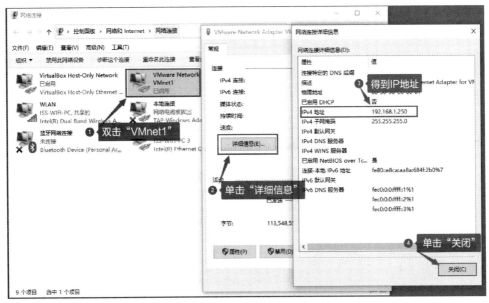

图 3-316　查看网卡的地址 2

通过图 3-316 可知，将地址 192.168.1.250 加入白名单即可。

通过以下命令进入对应的目录。

```
cd /opt/software/openGauss/script
```

把 IPv4 地址 192.168.1.250 加入白名单，命令如下。

```
gs_guc set -N all -I all -h "host all jiangwf 192.168.1.250/32 sha256"
```

地址加入白名单如图 3-317 所示。

```
[omm@Master script]$ cd /opt/software/openGauss/script
[omm@Master script]$ gs_guc set -N all -I all -h "host all jiangwf 192.168.1.250/32 sh
a256"
Begin to perform the total nodes: 1.
Popen count is 1, Popen success count is 1, Popen failure count is 0.
Begin to perform gs_guc for datanodes.
Command count is 1, Command success count is 1, Command failure count is 0.

Total instances: 1. Failed instances: 0.
ALL: Success to perform gs_guc!

[omm@Master script]$
```

图 3-317   地址加入白名单

3. 启动 Data Studio 并连接 openGauss 数据库

启动 Data Studio 并连接 openGauss 数据库，如图 3-318～图 3-321 所示。

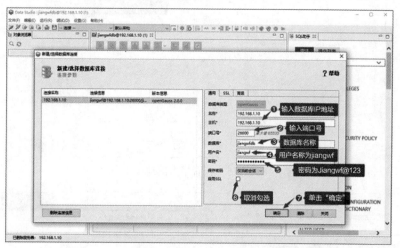

图 3-318   启动 Data Studio 并连接 openGauss 数据库 1

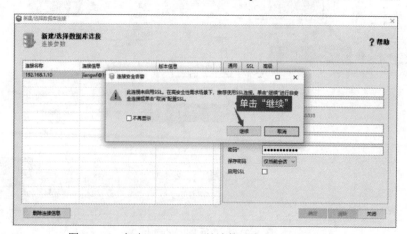

图 3-319   启动 Data Studio 并连接 openGauss 数据库 2

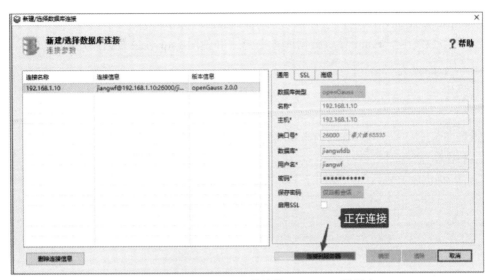

图 3-320　启动 Data Studio 并连接 openGauss 数据库 3

图 3-321　启动 Data Studio 并连接 openGauss 数据库 4

Data Studio 成功连接 openGauss 数据库后，用户可以在 Data Studio 的可视化客户端中对数据库进行数据管理，运行 SQL 语句等。

3.2.4　使用 JDBC 连接 openGauss 应用开发

1．准备工作

在使用 Data Studio 成功连接 openGauss 数据库，并创建数据库 jiangwfdb，用户 jiangwf 后，我们在此基础上，先通过 gsql 连接数据库，然后创建数据表并输入测试数据，最后通过 Eclipse 开发 Java 应用程序连接访问 openGauss 数据库。

以操作系统用户 omm 登录数据库主节点，并使用 gsql 登录数据库，命令如下。

```
su omm
gsql -d jiangwfdb -h 192.168.1.10 -U jiangwf -p 26000 -W Jiangwf@123
#创建 score 表
CREATE TABLE score (userid integer NOT NULL,username VARCHAR(200),score integer NOT
NULL);
#添加测试数据
insert into score(userid,username,score) values(1,'zhangsan',88);
insert into score(userid,username,score) values(2,'lisi',96);
insert into score(userid,username,score) VALUES(3,'wangwu',77);
```

使用 gsql 登录数据库，如图 3-322 所示。

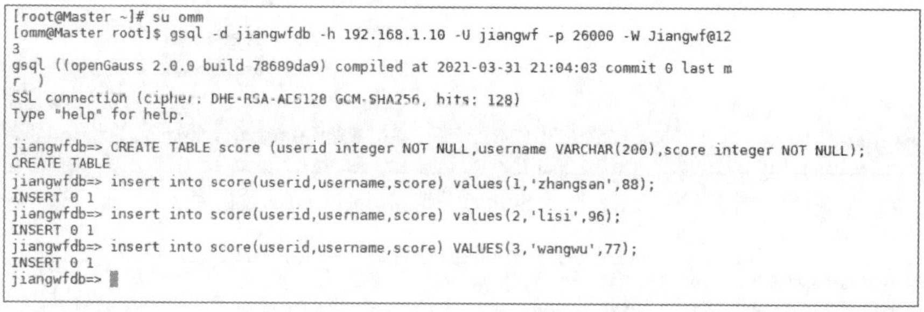

```
[root@Master ~]# su omm
[omm@Master root]$ gsql -d jiangwfdb -h 192.168.1.10 -U jiangwf -p 26000 -W Jiangwf@12
3
gsql ((openGauss 2.0.0 build 78689da9) compiled at 2021-03-31 21:04:03 commit 0 last m
r  )
SSL connection (cipher: DHE-RSA-AES128 GCM-SHA256, hits: 128)
Type "help" for help.

jiangwfdb=> CREATE TABLE score (userid integer NOT NULL,username VARCHAR(200),score integer NOT NULL);
CREATE TABLE
jiangwfdb=> insert into score(userid,username,score) values(1,'zhangsan',88);
INSERT 0 1
jiangwfdb=> insert into score(userid,username,score) values(2,'lisi',96);
INSERT 0 1
jiangwfdb=> insert into score(userid,username,score) VALUES(3,'wangwu',77);
INSERT 0 1
jiangwfdb=>
```

图 3-322   使用 gsql 登录数据库

2. 简介

JDBC 是 Java 语言用来规范客户端程序访问数据库的应用程序接口，提供了诸如查询和更新数据库中数据的方法。我们通常说的 JDBC 是面向关系型数据库的。JDBC API 位于 JDK 中的 java.sql 包（之后扩展的内容位于 javax.sql 包），主要包括以下几个。

① DriverManager：负责加载不同驱动程序，并根据不同的请求，向调用者返回相应的数据库连接。

② Driver：驱动程序，将自身加载到 DriverManager 中，处理相应的请求并返回相应的数据库连接。

③ Connection：数据库连接，负责与数据库通信。SQL 执行及事务处理都是在某个特定 Connection 环境中进行的。

④ Statement：执行 SQL 查询和更新（针对静态 SQL 语句和单次执行）。

⑤ PreparedStatement：执行包含动态参数的 SQL 查询和更新（在服务器端编译，允许重复执行以提高效率）。

⑥ CallableStatement：调用数据库中的存储过程。

⑦ SQLException：在数据库连接的建立和关闭及执行 SQL 语句的过程中发生的异常情况。

使用 JDBC 连接数据库并进行应用开发，首先要获得该数据库的 JDBC 驱动，然后在开发环境中加载该驱动，就可以使用驱动包中的接口和相关类，并调用相关的方法实现数据库的连接，向数据库发送 SQL 语句实现增、删、改、查，还可以对返回的数据集进行操作。

3. 获取 openGauss 的 JDBC 驱动

openGauss 的 JDBC 驱动包可以在 openGauss 开源社区中下载，如图 3-323～图 3-325 所示。

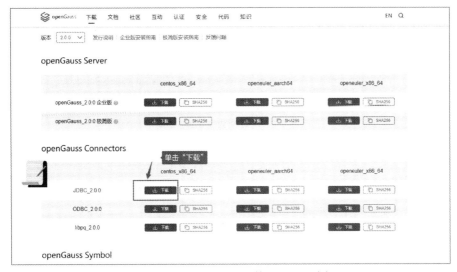

图 3-323　下载 openGauss 的 JDBC 驱动包 1

图 3-324　下载 openGauss 的 JDBC 驱动包 2

图 3-325　下载 openGauss 的 JDBC 驱动包 3

4．准备 JDK 和 Eclipse 开发工具

客户端需配置 JDK 1.8，配置方法如下。

① DOS 窗口输入 java –version 命令，查看 JDK 版本，确认为 JDK 1.8 版本。如果未安装 JDK，需从官方网站进行下载并安装。

② 配置系统环境变量。

- 右击 "此电脑"，选择 "属性"，进入 "设置" 界面。
- 单击 "高级系统设置"，进入 "系统属性" 页面。
- 单击 "环境变量" 进入 "环境变量" 页面。
- 在 "系统变量" 区域单击 "新建" 或 "编辑" 进行配置。

变量及其操作见表 3-12。

表 3-12　变量及其操作

变量	操作	变量值
JAVA_HOME	若存在，则单击"编辑"； 若不存在，则单击"新建"	JAVA 的安装目录。 例如：C:\Program Files\Java\jdk1.8.0_131
Path	编辑	若已配置 JAVA_HOME，则在变量值的最前面加上 %JAVA_HOME%\bin； 若未配置 JAVA_HOME，则在变量值的最前面加上 JAVA 安装的全路径，即 C:\Program Files\Java\jdk1.8.0_131\bin
CLASSPATH	新建	%JAVA_HOME%\lib；%JAVA_HOME%\lib\tools.jar

Eclipse 是一个基于 Java 的、开放源码的、可扩展的应用开发平台，它为编程人员提供了 Java 集成开发环境（Integrated Development Environment，IDE）。在 Eclipse 的官方网站中提供了一个 Java EE 版的 Eclipse IDE。应用 Eclipse IDE for Java EE，既可以创建 Java 项目，也可以创建动态 Web 项目。

第一步：启动 Eclipse 创建项目，如图 3-326～图 3-332 所示。

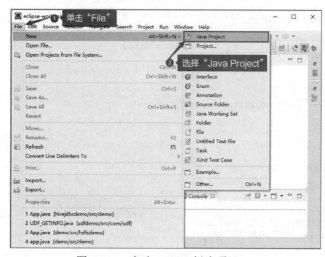

图 3-326　启动 Eclipse 创建项目 1

图 3-327　启动 Eclipse 创建项目 2

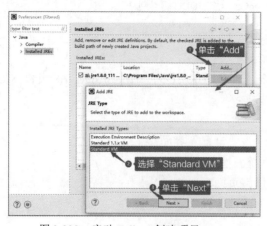

图 3-328　启动 Eclipse 创建项目 3

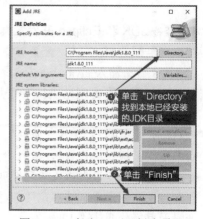

图 3-329　启动 Eclipse 创建项目 4

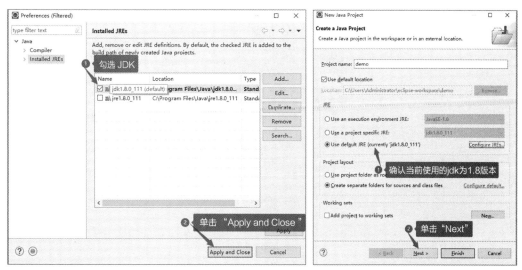

图 3-330　启动 Eclipse 创建项目 5　　　　　　　图 3-331　启动 Eclipse 创建项目 6

图 3-332　启动 Eclipse 创建项目 7

第二步：复制 openGauss 的 JDBC 驱动文件到 demo 项目的根目录并添加引用。
复制驱动文件 postgresql.jar，如图 3-333 所示。

图 3-333　复制驱动文件 postgresql.jar

　　切换到 Eclipse，右击项目名称 demo，选择"Paste"，或者直接按"Ctrl+V"组合键，就可以把驱动文件粘贴到 demo 项目的根目录下，如图 3-334、图 3-335 所示。

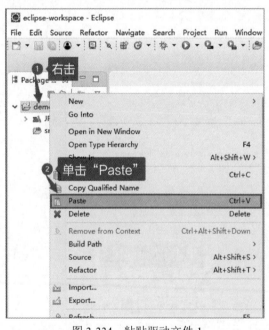

图 3-334　粘贴驱动文件 1

图 3-335　粘贴驱动文件 2

　　右击"postgresql.jar"，选择"Build Path"→"Add to Build Path"添加引用，如图 3-336、图 3-337 所示。

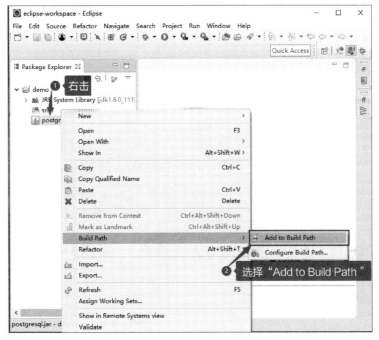

图 3-336　添加引用 1

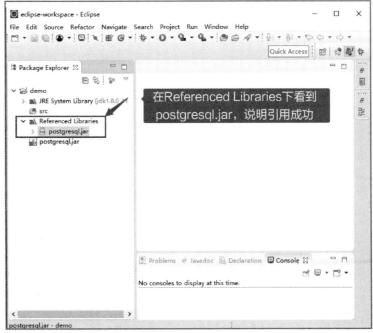

图 3-337　添加引用 2

第三步：添加程序访问数据库。

右击 "src"，选择 "New" → "Package" 添加程序访问数据库，如图 3-338～图 3-341 所示。

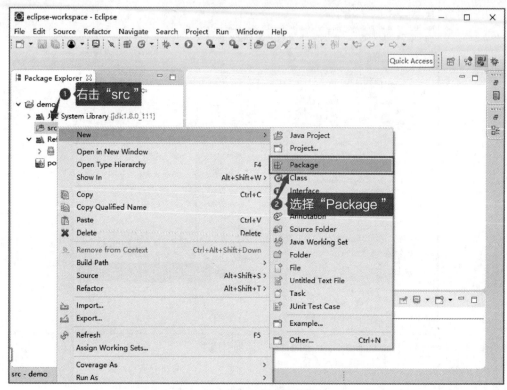

图 3-338　添加程序访问数据库 1

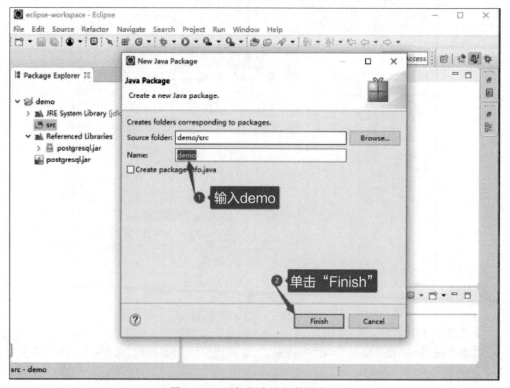

图 3-339　添加程序访问数据库 2

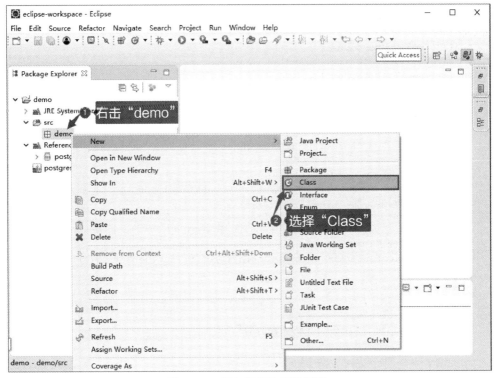

图 3-340　添加程序访问数据库 3

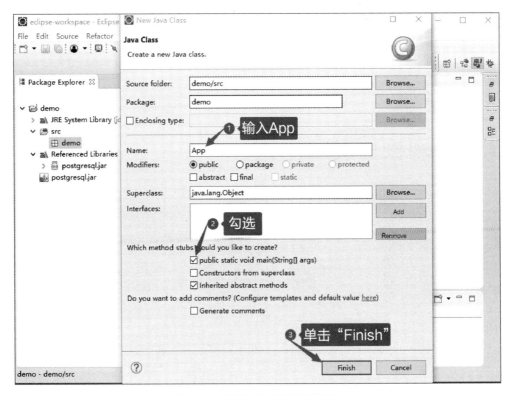

图 3-341　添加程序访问数据库 4

在 App.java 中输入以下代码。

```
package demo;
import java.sql.Connection;
import java.util.Properties;
import java.sql.DriverManager;
import java.sql.Statement;
import java.sql.ResultSet;
public class App {
   public static void main(String[] args) {
      String testSQL = "select  * from score";
         try {
         Class.forName("org.postgresql.Driver");
         Connection con1 = DriverManager.getConnection("jdbc:postgresql://192.168.
1.10:26000/jiangwfdb","jiangwf","Jiangwf@123");
         Statement stmt = con1.createStatement();
         ResultSet rset = stmt.executeQuery(testSQL);
         while (rset.next()) {
          System.out.println(rset.getString(1)+","+rset.getString(2));
         }
         stmt.close();
         con1.close();
      }catch(Exception ex){
         System.out.println(ex.getMessage());
      }
   }
}
```

Eclipse 代码页面如图 3-342 所示。

第四步：运行程序得到结果。

右击“App.java”，选择“Run As”→“Java Application”运行程序，如图 3-343
所示。

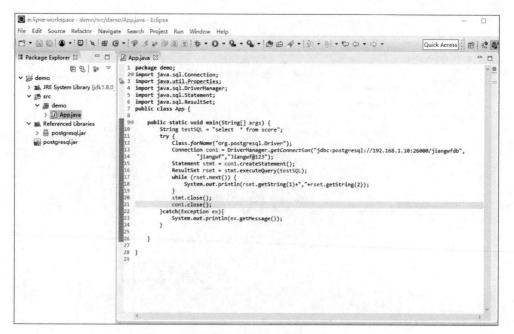

图 3-342　Eclipse 代码页面

图 3-343　运行程序

输出结果如图 3-344 所示。

图 3-344　输出结果

3.2.5 使用 Spring Boot+Maven 创建 Web 项目访问 openGauss

Spring Boot 是由 Pivotal 团队提供的全新框架，用来简化新 Spring 应用的初始搭建及开发过程。该框架使用了特定的方式进行配置，开发人员不再需要定义样板化的配置。在 Web 应用开发领域，前后端分离的开发方式使项目的分工更加明确，前端工程师负责开发客户端界面，通过接口调用后端的数据并进行展示。前端工程师不用关心后端使用的技术和逻辑的变化，只关心如何发送请求和显示返回的数据。而后端工程师则不用关心前端的页面效果，只需要按照接口调用返回前端所需要的数据即可。在 JavaEE 的 Web 开发领域中，经常使用 Spring Boot 技术访问数据库并返回 JSON 格式的数据。本小节将使用 IDEA 开发 Spring Boot 的 Web 应用程序访问 openGauss 并返回结果。

1. 准备工作

安装 IDEA 开发工具并配置 JDK 和 Maven。IDEA 使用 2020.1 版本。下载 Maven 后解压缩到本地硬盘，并在 Maven\conf 目录下的 settings.xml 文件中配置本地仓库的路径和环境变量。IDEA 和 Maven 的详细安装过程可以参考网络上的相关资料。在使用 IDEA 开发 Spring Boot 程序之前，需先进行 Maven 和 JDK 的环境配置，具体过程如图 3-345～图 3-349 所示。

图 3-345　环境配置 1

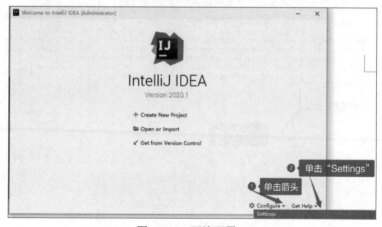

图 3-346　环境配置 2

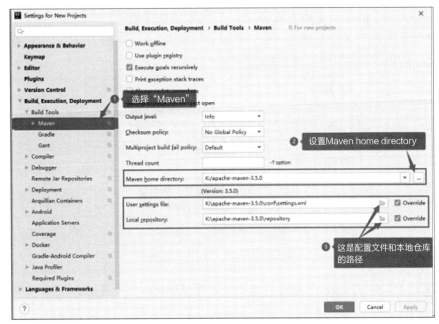

图 3-347　环境配置 3

图 3-348　环境配置 4

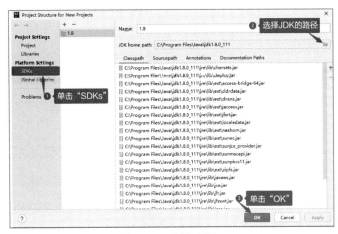

图 3-349　环境配置 5

2. 把 openGauss 的驱动安装到 Maven 的本地仓库中

如果 Maven 的环境变量配置正确，可以先启动 DOS 环境测试。打开“运行”页面，输入 cmd，如图 3-350 所示。

运行
Windows 将根据你所输入的名称，为你打开相应的程序、
文件夹、文档或
输入cmd
打开(O): cmd
使用管理权限创建此任务。
单击“确定”
确定
取消
浏览(B)...

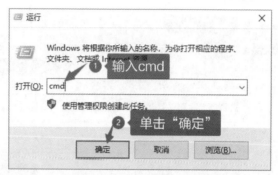

图 3-350 打开“运行”页面

在 DOS 窗口输入 mvn -v 命令，测试环境变量配置，如图 3-351 所示。

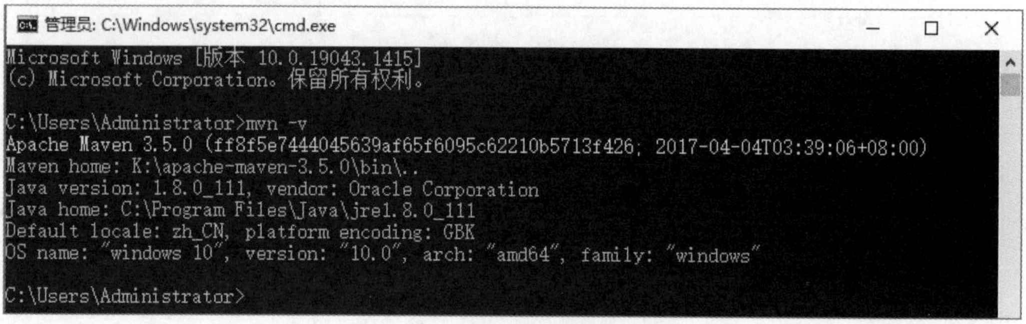

管理员: C:\Windows\system32\cmd.exe
Microsoft Windows [版本 10.0.19043.1415]
(c) Microsoft Corporation。保留所有权利。
C:\Users\Administrator>mvn -v
Apache Maven 3.5.0 (ff8f5e7444045639af65f6095c62210b5713f426; 2017-04-04T03:39:06+08:00)
Maven home: K:\apache-maven-3.5.0\bin\..
Java version: 1.8.0_111, vendor: Oracle Corporation
Java home: C:\Program Files\Java\jre1.8.0_111
Default locale: zh_CN, platform encoding: GBK
OS name: "windows 10", version: "10.0", arch: "amd64", family: "windows"
C:\Users\Administrator>

图 3-351 测试环境变量配置

复制 openGauss 的驱动（postgresql.jar）到 E 盘的根目录下，如图 3-352 所示。

此电脑 › 系统备份 (E:)
postgresql.jar

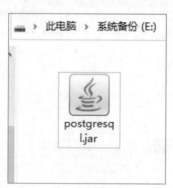

图 3-352 复制 openGauss 的驱动到 E 盘的根目录下

启动 DOS，运行以下命令。

```
mvn install:install-file -Dfile=E:\postgresql.jar
-DgroupId=com.openGauss.tools -DartifactId=OpenGauss-JDBC-Driver
-Dversion=2.0.0 -Dpackaging=jar
```

运行命令如图 3-353 所示。

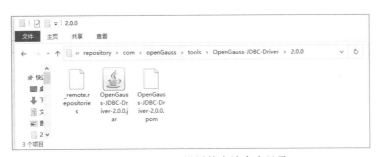

图 3-353　运行命令

如果运行成功，则进入 Maven 设置的本地仓库目录 repository\com\openGauss\tools\OpenGauss-JDBC-Driver\2.0.0，可以看到已经添加到仓库中的驱动，如图 3-354 所示。后续通过 Spring Boot 程序中的 POM 文件即可加载该驱动，无须像 Eclipse 一样复制驱动并添加引用。

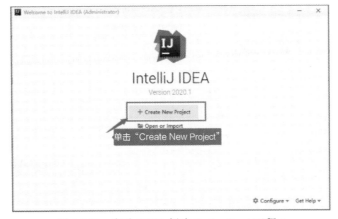

图 3-354　Maven 设置的本地仓库目录

3．启动 IDEA 创建 Spring Boot 工程

① 启动 IDEA 创建 Spring Boot 工程，如图 3-355～图 3-360 所示。

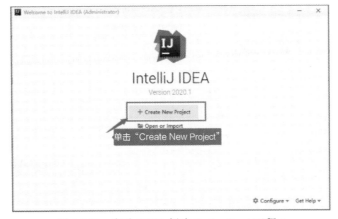

图 3-355　启动 IDEA 创建 Spring Boot 工程 1

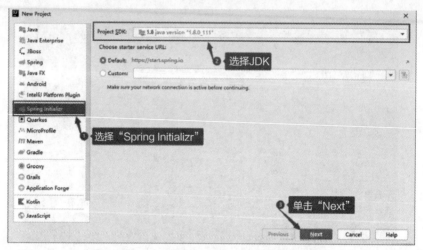

图 3-356　启动 IDEA 创建 Spring Boot 工程 2

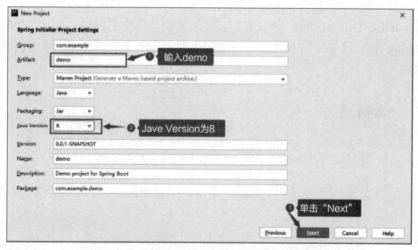

图 3-357　启动 IDEA 创建 Spring Boot 工程 3

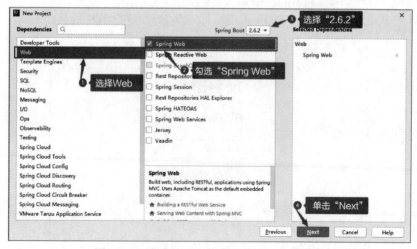

图 3-358　启动 IDEA 创建 Spring Boot 工程 4

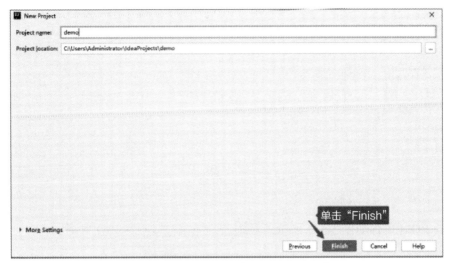

图 3-359　启动 IDEA 创建 Spring Boot 工程 5

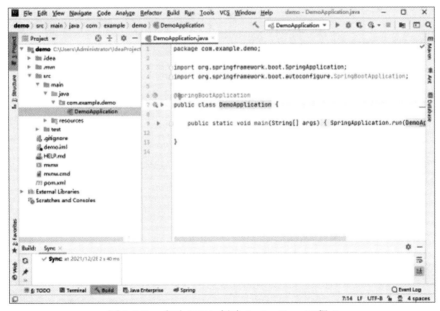

图 3-360　启动 IDEA 创建 Spring Boot 工程 6

注意：如果本地 Maven 配置的远程仓库地址网络访问不畅或者远程仓库中没有所需的版本，那么将无法成功下载所需 JAR 文件等依赖。此时可以在 POM 文件中调整版本，如本地仓库中已有的版本或者切换到其他版本尝试下载，直到 IDEA 成功创建 Spring Boot 工程。

② 修改 POM 文件，添加 openGauss、druid 和 mybatis 等依赖，代码如下。

```
<!-- 加载已经安装到 Maven 本地仓库的 openGauss 驱动 -->
<dependency>
    <groupId>com.openGauss.tools</groupId>
    <artifactId>OpenGauss-JDBC-Driver</artifactId>
    <version>2.0.0</version>
</dependency>
<!-- druid 依赖 -->
```

```
<dependency>
    <groupId>com.alibaba</groupId>
    <artifactId>druid</artifactId>
    <version>1.1.0</version>
</dependency>
<!-- druid与spring整合 -->
<dependency>
    <groupId>com.alibaba</groupId>
    <artifactId>druid-spring-boot-starter</artifactId>
    <version>1.1.9</version>
</dependency>
<!-- springboot 和 mybatis 整合依赖-->
<dependency>
    <groupId>org.mybatis.spring.boot</groupId>
    <artifactId>mybatis-spring-boot-starter</artifactId>
    <version>1.3.2</version>
</dependency>
```

修改 POM 文件如图 3-361 所示。

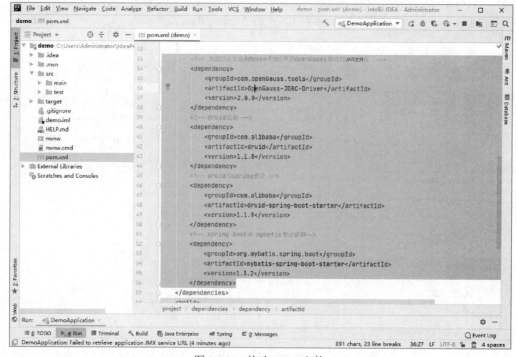

图 3-361　修改 POM 文件

③ 添加 entity 包和 Score 类，代码如下。

```
package com.example.demo.entity;
public class Score {
    private int userid;
    public int getUserid() {
        return userid;
    }
    public void setUserid(int userid) {
        this.userid = userid;
    }
    public String getUsername() {
        return username;
    }
    public void setUsername(String username) {
        this.username = username;
```

```
    }
    public int getScore() {
        return score;
    }
    public void setScore(int score) {
        this.score = score;
    }
    private String username;
    private int score;
}
```

添加 entity 包和 Score 类，如图 3-362 所示。

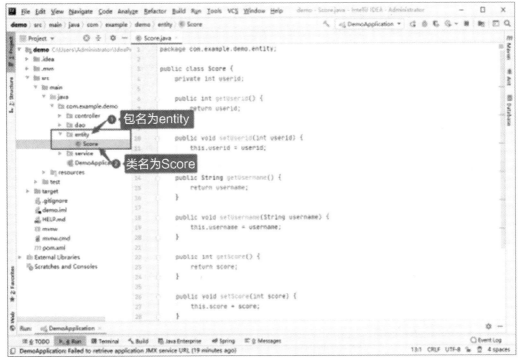

图 3-362　添加 entity 包和 Score 类

④ 添加 dao 包和 IScoreDao 接口，代码如下。

```
package com.example.demo.dao;
import com.example.demo.entity.Score;
import org.apache.ibatis.annotations.*;
import java.util.List;
@Mapper
public interface IScoreDao {
    @Insert("insert into Score (userid,username,score) values ( #{userid},
#{username},#{password})")
    int insert(Score score);
    @Select("select * from Score")
    List<Score> getAllScores();
    @Delete("delete from Score where userid=#{userid}")
    int removeScoreByUserid(int userid);
    @Update("update Score set username=#{username},score=#{score} where userid=
#{userid}")
    int modifyScoreByUserid(Score score);
}
```

添加 dao 包和 IScoreDao 接口，如图 3-363、图 3-364 所示。

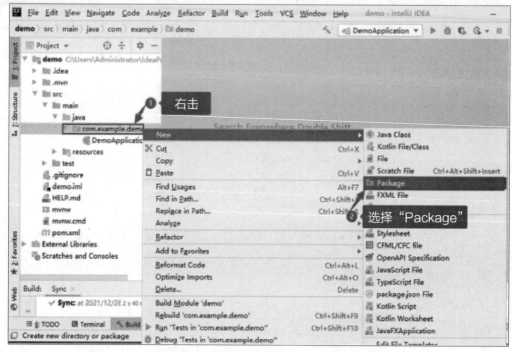

图 3-363　添加 dao 包和 IScoreDao 接口 1

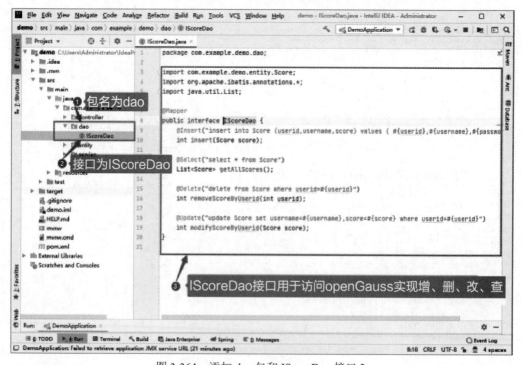

图 3-364　添加 dao 包和 IScoreDao 接口 2

⑤ 添加 service 包和 IScoreService 接口，代码如下。

```
package com.example.demo.service;
import com.example.demo.entity.Score;
```

```
import java.util.List;
public interface IScoreService {
    int insert(Score user);
    List<Score> getAllScores();
    int removeScoreByUserid(int userid);
    int modifyScoreByUserid(Score user);
}
```

在 service 包下添加 impl 包和 impl.ScoreService 类（实现 srcvice.IScoreService 接口），
代码如下。

```
package com.example.demo.service.impl;
import com.example.demo.dao.IScoreDao;
import com.example.demo.entity.Score;
import com.example.demo.service.IScoreService;
import org.springframework.stereotype.Service;
import javax.annotation.Resource;
import java.util.List;
@Service("scoreService")
public class ScoreService implements IScoreService {
    @Resource
    private IScoreDao scoreDao;
    @Override
    public int insert(Score score) {return scoreDao.insert(score);}
    @Override
    public List<Score>getAllScores(){return coreDao.getAllScores();}
    @Override
    public int removeScoreByUserid(int userid) { return scoreDao.removeScoreByUserid
(userid); }
    @Override
    public int modifyScoreByUserid(Score score) {return scoreDao.modifyScoreByUserid
(score);}
}
```

添加 service 包和 IScoreService 接口，如图 3-365、图 3-366 所示。

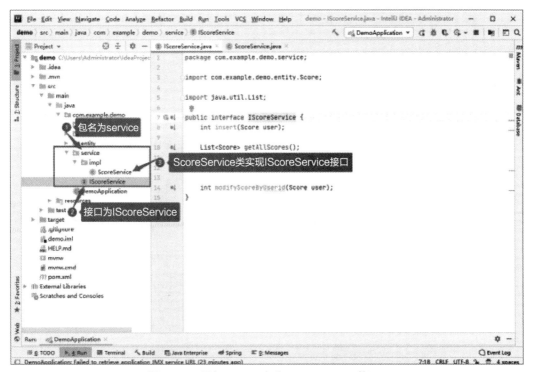

图 3-365　添加 service 包和 IScoreService 接口 1

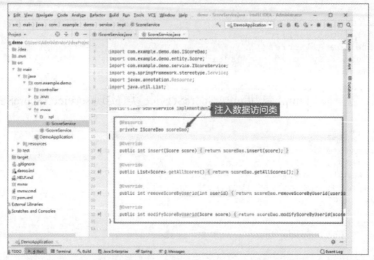

图 3-366　添加 service 包和 IScoreService 接口 2

⑥ 添加 controller 包和 Index 类。在 Index.java 文件中添加以下代码。

```
package com.example.demo.controller;
import com.example.demo.entity.Score;
import com.example.demo.service.IScoreService;
import org.springframework.stereotype.Controller;
import org.springframework.web.bind.annotation.RequestMapping;
import org.springframework.web.bind.annotation.ResponseBody;
import javax.annotation.Resource;
import java.util.List;
@Controller
public class Index {
    @Resource
    private IScoreService scoreService;
    @RequestMapping("brows")//http://127.0.0.1/brows
    @ResponseBody
    public List<Score> brows(){
        List<Score> scoreList=scoreService.getAllScores();
        return scoreList;
    }
}
```

添加 controller 包和 Index 类，如图 3-367～图 3-370 所示。

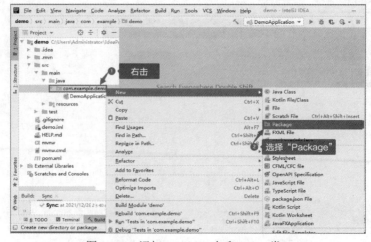

图 3-367　添加 controller 包和 Index 类 1

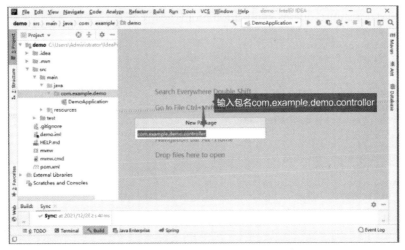

图 3-368　添加 controller 包和 Index 类 2

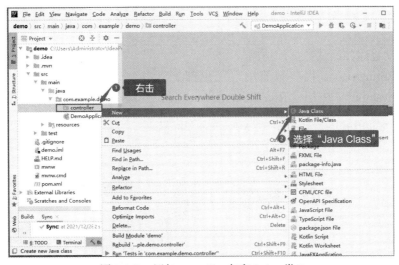

图 3-369　添加 controller 包和 Index 类 3

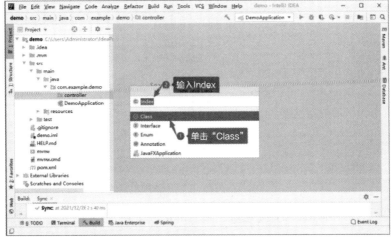

图 3-370　添加 controller 包和 Index 类 4

⑦ 编辑 src\main\resources\application.properties 文件，代码如下。

```
server.port=80
spring.mvc.view.prefix=/WEB-INF/jsp/
spring.mvc.view.suffix=.jsp
spring.web.resources.static-locations=classpath:/
spring.mvc.static-path-pattern=/**
####################配置数据源
spring.datasource.type = com.alibaba.druid.pool.DruidDataSource
spring.datasource.driver-class-name = org.postgresql.Driver
spring.datasource.url = jdbc:postgresql://192.168.1.10:26000/jiangwfdb
spring.datasource.username = jiangwf
spring.datasource.password = Jiangwf@123
#配置初始值、最小值、最大值
spring.datasource.initialSize=5
spring.datasource.minIdle=5
spring.datasource.maxActive=20
# 配置获取连接等待超时的时间
spring.datasource.maxWait=60000
#######################################################
###配置控制台输出 SQl 语句
#######################################################
logging.level.com.example.demo=debug
#自动刷新页面
server.jsp-servlet.init-parameters.development=true
```

4．启动程序并测试数据库访问

启动 Spring Boot 程序很简单，无须部署到类似 Tomcat 的 Web 容器。右击 "DemoApplication"，单击 "Run 'DemoApplication'" 即可启动，如图 3-371 所示。

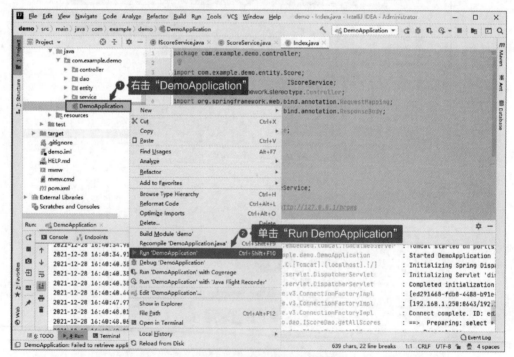

图 3-371 启动 Spring Boot 程序

启动程序后，打开浏览器，在地址栏输入http://127.0.0.1/brows，可以看到以下结果，如图 3-372 所示。

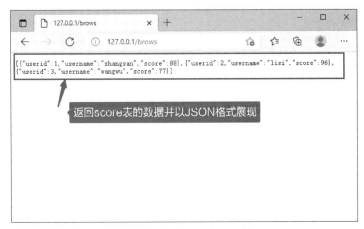

图 3-372　浏览器查看结果

至此，使用 IDEA 创建 Spring Boot 应用程序并访问 openGauss，成功返回了 JSON 格式的数据。

3.2.6　使用 ODBC 连接 openGauss 应用开发

ODBC 是微软公司开发的一种早期数据库接口技术，是为解决异构数据库间的数据共享而产生的，是微软公司专门为数据访问功能而发展的应用程序开发接口。ODBC 作为微软公司的通用数据访问（Universal Data Access，UDA）解决方案的核心组成，现已成为 Windows 开放式系统体系结构（Windows Open System Architecture，WOSA）中的主要部分和基于 Windows 环境的一种数据库访问接口标准。

ODBC 最初的版本在 1996 年发表，其组件有 ODBC、OLE DB 及 ADO，其中 ADO 是 Visual Basic 上唯一的数据访问管道，OLE DB 是基于 COM 之上，供 C/C++ 访问与提供数据的接口，ODBC 则是通用的数据访问 API。基于 ODBC 的应用程序对数据库的操作可以不依赖任何 DBMS，不直接与 DBMS 打交道，所有的数据库操作由对应的 DBMS 的 ODBC 驱动程序完成。ODBC 的最大优点是能以统一的方式处理所有的数据库。ODBC 为异构数据库访问提供统一接口，允许应用程序以 SQL 为数据存取标准，存取不同 DBMS 的数据，使应用程序直接操作 DB 中的数据，不必因为数据库的改变而改变。使用 ODBC 可以访问各类计算机上的 DB 文件，甚至访问如 Excel 表和 ASCII 数据文件等非数据库对象。

1．准备工作

（1）安装所需依赖包

首先需要设置虚拟机正常上网，即修改 IP 地址和设置为 NAT 模式，然后通过 yum 命令安装所需的依赖包。如果之前升级过 Python3，会造成 yum 命令无法执行，可以修改 mv /usr/bin/python2_bak /usr/bin/python 后再执行 yum 命令，等执行完毕后再运行 mv/usr/bin/python /usr/bin/python2_bak 和 ln -s/usr/bin/python3 /usr/bin/python 即可。执行以下命令安装所需依赖包。

```
yum install gcc-c++ libtool-ltdl libtool-ltdl-devel -y
```

安装所需依赖包，如图 3-373 所示。

图 3-373　安装所需依赖包

（2）下载 openGauss 的 ODBC 部署文件

ODBC 部署文件下载页面如图 3-374 所示。

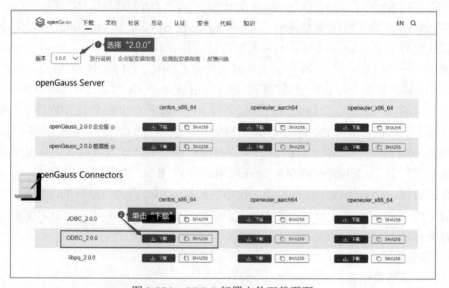

图 3-374　ODBC 部署文件下载页面

ODBC 部署文件如图 3-375 所示。

图 3-375　ODBC 部署文件

（3）下载 unixODBC-2.3.0.tar.gz

下载 unixODBC-2.3.0.tar.gz，如图 3-376 所示。

图 3-376　下载 unixODBC-2.3.0.tar.gz

unixODBC-2.3.0 压缩包如图 3-377 所示。

图 3-377　unixODBC-2.3.0 压缩包

（4）初始化数据库，创建数据表和测试数据

如果使用 ODBC 访问 openGauss，首先要进行 openGauss 的初始化工作，创建用户、表空间、数据库，具体如下。

确定数据库已经启动（没有启动以 gs_om -t start 命令启动）后，切换到 omm 用户登录数据库，命令如下。

```
su omm
gsql -d postgres -p 26000
```

登录成功后创建用户等，代码如下。

```
create user jiangwf identified by 'Jiangwf@123';
alter user jiangwf sysadmin;
create tablespace jiangwf_tablespace relative location 'tablespace/jiangwf_
tablespace1';
create database jiangwfdb with tablespace=jiangwf_tablespace;
\q
```

创建用户等如图 3-378 所示。

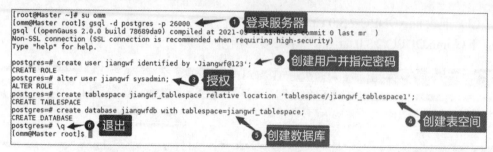

图 3-378　创建用户等

修改/opt/huawei/install/data/dn/pg_hba.conf 文件。使用默认文本编辑器打开文件，把 trust 修改为 sha256，如图 3-379～图 3-382 所示。

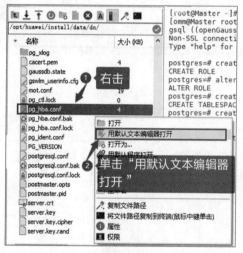

图 3-379　修改 pg_hba.conf 文件 1

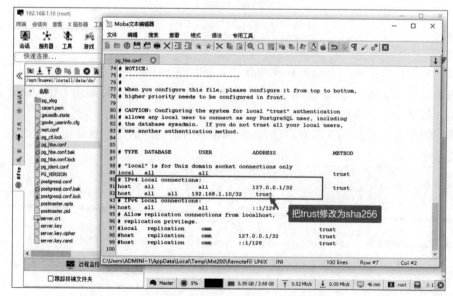

图 3-380　修改 pg_hba.conf 文件 2

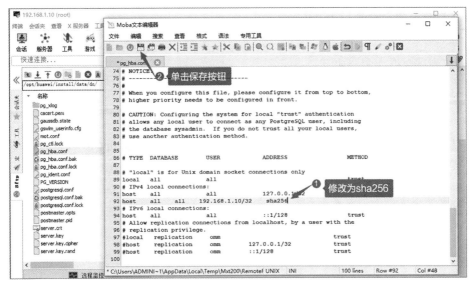

图 3-381 修改 pg_hba.conf 文件 3

图 3-382 修改 pg_hba.conf 文件 4

使用创建的 jiangwf 用户登录系统，命令如下。

```
gsql -d jiangwfdb -h 192.168.1.10 -U jiangwf -p 26000 -W Jiangwf@123
```

使用创建的用户登录系统，如图 3-383 所示。

图 3-383 使用创建的用户登录系统

创建 score 表，命令如下。

```
CREATE TABLE score (userid integer NOT NULL,username VARCHAR(200),score integer NOT
NULL);
```

添加测试数据，命令如下。

```
insert into score(userid,username,score) values(1,'zhangsan',88);
insert into score(userid,username,score) values(2,'lisi',96);
insert into score(userid,username,score) VALUES(3,'wangwu',77);
```

2. 上传部署文件并解压安装

使用 root 用户登录服务器，将 unixODBC-2.3.0.tar.gz 文件和 openGauss-2.0.0-ODBC.tar.gz 文件上传到/home 目录下，如图 3-384 所示。

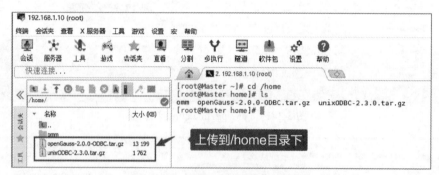

图 3-384　文件上传到/home 目录下

具体命令如下。

```
cd /home
tar -zxvf openGauss-2.0.0-ODBC.tar.gz
tar -zxvf unixODBC-2.3.0.tar.gz
#root 用户下解压并编译安装
cd /home/unixODBC-2.3.0
./configure --enable-gui=no
make
make install
#复制库文件到/usr/local/lib （覆盖原有文件）
cp /home/lib/* /usr/local/lib
cp /home/odbc/lib/* /usr/local/lib/
```

命令执行结果如图 3-385 所示。

```
[root@Master unixODBC-2.3.0]# cp /home/lib/* /usr/local/lib
cp: overwrite '/usr/local/lib/libodbcinst.la'? y
cp: overwrite '/usr/local/lib/libodbcinst.so'? y
[root@Master unixODBC-2.3.0]# cp /home/odbc/lib/* /usr/local/lib/
[root@Master unixODBC-2.3.0]#
```

图 3-385　命令执行结果

3. 编辑 ODBC 的配置文件

执行以下命令进入 odbcinst.ini 文件。

```
vi /usr/local/etc/odbcinst.ini
```

在文件末尾加入以下内容后，保存退出。

```
[openGauss]
Driver64=/usr/local/lib/psqlodbcw.so
setup=/usr/local/lib/psqlodbcw.so
```

执行以下命令进入 odbc.ini 文件。

```
vi /usr/local/etc/odbc.ini
```

在文件末尾加入以下内容后，保存退出。注意：Servername、Database、Username
和 Password 需按照实际情况修改。

```
[openGaussODBC]
Driver=openGauss
Servername=192.168.1.10
Database=jiangwfdb
Username=jiangwf
Password=Jiangwf@123
Port=26000
Sslmode=allow
```

打开当前用户目录下的.bashrc 文件并写入环境变量，命令如下。

```
vi ~/.bashrc
export LD_LIBRARY_PATH=/usr/local/lib/:$LD_LIBRARY_PATH
export ODBCSYSINI=/usr/local/etc
export ODBCINI=/usr/local/etc/odbc.ini
```

编辑 ODBC 的配置文件，如图 3-386 所示。

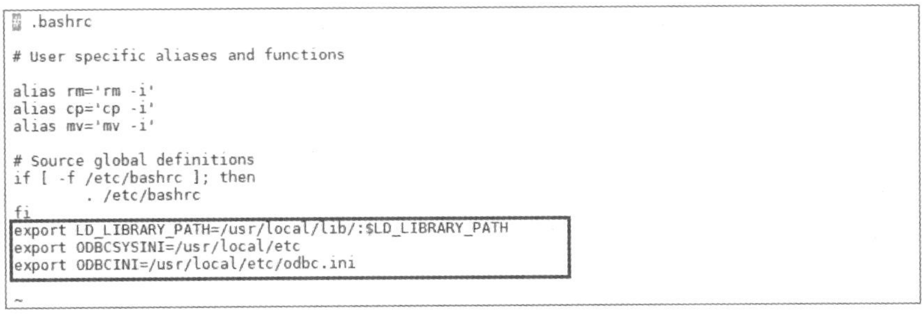

图 3-386　编辑 ODBC 的配置文件

执行 source 命令使.bashrc 生效。

```
source ~/.bashrc
```

4. 使用 isql 测试访问 ODBC

切换到 omm 用户，使用以下命令查看数据库是否正常运行。

```
su omm
gs_om -t status
```

若未启动数据库，可以使用 gs_om-t start 命令进行启动。

切换到 root 用户，使用 isql 测试 ODBC 数据源是否成功创建，命令如下。

```
su root
isql -v openGaussODBC
```

使用 isql 测试 ODBC 数据源如图 3-387 所示。

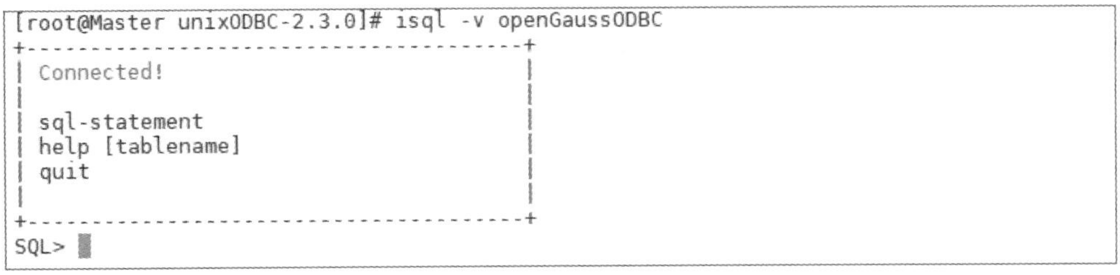

图 3-387　使用 isql 测试 ODBC 数据源

使用 SQL 语句查询，命令如下。

```
select * from score;
```

SQL 语句查询如图 3-388 所示。

```
SQL> select * from score;
+------------+------------------------------------------------+------------+
| userid     | username                                       |            |
|            |                                                | score      |
+------------+------------------------------------------------+------------+
| 1          | zhangsan                                       |            |
| 2          | lisi                                           | 88         |
| 3          | wangwu                                         | 96         |
+------------+------------------------------------------------+------------+
                                                              | 77         |
------------------------------------------------------------+------------+
SQLRowCount returns 3
3 rows fetched
SQL>
```

图 3-388　SQL 语句查询

ODBC 数据源创建成功！

3.2.7　Windows 操作系统上使用 ODBC 连接 openGauss 应用开发

ODBC 除了在 Linux 操作系统上部署数据源外，更多是在 Windows 操作系统上部署数据源，为 Windows 操作系统的应用程序访问不同数据库提供 API。本小节将介绍如何在 Windows 操作系统上部署 ODBC 数据源，并开发 WinForm 桌面应用程序访问 openGauss 数据库。

1. 下载 Windows 操作系统的 openGauss 数据库驱动程序

在 Windows 操作系统上部署 ODBC 数据源，需要下载 openGauss 数据库的 ODBC 安装包，如图 3-389 所示。

图 3-389　下载 openGauss 数据库的 ODBC 安装包

openGauss 数据库的 ODBC 安装包如图 3-390 所示。

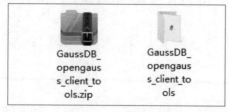

图 3-390　openGauss 数据库的 ODBC 安装包

第一步：对 openGauss 数据库的 ODBC 安装包进行解压缩，打开 Euler2.5_X86_64 文件夹，找到 Windows 操作系统的 ODBC 安装包，如图 3-391 所示。

图 3-391　Windows 操作系统的 ODBC 安装包

将 GaussDB-Kernel-V500R001C20-Windows-Odbc-X86.tar.gz 文件解压缩，也可以将文件上传到 Linux，运行以下命令解压缩。

```
tar -zxvf GaussDB-Kernel-V500R001C20-Windows-Odbc-X86.tar
```

解压后，找到 psqlodbc.exe，如图 3-392 所示。

图 3-392　psqlodbc.exe

第二步：复制 psqlodbc.exe 到 Windows 操作系统上并运行，安装 ODBC 数据源，如图 3-393～图 3-395 所示。

图 3-393　安装 ODBC 数据源 1

图 3-394　安装 ODBC 数据源 2

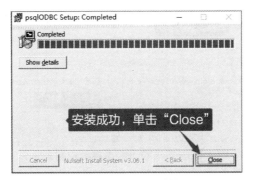

图 3-395　安装 ODBC 数据源 3

第三步：单击"开始"→"运行"，输入 C:\Windows\SysWOW64\odbcad32.exe，启动 ODBC 数据源控制面板，如图 3-396～图 3-400 所示。

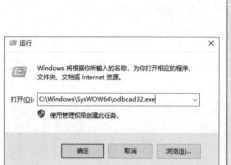

图 3-396　启动 ODBC 数据源控制面板 1

图 3-397　启动 ODBC 数据源控制面板 2

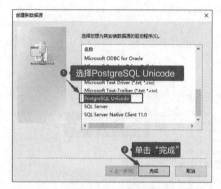

图 3-398　启动 ODBC 数据源控制面板 3

图 3-399　启动 ODBC 数据源控制面板 4

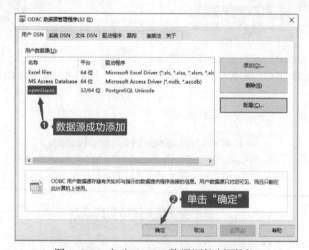

图 3-400　启动 ODBC 数据源控制面板 5

第四步：测试 ODBC 数据源是否已连接 openGauss 数据库，如图 3-401～图 3-403 所示。

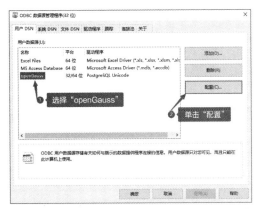

图 3-401　测试 ODBC 数据源是否已连接 openGauss 数据库 1

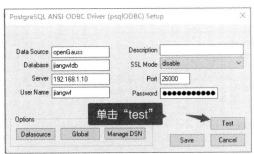

图 3-402　测试 ODBC 数据源是否已连接
openGauss 数据库 2

图 3-403　测试 ODBC 数据源是否已连接
openGauss 数据库 3

openGauss 数据库在 Windows 操作系统上部署 ODBC 数据源并连接成功！

2. 使用 WinForm 测试程序访问 openGauss 数据库

启动 Visual Studio 工具，新建一个 Visual C#的 Windows 窗体应用程序，项目名称使用默认即可。

WinForm 测试程序访问 openGauss 数据库，如图 3-404～图 3-419 所示。

图 3-404　WinForm 测试程序访问 openGauss 数据库 1

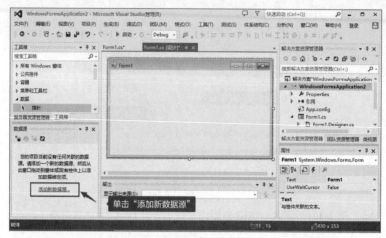

图 3-405　WinForm 测试程序访问 openGauss 数据库 2

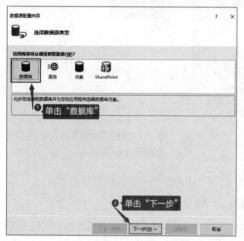

图 3-406　WinForm 测试程序访问 openGauss
数据库 3

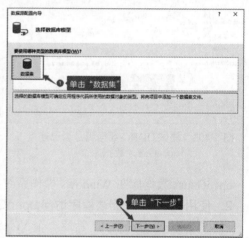

图 3-407　WinForm 测试程序访问 openGauss
数据库 4

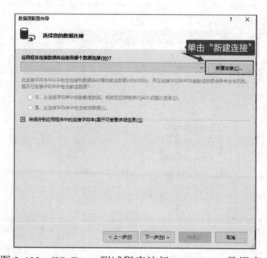

图 3-408　WinForm 测试程序访问 openGauss 数据库 5

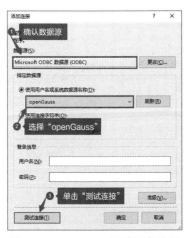

图 3-409　WinForm 测试程序访问
openGauss 数据库 6

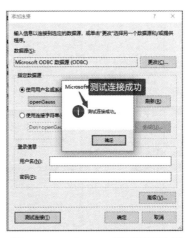

图 3-410　WinForm 测试程序访问
openGauss 数据库 7

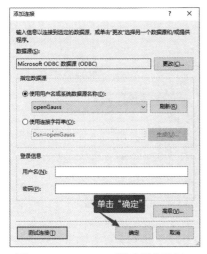

图 3-411　WinForm 测试程序访问
openGauss 数据库 8

图 3-412　WinForm 测试程序访问
openGauss 数据库 9

图 3-413　WinForm 测试程序访问
openGauss 数据库 10

图 3-414　WinForm 测试程序访问
openGauss 数据库 11

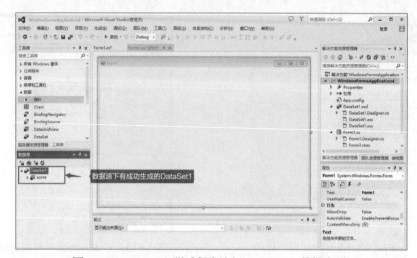

图 3-415　WinForm 测试程序访问 openGauss 数据库 12

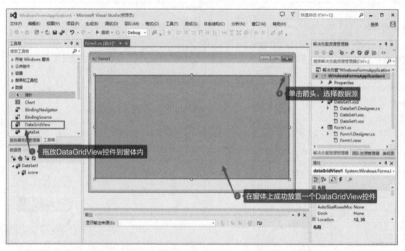

图 3-416　WinForm 测试程序访问 openGauss 数据库 13

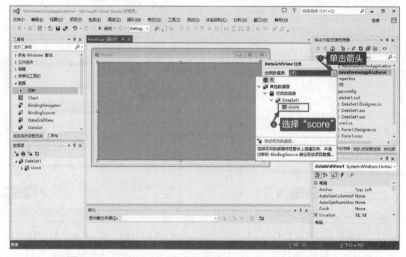

图 3-417　WinForm 测试程序访问 openGauss 数据库 14

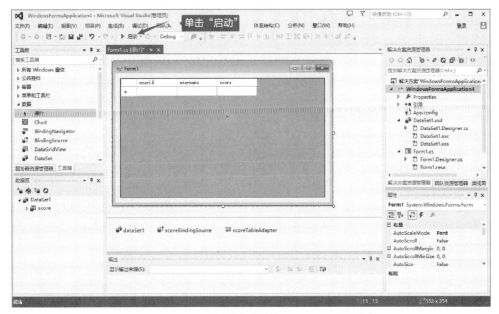

图 3-418　WinForm 测试程序访问 openGauss 数据库 15

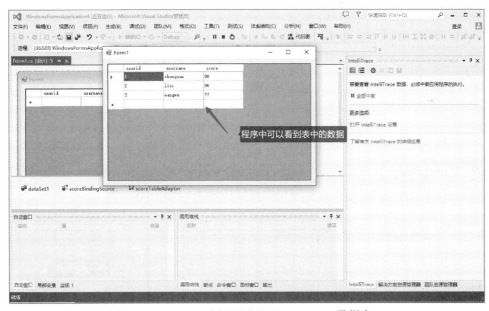

图 3-419　WinForm 测试程序访问 openGauss 数据库 16

Windows 操作系统的 WinForm 程序调用 ODBC 数据源并访问 openGauss 数据库成功！

3.3　工具介绍

openGauss 数据库安装部署成功后，数据库用户既可以通过客户端工具连接数据库，进行建库，建表，建约束和数据增、删、改、查等基本操作，还可以使用终端登录服务器操作系统，运行数据库服务器端工具命令，对数据库进行如环境检查、系统资源占用和性能监控、数据库备份和数据导入/导出等一系列操作，达到管理和维护数据库的目的。

3.3.1　客户端工具 gsql

数据库部署成功后，用户需要通过一些工具便捷地连接数据库，对数据库进行各种操作和调试。openGauss 提供了 gsql 和 Data Studio 数据库连接工具。gsql 是 openGauss 提供在命令行下运行的数据库连接工具。通过 gsql 能够连接本地 openGauss 数据库服务器或者远程的 openGauss 数据库服务器，既可以交互式地执行 SQL 语句，也可以执行文件中的 SQL 语句，还可以执行元命令，用于查看数据库对象，查询缓存区信息，格式化 SQL 输出结果等。下面介绍 gsql 常用的操作。

1. 连接 openGauss 数据库

使用命令 gsql -d jiangwfdb -p 26000 连接数据库 jiangwfdb。退出连接使用\q 命令。连接命令中添加-C 参数表示密态数据库开启，可以创建密钥和加密表。连接、退出操作如图 3-420 所示。

```
[omm@Master root]$ gsql -d jiangwfdb -p 26000
gsql ((openGauss 2.0.0 build 78689da9) compiled at 2021-03-31 21:04:03 commit 0 last mr  )
Non-SSL connection (SSL connection is recommended when requiring high-security)
Type "help" for help.

jiangwfdb=# \q
[omm@Master root]$ gsql -d jiangwfdb -p 26000 -C
gsql ((openGauss 2.0.0 build 78689da9) compiled at 2021-03-31 21:04:03 commit 0 last mr  )
Non-SSL connection (SSL connection is recommended when requiring high-security)
Type "help" for help.

jiangwfdb=#
```

图 3-420　连接、退出操作

连接 openGauss 数据库后，可以通过\l 命令查看所有数据库，通过\d 命令查看当前数据库中的数据表。查看数据库、数据表操作如图 3-421 所示。

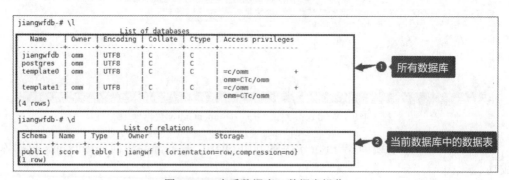

图 3-421　查看数据库、数据表操作

2. 使用 gsql 变量操作和 SQL 代换

gsql 提供类似于 Linux 的 shell 命令的变量特性，可以使用 gsql 的元命令\set 设置一个变量，\echo 读取变量的值，\unset 删除变量的值。使用 gsql 变量操作如图 3-422 所示。

图 3-422 使用 gsql 变量操作

变量的规范说明有以下几点。

① 变量只是简单的名称/值对,值可以是任意长度。

② 变量名称必须由字母(包括非拉丁字母)、数字和下划线组成,且对字母大小写敏感。

③ 如果使用\set varname 的格式(不带第二个参数),则只是设置变量而没有给变量赋值。

④ 可以使用不带参数的\set 显示所有变量的值。

SQL 代换是利用 gsql 的变量特性,将常用的 SQL 语句设置为变量,以简化操作,例如,可以给 mytab 变量设定名称为 score,然后通过 select * from :mytab 命令即可输出 score 表中的数据,如图 3-423 所示。

```
jiangwfdb=#  \set mytab 'score'
jiangwfdb=#  \echo :mytab
score
jiangwfdb=# select * from :mytab;
 userid | username | score
--------+----------+-------
      1 | zhangsan |    88
      2 | lisi     |    96
      3 | wangwu   |    77
(3 rows)

jiangwfdb=#
```

图 3-423 利用 gsql 变量特性将 SQL 语句设置为变量

3. 使用自定义提示符

使用 gsql 命令登录数据库后,默认提示符使用当前数据库名称。用户可以通过修改 gsql 预留的 3 个变量 PROMPT1、PROMPT2、PROMPT3 改变提示符,这 3 个变量的值可以用户自定义,也可以使用 gsql 预定义的值。PROMPT1 是 gsql 请求一个新命令时使用的正常提示符,PROMPT2 是在一个命令期待更多输入时(例如,查询没有用一个分号结束或者引号不完整)显示的提示符,PROMPT3 是当执行 COPY 命令,并期望在终端输入数据时(例如,COPY FROM STDIN)显示的提示符。通过\sct PROMPT1 我的数据库=>命令设置 PROMPT1 的提示符为:我的数据库=>,如图 3-424 所示。

```
jiangwfdb=# \set PROMPT1 我的数据库=>
我的数据库=>select * from score;
 userid | username | score
--------+----------+-------
      1 | zhangsan |    88
      2 | lisi     |    96
      3 | wangwu   |    77
(3 rows)

我的数据库=>
```

图 3-424 设置 PROMPT1 的提示符

通过\set　PROMPT1　%n 命令设置提示符为当前数据库会话的用户名,如图 3-425 所示。

```
jiangwfdb=# \set  PROMPT1  %n
ommselect * from score;
 userid | username | score
--------+----------+-------
      1 | zhangsan |    88
      2 | lisi     |    96
      3 | wangwu   |    77
(3 rows)

omm
```
提示符为当前数据库会话的用户名

图 3-425　设置提示符为当前数据库会话的用户名

系统定义的提示符及其说明见表 3-13。

表 3-13　系统定义的提示符及其说明

提示符	说明
%M	主机的全名(包含域名),若连接是通过 UNIX 域套接字进行的,则全名为[local];若 UNIX 域套接字不是编译的默认位置,就是[local:/dir/name]
%m	主机名删除第一个点后面的部分。若通过 UNIX 域套接字连接,则为[local]
%>	主机正在侦听的端口号
%n	数据库会话的用户名
%/	当前数据库名称
%~	类似%/,如果数据库是默认数据库,则输出的是波浪线~
%#	如果会话用户是数据库系统管理员,使用#,否则用>
%R	对于 PROMPT1 通常是“=”,如果是单行模式则是“^”,如果会话与数据库断开(\connect 失败可能发生)则是“!”。 对于 PROMPT2 该序列被“-”“*”、单引号、双引号或“$”(取决于 gsql 是否等待更多的输入:查询没有终止、正在一个/* ... */注释里、正在引号或者美元符扩展里)代替
%x	事务状态: ① 如果不在事务块中,则是一个空字符串; ② 如果在事务块中,则是“*”; ③ 如果在一个失败的事务块中,则是“!”; ④ 如果无法判断事务状态时,则为“?”(比如没有连接)
%digits	指定字节值的字符将被替换到该位置
%:name	gsql 变量“name”的值
%command	command 的输出,类似于使用“^”替换
%[...%]	提示可以包含终端控制字符,这些字符可以改变颜色、背景、提示文本的风格、终端窗口的标题

4. 以不同的方法显示表

通过 gsql 命令登录数据库后,使用\pset 命令以不同的方法显示表,如图 3-426 所示。

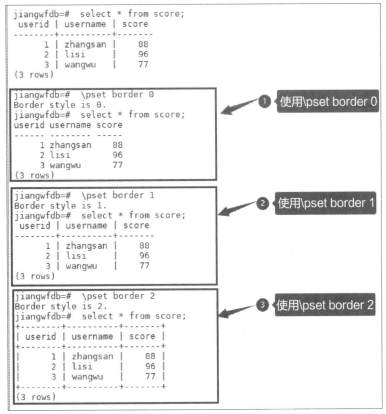

图 3-426　使用\pset 命令以不同的方法显示表

5．gsql 的常用参数

在 gsql 命令后面添加不同的参数，可以控制 gsql 命令运行的方式、输入/输出的格式，例如，只执行一条 SQL 语句可以使用命令 gsql -d jiangwfdb -p 26000 -c 'select * from score'或者 gsql -d jiangwfdb -p 26000 --command='select * from score'，如图 3-427 所示。

```
[omm@Master ~]$ gsql -d jiangwfdb -p 26000 -c 'select * from score'
 userid | username | score
--------+----------+-------
      1 | zhangsan |    88
      2 | lisi     |    96
      3 | wangwu   |    77
(3 rows)

[omm@Master ~]$ gsql -d jiangwfdb -p 26000 --command='select * from score'
 userid | username | score
--------+----------+-------
      1 | zhangsan |    88
      2 | lisi     |    96
      3 | wangwu   |    77
(3 rows)

[omm@Master ~]$
```

图 3-427　在 gsql 命令后面添加不同的参数

使用文件作为命令源，而不是交互式输入，gsql 将在处理完文件后结束，例如，在/home/omm/目录下创建文件 mysql，在 mysql 文件中输入 select * from score，如图 3-428 所示。

```
[omm@Master ~]$ cd /home/omm
[omm@Master ~]$ cat mysql
select * from score;
[omm@Master ~]$ gsql -d jiangwfdb -p 26000 --file=/home/omm/mysql
 userid | username | score
--------+----------+-------
      1 | zhangsan |    88
      2 | lisi     |    96
      3 | wangwu   |    77
(3 rows)

total time: 1  ms
[omm@Master ~]$  gsql -d jiangwfdb -p 26000 -f /home/omm/mysql
 userid | username | score
--------+----------+-------
      1 | zhangsan |    88
      2 | lisi     |    96
      3 | wangwu   |    77
(3 rows)

total time: 1  ms
[omm@Master ~]$
```

图 3-428   使用文件作为命令源

如果需要将查询结果写入文本文件中，可以使用输入和输出参数中的-L 或者 --log-file=FILENAME 参数，如图 3-429 所示。

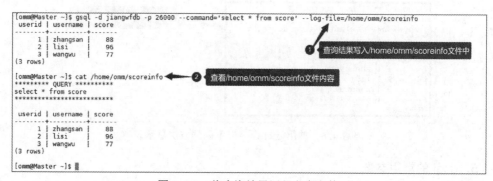

图 3-429   将查询结果写入文本文件

使用 gsql -d jiangwfdb -p 26000 -l 或者 gsql -d jiangwfdb -p 26000--list 命令可以列出所有数据库，如图 3-430 所示。

```
[omm@Master ~]$ gsql -d jiangwfdb -p 26000 -l
                     List of databases
   Name    | Owner | Encoding | Collate | Ctype | Access privileges
-----------+-------+----------+---------+-------+-------------------
 jiangwfdb | omm   | UTF8     | C       | C     |
 postgres  | omm   | UTF8     | C       | C     |
 template0 | omm   | UTF8     | C       | C     | =c/omm           +
           |       |          |         |       | omm=CTc/omm
 template1 | omm   | UTF8     | C       | C     | =c/omm           +
           |       |          |         |       | omm=CTc/omm
(4 rows)

[omm@Master ~]$ gsql -d jiangwfdb -p 26000 --list
                     List of databases
   Name    | Owner | Encoding | Collate | Ctype | Access privileges
-----------+-------+----------+---------+-------+-------------------
 jiangwfdb | omm   | UTF8     | C       | C     |
 postgres  | omm   | UTF8     | C       | C     |
 template0 | omm   | UTF8     | C       | C     | =c/omm           +
           |       |          |         |       | omm=CTc/omm
 template1 | omm   | UTF8     | C       | C     | =c/omm           +
           |       |          |         |       | omm=CTc/omm
(4 rows)
```

图 3-430   列出所有数据库

输入、输出参数及其说明见表 3-14。

表 3-14　输入、输出参数及其说明

参数	说明	取值
-a, --echo-all	在读取行时向标准输出打印所有内容。 注意: 使用此参数可能会暴露部分 SQL 语句中的敏感信息, 如创建用户语句中的 password 信息等, 需谨慎使用	—
-e, --echo-queries	把所有发送给服务器的查询同时回显到标准输出。 注意: 使用此参数可能会暴露部分 SQL 语句中的敏感信息, 如创建用户语句中的 password 信息等, 需谨慎使用	—
-E, --echo-hidden	回显由\d 和其他反斜杠命令生成的实际查询	—
-k, --with-key=KEY	使用 gsql 对导入的加密文件进行解密。 注意: 对于本身就是 shell 命令中的关键字符, 如单引号 (') 或双引号 ("), Linux shell 会检测输入的单引号 (') 或双引号 (") 是否匹配。如果不匹配, shell 认为用户没有输入完毕, 会一直等待用户输入, 从而不会进入 SQL 程序	—
-L, --log-file=FILENAME	除了正常的输出源外, 把所有查询输出记录到文件 FILENAME 中。 注意: ①使用此参数可能会暴露部分 SQL 语句中的敏感信息, 如创建用户语句中的 password 信息等, 需谨慎使用。 ②此参数只保留查询结果到相应文件中, 主要是为了查询结果能够更好更准确地被其他调用者(如自动化运维脚本)解析, 而不是保留 gsql 运行过程中的相关日志信息	绝对路径或相对路径,且满足操作系统路径命名规则
-m, --maintenance	允许在两阶段事务恢复期间连接 openGauss。 注意: 该选项是一个开发选项, 禁止用户使用, 只限专业技术人员使用, 功能是: 使用该选项时, gsql 可以连接备机, 用于校验主备机数据的一致性	
-n, -- no-libedit	关闭命令行编辑	
-0, --output=FILENAME	将所有查询输出重定向到文件 FILENAME	绝对路径或相对路径,且满足操作系统路径命名规则
-q, --quiet	安静模式, 执行时不会打印额外信息	默认时 gsql 将打印许多其他输出信息

（续表）

参数	说明	取值
-s，--single--step	单步模式运行，每个查询在发往服务器之前都要提示用户，使用该参数也可以取消执行，主要用于调试脚本。 注意： 使用此参数可能会暴露部分 SQL 语句中的敏感信息，如创建用户语句中的 password 信息等，需谨慎使用	—
-S，--single--line	单行运行模式，每个命令都将由换行符结束，像分号那样	—

输出格式参数及其说明见表 3-15。

表 3-15　输出格式参数及其说明

参数	说明	取值
-A，--no-align	切换为非对齐输出模式	默认为对齐输出模式
-F，--field-separator= STRING	设置域分隔符（默认为"|"）	—
-H，--html	打开 HTML 格式输出	—
-P，--pset=VAR[=ARG]	在命令行上以\pset 的风格设置打印选项。 注意： 必须用等号而不是空格分隔名称和值。例如，把输出格式设置为 LaTex，可以键入 -P format=latex	—
-R，--record- -separator= STRING	设置记录分隔符	—
-r	开启在客户端操作中可以进行编辑的模式	默认为关闭
-t，--tuples -only	只打印行	—
-T，--table-attr=TEXT	允许声明放在 HTML table 标签里的选项。 使用时需搭配参数"-H, --html"，指定为 HTML 格式输出	—
-x，--expanded	打开扩展表格式模式	—
-z，--field-separator- -zero	设置非对齐输出模式的域分隔符为空。 使用时需搭配参数"-A, --no-align"，指定为非对齐输出模式	—
-0，-.record -separator -zero	设置非对齐输出模式的记录分隔符为空。 使用时需搭配参数"-A, --no-align"，指定为非对齐输出模式	—

6．使用 gsql 的常用元命令

openGauss 可以通过 gsql 连接数据库，查看系统中各个对象的相关信息，以下是常用的元命令。

① \copyright，显示 openGauss 的版权信息，如图 3-431 所示。

```
jiangwfdb=# \copyright
GaussDB Kernel Database Management System
Copyright (c) Huawei Technologies Co., Ltd. 2018. All rights reserved.
```

图 3-431　显示 openGauss 的版权信息

② \g [FILE]，执行查询并将结果发送到文件，如图 3-432 所示。

```
jiangwfdb=# \g /home/omm/myinfo
jiangwfdb=# select * from score;
jiangwfdb=# \q
[omm@Master ~]$ cat /home/omm/myinfo
 userid | username | score
--------+----------+-------
      1 | zhangsan |    88
      2 | lisi     |    96
      3 | wangwu   |    77
(3 rows)

[omm@Master ~]$
```

图 3-432　执行查询并将结果发送到文件

③ \h [NAME]，给出指定 SQL 语句的语法帮助。如果没有给出 NAME，gsql 将列出可获得帮助的所有命令。如果 NAME 是*，则显示所有 SQL 语句的语法帮助。语法帮助如图 3-433 所示。

```
[omm@Master ~]$ gsql -d jiangwfdb -p 26000
gsql ((openGauss 2.0.0 build 78689da9) compiled at 2021-03-31 21:04:03 commit 0 last mr  )
Non-SSL connection (SSL connection is recommended when requiring high-security)
Type "help" for help.

jiangwfdb=# \h
Available help:
  ABORT                              CREATE BARRIER              DROP MATERIALIZED VIEW
  ALTER APP WORKLOAD GROUP           CREATE CLIENT MASTER KEY    DROP NODE
  ALTER APP WORKLOAD GROUP MAPPING   CREATE COLUMN ENCRYPTION KEY DROP NODE GROUP
  ALTER AUDIT POLICY                 CREATE DATA SOURCE          DROP OWNED
  ALTER DATA SOURCE                  CREATE DATABASE             DROP PROCEDURE
  ALTER DATABASE                     CREATE DIRECTORY            DROP RESOURCE LABEL
  ALTER DEFAULT PRIVILEGES           CREATE EXTENSION            DROP RESOURCE POOL
  ALTER DIRECTORY                    CREATE FOREIGN TABLE        DROP ROLE
  ALTER EXTENSION                    CREATE FUNCTION             DROP ROW LEVEL SECURITY POLICY
  ALTER FOREIGN TABLE                CREATE GROUP                DROP SCHEMA
  ALTER FOREIGN TABLE FOR HDFS       CREATE INDEX                DROP SEQUENCE
  ALTER FUNCTION                     CREATE MASKING POLICY       DROP SERVER
  ALTER GROUP                        CREATE MATERIALIZED VIEW    DROP SYNONYM
  ALTER INDEX                        CREATE NODE                 DROP TABLE
  ALTER LARGE OBJECT                 CREATE NODE GROUP           DROP TABLESPACE
  ALTER MASKING POLICY               CREATE PROCEDURE            DROP TEXT SEARCH CONFIGURATION
  ALTER NODE                         CREATE RESOURCE LABEL       DROP TEXT SEARCH DICTIONARY
  ALTER NODE GROUP                   CREATE RESOURCE POOL        DROP TRIGGER
jiangwfdb=# \h drop table
Command:     DROP TABLE
Description: remove a table
Syntax:
DROP TABLE [ IF EXISTS ]
{[schema.]table_name} [, ...] [ CASCADE | RESTRICT ];

jiangwfdb=#
```

图 3-433　语法帮助

④ \i FILE，从 FILE 中读取内容，并将其作为输入，执行查询。读取文件内容并执行查询如图 3-434 所示。

```
[omm@Master ~]$ vi mysql
[omm@Master ~]$ cat /home/omm/mysql          ← ❶ 创建/home/omm/mysql文件，并在文件中写入SQL语句
select * from score;
[omm@Master ~]$ gsql -d jiangwfdb -p 26000
gsql ((openGauss 2.0.0 build 78689da9) compiled at 2021-03-31 21:04:03 commit 0 last mr  )
Non-SSL connection (SSL connection is recommended when requiring high-security)
Type "help" for help.

jiangwfdb=# \i /home/omm/mysql               ← ❷ 使用元命令\i/home/omm/mysql执行mysql文件中的语句
 userid | username | score
--------+----------+-------
      1 | zhangsan |    88    ← ❸ 得到查询结果
      2 | lisi     |    96
      3 | wangwu   |    77
(3 rows)
```

图 3-434　读取文件内容并执行查询

⑤ \o [FILE]，把所有的查询结果发送到文件，如图 3-435 所示。

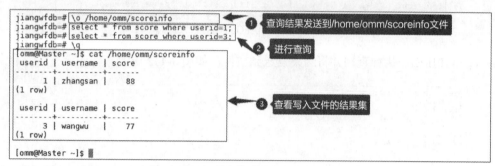

图 3-435   把所有的查询结果发送到文件

查看常用数据库对象的元命令有以下几个。

① \l，列出所有数据库，如图 3-436 所示。

```
jiangwfdb=# \l
                          List of databases
    Name    | Owner | Encoding | Collate | Ctype | Access privileges
------------+-------+----------+---------+-------+-------------------
 jiangwfdb  | omm   | UTF8     | C       | C     |
 postgres   | omm   | UTF8     | C       | C     |
 template0  | omm   | UTF8     | C       | C     | =c/omm           +
            |       |          |         |       | omm=CTc/omm
 template1  | omm   | UTF8     | C       | C     | =c/omm           +
            |       |          |         |       | omm=CTc/omm
(4 rows)
```

图 3-436   列出所有数据库

② \d，列出当前数据库中所有的数据库对象，如表、视图和序列，如图 3-437 所示。

```
jiangwfdb=# \d
                      List of relations
 Schema | Name  | Type  | Owner   |              Storage
--------+-------+-------+---------+------------------------------------
 public | score | table | jiangwf | {orientation=row,compression=no}
(1 row)
```

图 3-437   列出当前数据库中所有的数据库对象

③ \du 和 \dg，列出当前数据库集群中的用户和角色，如图 3-438 所示。

```
jiangwfdb=# \du
                                           List of roles
 Role name |                                   Attributes                                    | Member of
-----------+---------------------------------------------------------------------------------+-----------
 jiangwf   | Sysadmin                                                                        | {}
 omm       | Sysadmin, Create role, Create DB, Replication, Administer audit, Monitoradmin, Operatoradmin, Policyadmin, UseFT | {}
jiangwfdb=# \dg
                                           List of roles
 Role name |                                   Attributes                                    | Member of
-----------+---------------------------------------------------------------------------------+-----------
 jiangwf   | Sysadmin                                                                        | {}
 omm       | Sysadmin, Create role, Create DB, Replication, Administer audit, Monitoradmin, Operatoradmin, Policyadmin, UseFT | {}
```

图 3-438   列出当前数据库集群中的用户和角色

④ \dn，列出当前数据库中的所有数据库模式，如图 3-439 所示。

```
jiangwfdb=# \dn
    List of schemas
    Name     | Owner
-------------+-------
 cstore      | omm
 dbe_perf    | omm
 pkg_service | omm
 public      | omm
 snapshot    | omm
(5 rows)
```

图 3-439   列出当前数据库中的所有数据库模式

⑤ \dt，列出当前数据库中所有的表，如图 3-440 所示。

```
jiangwfdb=# \dt
                       List of relations
 Schema | Name  | Type  | Owner  |           Storage
--------+-------+-------+--------+-------------------------------
 public | score | table | jiangwf | {orientation=row,compression=no}
(1 row)
```

图 3-440　列出当前数据库中所有的表

⑥ \di，列出当前数据库中所有的索引信息，如图 3-441 所示。

```
rt=# \di
                            List of relations
 Schema |       Name       | Type  | Owner  |      Table       |     Storage
--------+------------------+-------+--------+------------------+----------------
 public | modulid_index    | index | jiangwf | sys_rulepermission | {fillfactor=100}
 public | pk_accountid     | index | jiangwf | sys_userinfo     |
 public | pk_mid           | index | jiangwf | sys_module       |
 public | pk_pid           | index | jiangwf | sys_rulepermission |
 public | publicfile_pkey  | index | jiangwf | publicfile       |
 public | sys_ruleinfo_pkey | index | jiangwf | sys_ruleinfo    |
 public | un_username      | index | jiangwf | sys_userinfo     |
 public | userfile_pkey    | index | jiangwf | userfile         |
(8 rows)
```

图 3-441　列出当前数据库中所有的索引信息

⑦ \d score，列出表 score 的结构，如图 3-442 所示。

```
jiangwfdb=# \d score
            Table "public.score"
  Column  |          Type          | Modifiers
----------+------------------------+-----------
 userid   | integer                | not null
 username | character varying(200) |
 score    | integer                | not null
```

图 3-442　列出表 score 的结构

⑧ \d+ s*，列出所有名称以 s 开头的表、视图和索引，如图 3-443 所示。

```
jiangwfdb-# \d+s*
                           List of relations
 Schema | Name  | Type  | Owner  | Size       |           Storage            | Description
--------+-------+-------+--------+------------+------------------------------+-------------
 public | score | table | jiangwf | 8192 bytes | {orientation=row,compression=no} |
(1 row)
```

图 3-443　列出所有名称以 s 开头的表、视图和索引

⑨ \da m*，列出所有名称以 m 开头可用的聚集函数，以及它们操作的数据类型和返回值类型，如图 3-444 所示。

```
jiangwfdb-# \da m*
                        List of aggregate functions
   Schema   | Name |   Result data type   |  Argument data types  | Description
------------+------+----------------------+-----------------------+-------------
 pg_catalog | max  | abstime              | abstime               |
 pg_catalog | max  | anyarray             | anyarray              |
 pg_catalog | max  | anyenum              | anyenum               |
 pg_catalog | max  | bigint               | bigint                |
 pg_catalog | max  | character            | character             |
 pg_catalog | max  | date                 | date                  |
 pg_catalog | max  | double precision     | double precision      |
 pg_catalog | max  | integer              | integer               |
 pg_catalog | max  | interval             | interval              |
 pg_catalog | max  | money                | money                 |
 pg_catalog | max  | numeric              | numeric               |
 pg_catalog | max  | oid                  | oid                   |
 pg_catalog | max  | real                 | real                  |
 pg_catalog | max  | smalldatetime        | smalldatetime         |
 pg_catalog | max  | smallint             | smallint              |
 pg_catalog | max  | text                 | text                  |
 pg_catalog | max  | tid                  | tid                   |
 pg_catalog | max  | time with time zone  | time with time zone   |
--More--
```

图 3-444　列出所有名称以 m 开头可用的聚集函数

⑩ \db，列出所有可用表空间，如图 3-445 所示。

```
jiangwfdb-# \db
                          List of tablespaces
          Name         | Owner |          Location
-----------------------+-------+----------------------------
 jiangwf_tablespace    | omm   | tablespace/jiangwf_tablespace1
 pg_default            | omm   |
 pg_global             | omm   |
(3 rows)
```

图 3-445　列出所有可用表空间

⑪ \div，列出所有的索引和视图，如图 3-446 所示。

```
rt=# \div
                              List of relations
 Schema |      Name        | Type  | Owner  |      Table        |    Storage
--------+------------------+-------+--------+-------------------+----------------
 public | modulid_index    | index | jiangwf | sys_rulepermission | {fillfactor=100}
 public | pk_accountid     | index | jiangwf | sys_userinfo       |
 public | pk_mid           | index | jiangwf | sys_module         |
 public | pk_pid           | index | jiangwf | sys_rulepermission |
 public | publicfile_pkey  | index | jiangwf | publicfile         |
 public | sys_ruleinfo_pkey| index | jiangwf | sys_ruleinfo       |
 public | un_username      | index | jiangwf | sys_userinfo       |
 public | userfile_pkey    | index | jiangwf | userfile           |
(8 rows)

rt=#
```

图 3-446　列出所有的索引和视图

⑫ \conninfo，在 gsql 中显示会话的连接信息，如图 3-447 所示。

```
jiangwfdb=# \conninfo
You are connected to database "jiangwfdb" as user "omm" via socket in "/opt/huawei/tmp" at port "26000".
jiangwfdb=#
```

图 3-447　在 gsql 中显示会话的连接信息

⑬ \q，退出 gsql，如图 3-448 所示。

```
jiangwfdb=# \q
[omm@Master ~]$
```

图 3-448　退出 gsql

3.3.2　服务器端工具

在使用 openGauss 过程中，经常需要对 openGauss 进行安装、卸载及健康管理。为了简单、方便地维护 openGauss，openGauss 提供了一系列的管理工具，用户可以使用服务器端工具，实现对服务器的环境检测、性能监控、运行维护和备份管理等。

1. gs_check 工具的使用

gs_check 工具统一了当前系统中存在的各种检查工具并进行改进和增强，如 gs_check、gs_checkos 等，帮助用户在 openGauss 运行过程中，全量地检查 openGauss 运行环境、操作系统环境、网络环境及数据库执行环境，有助于在 openGauss 重大操作之前对各类环境进行全面检查，有效保证操作执行成功。

gs_check 工具使用参数时有以下几个注意事项。

① 必须指定-i 或-e 参数，-i 检查指定的单项，-e 检查对应场景配置中的多项。

② 如果-i 参数中不包含 root 类检查项或-e 场景配置列表中没有 root 类检查项，则不需要交互输入 root 权限的用户名及密码。

③ 可使用--skip-root-items 跳过检查项中包含的 root 类检查,以免需要输入 root 权限的用户名及密码。

④ MTU 值不一致可能导致检查缓慢或进程停止响应,当工具出现提示时,需确认各节点 MTU 值一致后再进行巡检。

⑤ 交换机不支持当前设置的 MTU 值时,即使 MTU 值一致也会出现通信问题,进程停止响应,因此需要根据交换机调整 MTU 值大小。

gs_check 工具语法规则如下。

① 单项检查:gs_check -i ITEM [...] [-U USER] [-L] [-l LOGFILE] [-o OUTPUTDIR] [--skip-root-items][--set][--routing]。

② 场景检查:gs_check -e SCENE_NAME [-U USER] [-L] [-l LOGFILE] [-o OUTPUTDIR] [--skip-root-items] [--time-out=SECS][--set][--routing][--skip-items]。

③ 显示帮助信息:gs_check -? | --help。

④ 显示版本号信息:gs_check -V | --version。

在单机环境使用 gs_check 工具,检测性能和内存等环境时,需要使用 omm 用户登录,先做好 omm 用户登录服务器的免密钥工作,再使用 gs_check 工具对服务器进行环境检测,命令如下。

```
su omm
cd /home/omm/.ssh/
ssh-keygen -t rsa
cat id_rsa.pub >> authorized_keys
#测试 omm 用户的免密钥登录
ssh opengauss
```

omm 用户的免密钥登录如图 3-449 所示。

```
[omm@opengauss script]$ cd /home/omm/.ssh/
[omm@opengauss .ssh]$ ssh-keygen -t rsa
Generating public/private rsa key pair.
Enter file in which to save the key (/home/omm/.ssh/id_rsa):
Enter passphrase (empty for no passphrase):
Enter same passphrase again:
Your identification has been saved in /home/omm/.ssh/id_rsa
Your public key has been saved in /home/omm/.ssh/id_rsa.pub
The key fingerprint is:
SHA256:kX2Spkxv+KcVKeouZjb59aQxD5TieUbkw0llAeeOml4 omm@opengauss
The key's randomart image is:
+---[RSA 3072]----+
|          .ooo|
|        o . .o. |
|       + * o  . |
|      o X * .o  |
|       S @ +.. |
|      . O o .o |
|       .+ O +o E |
|      B. + %. . |
|      + =+ o o. |
+----[SHA256]-----+
[omm@opengauss .ssh]$ cat id_rsa.pub >> authorized_keys
[omm@opengauss .ssh]$ ssh opengauss

Authorized users only. All activities may be monitored and reported.

Authorized users only. All activities may be monitored and reported.
Activate the web console with: systemctl enable --now cockpit.socket
```

图 3-449　omm 用户的免密钥登录

检测命令的使用如下。

① 检测系统的交换内存和总内存大小,命令如下。若检测结果为 0 则检测项通过,否则检测项报 warning,大于总内存时检测项不通过。

```
./gs_check -i CheckSwapMemory -L
```

检测系统的交换内存和总内存大小如图 3-450 所示。

```
[omm@opengauss script]$ ./gs_check -i CheckSwapMemory -L

2021-11-03 06:38:54 [NAM] CheckSwapMemory
2021-11-03 06:38:54 [STD]检测交换内存和总内存大小，若检测结果为0则检测项通过，否则检测项报warning，大于总内存时检测项
不通过
2021-11-03 06:38:54 [RST] NG
SwapMemory(3221221376) must be 0.
MemTotal: 5553577984.
2021-11-03 06:38:54 [RAW]
SwapTotal:      3145724 kB

MemTotal:       5423416 kB
```

图 3-450　检测系统的交换内存和总内存大小

② 检测磁盘中指定目录（如 openGauss 路径 GAUSSHOME/PGHOST/GAUSSHOME/ GAUSSLOG/tmp 下的目录及实例目录）的使用率，命令如下。使用率如果超过 warning 阈值（默认为 70%），则报 warning；超过 NG 阈值（默认为 90%），则检查项不通过。gs_check 工具还可以检测磁盘中某个路径的剩余空间，不满足阈值则检测项不通过，否则通过。

```
./gs_check -i CheckSpaceUsage -L
```

检测磁盘中指定目录的使用率，如图 3-451 所示。

```
[omm@opengauss script]$ ./gs_check -i CheckSpaceUsage -L

2021-11-03 06:43:28 [NAM] CheckSpaceUsage


2021-11-03 06:43:28 [RST] NG
The OS_TMP path [/tmp] where the disk available space[2.0GB] is less than 5.0GB.

Disk     Filesystem spaceUsage
Max free /dev/mapper/openeuler-root 27.0%
Min free tmpfs 1.0%
2021-11-03 06:43:28 [RAW]

tmpfs 1.0%
/dev/mapper/openeuler-root 27.0%
```

图 3-451　检测磁盘中指定目录的使用率

2. gs_checkos 工具的使用

gs_checkos 工具用来帮助检查操作系统、控制参数、磁盘配置等内容，并对系统控制参数、I/O 配置、网络配置和透明大页（Transparent Huge Page，THP）服务等信息进行配置。

使用 gs_checkos 工具的前提条件有以下几个。

① 当前的硬件和网络环境正常。

② 各主机间 root 互信状态正常。

③ 只能使用 root 用户执行 gs_checkos 命令。

gs_checkos 工具的语法格式如下。

① 检查操作系统信息：gs_checkos -i ITEM [-f HOSTFILE] [-h HOSTNAME] [-X XMLFILE] [--detail] [-o OUTPUT] [-l LOGFILE]。

② 显示帮助信息：gs_checkos -? | --help。

③ 显示版本号信息：gs_checkos -V | --version。

使用 gs_checkos 检查操作系统的参数并查看结果，命令如下。

```
gs_checkos -i A -h Master -X /opt/software/openGauss/cluster_config.xml
```

使用 gs_checkos 检测操作系统的参数并查看结果,如图 3-452 所示。

```
[root@Master openGauss]# gs_checkos -i A -h Master -X /opt/software/openGauss/cluster_config.xml
Checking items:
    A1. [ OS version status ]                          : Normal
    A2. [ Kernel version status ]                      : Normal
    A3. [ Unicode status ]                             : Normal
    A4. [ Time zone status ]                           : Normal
    A5. [ Swap memory status ]                         : Normal
    A6. [ System control parameters status ]           : Normal
    A7. [ File system configuration status ]           : Normal
    A8. [ Disk configuration status ]                  : Normal
    A9. [ Pre-read block size status ]                 : Normal
    A10.[ IO scheduler status ]                        : Normal
    A11.[ Network card configuration status ]          : Warning
    A12.[ Time consistency status ]                    : Warning
    A13.[ Firewall service status ]                    : Normal
    A14.[ THP service status ]                         : Normal
Total numbers:14. Abnormal numbers:0. Warning numbers:2.
[root@Master openGauss]#
```

图 3-452　使用 gs_checkos 检测操作系统的参数并查看结果

3. gs_checkperf 工具的使用

openGauss 提供了 gs_checkperf 工具来对 openGauss 级别(如主机 CPU 占用率、openGauss CPU 占用率、主机 I/O 使用情况等)、节点级别(如 CPU 使用情况、内存使用情况、I/O 使用情况)、会话/进程级别(如 CPU 使用情况、内存使用情况、I/O 使用情况)、SSD 性能(写入、读取性能)进行定期检查,使用户了解 openGauss 的负载情况,采取对应的改进措施。

使用 gs_checkperf 工具的前提条件有以下几个。

① openGauss 运行状态正常且不为只读模式。

② 运行在数据库上的业务运行正常。

gs_checkperf 工具的语法格式如下。

① 检查 SSD 性能(root 用户):gs_checkperf -U USER [-o OUTPUT] -i SSD [-l LOGFILE]。

② 检查 openGauss 性能(openGauss 安装用户):gs_checkperf [-U USER] [-o OUTPUT] [-i PMK] [--detail] [-l LOGFILE]。

③ 显示帮助信息:gs_checkperf -? | --help。

④ 显示版本号信息:gs_checkperf -V | --version。

示例 1:以简要格式显示性能统计结果,命令如下。

```
gs_checkperf -i pmk -U omm
```

以简要格式显示性能统计结果,如图 3-453 所示。

```
[omm@opengauss script]$  gs_checkperf -i pmk -U omm
Cluster statistics information:
    Host CPU busy time ratio              :    .74        %
    MPPDB CPU time % in busy time         :    100.00     %
    Shared Buffer Hit ratio               :    99.91      %
    In-memory sort ratio                  :    0
    Physical Reads                        :    4874
    Physical Writes                       :    5579
    DB size                               :    71         MB
    Total Physical writes                 :    5579
    Active SQL count                      :    4
    Session count                         :    6
```

图 3-453　以简要格式显示性能统计结果

示例 2:以详细格式显示性能统计结果,命令如下。

```
gs_checkperf -i pmk -U omm --detail
```

以详细格式显示性能统计结果,如图 3-454 所示。

```
[omm@opengauss script]$ gs_checkperf -i pmk -U omm --detail
Cluster statistics information:
Host CPU usage rate:
    Host total CPU time                  :      157486790.000 Jiffies
    Host CPU busy time                   :      1153220.000 Jiffies
    Host CPU iowait time                 :      183650.000 Jiffies
    Host CPU busy time ratio             :      .73          %
    Host CPU iowait time ratio           :      .12          %
MPPDB CPU usage rate:
    MPPDB CPU time % in busy time        :      100.00       %
    MPPDB CPU time % in total time       :      .79          %
Shared buffer hit rate:
    Shared Buffer Reads                  :      12680
    Shared Buffer Hits                   :      14034399
    Shared Buffer Hit ratio              :      99.91        %
In memory sort rate:
    In-memory sort count                 :      0
    In-disk sort count                   :      0
    In-memory sort ratio                 :      0
I/O usage:
    Number of files                      :      118
    Physical Reads                       :      4848
    Physical Writes                      :      5475
    Read Time                            :      6007897      ms
    Write Time                           :      157564       ms
Disk usage:
    DB size                              :      71           MB
    Total Physical writes                :      5475
    Average Physical write               :      34747.79
    Maximum Physical write               :      5475
Activity statistics:
    Active SQL count                     :      4
    Session count                        :      6
Node statistics information:
dn_6001:
    MPPDB CPU Time                       :      1243260      Jiffies
    Host CPU Busy Time                   :      1153220      Jiffies
    Host CPU Total Time                  :      157486790    Jiffies
    MPPDB CPU Time % in Busy Time        :      100.00       %
    MPPDB CPU Time % in Total Time       :      .79          %
    Physical memory                      :      5553577984   Bytes
```

图 3-454　以详细格式显示性能统计结果

4．gs_collector 工具的使用

当 openGauss 发生故障时，使用 gs_collector 工具可以收集操作系统信息、日志信息及配置文件等，以便定位问题，具体命令如下。命令执行后会生成压缩文件，用户可以解压后查看。

```
gs_collector --begin-time="20180131 23:00" --end-time="20220301 20:00" -h Master
```

gs_collector 工具的使用如图 3-455 所示。

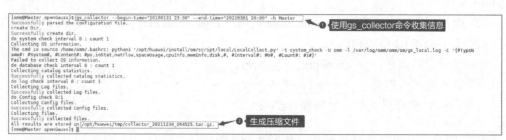

图 3-455　gs_collector 工具的使用

5．gs_dump 工具的使用

gs_dump 是 openGauss 把数据库及相关对象导出为外部文件的工具。用户使用终端登录数据库服务器，由操作系统用户 omm 使用 gs_dump 命令，导出系统数据库和用户数据库，以及其中的对象（模式、表、视图等）。gs_dump 工具在某个时间点进行数据导出时，导出结果就是该时间点的数据状态，该时间点后的修改数据不会被导出。在 gs_dump 命令执行过程中，其他用户可以访问 openGauss 数据库（读或写）。gs_dump 支持将数据库数据导出至纯文本格式的 SQL 脚本文件或其他归档文件中。不同格式的文件在导入数据库时，使用的工具有以下几点不同。

① 纯文本格式的 SQL 脚本文件：包含将数据库恢复为其保存时的状态所需的 SQL

语句。通过 gsql 运行该 SQL 脚本文件，可以恢复数据库。即使在其他主机和其他数据库产品上，只要对 SQL 脚本文件稍作修改，就可以用来重建数据库。

② 归档格式文件：包含将数据库恢复为其保存时的状态所需的数据，可以是 TAR 归档格式、目录归档格式或自定义归档格式。导出结果必须与 gs_restore 配合使用来恢复数据库。gs_restore 工具在导入时，系统允许用户选择需要导入的内容，甚至可以在导入之前对等待导入的内容进行排序。

gs_dump 可以使用 4 种不同的导出文件格式，通过命令行参数[-F 或者--format=]指定。建议使用 gs_dump 工具将文件压缩为纯文本或自定义归档导出文件，减少导出文件的大小。生成纯文本导出文件时，默认不压缩。生成自定义归档导出文件时，默认进行中等级别的压缩。gs_dump 工具无法压缩已归档导出文件。通过压缩方式导出纯文本格式文件，gsql 无法导入数据对象。

使用 gs_dump 工具的注意事项有以下两点。

① 禁止修改导出的文件和内容，否则可能无法恢复。

② 为了保证数据一致性和完整性，gs_dump 会对需要转储的表设置共享锁。如果表在别的事务中设置了共享锁，gs_dump 会等待锁释放后锁定表。如果无法在指定时间内锁定某个表，转储会失败。用户可以通过指定--lock-wait-timeout 自定义等待锁超时时间。

示例 1：执行 gs_dump 命令，导出 jiang wfdb 数据库全量信息，导出的 jiangwfdb_backup.sql 文件格式为纯文本格式，命令如下。

```
su omm
gs_dump -U omm -W Jiangwf@123 -f /home/omm/jiangwfdb_backup.sql -p 26000 jiangwfdb
-F p
```

说明：对于小型数据库，一般推荐导出格式为纯文本格式，使用的参数格式为-F p。纯文本脚本文件包含 SQL 语句和命令，命令可以由 gsql 命令行终端程序执行，用于重新创建数据库对象并加载表数据。将数据导入数据库时，需要使用 gsql 工具恢复数据库对象。

导出的文件格式为纯文本格式，如图 3-456 所示。

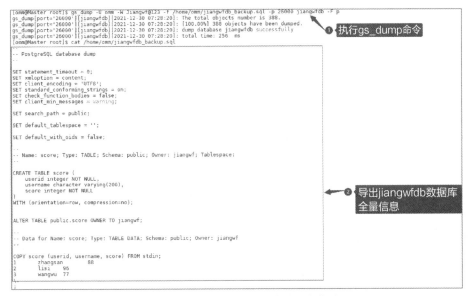

图 3-456　导出的文件格式为纯文本格式

如果需要恢复数据库，可以执行 gsql 程序。使用以下命令可以将导出的 jiangwfdb_backup.sql 文件导入 jiangwfdb 数据库。

```
gsql -d jiangwfdb -p 26000 -W Jiangwf@123 -f /home/omm/jiangwfdb_backup.sql
```

恢复数据库如图 3-457 所示。

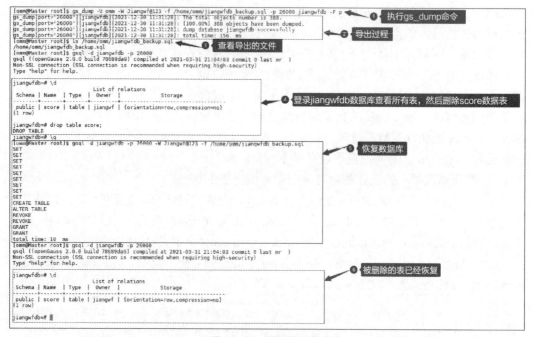

图 3-457　恢复数据库

示例 2：执行 gs_dump 命令，导出 jiangwfdb 数据库全量信息，导出的 jiangwfdb_backup.tar 文件格式为 TAR 归档格式，命令如下。

```
gs_dump -U omm -W Jiangwf@123 -f /home/omm/jiangwfdb_backup.tar -p 26000 jiangwfdb
-F t
```

导出的文件格式为 TAR 归档格式，如图 3-458 所示。

```
[omm@Master root]$ gs_dump -U omm -W Jiangwf@123 -f /home/omm/jiangwfdb_backup.tar -p 26000 jiangwfdb -F t
gs_dump[port='26000'][jiangwfdb][2021-12-30 07:33:58]: The total objects number is 388.
gs_dump[port='26000'][jiangwfdb][2021-12-30 07:33:58]: [100.00%] 388 objects have been dumped.
gs_dump[port='26000'][jiangwfdb][2021-12-30 07:33:58]: dump database jiangwfdb successfully
gs_dump[port='26000'][jiangwfdb][2021-12-30 07:33:58]: total time: 150  ms
[omm@Master root]$ ls /home/omm/jiangwfdb_backup.tar
/home/omm/jiangwfdb_backup.tar
[omm@Master root]$
```

图 3-458　导出的文件格式为 TAR 归档格式

说明：导出文件为 TAR 归档格式使用的参数格式为-F t。TAR 归档格式文件支持从导出文件中恢复所有或所选数据库对象，不支持压缩且单独表应小于 8GB。

示例 3：执行 gs_dump 命令，导出 jiangwfdb 数据库全量信息，导出的 jiangwfdb_backup.dmp 文件格式为自定义归档格式，命令如下。

```
gs_dump -U omm -W Jiangwf@123 -f /home/omm/jiangwfdb_backup.dmp -p 26000 jiangwfdb
-F c
```

导出的文件格式为自定义归档格式，如图 3-459 所示。

```
[omm@Master root]$ gs_dump -U omm -W Jiangwf@123 -f /home/omm/jiangwfdb_backup.dmp -p 26000 jiangwfdb -F c
gs_dump[port='26000'][jiangwfdb][2021-12-30 07:48:32]: The total objects number is 388.
gs_dump[port='26000'][jiangwfdb][2021-12-30 07:48:32]: [100.00%] 388 objects have been dumped.
gs_dump[port='26000'][jiangwfdb][2021-12-30 07:48:32]: dump database jiangwfdb successfully
gs_dump[port='26000'][jiangwfdb][2021-12-30 07:48:32]: total time: 148  ms
[omm@Master root]$  ls /home/omm/jiangwfdb_backup.dmp
/home/omm/jiangwfdb_backup.dmp
[omm@Master root]$
```

图 3-459　导出的文件格式为自定义归档格式

说明：对于中型或大型数据库，推荐自定义归档格式，使用的参数格式为-F c。自定义归档格式文件是一种二进制文件，支持从导出文件中恢复所有或所选数据库对象。把数据导入数据库时，需要使用 gs_restore 将自定义归档导出文件导入相应的数据库对象。

示例4：执行gs_dump命令，导出jiangwfdb数据库全量信息，导出的jiangwfdb_backup文件格式为目录归档格式，命令如下。

```
gs_dump -U omm -W Jiangwf@123 -f /home/omm/jiangwfdb_backup -p 26000 jiangwfdb -F d
```

导出的文件格式为目录归档格式，如图 3-460 所示。

```
[omm@Master root]$ gs_dump -U omm -W Jiangwf@123 -f /home/omm/jiangwfdb_backup -p 26000 jiangwfdb -F d
gs_dump[port='26000'][jiangwfdb][2021-12-30 07:52:29]: The total objects number is 388.
gs_dump[port='26000'][jiangwfdb][2021-12-30 07:52:29]: [100.00%] 388 objects have been dumped.
gs_dump[port='26000'][jiangwfdb][2021-12-30 07:52:29]: dump database jiangwfdb successfully
gs_dump[port='26000'][jiangwfdb][2021-12-30 07:52:29]: total time: 165  ms
[omm@Master root]$ ls  /home/omm/
jiangwfdb_backup
[omm@Master root]$
```

图 3-460　导出的文件格式为目录归档格式

说明：导出文件为目录归档格式使用的参数格式为-F d。目录归档格式会创建一个目录，该目录包含两类文件，一类是目录文件，另一类是每个表和 BLOB 对象（blob）对应的数据文件。

6. gs_dumpall 工具的使用

gs_dumpall 是 openGauss 用于导出所有数据库相关信息的工具，可以导出默认数据库 postgres 的数据、自定义数据库的数据和 openGauss 所有数据库公共的全局对象。gs_dumpall 工具由操作系统用户 omm 执行。gs_dumpall 工具在进行数据导出时，其他用户可以访问 openGauss 数据库（读或写）。gs_dumpall 工具支持导出完整一致的数据，仅支持纯文本格式导出，因此只能使用 gsql 恢复 gs_dumpall 导出的转储内容。gs_dumpall 在导出 openGauss 所有数据库时，具体操作如下。

① gs_dumpall 对所有数据库公共的全局对象进行导出，其中包括有关数据库用户和组、表空间及属性（例如，适用于数据库整体的访问权限）信息。

② gs_dumpall 通过调用 gs_dump 完成 openGauss 中各数据库的 SQL 脚本文件导出，该脚本文件包含将数据库恢复为其保存时的状态所需的全部 SQL 语句。

以上两部分导出的文件为纯文本格式的 SQL 脚本文件，使用 gsql 运行该脚本文件可以恢复 openGauss 数据库。

使用 gs_dumpall 一次导出 openGauss 的所有数据库，命令如下。

```
gs_dumpall -f /home/omm/opengauss_backup.sql -p 26000
```

使用 gs_dumpall 一次导出 openGauss 的所有数据库，如图 3-461 所示。

```
[root@Master ~]# su omm
[omm@Master root]$
[omm@Master root]$ gs_dumpall -f /home/omm/opengauss_backup.sql -p 26000
gs_dump[port='26000'][dbname='jiangwfdb'][2021-12-30 11:13:49]: The total objects number is 388.
gs_dump[port='26000'][dbname='jiangwfdb'][2021-12-30 11:13:49]: [100.00%] 388 objects have been dumped.
gs_dump[port='26000'][dbname='jiangwfdb'][2021-12-30 11:13:49]: dump database dbname='jiangwfdb' successfully
gs_dump[port='26000'][dbname='jiangwfdb'][2021-12-30 11:13:49]: total time: 177  ms
gs_dump[port='26000'][dbname='postgres'][2021-12-30 11:13:50]: The total objects number is 434.
gs_dump[port='26000'][dbname='postgres'][2021-12-30 11:13:50]: [100.00%] 434 objects have been dumped.
gs_dump[port='26000'][dbname='postgres'][2021-12-30 11:13:50]: dump database dbname='postgres' successfully
gs_dump[port='26000'][dbname='postgres'][2021-12-30 11:13:50]: total time: 543  ms
gs_dumpall[port='26000'][2021-12-30 11:13:50]: dumpall operation successful
gs_dumpall[port='26000'][2021-12-30 11:13:50]: total time: 855  ms
[omm@Master root]$ ls /home/omm/opengauss_backup.sql
/home/omm/opengauss_backup.sql
[omm@Master root]$
```

图 3-461   使用 gs_dumpall 一次导出 openGauss 的所有数据库

7．gs_restore 工具的使用

gs_restore 是 openGauss 提供的针对 gs_dump 导出数据的导入工具，即将 gs_dump 生成的导出文件进行导入。gs_restore 工具由操作系统用户 omm 执行，主要功能有以下两个。

① 导入数据库。如果连接参数中指定了数据库，则数据将被导入指定的数据库中。其中，并行导入必须指定连接的密码。

② 导入脚本文件。如果未指定导入数据库，则创建包含重建数据库所必需的 SQL 语句脚本并写入文件或者标准输出，等效于直接使用 gs_dump 导出为纯文本格式。

连接参数说明如下。

① -h, --host=HOSTNAME：指定的主机名称。取值如果是以斜线开头，将用作 UNIX 域套接字的目录。默认值取自 PGHOST 环境变量。

② -p, --port=PORT：指定服务器侦听的 TCP 端口或本地 UNIX 域套接字后缀，以确保连接。默认值为 PGPORT 环境变量。

③ -U, --username=NAME：连接的用户名。

④ -w, --no-password：不出现输入密码提示。如果服务器要求密码认证并且密码没有通过其他形式给出，则连接将会失败。该参数在批量工作和不存在用户输入密码的脚本中很有帮助。

⑤ -W, --password=PASSWORD：指定用户连接的密码。如果主机的认证策略是 trust，则不会对系统管理员进行密码验证，即无须输入-W 参数；如果没有-W 参数，并且不是系统管理员，gs_restore 会提示用户输入密码。

⑥ --role=ROLENAME：指定导入操作使用的角色名。该参数会使 gs_restore 连接数据库后，发起一个"SET ROLE 角色名"命令。当授权用户（由-U 指定）没有 gs_restore 要求的权限时，该参数会起作用，即切换到具备相应权限的角色。某些安装操作规定不允许直接以初始用户身份登录，使用该参数能够在不违反该规定的情况下完成导入。

⑦ --rolepassword=ROLEPASSWORD：指定具体角色的密码。

示例 1：执行 gs_restore 命令，将导出的 jiangwfdb_backup.dmp 文件（自定义归档格式文件）导入 jiangwfdb 数据库，命令如下。

```
gs_restore -W Jiangwf@123 /home/omm/jiangwfdb_backup.dmp -p 26000 -d jiangwfdb
```

将导出的自定义归档格式文件导入数据库，如图 3-462 所示。

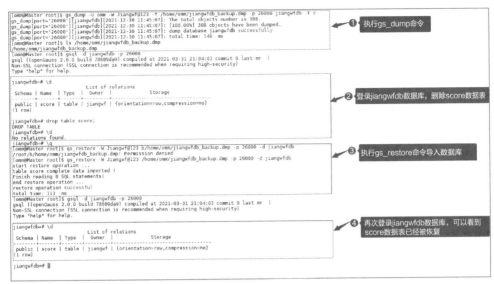

图 3-462　将导出的自定义归档格式文件导入数据库

示例 2：执行 gs_restore 命令，将导出的 jiangwfdb_backup.tar 文件（TAR 归档格式文件）导入 jiangwfdb 数据库，命令如下。

```
gs_restore /home/omm/jiangwfdb_backup.tar -p 26000 -d jiangwfdb
```

将导出的 TAR 归档格式文件导入数据库，如图 3-463 所示。

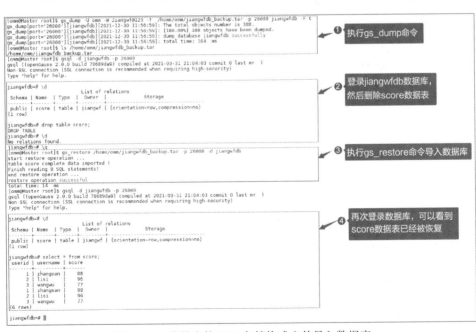

图 3-463　将导出的 TAR 归档格式文件导入数据库

示例 3：执行 gs_restore 命令，将导出的 jiangwfdb_backup 文件（目录归档格式）导入 jiangwfdb 数据库，命令如下。

```
gs_restore /home/omm/jiangwfdb_backup -p 26000 -d  jiangwfdb
```

将导出的目录归档格式文件导入数据库，如图 3-464 所示。

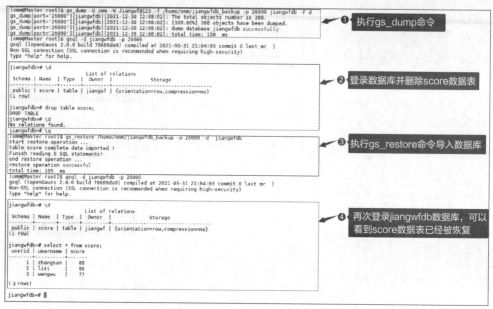

图 3-464　将导出的目录归档格式文件导入数据库

8. gs_om 工具的使用

openGauss 提供了 gs_om 工具对 openGauss 进行维护，需以操作系统用户 omm 执行 gs_om 命令，实现启动 openGauss、停止 openGauss、查看 openGauss 状态详细信息、查询静态配置、生成静态配置文件、生成动态配置文件、SSL 证书替换、显示帮助信息和显示版本号信息等功能。

示例 1：启动 openGauss，命令如下。

```
gs_om -t start
```

启动 openGauss 如图 3-465 所示。

```
[omm@Master root]$ gs_om -t start
Starting cluster.
=========================================
[SUCCESS] Master
2021-12-30 12:23:33.130 61cd3444.1 [unknown] 139954084325120 [unknown] 0 dn_6001 01000  0 [BACKEND] WARNING:  could not create any HA TCP/IP sockets
2021-12-30 12:23:33.166 61cd3444.1 [unknown] 139954084325120 [unknown] 0 dn_6001 01000  0 [BACKEND] WARNING:  Failed to initialize the memory protect
(16 Mbytes) or shared memory (2221 Mbytes) is larger.
=========================================
Successfully started.
[omm@Master root]$
```

图 3-465　启动 openGauss

示例 2：停止 openGauss，命令如下。

```
gs_om -t stop
```

停止 openGauss 如图 3-466 所示。

```
[omm@Master root]$ gs_om -t stop
Stopping cluster.
=========================================
Successfully stopped cluster.
=========================================
End stop cluster.
[omm@Master root]$
```

图 3-466　停止 openGauss

示例 3：查看 openGauss 状态详细信息，命令如下。

```
gs_om -t status --detail
```

查看 openGauss 状态详细信息如图 3-467 所示。

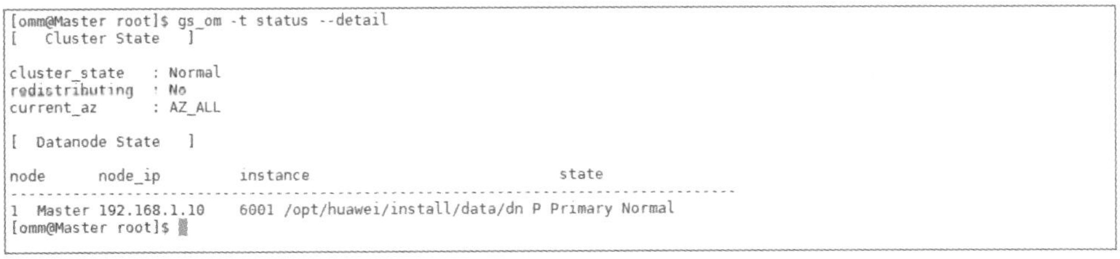

```
[omm@Master root]$ gs_om -t status --detail
[  Cluster State  ]

cluster_state   : Normal
redistributing  : No
current_az      : AZ_ALL

[ Datanode State  ]

node    node_ip        instance                        state
------------------------------------------------------------
1  Master 192.168.1.10   6001 /opt/huawei/install/data/dn P Primary Normal
[omm@Master root]$
```

图 3-467　查看 openGauss 状态详细信息

示例 4：生成配置文件，命令如下。

```
gs_om -t generateconf -X  /opt/software/openGauss/cluster_config.xml  --distribute
```

生成配置文件如图 3-468 所示。

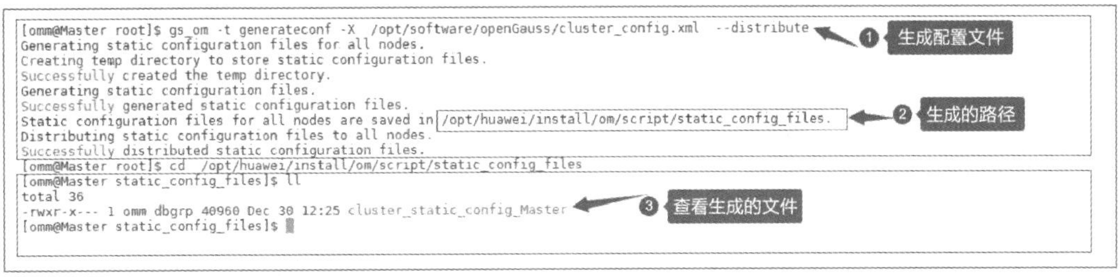

```
[omm@Master root]$ gs_om -t generateconf -X  /opt/software/openGauss/cluster_config.xml  --distribute     ① 生成配置文件
Generating static configuration files for all nodes.
Creating temp directory to store static configuration files.
Successfully created the temp directory.
Generating static configuration files.
Successfully generated static configuration files.
Static configuration files for all nodes are saved in /opt/huawei/install/om/script/static_config_files.     ② 生成的路径
Distributing static configuration files to all nodes.
Successfully distributed static configuration files.
[omm@Master root]$ cd  /opt/huawei/install/om/script/static_config_files
[omm@Master static_config_files]$ ll
total 36
-rwxr-x--- 1 omm dbgrp 40960 Dec 30 12:25 cluster_static_config_Master     ③ 查看生成的文件
[omm@Master static_config_files]$
```

图 3-468　生成配置文件

9. gs_ssh 工具的使用

gs_ssh 工具帮助用户在 openGauss 各节点上执行相同的命令。gs_ssh 只能执行当前数据库用户有权限执行的命令。gs_ssh 执行的命令不会对当前执行的会话产生影响，比如 cd 或 source 的命令只会在执行的进程环境中产生影响，不会影响当前执行的会话环境。使用 gs_ssh 工具的前提条件有：①各个主机间互信状态正常；②openGauss 已经正确安装部署；③调用命令可用 which 查询到且当前用户有执行权限；④需以操作系统用户 omm 执行 gs_ssh 命令。

gs_ssh 工具的语法格式如下。

① 同步执行命令：gs_ssh -c cmd。

② 显示帮助信息：gs_ssh -? | --help。

③ 显示版本号信息：gs_ssh -V | --version。

gs_ssh 工具的参数说明如下。

① -c：指定需要在 openGauss 各主机上执行的 Linux shell 命令名。

② -?, --help：显示帮助信息。

③ -V, --version：显示版本号信息。

在 openGauss 各主机上执行"hostname"命令，具体如下。

```
gs_ssh -c "hostname"
```

在 openGauss 各主机上执行"hostname"命令，如图 3-469 所示。

```
[omm@opengauss ~]$ gs_ssh -c "hostname"
Successfully execute command on all nodes.

Output:
[SUCCESS] opengauss:
opengauss
[omm@opengauss ~]$
```

图 3-469 在 openGauss 各主机上执行"hostname"命令

10．gs_basebackup 工具的使用

数据库在运行的过程中，会遇到各种问题及异常状态。openGauss 提供了 gs_basebackup 工具进行基础的物理备份。gs_basebackup 的作用是对数据库的二进制文件进行复制，其实现原理是使用了复制协议。远程执行 gs_basebackup 时，需要使用系统管理员账户。gs_basebackup 仅支持全量备份，不支持增量。gs_basebackup 当前支持热备份模式和压缩格式备份。gs_basebackup 在备份包含绝对路径的表空间时，如果在同一台机器上进行备份，可以通过 tablespace-mapping 重定向表空间路径，或使用归档模式进行备份。如果打开增量检测点功能且打开双写，gs_basebackup 也会备份双写文件。如果 pg_xlog 目录为软链接，备份时将不会建立软链接，而是直接将数据备份到目的路径的 pg_xlog 目录下。备份过程中收回用户备份权限，可能导致备份失败，或者备份数据不可用。使用 gs_basebackup 工具的前提条件有以下几个。

① 可以正常连接 openGauss 数据库。

② 备份过程中用户权限没有被回收。

③ pg_hba.conf 中需要配置允许复制链接，且该链接必须由系统管理员建立。

④ 如果 xlog 传输模式为 stream 模式，需要配置 max_wal_senders 的数量，至少有一个可用。

⑤ 如果 xlog 传输模式为 fetch 模式，应把 wal_keep_segments 参数设置得足够高，以便在备份结束前日志不会被移除。

⑥ 在进行还原时，需要保证各节点备份目录中存在备份文件。若备份文件丢失，则需要从其他节点进行复制。

使用 gs_basebackup 备份数据库，命令如下。

```
gs_basebackup -D /home/omm/backup -h 192.168.1.10 -p 26000
```

使用 gs_basebackup 备份数据库如图 3-470 所示。

```
[omm@Master root]$ gs_basebackup -D /home/omm/backup -h 192.168.1.10 -p 26000
INFO:  The starting position of the xlog copy of the full build is: 0/5000028. The slot minimum LSN is: 0/0.
[2021-12-30 20:09:40]:begin build tablespace list
[2021-12-30 20:09:40]:finish build tablespace list
[2021-12-30 20:09:40]:begin get xlog by xlogstream
[2021-12-30 20:09:40]: check identify system success
[2021-12-30 20:09:40]: send START_REPLICATION 0/5000000 success
[2021-12-30 20:09:40]: keepalive message is received
[2021-12-30 20:09:40]: keepalive message is received
[2021-12-30 20:09:43]: keepalive message is received
[2021-12-30 20:09:46]: keepalive message is received
[2021-12-30 20:09:46]: keepalive message is received
[2021-12-30 20:09:52]:gs_basebackup: base backup successfully
[omm@Master root]$
```

图 3-470 使用 gs_basebackup 备份数据库

查看/home/omm/backup 目录下生成的文件，命令如下。

```
ls /home/omm/backup/
```

查看生成的文件如图 3-471 所示。

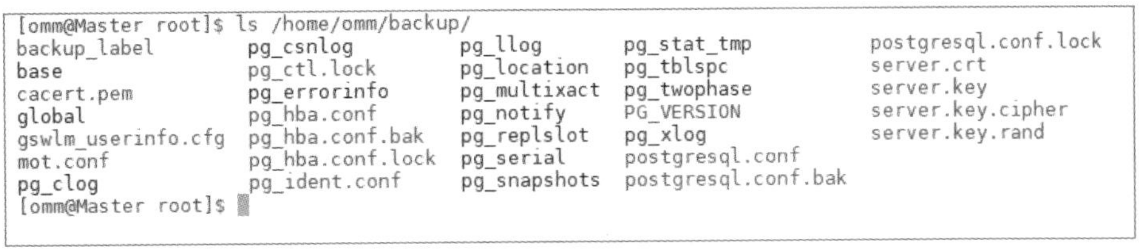

```
[omm@Master root]$ ls /home/omm/backup/
backup_label          pg_csnlog         pg_llog        pg_stat_tmp      postgresql.conf.lock
base                  pg_ctl.lock       pg_location    pg_tblspc        server.crt
cacert.pem            pg_errorinfo      pg_multixact   pg_twophase      server.key
global                pg_hba.conf       pg_notify      PG_VERSION       server.key.cipher
gswlm_userinfo.cfg    pg_hba.conf.bak   pg_replslot    pg_xlog          server.key.rand
mot.conf              pg_hba.conf.lock  pg_serial      postgresql.conf
pg_clog               pg_ident.conf     pg_snapshots   postgresql.conf.bak
[omm@Master root]$
```

图 3-471　查看生成的文件

当数据库发生故障时，需要从备份文件进行恢复。因为 gs_basebackup 是对数据库的二进制文件进行备份的，所以恢复时可以直接复制并替换原有的文件，或者直接在备份的库上启动数据库。

3.3.3　卸载 openGauss 数据库

openGauss 提供了卸载脚本，帮助用户完整地卸载 openGauss，操作步骤如下。

以操作系统用户 omm 登录数据库主节点，使用 gs_uninstall 卸载 openGauss。

```
gs_uninstall --delete-data
```

卸载 openGauss 如图 3-472 所示。

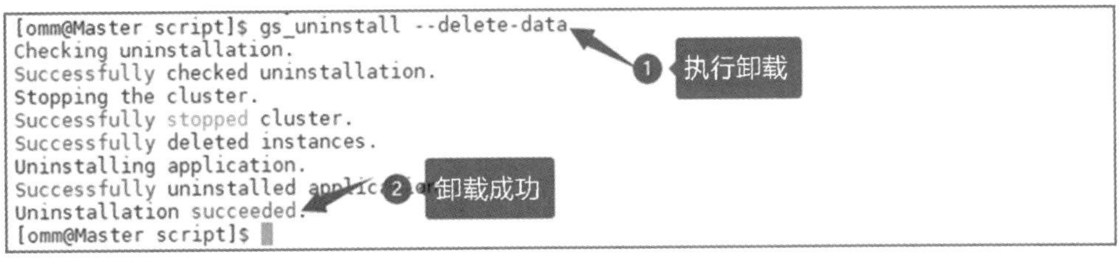

```
[omm@Master script]$ gs_uninstall --delete-data
Checking uninstallation.                                  ① 执行卸载
Successfully checked uninstallation.
Stopping the cluster.
Successfully stopped cluster.
Successfully deleted instances.
Uninstalling application.
Successfully uninstalled applic ② 卸载成功
Uninstallation succeeded.
[omm@Master script]$
```

图 3-472　卸载 openGauss

第4章
openGauss 数据库及核心对象管理

本章主要内容

4.1 openGauss 逻辑结构

4.2 数据库、表空间和模式的管理

4.3 用户及角色管理

4.4 存储引擎选择

4.5 数据表管理

4.6 函数的介绍

4.7 存储过程的介绍

4.8 触发器的介绍

4.9 游标的介绍

4.10 同义词的介绍

4.11 导入/导出数据

4.12 数据库物理备份与恢复

4.13 常见的高危操作

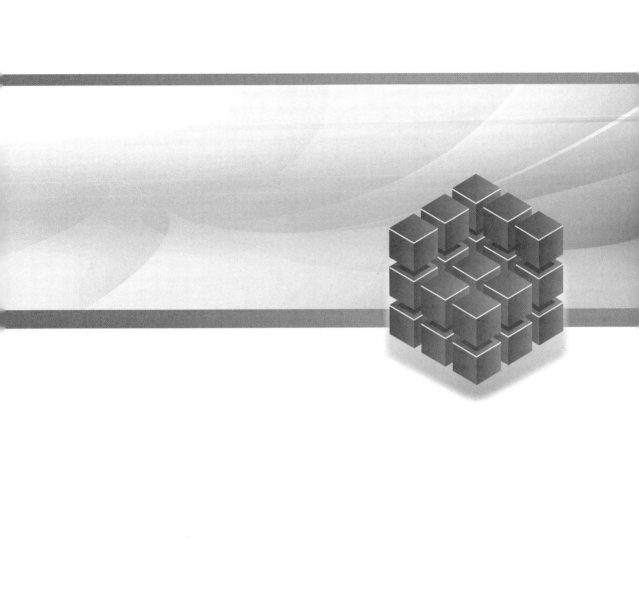

4.1 openGauss 逻辑结构

数据库的逻辑结构是指内部组织和管理数据的方式，物理结构是指操作系统组织和管理数据的方式。在 openGauss 数据库服务器里，逻辑结构从高到低依次是数据库、模式（又叫架构）、表、行。openGauss 数据库服务器集群中可以包含一个或者多个已命名的数据库，每一个数据库可以用于数据和各种核心对象的存储。不同数据库在逻辑上是相互分离的，数据库可以被看作一个独立完整的集合，其中包含数据表、模式、索引、约束、序列、函数、视图、存储过程、触发器等多个对象。openGauss 数据库的逻辑结构如图 4-1 所示。

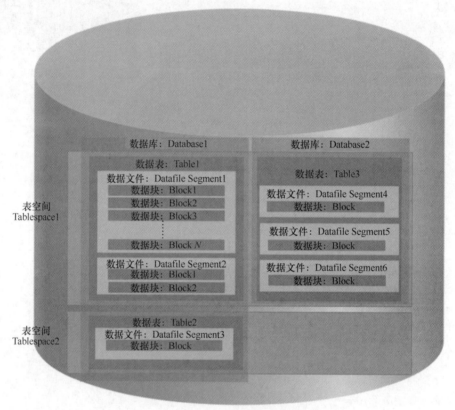

图 4-1   openGauss 数据库的逻辑结构

1. 数据库

数据库用于管理各类数据对象，各数据库间相互隔离。openGauss 数据库服务器安装成功后，系统默认包含两个模板数据库 template0、template1，以及一个默认的用户数据库 postgres。openGauss 允许创建的数据库上限为 128 个。数据库系统可以创建多个数据库，但客户端程序一次只能连接一个数据库，不能在不同的数据库之间相互查询。当一个 openGauss 中存在多个数据库时，可以通过-d 参数指定相应的数据库实例进行连接。

创建数据库可以通过执行 CREATE DATABASE 命令完成，默认情况下通过复制模板数据库 template0 完成。用户不应该对两个模板数据库进行操作。

2．表空间

表空间是一个目录，可以存在多个。表空间允许在文件系统中定义数据库对象的存储位置。通过表空间可以指定各种物理文件。一个表空间可以被多个数据库使用，一个数据库可以使用多个表空间，数据库和表空间之间属于多对多的关系。数据库中管理的对象可以分布在多个表空间。

3．模式

模式可以被理解为一个命名空间或者目录。不同模式可以有相同名称的表、函数等对象，且它们之间互相不冲突。每个模式的对象可以相互调用。模式允许多个用户在使用同一个数据库时互不干扰，用户和用户组在 openGauss 范围内是共享的，但是他们的数据并不共享。把数据库对象放在不同的模式下组成逻辑组这种方式更便于管理。不同的应用可以放在不同的模式中，从而避免对象的名称冲突。

4．数据表

每张数据表只能属于一个数据库，也只能对应一个表空间。每张数据表对应的数据文件必须在同一个表空间中。

5．数据文件

每张数据表通常只对应一个数据文件。如果某张数据表的数据大于 1GB，它就会被分为多个数据文件存储。

6．数据块

数据块是数据库管理的基本单位，其大小默认为 8KB。

4.2　数据库、表空间和模式的管理

4.2.1　数据库管理

用户创建数据库必须拥有 CREATEDB 权限，系统管理员默认拥有此权限。数据库可以通过 CREATE DATABASE database_name 命令创建，如果文件系统的权限不足，创建时就会遇到类似 "Permission denied" 的提示；如果磁盘空间已满，创建时就会遇到类似 "No space left on device" 或者 "could not initialize database directory" 的提示。注意：创建数据库命令不能在事务块中执行。

创建数据库的语法格式如下。

```
CREATE DATABASE database_name
    [ [ WITH ] { [ OWNER [=] user_name ] |
                 [ TEMPLATE [=] template ] |
                 [ ENCODING [=] encoding ] |
                 [ LC_COLLATE [=] lc_collate ] |
                 [ LC_CTYPE [=] lc_ctype ] |
                 [ DBCOMPATIBILITY [=] compatibility_type ] |
                 [ TABLESPACE [=] tablespace_name ] |
                 [ CONNECTION LIMIT [=] connlimit ]}[...] ];
```

参数说明如下。

① database_name：数据库名称。其值为字符串，且需要符合标识符的命名规范。

② OWNER [=] user_name：数据库所有者。新数据库的所有者默认是当前用户。其值为已存在的用户名。

③ TEMPLATE [=] template：模板名，即通过哪个模板创建数据库。openGauss 采用从模板数据库复制的方式创建数据库。其值仅为 template0。

④ ENCODING [=] encoding：指定数据库使用的编码，如字符串 SQL_ASCII、整数编号等；当不指定编码时，默认使用模板数据库的编码。模板数据库 template0 和 template1 的编码默认与操作系统环境相关，其中 template1 不允许修改编码，因此若要修改编码，则需使用 template0 创建数据库。openGauss 的字符集见表 4-1，常用的字符集有 GBK、UTF8、LATIN1。

表 4-1　openGauss 的字符集

名称	描述	语言	名称	描述	语言
BIG5	Big Five	繁体中文	LATIN8	ISO 8859-14	凯尔特语
EUC_CN	扩展 UNIX 编码–中国	简体中文	LATIN9	ISO 8859-15	带欧罗巴和口音的 LATIN1
EUC_JP	扩展 UNIX 编码–日本	日语	LATIN10	ISO 8859-16, ASRO SR 14111	罗马尼亚语
EUC_JIS_2004	扩展 UNIX 编码–日本，JIS x 0213	日语	MULE_INTERNAL	Mule 内部编码	多语种编辑器
EUC_KR	扩展 UNIX 编码–韩国	韩语	SJIS	Shift JIS	日语
GB18030	国家标准	中文	SHIFT_JIS_2004	Shift JIS, JIS X 0213	日语
GBK	扩展国家标准	简体中文	SQL _ASCII	未指定（见文本）	任意
ISO_8859_5	ISO 8859-5, ECKA 113	拉丁语/西里尔语	UHC	统一韩语编码	韩语
ISO_8859_6	ISO 8859-6, ECMA 114	拉丁语/阿拉伯语	UTF8	Unicode, 8-bit	所有
ISO_8859_7	ISO 8859-7, ECMA 118	拉丁语/希腊语	WIN866	Windows CP866	西里尔语
ISO_8859_8	ISO 8859-8, ECMA 121	拉丁语/希伯来语	WIN874	Windows CP874	泰语
JOHAB	JOHAB	韩语	WIN1250	Windows CP1250	中欧语言
KOI8R	KOI8-R	西里尔语（俄语）	WIN1251	Windows CP1251	西里尔语
KOI8U	KOI8-U	西里尔语（乌克兰语）	WIN1252	Windows CP1252	西欧语言

（续表）

名称	描述	语言	名称	描述	语言
LATIN1	ISO 8859-1，ECKA 94	西欧语言	WIN1253	Windows CP1253	希腊语
LATIN2	ISO 8859-2，ECMA 94	中欧语言	WIN1254	Windows CP1254	土耳其语
LATIN3	ISO 8859-3，ECKA 94	南欧语言	WIN1255	Windows CP1255	希伯来语
LATIN4	ISO 8859-4，ECKA 94	北欧语言	WIN1256	Windows CP1256	阿拉伯语
LATIN5	ISO 8859-9，ECMA 128	土耳其语	WIN1257	Windows CP1257	波罗的语
LATIN6	ISO 8859-10，ECMA 144	日耳曼语	WIN1258	Windows CP1258	越南语
LATIN7	ISO 8859-13	波罗的语			

通过 show server_encoding 命令可以查看当前数据库的编码。如果数据库的编码为 SQL_ASCII，当数据库对象名含有多字节字符（例如中文），且长度超过限制（63 字节）时，数据库就会将最后一个字节（而不是字符）截断，可能出现半个字符。针对这种情况，有以下条件需要遵循。

① 保证数据库对象的名称不超过长度限制。

② 修改数据库的默认编码（server_encoding）为 UTF8。

③ 不使用多字节字符作为对象名。

④ 创建的数据库不超过 128 个。

⑤ 如果误操作导致多字节字符被截断而数据库对象无法被删除，那么可以使用截断前的数据库对象名进行删除，或者将该对象依次从各个数据库节点的相应系统表中删掉。

创建数据库的示例如下。

```
--在 omm 用户下连接 postgres 数据库
gsql -d postgres -p 26000
--创建数据库用户 jwf
create user jwf password 'Jiangwf@123';
--创建表空间
create tablespace tablespace01 relative location 'tablespace01/tablespace01';
--使用模板 template0 创建数据库 testdb，编码为 UTF8，并指定所有者为 jwf
create database testdb encoding 'UTF8' owner jwf template template0;
```

创建数据库如图 4-2 所示。

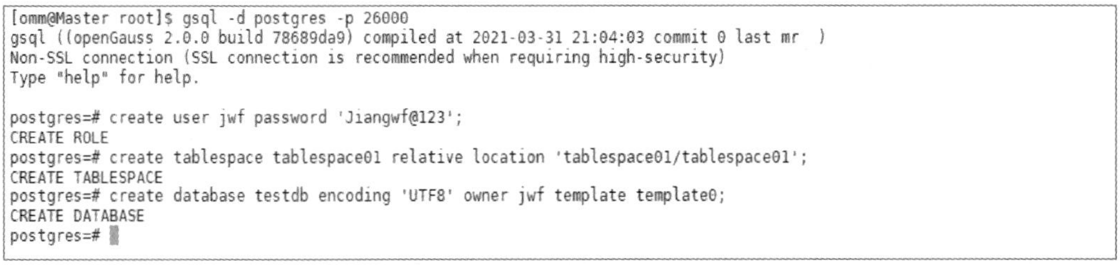

```
[omm@Master root]$ gsql -d postgres -p 26000
gsql ((openGauss 2.0.0 build 78689da9) compiled at 2021-03-31 21:04:03 commit 0 last mr  )
Non-SSL connection (SSL connection is recommended when requiring high-security)
Type "help" for help.

postgres=# create user jwf password 'Jiangwf@123';
CREATE ROLE
postgres=# create tablespace tablespace01 relative location 'tablespace01/tablespace01';
CREATE TABLESPACE
postgres=# create database testdb encoding 'UTF8' owner jwf template template0;
CREATE DATABASE
postgres=#
```

图 4-2　创建数据库

　　数据库可修改的属性包括名称、所有者、连接数限制、对象隔离属性等。只有数据库的所有者或者被授予数据库 ALTER 权限的用户才能执行 ALTER DATABASE 命令，系统管理员默认拥有此权限。根据属性的不同，数据库属性的修改有以下几个约束。

　　① 对于修改数据库的名称，当前用户必须拥有 CREATEDB 权限。

　　② 对于修改数据库的所有者，当前用户必须是数据库的所有者或者系统管理员，必须拥有 CREATEDB 权限，且该用户是新所有者角色的成员。

　　③ 对于修改数据库的默认表空间，当前用户必须拥有新表空间的 CREATE 权限。这个修改会将一个数据库默认表空间中的表和索引移至新的表空间中，请注意不在默认表空间的表和索引则不受影响。

　　④ 不能重命名当前使用的数据库。如果当前使用的数据库需要重命名，那么用户需连接至其他数据库。

　　修改数据库属性的语法格式如下。

```
ALTER DATABASE database_name
[ [ WITH ] [CONNECTION LIMIT connlimit ] |
 [ RENAME TO new_name ] |
 [ OWNER TO new_owner ] |
 [ SET TABLESPACE new_tablespace ] |
 [ … ] ] ;
```

　　修改数据库属性的示例如下。

```
--修改数据库的最大连接数为1000
ALTER DATABASE testdb  WITH  CONNECTION LIMIT 1000;
--修改数据库的名称
ALTER DATABASE testdb  RENAME TO testdb1;
--修改数据库的所有者
ALTER DATABASE testdb1 OWNER TO jiangwf;
--修改数据库的默认表空间
ALTER DATABASE testdb1  SET TABLESPACE jiangwf_tablespace;
```

　　修改数据库属性如图 4-3 所示。

```
postgres=# ALTER DATABASE testdb  WITH  CONNECTION LIMIT 1000;
ALTER DATABASE
postgres=# ALTER DATABASE testdb  RENAME TO testdb1;
ALTER DATABASE
postgres=# ALTER DATABASE testdb1 OWNER TO jiangwf;
ALTER DATABASE
postgres=# ALTER DATABASE testdb1  SET TABLESPACE jiangwf_tablespace;
ALTER DATABASE
postgres=#
```

图 4-3　修改数据库属性

　　删除数据库的示例如下。

```
drop database testdb;
```

4.2.2　表空间管理

　　当存储磁盘没有空间时，表空间可以增加物理文件并将其存储到其他磁盘，满足数据库不断增长的存储空间需求。对于不同的应用场合，数据表或索引可以通过表空间被指定存储到不同性能的磁盘中。表空间可以根据磁盘的使用率来控制数据库的磁盘空间。当表空间所在磁盘的使用率达到 90% 时，数据库将被设置为只读模式；当表空间所在磁盘的使用率降到 90% 以下时，数据库将被恢复为读/写模式。本书建议用户在使用数据库时，通过后台监控程序或者 Database Manager 进行磁盘空间使用率监控，以免出现数据库被设置为只读模式的情况。使用表空间配额管理会使数据库性能下降 30%左右，MAXSIZE 指定了每个数据库节点的配额，误差不超过 500MB。用户可以根据实际情况确认是否需要将表空间的大小设置为最大值。

openGauss 数据库安装完成后，会自带两个表空间：pg_default 和 pg_global。表空间 pg_default 是存储系统目录对象、用户表、用户表索引、临时表、临时表索引和内部临时表的默认空间，表空间 pg_global 被用来存储系统字典表。

创建表空间的语法格式如下。

```
CREATE TABLESPACE tablespace_name
   [ OWNER user_name ] [RELATIVE] LOCATION 'directory' [ MAXSIZE 'space_size' ]
   [with_option_clause];
```

参数说明如下。

① tablespace_name：创建的表空间名称。表空间名称不能和 openGauss 数据库中的其他表空间名称重复，且不能以 "pg_" 开头，因为这种名称格式是留给系统表空间使用的。该参数的值为字符串，需要符合标识符的命名规范。

② OWNER user_name：指定该表空间的所有者。新表空间的所有者默认是当前用户。只有系统管理员可以创建表空间，但是系统管理员可以通过 OWNER 子句把表空间的所有权赋给非系统管理员。该参数的值为字符串，且为已存在的用户。

③ RELATIVE：表示 LOCATLON 为相对路径，LOCATION 目录是相对于各个数据库节点数据目录而言的。目录层次为数据库节点的数据目录/pg_location/相对路径，其中相对路径最多指定两层。

④ LOCATION 'directory'：用于表空间的目录。该参数对目录有以下要求。

- openGauss 系统用户必须拥有该目录的读/写权限，并且目录为空。如果该目录不存在，则系统将自动创建。
- 目录必须是绝对路径，目录中不得含有特殊字符（如 "$" ">" 等）。
- 目录不允许被指定在数据库数据目录下。
- 目录需为本地路径。

该参数的取值为字符串，且为有效的目录。

⑤ MAXSIZE 'space_size'：指定表空间在单个数据库节点上的最大值。该参数的值为字符串，其格式为正整数+单位，其中单位为 KB/MB/GB/TB/PB。解析后的数值以 KB 为单位，且不能超过 64 比特表示的有符号整数，即 1KB～9007199254740991KB。

创建表空间的示例如下。

```
--创建目录用于存储表空间的物理文件
mkdir /home/omm/tablespaces
--使用 gsql 连接 postgres 数据库
gsql -d postgres -p 26000
--创建表空间 testdb_tablespace 并指定目录为/home/omm/tablespaces（用户应具备此目录的读/写权限）
CREATE TABLESPACE  testdb_tablespace  LOCATION '
/home/omm/tablespaces/testdb_tablespace_1';
--创建 testdb 数据库并指定表空间为 testdb_tablespace
CREATE DATABASE testdb WITH TABLESPACE = testdb_tablespace;
```

创建表空间如图 4-4 所示。

图 4-4 创建表空间

修改数据库表空间的语法格式如下。

```
ALTER DATABASE 数据库名称  SET TABLESPACE 表空间名称;
```

修改数据库表空间的示例如下。

```
ALTER DATABASE testdb SET TABLESPACE testdb_tablespace2;
```

查看系统的表空间可以使用\db 命令或查询语句 SELECT spcname FROM pg_tablespace 来完成，如图 4-5 所示。

```
postgres=# SELECT spcname FROM pg_tablespace;
       spcname
--------------------
 pg_default
 pg_global
 jiangwf_tablespace
 testdb_tablespace
 testdb_tablespace2
(5 rows)

postgres=# \db
                          List of tablespaces
        Name        | Owner |             Location
--------------------+-------+-----------------------------------------
 jiangwf_tablespace | omm   | tablespace/jiangwf_tablespace1
 pg_default         | omm   |
 pg_global          | omm   |
 testdb_tablespace  | omm   | /home/omm/tablespaces/testdb_tablespace_1
 testdb_tablespace2 | omm   | /home/omm/tablespaces/testdb_tablespace_2
(5 rows)
```

图 4-5 查看系统的表空间

如果创建 testdb 数据库时没有指定默认表空间，那么可以通过以下方式查看默认表空间。

先查询 pg_database 表中 datname='testdb'的记录，示例如下。

```
select datname,dattablespace from pg_database where datname='testdb';
```

再根据 oid 的值查询 pg_tablespace 表，得到默认表空间，示例如下。

```
select oid,spcname from pg_tablespace where oid=1663;
```

查看默认表空间如图 4-6 所示。

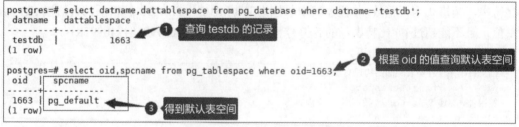

图 4-6 查看默认表空间

设置默认表空间，并查询 pg_default 表空间的当前使用情况（单位为字节），示例如下。

```
SET default_tablespace = 'testdb_tablespace';
SELECT PG_TABLESPACE_SIZE('pg_default');
```

设置默认表空间如图 4-7 所示。

```
postgres=#  SET default_tablespace = 'testdb_tablespace';
SET
postgres=#  SELECT PG_TABLESPACE_SIZE('pg_default');
 pg_tablespace_size
--------------------
           36202306
(1 row)

postgres=#
```

图 4-7　设置默认表空间

修改和删除表空间的示例如下。

```
ALTER TABLESPACE testdb_tablespace RENAME TO testdb_tablespace1;
DROP TABLESPACE  testdb_tablespace1;
```

修改和删除表空间如图 4-8 所示。

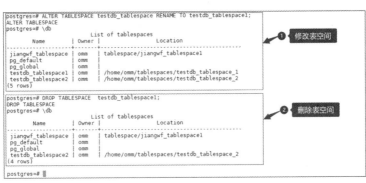

图 4-8　修改和删除表空间

4.2.3　模式管理

　　openGauss 包含一个或多个已命名数据库。任何与服务器连接的用户只能访问连接请求中声明的数据库。一个数据库可以包含一个或多个已命名的模式，模式包含表及其他数据库对象，如数据类型、函数、操作符等。同一个对象名可以在不同的模式中被使用，且不会引起冲突，例如，schema1 和 schema2 都可以包含一个名为 mytable 的表。和数据库不同，模式不是严格分离的。用户根据其对模式的权限访问已连接数据库的模式中的对象。要进行模式权限管理，首先需要了解数据库的权限控制。此外，不能创建以"pg_"为前缀的模式名称，因为这种名称格式是为数据库系统预留的。

　　每次创建用户时，系统会在当前登录的数据库中为新用户创建一个同名的模式。对于其他数据库，同名的模式需要用户手动创建。注意：在第 3 章关于连接 openGauss 数据库的内容中，创建的用户"jiangwf"最初连接到 openGauss 的 postgres 数据库，因此当时创建用户"jiangwf"后，postgres 数据库自动创建了"jiangwf"的模式，如图 4-9 所示。

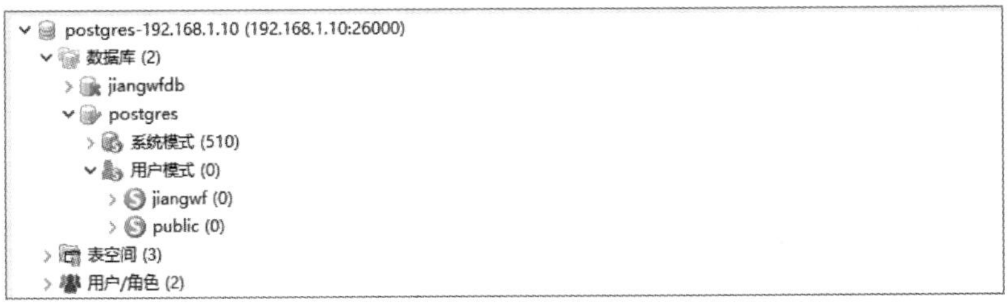

图 4-9　自动创建模式

通过 gsql 连接 jiangwfdb 数据库，创建用户 jwf，并授予其 sysadmin 权限，示例如下。

```
gsql -d jiangwfdb -p 26000
--创建用户jwf
CREATE USER jwf PASSWORD 'Jiangwf@123';
alter user jwf sysadmin;
--允许远程连接
gs_guc set -N all -I all -h "host all jwf  192.168.1.250/32 sha256"
--以jwf用户身份登录服务器
gsql -d jiangwfdb -h 192.168.1.10 -U jwf -p 26000 -W Jiangwf@123
--查看当前模式
SELECT current_schema();
```

在 jiangwfdb 数据库中创建用户如图 4-10 所示。

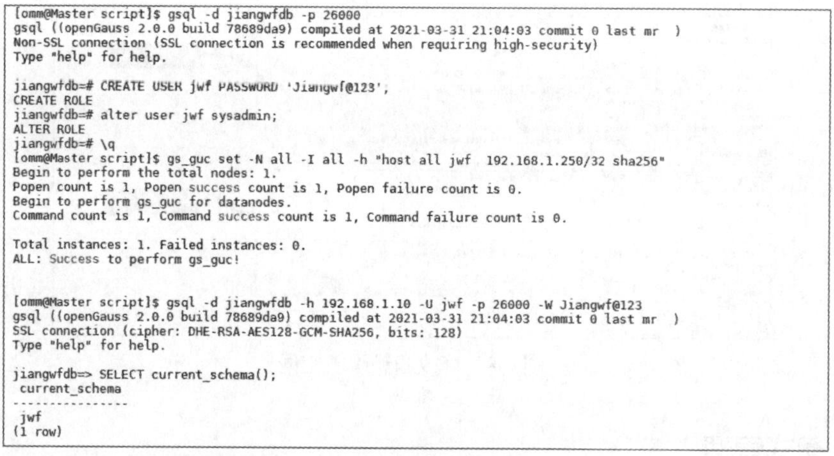

```
[omm@Master script]$ gsql -d jiangwfdb -p 26000
gsql ((openGauss 2.0.0 build 78689da9) compiled at 2021-03-31 21:04:03 commit 0 last mr  )
Non-SSL connection (SSL connection is recommended when requiring high-security)
Type "help" for help.

jiangwfdb=# CREATE USER jwf PASSWORD 'Jiangwf@123';
CREATE ROLE
jiangwfdb=# alter user jwf sysadmin;
ALTER ROLE
jiangwfdb=# \q
[omm@Master script]$ gs_guc set -N all -I all -h "host all jwf  192.168.1.250/32 sha256"
Begin to perform the total nodes: 1.
Popen count is 1, Popen success count is 1, Popen failure count is 0.
Begin to perform gs_guc for datanodes.
Command count is 1, Command success count is 1, Command failure count is 0.

Total instances: 1. Failed instances: 0.
ALL: Success to perform gs_guc!

[omm@Master script]$ gsql -d jiangwfdb -h 192.168.1.10 -U jwf -p 26000 -W Jiangwf@123
gsql ((openGauss 2.0.0 build 78689da9) compiled at 2021-03-31 21:04:03 commit 0 last mr  )
SSL connection (cipher: DHE-RSA-AES128-GCM-SHA256, bits: 128)
Type "help" for help.

jiangwfdb=> SELECT current_schema();
 current_schema
----------------
 jwf
(1 row)
```

图 4-10　在 jiangwfdb 数据库中创建用户

加上 schema 前缀和不加 schema 前缀的演示如下。

不加 schema 前缀，直接创建 mytable 的命令如下。

```
CREATE TABLE mytable(id int, name varchar(20));
```

加上 schema 前缀名称 jwf，对表添加数据的命令如下。

```
insert into jwf.mytable(id,name) values(1,'zhangsan');
insert into jwf.mytable(id,name) values(2,'lisi');
```

查看 jwf.mytable 的数据的命令如下。

```
select * from jwf.mytable;
```

添加数据并查看如图 4-11 所示。

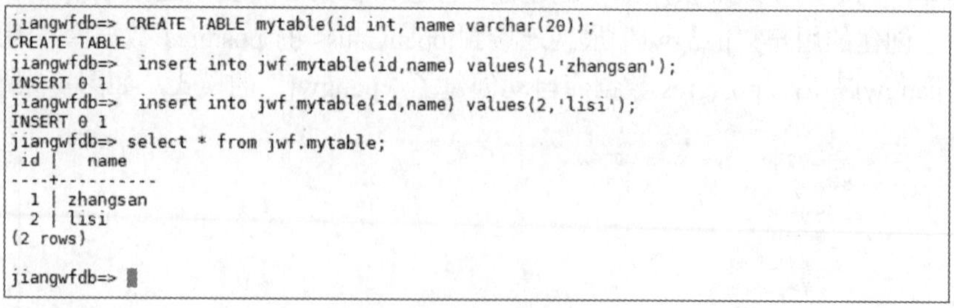

```
jiangwfdb=> CREATE TABLE mytable(id int, name varchar(20));
CREATE TABLE
jiangwfdb=>  insert into jwf.mytable(id,name) values(1,'zhangsan');
INSERT 0 1
jiangwfdb=>  insert into jwf.mytable(id,name) values(2,'lisi');
INSERT 0 1
jiangwfdb=> select * from jwf.mytable;
 id |   name
----+----------
  1 | zhangsan
  2 | lisi
(2 rows)

jiangwfdb=>
```

图 4-11　添加数据并查看

通过未修饰的表名（名称中只有表名，没有模式名）引用表时，系统会通过搜索路径 search_path 判断该表在哪个模式下。search_path 是一个模式名列表，系统在其中找到的第一个表就是目标表，如果没有找到则报错。某个表即使存在，如果它的模式不在 search_path 中，对其的查找也依然会失败。search_path 中的第一个模式为当前模式，是搜索时查询的第一个模式，同时在没有声明模式名时，新创建的数据库对象默认存储在该模式下。模式的搜索路径可以通过修改 search_path 设置，指定在其中搜索对象的可用模式的顺序。搜索路径中的第一个模式会成为所谓的默认方案。如果没有指定模式，就会使用默认的 public 模式。修改模式搜索路径的示例如下。

```
--创建模式 myschema
CREATE SCHEMA myschema;
--创建 myschema.mytable 表并添加数据
CREATE TABLE myschema.mytable(id int, name varchar(20));
insert into myschema.mytable(id,name) values(100, '张三丰');
--查看默认的 search_path 设置下 mytable 的数据
select * from mytable;
--修改 search_path 设置，将 myschema 模式放在 jwf 模式的前面，再次查询 mytable 的数据
SET SEARCH_PATH TO myschema, jwf;
select * from mytable;
```

修改模式搜索路径如图 4-12 所示。

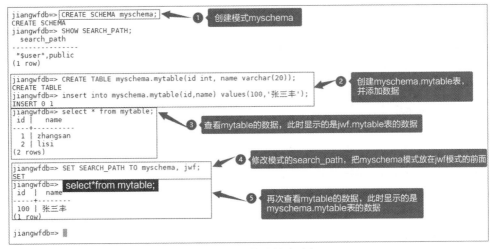

图 4-12　修改模式搜索路径

模式管理还有以下 3 种。

① 查询所有模式可以使用\dn 元命令。

② 在 jiangwfdb 数据库中，public 模式下的所有表可以通过以下命令查看。

```
select * from information_schema.tables where table_catalog=' jiangwfdb' and
table_schema='public';
```

③ 创建、使用、删除、设置模式的搜索路径以及模式的权限控制。

4.3　用户及角色管理

4.3.1　用户及角色的基本概念

数据库用户是使用和管理数据库资源的具体个体。数据库安装成功后，用户可以依

据各自不同的权限在数据库中管理数据表、视图、存储过程等各个数据库对象。数据库用户一般属于某种角色,系统通过设置角色权限来管理用户的权限。在系统创建用户后,用户可以通过工具连接并登录数据库,并且在权限范围内管理数据库对象,以及通过发送 SQL 语句对数据进行操作。

角色是一组用户的集合,可以对一个或一组数据库用户进行行为约束。角色在数据库系统中拥有不同的权限,属于某个角色的用户可以继承该角色所拥有的权限,因此角色是用户集合的权限载体。openGauss 中提供了一个隐式定义的拥有所有角色的组 public,所有用户和角色默认拥有 public 所拥有的权限。用户和角色的权限可以通过 GRANT 命令和 REVOKE 命令进行设置。用户是具体的实体,角色是行为规范,一个用户可以属于一个或多个角色。通过设置角色权限能够简化对每个用户权限的管理。角色是权限的载体,因此角色不具备登录数据库并执行 SQL 语句的能力。

4.3.2　用户及角色的操作和管理

创建用户可以使用 CREATE USER 命令,新用户默认具有 LOGIN 权限。在使用 CREATE USER 命令创建用户的同时,系统会在执行该命令的数据库中创建一个同名的模式。

创建用户的语法格式如下,其中 option 用于设置权限、属性等信息。

```
CREATE USER user_name [ [ WITH ] option [ ... ] ] [ ENCRYPTED | UNENCRYPTED ] { PASSWORD
| IDENTIFIED BY } { 'password' [EXPIRED] | DISABLE };
```

参数说明如下。

① user_name:用户名。其值为字符串,且需要符合标识符的命名规范。该参数不超过 63 个字符。

② password:密码。其值为字符串。密码规则有以下几条。

- 在创建用户时,应使用单引号/双引号将密码引起来。
- 密码默认不少于 8 个字符。
- 不能与用户名及其倒序相同。
- 至少包含大写字母(A~Z)、小写字母(a~z)、数字(0~9)和特殊字符(限定为~!@#$%^&*()-_=+\|[{}];:,<.>/?)中的 3 类。

此外,密码也可以是符合格式要求的密文字符串(密文密码),这种情况主要用于用户数据导入,本书不推荐用户直接使用。如果直接使用密文密码,用户需要知道密文密码对应的明文,并且保证明文密码复杂度,因为数据库不会校验密文密码复杂度,密文密码的安全性由用户保证。

用户管理常用命令的示例如下。

```
--创建用户 jwf,密码为 Jiangwf@123(注意:创建用户 jwf 后,如果需要远程登录 openGauss,在为该用户和远程 IP 地址配置白名单)
CREATE USER jwf PASSWORD 'Jiangwf@123';
或 CREATE USER jwf IDENTIFIED BY 'Jiangwf@123';
--如果创建有"创建数据库"权限的用户,则需要加 CREATEDB 关键字
CREATE USER jwf  CREATEDB PASSWORD 'Jiangwf@123';
--将用户 jwf 的密码由 Jiangwf@123 修改为 ISoft@456
ALTER USER jwf IDENTIFIED BY 'ISoft@456' REPLACE 'Jiangwf@123';
--为用户 jwf 追加 CREATEROLE 权限
ALTER USER jwf CREATEROLE;
--锁定 jwf 用户
ALTER USER jwf ACCOUNT LOCK;
```

```
--删除用户 jwf
DROP USER jwf CASCADE;
```

用户管理常用命令如图 4-13 所示。

```
[omm@Master script]$ gsql -d jiangwfdb -p 26000
gsql ((openGauss 2.0.0 build 78689da9) compiled at 2021-03-31 21:04:03 commit 0
last mr  )
Non-SSL connection (SSL connection is recommended when requiring high-security)
Type "help" for help.

jiangwfdb=# CREATE USER jwf PASSWORD 'Jiangwf@123';
CREATE ROLE
jiangwfdb=# ALTER USER jwf IDENTIFIED BY 'ISoft@456' REPLACE 'Jiangwf@123';
ALTER ROLE
jiangwfdb=# ALTER USER jwf CREATEROLE;
ALTER ROLE
jiangwfdb=# ALTER USER jwf ACCOUNT LOCK;
ALTER ROLE
jiangwfdb=# DROP USER jwf CASCADE;
DROP ROLE
jiangwfdb=#
```

图 4-13　用户管理常用命令

通过 GRANT 命令把角色授予用户后，用户即可拥有角色的所有权限。本书推荐使用角色进行权限分配，例如，为设计、开发和维护人员创建不同的角色。将角色授予用户后，再向角色中的不同用户授予其工作所需的差异权限。当角色被授予或撤消权限时，这些更改将作用到角色下的所有用户。具有 CREATE ROLE 权限的用户或者是系统管理员可以使用 CREATE ROLE 命令在数据库中创建角色，但该角色无登录权限。创建角色的语法格式如下。

```
CREATE ROLE role_name [ [ WITH ] option [ ... ] ] [ ENCRYPTED | UNENCRYPTED ] { PASSWORD
| IDENTIFIED BY } { 'password' [EXPIRED] | DISABLE };
```

角色管理常用命令的示例如下。

```
--查看所有角色名称
SELECT rolname FROM PG_ROLES;
--创建角色 myrole，密码为 Jiangwf@123
CREATE ROLE myrole IDENTIFIED BY 'Jiangwf@123';
--创建角色 myrole1，该角色从 2022 年 3 月 1 日生效，到 2026 年 3 月 1 日失效
CREATE ROLE myrole1 WITH LOGIN PASSWORD 'Jiangwf@123' VALID BEGIN '2022-03-01' VALID
UNTIL '2026-03-01';
--修改角色 myrole 的密码为 Abcd@123
ALTER ROLE myrole IDENTIFIED BY 'Abcd@123' REPLACE 'Jiangwf@123';
--修改角色 myrole 为系统管理员
ALTER ROLE myrole SYSADMIN;
```

角色管理常用命令如图 4-14 所示。

```
jiangwfdb=# SELECT rolname FROM PG_ROLES;
 rolname
---------
 omm
 jiangwf
(2 rows)

jiangwfdb=# CREATE ROLE myrole IDENTIFIED BY 'Jiangwf@123';
CREATE ROLE
jiangwfdb=# SELECT rolname FROM PG_ROLES;
 rolname
---------
 omm
 jiangwf
 myrole
(3 rows)

jiangwfdb=# ALTER ROLE myrole IDENTIFIED BY 'Abcd@123' REPLACE 'Jiangwf@123';
ALTER ROLE
jiangwfdb=# ALTER ROLE myrole SYSADMIN;
ALTER ROLE
jiangwfdb=#
```

图 4-14　角色管理常用命令

将用户加入角色和从角色中移除的示例如下。

```
--创建用户 jwf
CREATE USER jwf PASSWORD 'Jiangwf@123';
```

```
--将用户 jwf 加入角色 myrole
GRANT myrole to jwf;
--将用户 jwf 从角色 myrole 中移除
REVOKE myrole from jwf;
```

将用户加入角色和从角色中移除如图 4-15 所示。

```
jiangwfdb=# CREATE USER jwf PASSWORD 'Jiangwf@123';
CREATE ROLE
jiangwfdb=# GRANT myrole to jwf;
GRANT ROLE
jiangwfdb=# REVOKE myrole from jwf;
REVOKE ROLE
jiangwfdb=#
```

图 4-15　加入角色和从角色中移除

删除角色 myrole 的示例如下。

```
DROP ROLE myrole;
```

4.4　存储引擎选择

4.4.1　openGauss 存储模型

存储引擎负责存储、读取、更新和删除底层内存和存储系统中的数据。存储引擎不处理日志、检查点和恢复，特别是某些事务包含多个不同存储引擎的数据表。openGauss 支持行列混合存储，行存储和列存储各有优劣，可根据实际应用场景进行选择。openGauss 通常对 OLTP 场景默认使用行存储，对需要执行海量数据且查询复杂的 OLAP 场景则使用列存储。

openGauss 还引入了 MOT 存储引擎，这是一种事务性行存储，针对多核和大内存服务器进行了优化，为事务性工作负载提供更好的性能。MOT 完全支持 ACID 特性，并支持严格的持久性和高可用性。MOT 尤其适合在多路和多核处理器的服务器上运行，例如基于 ARM/鲲鹏处理器的华为 TaiShan 服务器。MOT 在高性能（查询和事务时延）、高可扩展性（吞吐量和并发量）和高资源利用率方面有显著优势。MOT 与基于磁盘的普通表并排创建。MOT 实现了几乎完全的 SQL 覆盖，并且支持完整的数据库功能集，如存储过程和自定义函数。通过完全存储在内存中的数据和索引、非统一内存访问感知（NUMA-Aware）设计、消除锁和锁存争用的算法以及查询原生编译，MOT 可提供更快速的数据访问和更高效的事务执行。

4.4.2　行存表的概念和使用

行存储是指将表按行存储到硬盘分区上，写入时在指定位置上一次完成，能保证数据的完整性，适合数据常被进行增、删、改操作的场景。行存储的缺点是在数据查询过程中，即使只读取少量的列，也需要进行整行的扫描。当数据量大时这种方式会影响效率。行存表是默认的创建类型，因此在默认情况下，使用 create table 命令创建的是行存表，示例如下。

```
create table test(id int,name varchar(20));
```

创建行存表如图 4-16 所示。

图 4-16　创建行存表

行存表如图 4-17 所示。

图 4-17　行存表

4.4.3　列存表的概念和使用

　　列存储是把数据按单列而不是多行进行连续存储。每一列相当于索引，因此在进行索引操作时，不需要额外的数据结构为此列创建合适的索引。列存储由于连续存储某列的数据，因此数据类型一致，有利于数据结构填充的优化和压缩，对于数字列这种数据类型可以采取更多有利的算法进行压缩存储。列存表在创建时需要声明，基于列存表的特性，单列查询的 I/O 开销小，比行存表占用更少空间，适合数据批量插入、更新较少和以查询为主的统计分析类场景。列存表不适合单行查询。创建列存表的示例如下。

```
create table test1(id int,name varchar(20)) with (orientation=column);
```

　　创建列存表如图 4-18 所示。

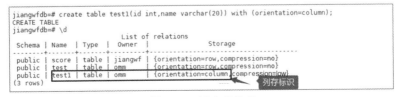

图 4-18　创建列存表

4.4.4　行存表和列存表的对比

行存表和列存表的优缺点、适用场景见表 4-2。

表 4-2　行存表和列存表的优缺点、适用场景

存储模型	优点	缺点	适用场景
行存表	按行存储数据。数据插入和更新的效率高	即使只读取少部分的列，也仍需要扫描整行数据。行存储在一行中可能保存了多种类型的数据，因此数据解析需要在多种类型之间转换，更消耗资源	适合返回记录少、基于索引的简单查询，也适合增删改操作较为频繁的应用场景
列存表	按列存储数据，每一列可以作为索引。查询数据时，只有涉及的列会被读取。投影很高效	对于整行数据查询，需要把选择的列数据进行重新组装。在添加数据和更新数据时，执行的操作更加复杂	适合统计分析类的查询和即席查询（查询条件不确定的查询）

4.4.5　MOT 存储引擎

MOT 是一种内存数据库存储引擎，其中所有表和索引都在内存中。内存存储与磁盘存储不同，磁盘存储的数据是持久的，写入磁盘是非易失性存储；内存存储存在断电后丢失数据的风险。openGauss 的内存数据库存储引擎使用两种存储，既把所有数据保存在内存中，又把事务性更改通过 WAL 记录同步到磁盘上，以保持严格一致性，即使用同步日志记录模式。如果需要在关键任务或性能敏感的 OLTP 场景中实现高性能、高吞吐、可预测低时延，就可以使用 MOT。使用 MOT 的应用程序，其吞吐量可以提高到 2.5～4 倍，使服务器资源得到极大利用。

使用 MOT 需要规划足够大的内存，以满足系统对资源的需求。服务器上必须有足够大的物理内存以维持 MOT 的状态，并满足工作负载和数据量的增长。这些都是在传统的基于磁盘的引擎、表和会话所需内存之外的要求。初期，MOT 使用任何数量的内存并执行基本任务和评估测试。进入生产环境时，MOT 应解决以下问题。

1．内存配置

openGauss 数据库和 postgres 数据库类似，其内存上限也是由 max_process_memory 设置的，该上限定义在 postgres.conf 文件中，如图 4-19 所示。MOT 及其所有组件和线程都在 openGauss 进程中，因此，MOT 内存在 max_process_memory 定义的上限内进行分配，其值可以通过百分比或小于 max_process_memory 的绝对值来定义。在 mot.conf 文件中，通过 max_mot_global_memory=××%、min_mot_global_memory=××、max_mot_local_ memory=××%、min_mot_local_memory=×× 进行 MOT 内存配置（×× 为实际配置的数值），如图 4-20 所示。

max_process_memory 除了被 MOT 使用一部分外，还必须为 postgres（openGauss）封装预留至少 2GB 的可用空间。为了确保预留空间能够满足要求，MOT 在数据库启动过程中会通过以下语句进行校验。

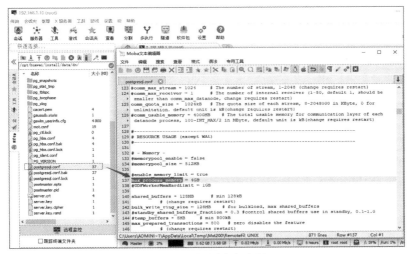

图 4-19　设置内存上限

图 4-20　MOT 内存配置

```
(max_mot_global_memory + max_mot_local_memory) + 2GB < max_process_memory >
```

如果未满足限制要求，则调整 MOT 内存配置，最大可能地满足上述限制要求。该调整在启动时进行，并据此计算 MOT 最大内存值。当内存使用量接近所配置内存限制时，MOT 将不再允许插入额外数据。不再允许额外数据插入的阈值即是 MOT 最大内存百分比，默认值为 90，即 90%。当尝试添加超过此阈值的数据时，数据库会向用户返回错误，并且将错误信息写入数据库日志文件中。

2. 最小值和最大值

为了确保内存安全，MOT 根据最小的全局和本地设置预先分配内存。数据库管理员应指定 MOT 和会话维持工作负载所需的最小内存，这样可以确保即使一个消耗内存的应用程序与数据库在同一台服务器上运行，并且与数据库竞争内存资源，也能够将最小内存分配给 MOT。最大值用于限制内存使用量的增长。

3. 内存

MOT 内存由以下两部分组成。

①　全局内存：一个长期内存池，包含 MOT 的数据和索引，平均分布在 NUMA 节点，由所有 CPU 核共享。

②　本地内存：用于短期对象的内存池，主要使用者是处理事务的会话。这些会话将数据更改存储在专门用于相关特定事务的内存部分——事务专用内存。在提交阶段，数据更改将被移动到全局内存中。内存对象分配以 NUMA-local 方式执行，以实现尽可能低的时延。释放的对象被放回相关的内存池中。在事务期间，要尽量少使用操作系统内存分配（malloc）函数，以避免不必要的锁和锁存。

这两部分内存的分配由专用的 min/max_mot_global_memory 和 min/max_mot_local_memory 设置。如果 MOT 全局内存使用量接近最大值，则 MOT 会保护自身，不接收新数据。超出限制的内存分配将被数据库拒绝并向用户报告错误。

4．最低内存要求

MOT 性能在开始执行最小评估前，要先确保除了磁盘表缓冲区和额外的内存外，max_process_memory 还有足够的容量用于 MOT 和会话（由 mix/max_mot_global_memory 和 mix/max_mot_local_memory 配置）。对于简单的测试可以使用 mot.conf 的默认设置。

5．生产过程中实际内存需求

在典型的 OLTP 工作负载中，平均读/写比例为 80:20。MOT 内存使用率比基于磁盘的表的使用率高 60%（包括数据和索引），这是因为 MOT 使用了更优化的数据结构和算法，访问速度变得更快，并具有 CPU 缓存感知和内存预取功能。特定应用程序的实际内存需求取决于数据量、预期工作负载，特别是数据量的增长。

6．最大全局内存规划

数据和索引规划最大全局内存需满足以下 3 点。

①　确定特定磁盘表（包括数据和索引）的大小。

②　额外增加 60% 的内存。相对于基于磁盘的数据和索引的当前大小，这是 MOT 中的常见要求。

③　额外增加数据预期增长百分比。以年增长率为 80% 为例，为了维持年增长，需分配比表当前多 80% 的内存。max_mot_global_memory 的估计和规划就完成了。实际设置可以用 postgres max_process_memory 的百分比定义。具体的值通常在部署期间进行微调。

7．最大本地内存规划

并发会话支持，本地内存需求主要是并发会话数量的函数。平均会话的典型 OLTP 工作负载（SESSION_SIZE）最大为 8MB。通过负载乘以会话（SESSION_COUNT）的数量、再加额外值（SOME_EXTRA）的方式进行内存计算，具体计算如下，其中额外值为 100 MB。

SESSION_COUNT * SESSION_SIZE+SOME_EXTRA。MOT 默认指定 postgres 最大进程内存（默认为 12GB）的 15%，即 1.8GB 可满足 230 个会话，也就是 max_mot_local 内存需求。

8．异常大事务

某些事务非常大，因为它们将更改应用于大量的行。这可能导致单个会话的本地内存增加到允许的最大限制，即 1GB。例如，使用 delete from SOME_VERY_LARGE_TABLE 命令删除一些超大的表。在配置 max_mot_local_memory 和应用程序开发时，需要考虑此场景。

MOT 的创建和删除命令与 openGauss 中基于磁盘的表的命令不同。MOT 的 SELECT、DML 和 DDL 命令和 openGauss 基于磁盘的表的命令是一样的。创建 MOT 的语法格式如下。

```
create FOREIGN table test2(x int) [server mot_server];
drop FOREIGN table test2;
```

删除 MOT 的语法格式如下。

```
drop FOREIGN table test2;
```

MOT 的常用操作示例如下。

如果开启了增量检查点，则无法创建 MOT，因此在创建 MOT 前，将 postgresql.conf 文件中的 enable_incremental_checkpoint 设置为 off（建议关闭服务器后，使用 vi 命令进行修改并保存），如图 4-21 所示。

图 4-21　将 enable_incremental_checkpoint 设置为 off

创建、查看、删除 MOT 如图 4-22 所示。

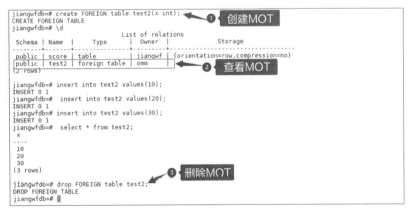

图 4-22　创建、查看、删除 MOT

如果用户需要将基于磁盘的表转换为 MOT，而 openGauss2.0.0 版本不存在将基于磁盘的表转换为 MOT 的命令，那么用户可以手动将基于磁盘的表转换为 MOT。将基于磁盘的表转换为 MOT 有以下几个步骤。

① 暂停应用程序活动。

② 使用 gs_dump 工具将表数据转存到磁盘的物理文件中。

③ 重命名原始的基于磁盘的表。

④ 使用 FOREIGN 关键字创建同名同模式的 MOT。

⑤ 使用 gs_restore 工具将磁盘的物理文件中的数据加载/恢复到数据库表中。

⑥ 浏览或手动验证所有原始数据是否被正确导入新的 MOT 中。

⑦ 恢复应用程序活动。

4.5　数据表管理

当成功创建数据库后，用户通过数据库管理大量的数据，这就需要数据表来存储并管理用户输入的各种数据。此外，数据库还需要对用户的各种请求做出响应，所以数据库表对象是系统中最重要的对象，它存储和管理用户的数据和业务。数据表被定义为列的集合，数据在表中按照行和列的格式进行组织排列。与电子表格类似，数据表的每一行代表一条记录，每一列代表记录中的一个属性。数据库除了通过数据表高效地存储数据外，还需要利用各种对象对数据进行管理、查询和统计，响应客户端发送到数据库的不同的 SQL 请求，并返回相应的结果。

4.5.1　用户数据表管理

1. openGauss 基本数据类型

数据库中的数据存储在数据表中，数据表的每一列定义了数据类型。数据类型是数据的基本属性，用于区分不同类型的数据。用户在存储数据时，必须遵从数据类型的属性，否则可能会出错。不同的数据类型所占的存储空间不同，能够执行的操作也不同。数据库设计人员在设计数据表各个字段的数据类型时，应充分考虑实际应用中数据可能出现的各种类型。合理设计字段的数据类型对整个系统的综合性能至关重要。

openGauss 数据库为用户提供了丰富的数据类型，实际应用中可以根据需要选用合适的数据类型。

（1）数值类型

① 整数类型及其属性见表 4-3。

表 4-3　整数类型及其属性

整数类型	描述	存储空间	取值
TINYINT	微整数，别名为 INT1	1 字节	0～255
SMALLINT	小范围整数，别名为 INT2	2 字节	−32768～+32767
INTEGER	常用的整数，别名为 INT4	4 字节	−2147483648～+2147483647
BINARY_INTEGER	常用的整数 INTEGER 的别名	4 字节	−2147483648～+2147483647
BIGINT	大范围整数，别名为 INT8	8 字节	−9223372036854775808～+9223372036854775807

TINYINT、SMALLINT、INTEGER 和 BIGINT 类型被用于存储不同范围的整数，本书建议优先使用 INTEGER 类型，因为它提供了取值、存储空间和性能之间的最佳平衡。一般情况下只有取值确定不超过 SMALLINT 时，才使用 SMALLINT 类型。只有在

INTEGER 的取值范围不够大时才使用 BIGINT 类型。整数类型只能存储整数，不能存储其他类型的数据。在 openGauss 的数据表中，当字段被设置为整数类型时，如果插入的数据带有小数，会被自动截断小数位；如果插入的数据是字符串类型且无法被转化为整数，那么系统会报错。整数类型示例如图 4-23 所示。

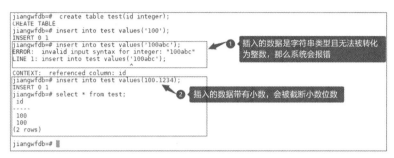

图 4-23　整数类型示例

② 任意精度类型及其属性见表 4-4。

表 4-4　任意精度类型及其属性

任意精度类型	描述	存储空间	取值
NUMERIC[(p[,s])]，DECIMAL[(p[,s])]	精度 p 的取值范围为 [1,1000]，标度 s 的取值范围为[0,p]。说明：p 为总位数，s 为小数位数	用户声明精度。每 4 位（十进制数）占用 2 字节，然后在整个数据上加上 8 字节的额外开销	在未指定精度的情况下，小数点前最大为 131072 位，小数点后最大为 16383 位
NUMBER[(p[,s])]	NUMERIC 类型的别名	用户声明精度。每 4 位（十进制数）占用 2 字节，然后在整个数据上加上 8 字节的额外开销	在未指定精度的情况下，小数点前最大为 131072 位，小数点后最大为 16383 位

与整数类型相比，任意精度类型需要更大的存储空间，其存储效率、运算效率以及压缩效果略差。在进行数值类型定义时，建议优先选择整数类型；仅当数值超出整数可表示的最大范围时，再选用任意精度类型。使用 NUMERIC/DECIMAL 进行列定义时，建议指定该列的精度 p 以及标度 s。任意精度类型示例如图 4-24 所示。

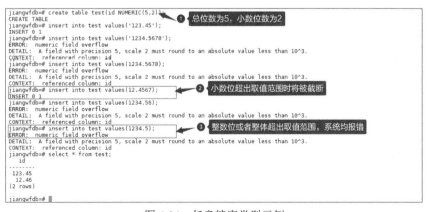

图 4-24　任意精度类型示例

③ 序列整型及其属性见表 4-5。

表 4-5　序列整型及其属性

序列整型	描述	存储空间	取值
SMALLSERIAL	二字节序列整型	2 字节	−32768～+32767
SERIAL	四字节序列整型	4 字节	−2147483648～+2147483647
BIGSERIAL	八字节序列整型	8 字节	−9223372036854775808～+9223372036854775807

openGauss 中的序列整型 SMALLSERIAL、SERIAL 和 BIGSERIAL 不是真正的数据类型，只是为了在表中设置唯一标识所提出的概念。openGauss 数据库没有可以把某个字段设置为自动增长的类型。openGauss 数据库表的某个字段（例如自增流水号）被设置为序列整型后，系统将创建一个整数字段并同时创建一个序列，然后把该字段的默认数值从一个序列发生器读取。应用 NOT NULL 约束以确保 NULL 不会被插入。多数情况下，用户可以手工附加一个 UNIQUE 或 PRIMARY KEY 约束，避免意外地插入重复的数值，系统不会自动配置。如果该序列发生器从属于某一个字段，那么当该字段或表被删除时，它也一起被删除。本书使用的 openGauss 版本只支持在创建表时指定 SERIAL 列，不支持在已有的表中增加 SERIAL 列。另外，临时表也不支持创建 SERIAL 列。SERIAL 不是真正的类型，因而也不可以将表中存在的列类型转化为 SERIAL。

使用序列整型的示例如下。

```
create table student(stuid serial not null,stuname varchar(20));
insert into student(stuname) values('zhangsan');
insert into student(stuname) values('lisi');
insert into student(stuname) values('wangwu');
select * from student;
```

序列整型的示例如图 4-25 所示。

```
jiangwfdb=# create table student(stuid serial not null,stuname varchar(20));
NOTICE:  CREATE TABLE will create implicit sequence "student_stuid_seq" for serial column "student.stuid"
CREATE TABLE
jiangwfdb=# insert into student(stuname) values('zhangsan');
INSERT 0 1
jiangwfdb=# insert into student(stuname) values('lisi');
INSERT 0 1
jiangwfdb=# insert into student(stuname) values('wangwu');
INSERT 0 1
jiangwfdb=# select * from student;
 stuid | stuname
-------+----------
     1 | zhangsan
     2 | lisi
     3 | wangwu
(3 rows)
```

图 4-25　序列整型的示例

添加数据时也可以通过 default 自动设置 stuid 的值，示例如下。

```
insert into student(stuid,stuname) values(default,'zhaoliu');
```

自动设置 stuid 的值如图 4-26 所示。

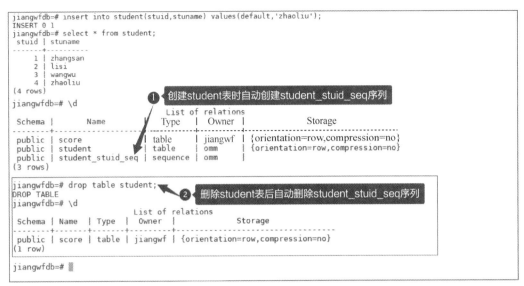

图 4-26　自动设置 stuid 的值

④ 浮点类型及其属性见表 4-6。

表 4-6　浮点类型及其属性

浮点类型	描述	存储空间	取值
REAL, FLOAT4	单精度浮点数，不精准	4 字节	6 位十进制数字精度
DOUBLE PRECISION, FLOAT8	双精度浮点数，不精准	8 字节	1E-307E～1E+308，15 位十进制数字精度
FLOAT[(p)]	浮点数，不精准。精度 p 的取值范围为[1,53]。说明：p 为精度，表示总位数	4 字节或 8 字节	根据精度 p 不同，选择 REAL 或 DOUBLE PRECISION 作为内部表示。如不指定精度，内部用 DOUBLE PRECISION 表示
BINARY_DOUBLE	是 DOUBLE PRECISION 的别名	8 字节	1E-307E～1E+308，15 位十进制数字精度
DEC[(p[,s])]	精度 p 的取值范围为[1,1000]，标度 s 的取值范围为[0,p]。说明：p 为总位数，s 为小数位数	用户声明精度。每 4 位（十进制数）占用 2 字节，然后在整个数据上加上 8 字节的额外开销	未指定精度的情况下，小数点前最大为 131072 位，小数点后最大为 16383 位
INTEGER[(p[,s])]	精度 p 的取值范围为[1,1000]，标度 s 的取值范围为[0,p]	用户声明精度。每 4 位（十进制数）占用 2 字节，然后在整个数据上加上 8 字节的额外开销	—

（2）货币类型

货币类型存储带有固定小数精度的货币金额。表 4-7 中的取值假设有两位小数。货币金额可以以任意格式输入，如整型、浮点类型或者典型的货币格式（如 "$1000.00"）。

表 4-7　货币类型及其属性

货币类型	描述	存储容量	取值
money	货币金额	8 字节	−92233720368547758.08～+92233720368547758.07

NUMERIC、INTEGER 和 BIGINT 类型的值可以转化为 money 类型。当一个 money 类型的值除以另一个 money 类型的值时，其结果是 DOUBLE PRECISION，即一个纯数字，而不是 money 类型的值，这是因为在运算过程中货币单位已相互抵消。

货币类型示例如图 4-27 所示。

```
jiangwfdb=# create table test(id money);
CREATE TABLE
jiangwfdb=#  insert into test values('$1000.12');
INSERT 0 1
jiangwfdb=# insert into test values(1001.23);
INSERT 0 1
jiangwfdb=# select * from test;
    id
-----------
 $1,000.12
 $1,001.23
(2 rows)

jiangwfdb=#
```

图 4-27　货币类型示例

（3）布尔类型

布尔类型及其属性见表 4-8。

表 4-8　布尔类型及其属性

布尔类型	描述	存储空间	取值
Boolean	布尔类型	1 字节	①True：真。 ②False：假。 ③Null：未知（Unknown）

① "真"值的有效文本值是：TRUE、't'、'true'、'y'、'yes'、'1' 、'TRUE'、true，整数范围为 $-1\sim-2^{63}$ 和 $1\sim(2^{63}-1)$。

② "假"值的有效文本值是：FALSE、'f'、'false'、'n'、'no'、'0'、0、'FALSE'、false。

TRUE 和 FALSE 是布尔类型比较规范的用法（也是 SQL 兼容的用法）。

布尔类型示例如图 4-28 所示。

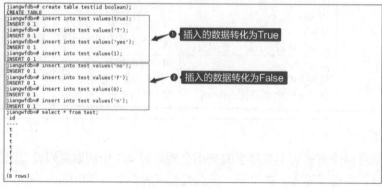

图 4-28　布尔类型示例

（4）字符类型

字符类型及其属性见表 4-9。

表 4-9　字符类型及其属性

字符类型	描述	存储空间
CHAR(*n*), CHARACTER(*n*), NCHAR(*n*)	定长字符串，长度不足时补空格。*n* 是指字节长度，如果字符类型中不带精度 *n*，则默认精度为 1	最大为 10MB
VARCHAR(*n*), CHARACTER VARYING(*n*)	变长字符串。*n* 是指字节长度	最大为 10MB
VARCHAR2(*n*)	变长字符串，是 VARCHAR(*n*) 类型的别名。*n* 是指字节长度	最大为 10MB
NVARCHAR2(*n*)	变长字符串。*n* 是指字符长度	最大为 10MB
TEXT	变长字符串	最大为 1GB–1 字节，但还需要考虑到列描述头信息的大小，以及列所在元组的大小限制（也小于 1GB–1 字节），因此 TEXT 类型最大存储空间可能小于 1GB–1 字节
CLOB	文本大对象，是 TEXT 类型的别名	最大为 1GB–1 字节，但还需要考虑到列描述头信息的大小，以及列所在元组的大小限制（也小于 1GB–1 字节），因此 CLOB 类型最大存储空间可能小于 1GB–1 字节

在数据库中，字符串类型的应用非常广泛，其中定长类型的字符串会在长度不足时补空格，变长类型则不会补空格。CHAR 支持本地默认编码，支持中文、英文、少部分日文和韩文。NCHAR 是 Unicode，兼容世界上大部分文字，当然也支持中文。openGauss 中还有两种定长字符类型：name 和"char"。name 类型只用在内部系统表中作为存储标识符，本书不建议用户使用；该类型长度当前定为 64 字节（63 个可用字符加上一个结束符）。类型"char"只用了 1 字节的存储空间，在系统内部主要用于系统表，作为简单化的枚举类型使用。name 类型和"char"类型及其属性见表 4-10。

表 4-10　name 类型和"char"类型及其属性

定长字符类型	描述	存储空间
name	用于对象名的内部类型	64 字节
"char"	单字节内部类型	1 字节

（5）二进制类型

二进制类型及其属性见表 4-11。

表 4-11　二进制类型及其属性

二进制类型	描述	存储空间
BLOB	二进制大对象。 说明： 列存不支持 BLOB 类型	最大为 1GB–8203 字节（即 1073733621 字节）

（续表）

二进制类型	描述	存储空间
RAW	变长的十六进制类型。 说明：列存不支持 RAW 类型	4 字节加上实际的十六进制字符串，最大为 1GB−8203 字节（即 1073733621 字节）
BYTEA	变长的二进制字符串	4 字节加上实际的二进制字符串，最大为 1GB−8203 字节（即 1073733621 字节）
BYTEAWITHOU-TORDERWITHE-QUALCOL	变长的二进制字符串，密态特性新增的类型，如果加密列的加密类型被指定为确定性加密，则该列的类型为 BYTEAWITHOUTORDERWITHEQUAL-COL，元命令打印加密表将显示原始数据类型	4 字节加上实际的二进制字符串，最大为 1GB−53 字节（即 1073741771 字节）
BYTEAWITHOU-TORDERCOL	变长的二进制字符串，密态特性新增的类型，如果加密列的加密类型被指定为随机加密，则该列的实际类型为 BYTEAWITHOUTORDER-COL，元命令打印加密表将显示原始数据类型	4 字节加上实际的二进制字符串，最大为 1GB−53 字节（即 1073741771 字节）
_BYTEAWITHO-UTORDERWITH-EQUALCOL	变长的二进制字符串，密态特性新增的类型	4 字节加上实际的二进制字符串，最大为 1GB−53 字节（即 1073741771 字节）

BLOB 类型用于存储二进制数据，BLOB 类型数据是根据对象的二进制编码进行排序的，因此 BLOB 类型主要用来存储图片、PDF 等二进制文件。如果在数据库中存储少量图片，那么字段可以被设置为 BLOB 类型。但如果存储大量的图片，就容易造成数据库的 I/O 负载过大，此时本书建议将图片、PDF 等文件存储在外部的文件系统中，将文件的路径存储在数据库中。存储文件路径比直接存储文件简单，而且修改文件也比较容易。实际上二进制类型使用得较少，应根据实际业务场景选择合适的类型。

（6）日期/时间类型

日期/时间类型及其属性见表 4-12。

表 4-12　日期/时间类型及其属性

日期/时间类型	描述	存储空间
DATE	日期和时间	4 字节（实际存储空间为 8 字节）
TIME　[(p)]　[WITHOUT TIME ZONE]	只用于一日内的时间。 p 表示小数点后的精度，取值范围为 0～6	8 字节
TIME　[(p)] [WITH TIME ZONE]	只用于一日内的时间，带时区。 p 表示小数点后的精度，取值范围为 0～6	12 字节
TIMESTAMP[(p)] [WITHOUT TIME ZONE]	日期和时间。 p 表示小数点后的精度，取值范围为 0～6	8 字节
TIMESTAMP[(p)][WITH TIME ZONE]	日期和时间，带时区。 TIMESTAMP 的别名为 TIMESTAMPTZ。 p 表示小数点后的精度，取值范围为 0～6	8 字节
SMALLDATETIME	日期和时间，不带时区。 精确到分，秒位大于或等于 30s 进一位	8 字节

（续表）

日期/时间类型	描述	存储空间
INTERVAL DAY (*l*) TO SECOND (*p*)	时间间隔，×天×小时×分×秒。 ① *l*：天数的精度，取值范围为 0~6。兼容性考虑，目前未实现具体功能。 ② *p*：秒数的精度，取值范围为 0~6。小数末尾的 0 不显示	16 字节
INTERVAL[FIELDS] [(*p*)]	时间间隔。 ①FIELDS：可以是 YEAR、MONTH、DAY、HOUR、MINUTE、SECOND、DAY TO HOUR、DAY TO MINUTE、DAY TO SECOND、HOUR TO MINUTE、HOUR TO SECOND、MINUTE TO SECOND。 ②*p*：秒数的精度，取值范围为 0~6，且当 FIELDS 为 SECOND、DAY TO SECOND、HOUR TO SECOND 或 MINUTE TO SECOND 时，参数 *p* 才有效。小数末尾的 0 不显示	12 字节
reltime	相对时间间隔。格式为 × years × mons × days ××:××:××。 采用儒略历计时，规定一年为 365.25 天，一个月为 30 天，计算输入值对应的相对时间间隔，输出采用 POSTGRES 格式	4 字节
abstime	日期和时间。格式为 YYYY-MM-DD hh:mm:ss + time zone。取值范围为 1901–12–13 20:45:53 GMT ~ 2038–01–18 23:59:59 GMT，精度为 s	4 字节

　　日期和时间的输入几乎可以是任何合理的格式，包括 ISO 8601 格式、SQL 兼容格式、传统 POSTGRES 格式或者其他格式。系统支持按照日、月、年的顺序自定义输入日期。如果把 DateStyle 参数设置为 MDY 就按照“月-日-年”解析，设置为 DMY 就按照“日-月-年”解析，设置为 YMD 就按照“年-月-日”解析。日期的输入文本需要加单引号，语法格式如下。

```
type [ ( p ) ] 'value'
```

　　可选的精度声明中的 *p* 是一个整数，表示在秒域中小数部分的位数。日期类型的示例及其描述见表 4-13。

表 4-13　日期类型的示例及其描述

示例	描述
1999–01–08	ISO 8601 格式（建议格式），任何方式下都是 1999 年 1 月 8 日
January 8, 1999	在任何 datestyle 输入模式下都无歧义
1/8/1999	有歧义，在 MDY 模式下是 1999 年 1 月 8 日，在 DMY 模式下是 1999 年 8 月 1 日
1/18/1999	在 MDY 模式下是 1999 年 1 月 18 日，其他模式下被拒绝
01/02/03	①MDY 模式下的 2003 年 1 月 2 日。 ②DMY 模式下的 2003 年 2 月 1 日。 ③YMD 模式下的 2001 年 2 月 3 日
1999–Jan–08	在任何模式下都是 1999 年 1 月 8 日
Jan–08–1999	在任何模式下都是 1999 年 1 月 8 日
08–Jan–1999	在任何模式下都是 1999 年 1 月 8 日
99–Jan–08	YMD 模式下是 1999 年 1 月 8 日，否则是错误的

（续表）

示例	描述
08–Jan–99	在 YMD 模式下是错误的，其他模式下是 1999 年 1 月 8 日
Jan–08–99	在 YMD 模式下是错误的，其他模式下是 1999 年 1 月 8 日
19990108	ISO 8601 格式；任何模式下都是 1999 年 1 月 8 日
990108	ISO 8601 格式；任何模式下都是 1999 年 1 月 8 日
1999.008	年和年内的第几天
J2451187	儒略日
January 8, 99 BC	公元前 99 年

日期类型的示例如下。

```
CREATE TABLE test(mycol date);
--插入数据
INSERT INTO test VALUES ('2022-03-15');
INSERT INTO test VALUES ('03/16/2022');
--查看日期格式
SHOW datestyle;
--设置日期格式
SET datestyle='YMD';
INSERT INTO test VALUES ('2022-5-6');
```

日期类型的示例如图 4-29 所示。

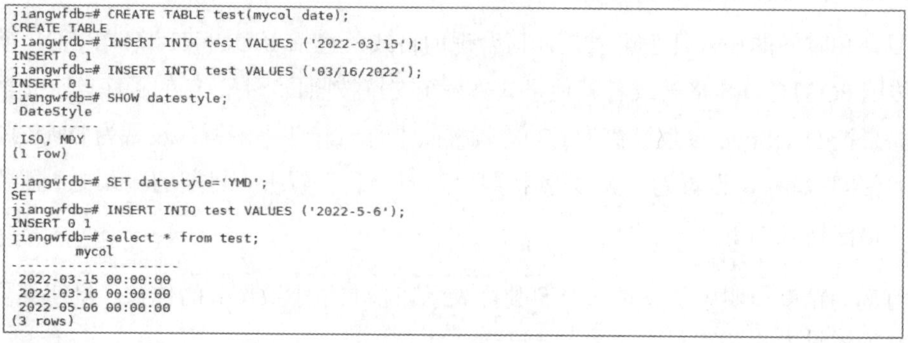

```
jiangwfdb=# CREATE TABLE test(mycol date);
CREATE TABLE
jiangwfdb=# INSERT INTO test VALUES ('2022-03-15');
INSERT 0 1
jiangwfdb=# INSERT INTO test VALUES ('03/16/2022');
INSERT 0 1
jiangwfdb=# SHOW datestyle;
 DateStyle
-----------
 ISO, MDY
(1 row)

jiangwfdb=# SET datestyle='YMD';
SET
jiangwfdb=# INSERT INTO test VALUES ('2022-5-6');
INSERT 0 1
jiangwfdb=# select * from test;
        mycol
--------------------
 2022-03-15 00:00:00
 2022-03-16 00:00:00
 2022-05-06 00:00:00
(3 rows)
```

图 4-29　日期类型的示例

TIMESTAMP 的示例如下。

```
drop table test;
--TIMESTAMP 的用法
CREATE TABLE test(mycol TIMESTAMP);
--插入数据
INSERT INTO test VALUES ('2022-03-15 16:25:55');
```

TIMESTAMP 的示例如图 4-30 所示。

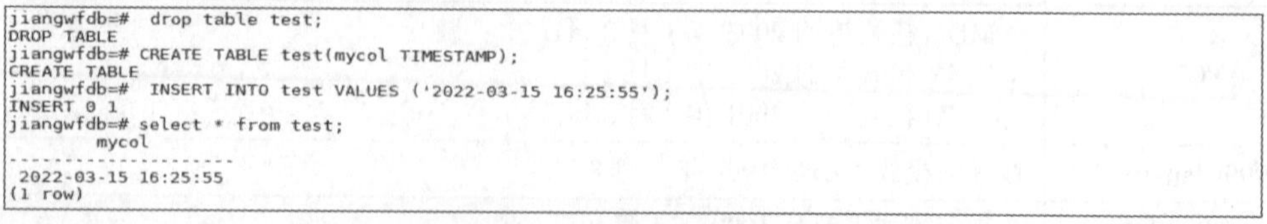

```
jiangwfdb=#  drop table test;
DROP TABLE
jiangwfdb=# CREATE TABLE test(mycol TIMESTAMP);
CREATE TABLE
jiangwfdb=#  INSERT INTO test VALUES ('2022-03-15 16:25:55');
INSERT 0 1
jiangwfdb=# select * from test;
        mycol
--------------------
 2022-03-15 16:25:55
(1 row)
```

图 4-30　TIMESTAMP 的示例

时间类型的示例及其描述见表 4-14。

表 4-14　时间类型的示例及其描述

示例	描述
05:06.8	ISO 8601 格式
4:05:06	ISO 8601 格式
4:05	ISO 8601 格式
40506	ISO 8601 格式
4:05 AM	与 04:05 一样，AM 不影响数值
4:05 PM	与 16:05 一样，输入的小时数必须≤12
04:05:06.789-8	ISO 8601 格式
04:05:06-08:00	ISO 8601 格式
04:05-08:00	ISO 8601 格式
040506-08	ISO 8601 格式
04:05:06 PST	某个时区的缩写
2003-04-12 04:05:06 America/New_York	用名称声明的时区

（7）几何类型

几何类型及其属性见表 4-15。

表 4-15　几何类型及其属性

几何类型	存储空间	描述	表现形式
point	16 字节	平面中的点	(x,y)
lseg	32 字节	（有限）线段	$((x_1,y_1),(x_2,y_2))$
box	32 字节	矩形	$((x_1,y_1),(x_2,y_2))$
path	16+16n 字节	闭合路径（与多边形类似）	$((x_1,y_1)...)$
path	16+16n 字节	开放路径	$[(x_1,y_1)...]$
polygon	40+16n 字节	多边形（与闭合路径相似）	$((x_1,y_1)...)$
circle	24 字节	圆	$\langle(x,y),r\rangle$，(x,y)表示圆心，r 表示半径

使用几何类型的示例如下。

```
drop table test;
--创建点、线段、矩形、圆
CREATE TABLE test(colpoint point,collseg lseg,colbox box,colcircle circle);
--插入数据（两条 insert 语句的效果相同,第二条 insert 语句是通过::进行类型转化的）
INSERT INTO test VALUES ('(1,1)','1,1,2,2','((1,2),(3,4))','1,2,5');
INSERT INTO test VALUES ('(1,2)'::point,'1,2,3,2'::lseg,'((1,1),(2,2))'::box,
'1,1,5'::circle);
--通过 height 函数计算矩形的高度,通过 area 函数计算几何对象面积
select height(colbox),area(colcircle) from test;
```

几何类型的示例如图 4-31 所示。

```
jiangwfdb=# CREATE TABLE test(colpoint point,collseg lseg,colbox box,colcircle circle);
CREATE TABLE
jiangwfdb=# INSERT INTO test VALUES ('(1,2)'::point,'1,2,3,2'::lseg,'((1,1),(2,2))'::box,'1,1,5'::circle);
INSERT 0 1
jiangwfdb=# INSERT INTO test VALUES ('(1,1)','1,1,2,2','((1,2),(3,4))','1,2,5');
INSERT 0 1
jiangwfdb=# select * from test;
 colpoint |    collseg    |   colbox   |  colcircle
----------+---------------+------------+-------------
 (1,2)    | [(1,2),(3,2)] | (2,2),(1,1) | <(1,1),5>
 (1,1)    | [(1,1),(2,2)] | (3,4),(1,2) | <(1,2),5>
(2 rows)

jiangwfdb=# select height(colbox),area(colcircle) from test;
 height |      area
--------+------------------
      1 | 78.5398163397448
      2 | 78.5398163397448
(2 rows)
```

图 4-31   几何类型的示例

（8）网络地址类型

openGauss 提供用于存储 IPv4、IPv6、MAC 等地址的数据类型——网络地址类型。使用这种数据类型存储网络地址比使用纯文本类型存储网络地址好，因为它提供输入错误检查和特殊操作。网络地址类型及其属性见表 4-16。

表 4-16   网络地址类型及其属性

网络地址类型	描述	存储空间
cidr	IPv4 或 IPv6 网络	7 或 19 字节
inet	IPv4 或 IPv6 主机和网络	7 或 19 字节
macaddr	MAC 地址	6 字节

在对 cidr 或 inet 类型进行排序的时候，IPv4 地址总是排在 IPv6 地址前面，其中包括封装或映射在 IPv6 地址中的 IPv4 地址，比如::10.2.3.4 或::ffff:10.4.3.2。

（9）位串类型

位串就是一串由 1 和 0 组成的字符串，用于存储位掩码。openGauss 支持两种位串类型：bit(n)和 bit varying(n)，n 是正整数。bit 类型的数据必须准确匹配长度 n，否则系统会报错。bit varying 类型的数据是长度为 n 的变长类型，长度超过 n 的数据会被拒绝。没有长度的 bit 等效于 bit(1)，没有长度的 bit varying 表示没有长度限制。如果用户明确地把一个位串转换成 bit(n)，则此位串超出 n 位的内容将被截断，不足 n 位的将用 0 补齐，只有刚好 n 位才不会进行任何处理。如果用户明确地把一个位串转换成 bit varying(n)，则超出 n 位的内容将被截断。

（10）全文检索类型

openGauss 提供了两种数据类型用于支持全文检索：tsvector 类型表示为文本搜索优化的文件格式，tsquery 类型表示文本查询。tsvector 类型是一个检索单元，通常是数据库表中一行的文本字段或者这些字段的组合。tsvector 类型表示一个标准词位的有序列表，标准词位就是把同一个词的不同变体都标准化为相同的，在输入的同时会自动排序和消除重复。tsvector 的值是唯一分词的分类列表，把一句话中的词格式化为不同的词条。在进行分词处理时，tsvector 会自动去掉分词中重复的词条，按照一定的顺序进行录入。查看全文检索配置信息的命令如下。

```
--查看所有分词器
\dF
--查看全文检索的配置信息
show default_text_search_config;
```

查看全文检索的配置信息如图 4-32 所示。

```
jiangwfdb=# \dF
                    List of text search configurations
   Schema    |    Name    |             Description
-------------+------------+------------------------------------
 pg_catalog  | danish     | configuration for danish language
 pg_catalog  | dutch      | configuration for dutch language
 pg_catalog  | english    | configuration for english language
 pg_catalog  | finnish    | configuration for finnish language
 pg_catalog  | french     | configuration for french language
 pg_catalog  | german     | configuration for german language
 pg_catalog  | hungarian  | configuration for hungarian language
 pg_catalog  | italian    | configuration for italian language
 pg_catalog  | ngram      | ngram configuration
 pg_catalog  | norwegian  | configuration for norwegian language
 pg_catalog  | portuguese | configuration for portuguese language
 pg_catalog  | pound      | pound configuration
 pg_catalog  | romanian   | configuration for romanian language
 pg_catalog  | russian    | configuration for russian language
 pg_catalog  | simple     | simple configuration
 pg_catalog  | spanish    | configuration for spanish language
 pg_catalog  | swedish    | configuration for swedish language
 pg_catalog  | turkish    | configuration for turkish language
 pg_catalog  | zhparser   | zhparser configuration
(19 rows)

jiangwfdb=# show default_text_search_config;
 default_text_search_config
----------------------------
 pg_catalog.english
(1 row)
```

图 4-32　查看全文检索的配置信息

全文检索相关命令如下。

```
--创建表
create table test(id  smallserial,username varchar(50),msg varchar(1000));
--插入数据
insert into test(id,username,msg) values(default,'zhangsan','Zhangsan is a good man');
insert into test(id,username,msg) values (default,'jack','jack is a good dog');
--查看分词结果
select id,username,msg::tsvector from test;
--to_tsvector 函数对单词进行规范化处理，并列出单词和它在文档中的位置
SELECT id,username,to_tsvector('english', msg) from test;
--测试全文检索
SELECT id,username,msg::tsvector @@ 'is & man'::tsquery from test;
```

全文检索相关命令如图 4-33 所示。

```
jiangwfdb=# create table test(id  smallserial,username varchar(50),msg varchar(1000));
NOTICE:  CREATE TABLE will create implicit sequence "test_id_seq" for serial column "test.id"
CREATE TABLE
jiangwfdb=# insert into test(id,username,msg) values(default,'zhangsan','Zhangsan is a good man');
INSERT 0 1
jiangwfdb=# insert into test(id,username,msg) values (default,'jack','jack is a good dog');
INSERT 0 1
jiangwfdb=# select id,username,msg::tsvector from test;
 id | username |                  msg
----+----------+----------------------------------------
  1 | zhangsan | 'Zhangsan' 'a' 'good' 'is' 'man'
  2 | jack     | 'a' 'dog' 'good' 'is' 'jack'
(2 rows)

jiangwfdb=# SELECT id,username,to_tsvector('english', msg) from test;
 id | username |           to_tsvector
----+----------+----------------------------------
  1 | zhangsan | 'good':4 'man':5 'zhangsan':1
  2 | jack     | 'dog':5 'good':4 'jack':1
(2 rows)

jiangwfdb=# SELECT id,username,msg::tsvector @@ 'is & man'::tsquery from test;
 id | username | ?column?
----+----------+----------
  1 | zhangsan | t
  2 | jack     | f
(2 rows)
```

图 4-33　全文检索相关命令

在图 4-33 中，测试全文检索时，匹配算子使用 @@ 运算符。当一个 tsvector 匹配到一个 tsquery 时，查询结果返回 true。tsvector 和 tsquery 的前后顺序没有要求。

（11）UUID 类型

UUID（通用唯一识别码）类型用来存储由 RFC 4122、ISO/IEF 9834-8:2005 及相关标准定义的 UUID。UUID 是由算法生成的 128 位数字，确保数据库系统不会产生相同的标识符。UUID 是一个小写的十六进制数的序列，分成 5 组，由连字符（−）连接，格式

为 8 个数字–4 个数字–4 个数字–4 个数字–12 个数字,总共 32 个数字,代表 128 位。UUID 类型的示例为 a0eebc99-9c0b-4ef8-bb6d-6bb9bd380a11。

（12）JSON 类型

JSON 类型可以用于存储 JSON 数据。虽然数据可以被存储为 text,但是 JSON 类型更利于检查每个存储的数据是不是可用的 JSON 值。JSON 类型经常会配合 JSON 函数使用,示例如下。

```
--建表
create table test(id serial,username varchar(50),address varchar(1000));
--添加数据
insert into test(id,username,address) values(default,'张三','广东深圳');
insert into test(id,username,address) values(default,'李四','湖南长沙');
insert into test(id,username,address) values(default,'王五','四川成都');
--每一行数据生成一个 JSON 字符串
select row_to_json(row(id,username,address)) from test;
```

JSON 类型示例如图 4-34 所示。

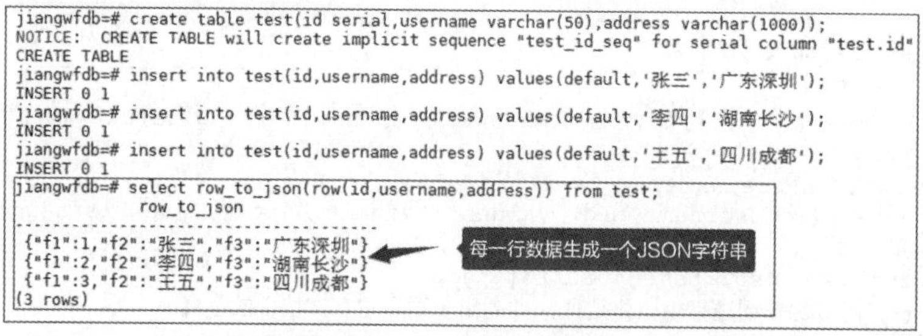

图 4-34　JSON 类型示例

（13）HLL 类型

HLL 类型是统计数据集中唯一值个数的高效近似算法,具有计算速度快、节省空间的特点,不需要直接存储集合本身,只存储 HLL 数据结构即可。每当新数据加入统计时,只需要把数据进行哈希计算并插入 HLL,根据 HLL 就可以得到结果,示例如下。

```
create table facts (date  date, user_id   integer);
 -- 构造数据,表示一天中访问网站的用户
insert into facts values ('2019-02-20', generate_series(1,100));
insert into facts values ('2019-03-21', generate_series(1,200));
insert into facts values ('2019-04-22', generate_series(1,300));
insert into facts values ('2019-05-23', generate_series(1,400));
insert into facts values ('2019-06-24', generate_series(1,500));
insert into facts values ('2019-07-25', generate_series(1,600));
insert into facts values ('2019-08-26', generate_series(1,700));
insert into facts values ('2019-09-27', generate_series(1,800));
 -- 创建表并指定列为 HLL
create table daily_uniques ( date  date UNIQUE,users hll);
 -- 根据日期把数据分组,并把数据插入 HLL 中
insert into daily_uniques(date, users) select date, hll_add_agg(hll_hash_integer
(user_id))  from facts group by 1;
 -- 计算每一天访问网站的不同用户的数量
select date, hll_cardinality(users) from daily_uniques order by date;
-- 计算从 2019-02-20 到 2019-05-26 访问网站的不同用户的数量
select hll_cardinality(hll_union_agg(users)) from daily_uniques where date >=
'2019-02-20'::date and date <= '2019-02-26'::date;
-- 计算昨天访问网站而今天没访问网站的用户数量
SELECT date, (#hll_union_agg(users) OVER two_days) - #users AS lost_uniques FROM
daily_uniques WINDOW two_days AS (ORDER BY date ASC ROWS 1 PRECEDING);
--计算一年中每个月的访问情况
```

```
select extract(MONTH FROM date) as month,hll_cardinality(hll_union_agg(users)) from
daily_uniques where date>='2019-01-01' and date<'2020-01-01' group by 1;
```

HLL 类型示例如图 4-35 所示。

```
jiangwfdb=# create table facts (date      date, user_id    integer);
CREATE TABLE
jiangwfdb=# insert into facts values ('2019-02-20', generate_series(1,100));
insert into facts values ('2019-03-21', generate_series(1,200));
insert into facts values ('2019-04-22', generate_series(1,300));
insert into facts values ('2019-05-23', generate_series(1,400));
insert into facts values ('2019-06-24', generate_series(1,500));
insert into facts values ('2019-07-25', generate_series(1,600));
insert into facts values ('2019-08-26', generate_series(1,700));
insert into facts values ('2019-09-27', generate_series(1,800));INSERT 0 100
jiangwfdb=# INSERT 0 200
jiangwfdb=# INSERT 0 300
jiangwfdb=# INSERT 0 400
jiangwfdb=# INSERT 0 500
jiangwfdb=# INSERT 0 600
jiangwfdb=# INSERT 0 700
jiangwfdb=# create table daily_uniques (  date   date UNIQUE,users hll);
INSERT 0 800
NOTICE:  CREATE TABLE / UNIQUE will create implicit index "daily_uniques_date_key" for table "daily_uniques"
CREATE TABLE
jiangwfdb=# insert into daily_uniques(date, users) select date, hll_add_agg(hll_hash_integer(user_id))    from facts  group by
1;INSERT 0 8
jiangwfdb=# select date, hll_cardinality(users) from daily_uniques order by date;
        date         | hll_cardinality
---------------------+-----------------
 2019-02-20 00:00:00 |             100
 2019-03-21 00:00:00 | 203.813355588808
 2019-04-22 00:00:00 | 308.048239950384
 2019-05-23 00:00:00 | 410.529188080374
 2019-06-24 00:00:00 | 513.263875705319
 2019-07-25 00:00:00 | 609.271181107416
 2019-08-26 00:00:00 | 702.941844662509
 2019-09-27 00:00:00 | 792.249946595237
(8 rows)

jiangwfdb=# select hll_cardinality(hll_union_agg(users)) from daily_uniques where date >= '2019-02-20'::date and date <= '2019-02-26'::date;
 hll_cardinality
-----------------
             100
(1 row)

jiangwfdb=# SELECT date, (#hll_union_agg(users) OVER two_days) - #users AS lost_uniques FROM daily_uniques WINDOW two_days AS
(ORDER BY date ASC ROWS 1 PRECEDING);
        date         | lost_uniques
---------------------+--------------
 2019-02-20 00:00:00 |            0
 2019-03-21 00:00:00 |            0
 2019-04-22 00:00:00 |            0
 2019-05-23 00:00:00 |            0
 2019-06-24 00:00:00 |            0
 2019-07-25 00:00:00 |            0
 2019-08-26 00:00:00 |            0
 2019-09-27 00:00:00 |            0
(8 rows)

jiangwfdb=# select extract(MONTH FROM date) as month,hll_cardinality(hll_union_agg(users)) from daily_uniques where date>='2019-01-01'
and date<'2020-01-01' group by 1;
 month | hll_cardinality
-------+-----------------
     6 | 513.263875705319
     5 | 410.529188080374
     3 | 203.813355588808
     7 | 609.271181107416
     8 | 702.941844662509
     2 |             100
     9 | 792.249946595237
     4 | 308.048239950384
(8 rows)
```

图 4-35　HLL 类型示例

（14）范围类型

范围类型是表示某种元素类型（称为范围的 subtype）值的范围的数据类型。例如，TIMESTAMP 的范围可以表示一个会议室被保留的时间范围。在这种情况下，数据类型是 tsrange（即 "timestamp range" 的简写），timestamp 便是 subtype。subtype 必须有总体的顺序，这样元素值在一个范围之内、之前或之后才有清楚的界线。范围类型可以表示一种单一范围中的多个元素值，并且可以很清晰地表示比如范围重叠等概念。用于日程安排的时间和日期范围是最清晰明了的例子。

内建范围类型有以下几种。

① int4range —— INTEGER 的范围。

② int8range —— BIGINT 的范围。

③ numrange —— NUMERIC 的范围。

④ tsrange —— 不带时区的 TIMESTAMP 的范围。

⑤ tstzrange —— 带时区的 TIMESTAMP 的范围。

⑥ daterange — DATE 的范围。

范围类型示例如下。

```
CREATE TABLE reservation (room int, during tsrange);
INSERT INTO reservation VALUES (1108, '[2010-01-01 14:30, 2010-01-01 15:30)');
-- 包含
SELECT int4range(10, 20) @> 3;
-- 重叠
SELECT numrange(11.1, 22.2) && numrange(20.0, 30.0);
-- 抽取上界
SELECT upper(int8range(15, 25));
-- 计算交集
SELECT int4range(10, 20) * int4range(15, 25);
-- 范围是否为空
SELECT isempty(numrange(1, 5));
```

（15）OID 类型

openGauss 在内部使用 OID 作为各种系统表的主键，但系统不会为用户创建的表增加 OID 字段。目前 OID 类型用一个 4 字节的无符号整数表示。因为 OID 类型主要被数据库系统表中的字段使用，因此不建议在创建的表中使用 OID 字段做主键。OID 类型的示例如下。

```
SELECT oid FROM pg_class WHERE relname = 'pg_type';
```

OID 类型的示例如图 4-36 所示。

```
jiangwfdb=# SELECT oid FROM pg_class WHERE relname = 'pg_type';
 oid
------
 1247
(1 row)
```

图 4-36　OID 类型的示例

（16）伪类型

openGauss 数据类型中包含一系列特殊用途的类型，这些类型被称为伪类型。伪类型不能作为字段的数据类型，但是可以作为声明函数的参数或者结果类型。在一个函数不仅是简单地接收并返回某种 SQL 数据类型的情况下，伪类型是很有用的。伪类型及其描述见表 4-17。

表 4-17　伪类型及其描述

伪类型	描述
any	表示函数接收任何输入数据类型
anyelement	表示函数接收任何数据类型
anyarray	表示函数接收任意数组数据类型
anynonarray	表示函数接收任意非数组数据类型
anyenum	表示函数接收任意枚举数据类型
anyrange	表示函数接收任意范围的数据类型
cstring	表示函数接收或者返回一个空结尾的 C 字符串
internal	表示函数接收或者返回一种服务器内部的数据类型
language_handler	声明一个过程语言调用句柄返回 language_handler
fdw_handler	声明一个外部数据封装器返回 fdw_handler
record	标识函数返回一个未声明的行类型
trigger	声明一个触发器函数返回 trigger
void	表示函数不返回数值

（17）列存表支持的数据类型

列存表支持的数据类型见表 4-18。

表 4-18　列存表支持的数据类型

类别	数据类型	长度（字节）
Numeric Types	smallint	2
	integer	4
	bigint	8
	decimal	−1
	numeric	−1
	real	4
	double precision	8
	smallserial	2
	serial	4
	bigserial	8
	largeserial	−1
Monetary Types	money	8
Character Types	character varying(*n*), varchar(*n*)	−1
	character(*n*), char(*n*)	*n*
	character、char	1
	text	−1
	nvarchar2	−1
Date/Time Types	timestamp with time zone	8
	timestamp without time zone	8
	date	4
	time without time zone	8
	time with time zone	12
	interval	16
big object	clob	−1

需要注意的是，表 4-18 中的−1 表示长度不定。

2．数据表的管理

在数据库中，表是存储数据的核心对象，是有结构的数据的集合，是整个数据库系统的基础，表中的每一列被设计为存储某种类型的信息（例如日期、名称、货币金额或数字）。数据库表除了存储数据，还有一系列对象来维护数据完整性。完整性不仅指数据表完整存储用户的数据，而且能准确地存储数据，因此关系型数据库中有如数据类型、约束、默认值等相关对象，以确保数据准确。

（1）数据表的管理

在当前数据库中创建数据表，可以使用 CREATE TABLE 命令实现，具体的语法格式如下。

```
CREATE [ [ GLOBAL | LOCAL ] [ TEMPORARY | TEMP ] | UNLOGGED ] TABLE [ IF NOT EXISTS ]
table_name
    ({ column_name data_type [ compress_mode ] [ COLLATE collation ] [ column_
constraint [ ... ] ]
    | table_constraint
    | LIKE source_table [ like_option [...] ] }
    [, ... ])
[ WITH ( {storage_parameter = value} [, ... ] ) ]
[ ON COMMIT { PRESERVE ROWS | DELETE ROWS | DROP } ]
[ COMPRESS | NOCOMPRESS ]
[ TABLESPACE tablespace_name ];
```

部分参数说明如下。

① GLOBAL | LOCAL ：创建临时表时可以在 TEMPORARY 或 TEMP 前指定 GLOBAL 或 LOCAL 关键字。如果指定 GLOBAL 关键字，openGauss 会创建全局临时表。

② TEMPORARY | TEMP ：如果指定 TEMPORARY 或 TEMP 关键字，则创建的表为临时表。临时表分为全局临时表和本地临时表两种类型。全局临时表的元数据对所有会话可见，会话结束后元数据继续存在。会话与会话之间的用户数据、索引和统计信息相互隔离，每个会话只能看到和更改自己提交的数据。全局临时表有两种模式：一种是基于会话级别的 ON COMMIT PRESERVE ROWS，当会话结束时自动清空用户数据；另一种是基于事务级别的 ON COMMIT DELETE ROWS，当执行 commit 或 rollback 时自动清空用户数据。建表时如果没有指定 ON COMMIT 选项，则全局临时表默认为基于会话级别 ON COMMIT PRESERVE ROWS。与本地临时表不同，全局临时表在建表时可以指定不以 pg_temp_ 开头的模式。本地临时表只在当前会话可见，会话结束后会被自动删除，因此，在排除当前会话连接的数据库节点的故障时，仍然可以在当前会话上创建和使用临时表。由于临时表只在当前会话创建，涉及操作临时表的 DDL 语句会报错，因此本书建议 DDL 语句不要对临时表进行操作。TEMP 和 TEMPORARY 等价。

③ UNLOGGED：如果指定此关键字，则创建的表为非日志表。在非日志表中写入的数据不会被写入预写日志中，这样比普通表快很多。但是非日志表在冲突、操作系统重启、强制重启、切断电源或异常关机后会被自动截断，存在数据丢失的风险。非日志表中的内容不会被复制到备服务器中，在非日志表中创建的索引也不会被自动记录。由于非日志表不能保证数据的安全性，因此用户应该在确保数据已经进行备份的前提下使用。当异常关机等操作导致非日志表上的索引发生数据丢失时，用户应该对发生错误的索引进行重建。

④ IF NOT EXISTS：如果已经存在相同名称的表，则系统不会报错误，而是会发出通知，告知此表已存在。

⑤ table_name：创建的表名。

⑥ column_name：新表中创建的字段名。

⑦ data_type：字段的数据类型。

⑧ compress_mode：表字段的压缩模式，指定表字段优先使用的压缩算法。行存表不支持压缩。该字段的值为 DELTA、PREFIX、DICTIONARY、NUMSTR、NOCOMPRESS。

⑨ COLLATE collation：COLLATE 子句指定列的排序规则（该列必须是可排列的数据类型），如果没有指定，则使用默认的排序规则。排序规则可以使用"select * from pg_collation;"命令从 pg_collation 表中查询，默认的排序规则是以查询结果中 default 开始的。

⑩ LIKE source_table [like_option ...]：LIKE 子句声明一个表，即源表，新表自动从源表中继承所有字段名及其数据类型和非空约束。新表与源表在创建完毕之后是完全无关的。在源表做的任何修改都不会传播到新表中，并且在扫描源表时不会包含新表的数据。被复制的列和约束并不使用相同的名称进行融合。如果明确地指定了相同的名称或者在另外一个 LIKE 子句中，系统将会报错。

⑪ WITH ({ storage_parameter = value } [, ...])：WITH 子句为表或索引指定一个可选的存储参数。

⑫ ON COMMIT { PRESERVE ROWS | DELETE ROWS | DROP }：ON COMMIT 选项决定在事务中执行创建临时表的操作。当事务提交时，此临时表的后续操作有以下 3 个选项，openGauss 当前支持 PRESERVE ROWS 和 DELETE ROWS 选项。

- PRESERVE ROWS（默认值）：提交时不对临时表做任何操作，临时表及其数据保持不变。
- DELETE ROWS：提交时删除临时表中的数据。
- DROP：提交时删除临时表。只支持本地临时表，不支持全局临时表。

⑬ COMPRESS | NOCOMPRESS：创建表时，需要在 CREATE TABLE 语句中指定关键字 COMPRESS，对该表进行批量插入时会触发压缩特性。该特性会在页范围内扫描并存储所有元组数据、生成字典、压缩元组数据。指定关键字 NOCOMPRESS 表示不对表进行压缩。行存表不支持压缩。系统默认值为 NOCOMPRESS，即不对元组数据进行压缩。

⑭ TABLESPACE tablespace_name：创建表时指定此关键字，表示新表将被创建在指定表空间内。如果没有指定，就使用默认表空间。

- column constrait/table constrait constraint_name：列约束或表约束的名称。可选的约束子句用于声明约束，新增的行或者更新的行必须满足约束才能被成功插入或更新。约束有两种定义方法：列约束和表约束。列约束作为一列定义的一部分，仅影响该列。表约束不和某列绑在一起，可以作用于多列。
- NOT NULL：字段值不允许为 NULL。
- NULL：字段值允许为 NULL ，这是默认值。
- CHECK (expression)：CHECK 约束声明一个布尔表达式，要插入的新行或者要更新的行的值必须使表达式的结果为真或未知，否则系统会抛出一个异常提示并不会修改数据库。声明为字段约束的检查约束应该只引用该字段的数值，而在表约束里出现的表达式可以引用多个字段。
- DEFAULT default_expr：DEFAULT 子句给字段指定默认值，该数值可以是任何不含变量的表达式（不允许使用子查询和交叉引用本表中的其他字段）。默认表达式的数据类型必须和字段类型匹配，默认表达式用于任何未声明该字段数值的插入操作。如果没有指定默认值，则默认值为 NULL 。
- UNIQUE (column_name [, ...]) index_parameters：UNIQUE 约束表示表中的一个字段或多个字段的组合必须在全表范围内是唯一的。对于唯一约束，NULL 被认为是互不相等的。
- PRIMARY KEY (column_name [, ...]) index_parameters：主键约束声明表中的一个或者多个字段只能包含唯一的非 NULL 值。一个表只能声明一个主键。

- REFERENCES reftable [(refcolum)] [MATCH matchtype] [ON DELETE action] [ON UPDATE action] (column constraint)
- FOREIGN KEY (column_name [, ...]) REFERENCES reftable [(refcolumn [, ...])] [MATCH matchtype] [ON DELETE action] [ON UPDATE action] (table constraint)：外键约束要求新表中一列或多列构成的组应该只包含、匹配被参考表中参考字段的值。若省略 refcolumn，则将使用 reftable 的主键。被参考列应该是被参考表中的唯一字段或主键。外键约束不能被定义在临时表和永久表之间。参考字段与被参考字段之间存在 3 种类型匹配。a.MATCH FULL：不允许一个多字段外键的字段为 NULL，除非全部外键字段都是 NULL。b.MATCH SIMPLE（默认）：允许任意外键字段为 NULL。c.MATCH PARTIAL：openGauss 目前暂不支持。当被参考表中的数据发生改变时，某些操作也会在新表对应字段的数据上执行。ON DELETE 子句声明当被参考表中的参考行在被删除时要执行的操作。ON UPDATE 子句声明在被参考表中的参考字段数据更新时要执行的操作。

对于 ON DELETE 子句、ON UPDATE 子句的动作有 5 种。a.NO ACTION（默认）：删除或更新时，创建一个表明违反外键约束的错误。若约束可推迟，且若仍存在任何引用行，那这个错误将会在检查约束的时候产生。b.RESTRICT：删除或更新时，创建一个表明违反外键约束的错误。与 NO ACTION 相同，只是动作不可推迟。c.CASCADE：删除新表中任何引用了被删除行的行，或将新表中引用行的字段值更新为被参考字段的新值。d.SET NULL：设置引用字段为 NULL。e.SET DEFAULT：设置引用字段为它们的默认值。

- DEFERRABLE | NOT DEFERRABLE：设置该约束是否可推迟，不可推迟的约束将在每条命令之后马上检查；可推迟约束可以推迟到事务结尾，使用 SET CONSTRAINTS 命令检查。默认是 NOT DEFERRABLE。目前，UNIQUE 约束和主键约束可以接受这个子句。所有其他约束类型都是不可推迟的。
- PARTIAL CLUSTER KEY：局部聚簇存储，列存表导入数据时按照指定的列（单列或多列）进行局部排序。
- INITIALLY IMMEDIATE | INITIALLY DEFERRED：如果约束是可推迟的，则这个子句声明检查约束的默认时间。如果约束是 INITIALLY IMMEDIATE（默认），则在每条语句执行之后就立即检查；如果约束是 INITIALLY DEFERRED，则只在事务结尾时才检查它。约束检查的时间可以用 SET CONSTRAINTS 命令修改。
- USING INDEX TABLESPACE tablespace_name：为 UNIQUE 或 PRIMARY KEY 约束相关的索引声明一个表空间。如果没有提供这个子句，这个索引将在 default_tablespace 中创建。如果 default_tablespace 为空，系统将使用数据库的默认表空间。

创建数据表的 SQL 语句如下。

```
CREATE TABLE warehouse(W_WAREHOUSE_SK INTEGER PRIMARY KEY,W_WAREHOUSE_ID CHAR(16)
NOT NULL,W_WAREHOUSE_NAME VARCHAR(20)    CHECK (W_WAREHOUSE_NAME IS NOT NULL),
W_WAREHOUSE_SQ_FT  INTEGER, W_STREET_NUMBER  CHAR(10),   W_STREET_NAME  VARCHAR(60),
W_STREET_TYPE CHAR(15) , W_SUITE_NUMBER CHAR(10) , W_CITY  VARCHAR(60) , W_COUNTY
VARCHAR(30) , W_STATE  CHAR(2) , W_ZIP CHAR(10),W_COUNTRY VARCHAR(20) ,W_GMT_OFFSET
DECIMAL(5,2),CONSTRAINT W_CONSTR_KEY2 CHECK(W_WAREHOUSE_SK > 0 AND W_WAREHOUSE_NAME
IS NOT NULL)
);
```

执行 SQL 语句后，使用 DataStudio 工具查看数据表的结构，如图 4-37 所示。

图 4-37　使用 DataStudio 工具查看数据表的结构

删除数据表可以使用以下 SQL 语句。

```
drop table warehouse;
```

在实际开发中，除了使用 gsql 登录 openGauss 数据库，以及通过发送 SQL 语句创建数据表外，还可以使用 openGauss 提供的可视化客户端工具 DataStudio 进行建表和管理，具体操作如下。

使用 DataStudio 连接 openGauss 数据库，其中包括创建数据库和用户、配置远程连接白名单，以及登录 openGauss 数据库。此处需要确保已经配置客户端远程连接白名单。

打开 DataStudio，新建数据库连接，如图 4-38 和图 4-39 所示。

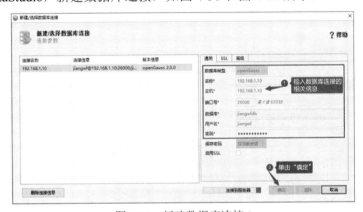

图 4-38　新建数据库连接 1

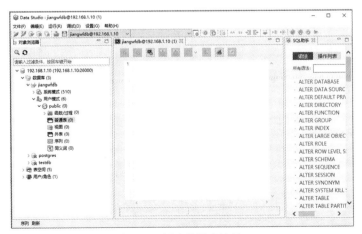

图 4-39　新建数据库连接 2

创建普通表，如图 4-40～图 4-48 所示。

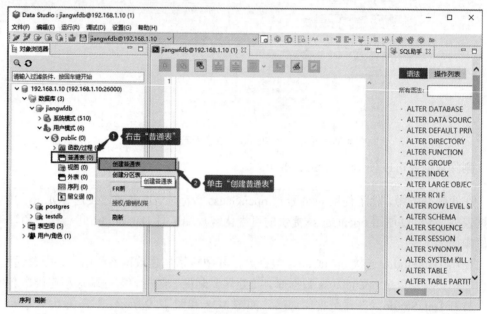

图 4-40　创建普通表 1

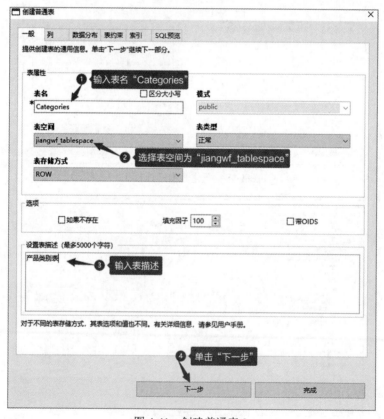

图 4-41　创建普通表 2

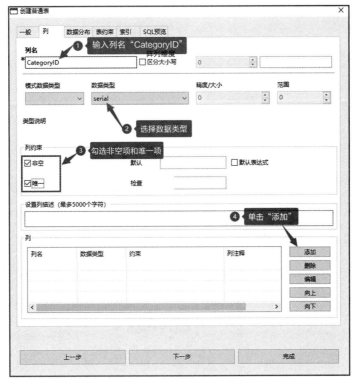

图 4-42　创建普通表 3

图 4-43　创建普通表 4

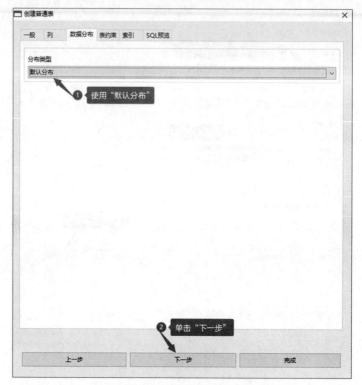

图 4-44　创建普通表 5

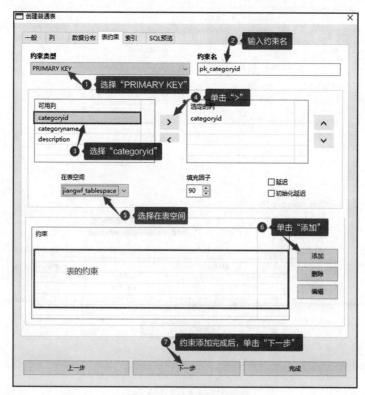

图 4-45　创建普通表 6

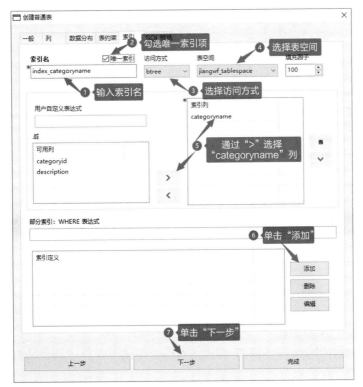

图 4-46　创建普通表 7

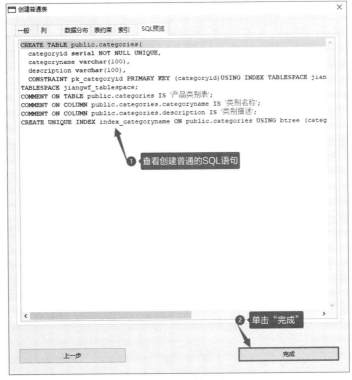

图 4-47　创建普通表 8

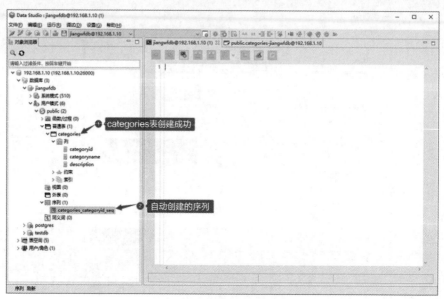

图 4-48　创建普通表 9

由于 Categoryid 列为 serial（序列整型），因此数据库自动为该列创建一个序列"categories_categoryid_seq"，后续添加记录时的数据类型，该序列自动为 Categoryid 字段生成一个自动增长的数字。

成功创建 categories 表后，下面添加表的数据，如图 4-49～图 4-51 所示。

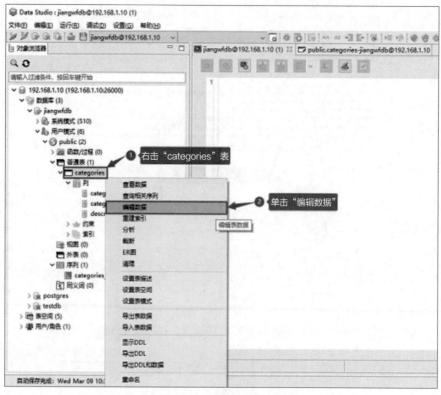

图 4-49　添加表的数据 1

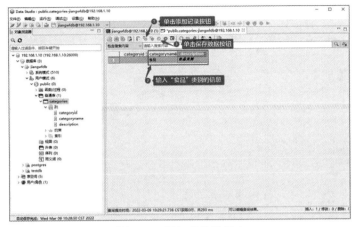

图 4-50　添加表的数据 2

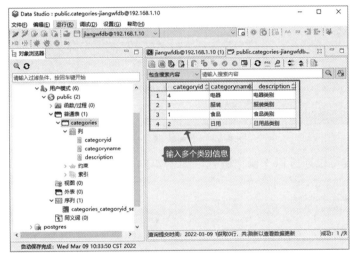

图 4-51　添加表的数据 3

查询数据表信息可以通过以下操作进行，如图 4-52 和图 4-53 所示。

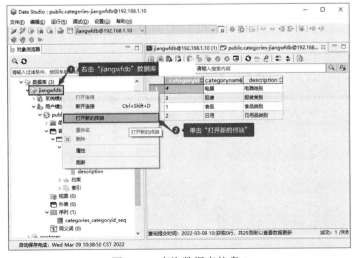

图 4-52　查询数据表信息 1

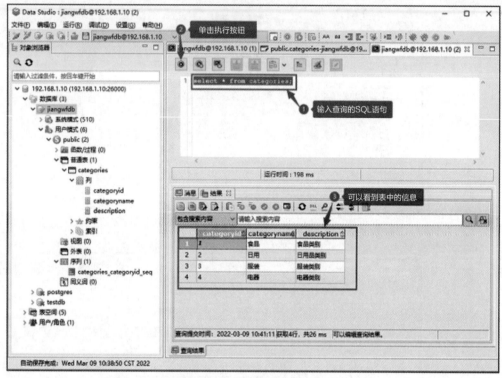

图 4-53　查询数据表信息 2

修改表字段可以通过以下操作进行，如图 4-54～图 4-58 所示。

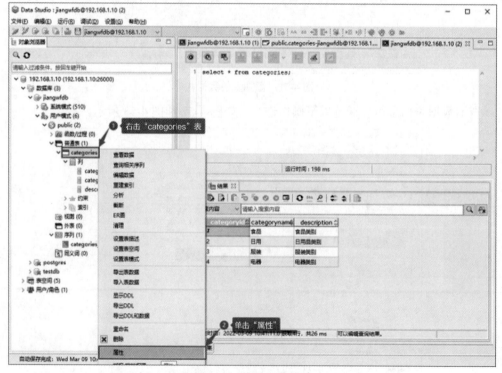

图 4-54　修改表字段 1

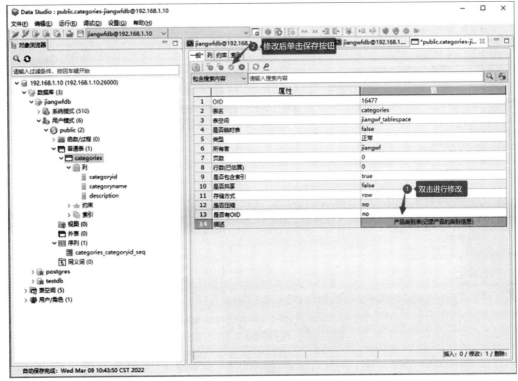

图 4-55　修改表字段 2

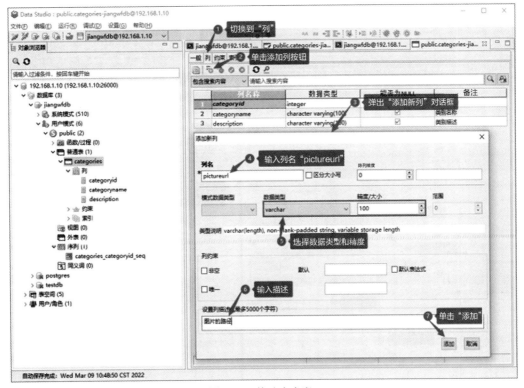

图 4-56　修改表字段 3

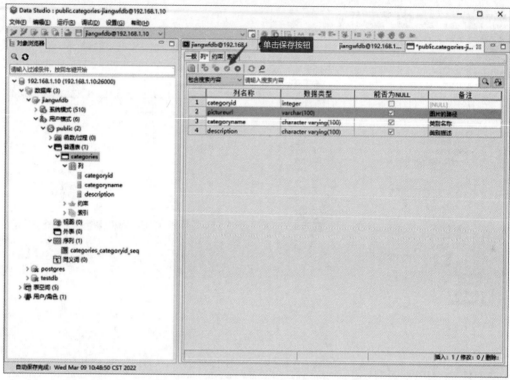

图 4-57　修改表字段 4

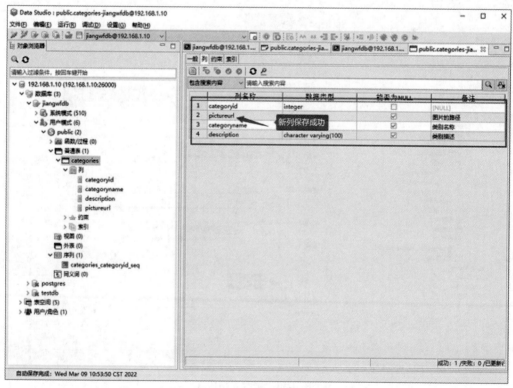

图 4-58　修改表字段 5

如果要查看 SQL 语句并导出表数据，可以进行以下操作，如图 4-59～图 4-61 所示。

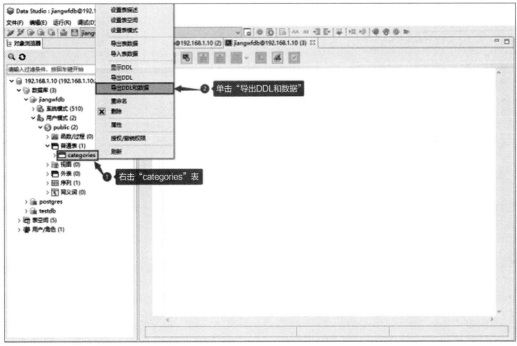

图 4-59　查看 SQL 语句并导出表数据 1

图 4-60　查看 SQL 语句并导出表数据 2

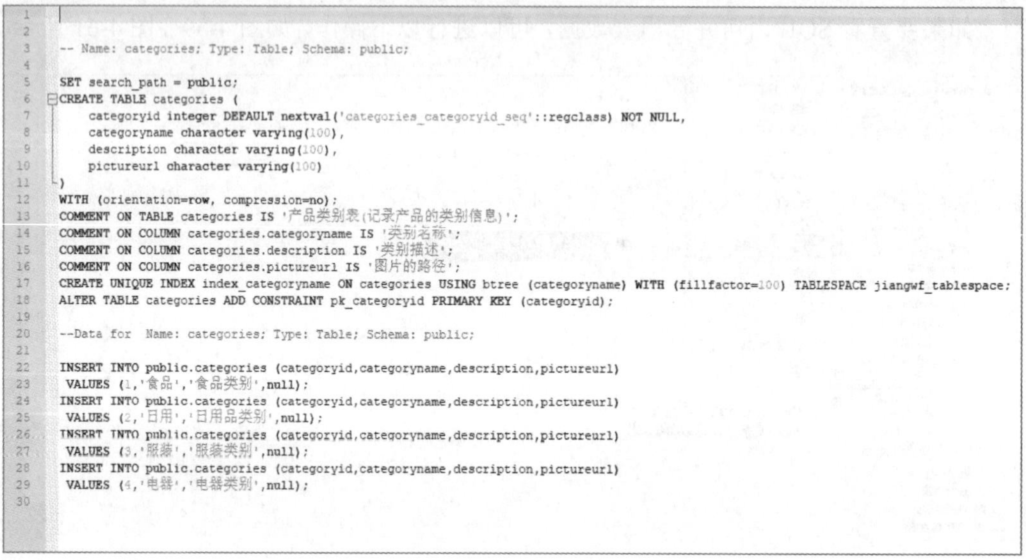

```
1
2
3     -- Name: categories; Type: Table; Schema: public;
4
5     SET search_path = public;
6   ☐CREATE TABLE categories (
7         categoryid integer DEFAULT nextval('categories_categoryid_seq'::regclass) NOT NULL,
8         categoryname character varying(100),
9         description character varying(100),
10        pictureurl character varying(100)
11    └)
12    WITH (orientation=row, compression=no);
13    COMMENT ON TABLE categories IS '产品类别表(记录产品的类别信息)';
14    COMMENT ON COLUMN categories.categoryname IS '类别名称';
15    COMMENT ON COLUMN categories.description IS '类别描述';
16    COMMENT ON COLUMN categories.pictureurl IS '图片的路径';
17    CREATE UNIQUE INDEX index_categoryname ON categories USING btree (categoryname) WITH (fillfactor=100) TABLESPACE jiangwf_tablespace;
18    ALTER TABLE categories ADD CONSTRAINT pk_categoryid PRIMARY KEY (categoryid);
19
20    --Data for  Name: categories; Type: Table; Schema: public;
21
22    INSERT INTO public.categories (categoryid,categoryname,description,pictureurl)
23     VALUES (1,'食品','食品类别',null);
24    INSERT INTO public.categories (categoryid,categoryname,description,pictureurl)
25     VALUES (2,'日用','日用品类别',null);
26    INSERT INTO public.categories (categoryid,categoryname,description,pictureurl)
27     VALUES (3,'服装','服装类别',null);
28    INSERT INTO public.categories (categoryid,categoryname,description,pictureurl)
29     VALUES (4,'电器','电器类别',null);
30
```

图 4-61　查看 SQL 语句并导出表数据 3

（2）分区表的管理

openGauss 数据库除了可以创建普通表，还可以创建分区表，也就是把逻辑上的一张表根据某种方案分成几个物理块进行存储。这张逻辑上的表被称为分区表，物理块被称为分区。分区表是一张逻辑表，不存储数据，而数据实际是存储在分区上的。

创建分区表的语法格式如下。

```
CREATE TABLE [ IF NOT EXISTS ] partition_table_name
( [
    { column_name data_type [ COLLATE collation ] [ column_constraint [ ... ] ]
    | table_constraint
    | LIKE source_table [ like_option [...] ] }[, ... ]
] )
    [ WITH ( {storage_parameter = value} [, ... ] ) ]
    [ COMPRESS | NOCOMPRESS ]
    [ TABLESPACE tablespace_name ]
     PARTITION BY {
       {RANGE (partition_key) [ INTERVAL ('interval_expr') [ STORE IN (tablespace_name
[, ... ] ) ] ] ( partition_less_than_item [, ... ] )} |
       {RANGE (partition_key) [ INTERVAL ('interval_expr') [ STORE IN (tablespace_name
[, ... ] ) ] ( partition_start_end_item [, ... ] )} |
       {LIST | HASH (partition_key) (PARTITION partition_name [VALUES (list_values_
clause)] opt_table_space )}
} [ { ENABLE | DISABLE } ROW MOVEMENT ];
```

创建分区表的示例如下。

```
-- 创建分区表student，分区键是stuage(integer)，分为 3 个区:p1<18,18≤p2<60,60≤p3<100
CREATE TABLE student (stuid  serial NOT NULL , stuname varchar(100),stuage integer)
TABLESPACE jiangwf_tablespace PARTITION BY RANGE (stuage) (PARTITION p1 VALUES LESS
THAN (18),PARTITION p2 VALUES LESS THAN (60),PARTITION p3 VALUES LESS THAN (100)) ;
--插入数据
insert into student (stuid,stuname,stuage) values(default,'zhangsan',14);
insert into student (stuid,stuname,stuage) values(default,'lisi',16);
insert into student (stuid,stuname,stuage) values(default,'wangwu',21);
insert into student (stuid,stuname,stuage) values(default,'zhaoliu',28);
insert into student (stuid,stuname,stuage) values(default,'yangqi',42);
insert into student (stuid,stuname,stuage) values(default,'heba',75);
```

创建分区表如图 4-62 所示。

```
jiangwfdb=# CREATE TABLE student (stuid  serial NOT NULL  , stuname varchar(100),stuage INT)  TABLESPACE
jia.ngwf_tablespace PARTITION BY RANGE (stuage) (PARTITION p1 VALUES LESS THAN (18),PARTITION p2 VALUES LESS
THAN (60),PARTITION p3 VALUES LESS THAN (100)) ;
NOTICE:  CREATE TABLE will create implicit sequence "student_stuid_seq" for serial column "student.stuid"
CREATE TABLE
jiangwfdb=# insert into student (stuid,stuname,stuage) values(default,'zhangsan',14);
insert into student (stuid,stuname,stuage) values(default,'lisi',16);
insert into student (stuid,stuname,stuage) values(default,'wangwu',21);
insert into student (stuid,stuname,stuage) values(default,'zhaoliu',28);
insert into student (stuid,stuname,stuage) values(default,'yangqi',42);
insert into student (stuid,stuname,stuage) values(default,'heba',75);
INSERT 0 1
jiangwfdb=# INSERT 0 1
jiangwfdb=# INSERT 0 1
jiangwfdb=# INSERT 0 1
jiangwfdb=# INSERT 0 1
jiangwfdb=# select * from student;
 stuid | stuname | stuage
-------+---------+--------
     1 | zhangsan|     14
     2 | lisi    |     16
     3 | wangwu  |     21
     4 | zhaoliu |     28
     5 | yangqi  |     42
     6 | heba    |     75
(6 rows)
```

图 4-62　创建分区表

查看分区信息的示例如下。

```
--查看分区信息
SELECT t1.relname, partstrategy, boundaries FROM pg_partition t1, pg_class t2 WHERE
t1.parentid = t2.oid AND t2.relname = 'student' AND t1.parttype = 'p';
--查看各个分区的记录
SELECT  * FROM student PARTITION (p1);
SELECT  * FROM student PARTITION (p2);
SELECT  * FROM student PARTITION (p3);
```

查看分区信息如图 4-63 所示。

```
jiangwfdb=# SELECT t1.relname, partstrategy, boundaries FROM pg_partition t1, pg_class t2 WHERE t1.parentid
= t2.oid AND t2.relname = 'student' AND t1.parttype = 'p';
 relname | partstrategy | boundaries
---------+--------------+------------
 p3      | r            | {100}
 p2      | r            | {60}
 p1      | r            | {18}
(3 rows)

jiangwfdb=# SELECT  * FROM student PARTITION (p1);
 stuid | stuname | stuage
-------+---------+--------
     1 | zhangsan|     14
     2 | lisi    |     16
(2 rows)

jiangwfdb=# SELECT  * FROM student PARTITION (p2);
 stuid | stuname | stuage
-------+---------+--------
     3 | wangwu  |     21
     4 | zhaoliu |     28
     5 | yangqi  |     42
(3 rows)

jiangwfdb=# SELECT  * FROM student PARTITION (p3);
 stuid | stuname | stuage
-------+---------+--------
     6 | heba    |     75
(1 row)
```

图 4-63　查看分区信息

删除分区表的示例如下。

```
drop table student;
```

若要把普通表转成分区表，就需要先新建分区表，然后把普通表中的数据导入新建分区表。因此在初始设计表时，本书建议根据业务提前规划是否使用分区表。

（3）MOT 的管理

MOT 的创建和管理非常简单。

创建 MOT 的语法格式如下。

```
create FOREIGN table test(x int) [server mot_server]
```

语句中始终使用 FOREIGN 关键字引用 MOT。在创建 MOT 表时，[server mot_server]

部分是可选的，因为 MOT 是一个集成的引擎，而不是一个独立的服务器。图 4-64 展示了内存表 test（表中有一个名为 x 的整数列）的创建、插入、查询、删除等操作，其中 test 的 MOT 可以使用 SQL 语句 drop FOREIGN table test 进行删除。

创建、插入、查询、删除操作如图 4-64 所示。

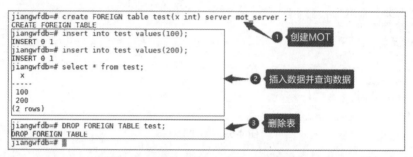

图 4-64　创建、插入、查询、删除操作

3. 数据表的约束管理

（1）CHECK 约束

CHECK 约束用于限制列的取值。当数据表对某列定义了 CHECK 约束，那么该列就只能接受符合约束的值。比如创建一个用户表，要求密码的长度必须大于或等于 6 个字符，此时可以为密码字段创建一个约束。约束可以在建表（CREATE TABLE）时直接创建，也可以在建表完成后，通过修改表的方式创建。建表时创建约束的示例如下。

```
CREATE TABLE UserInfo( UserName varchar(255) not null , UserPWD varchar(100)  CHECK
(length(UserPWD)>=6));
```

建表时创建约束如图 4-65 所示。

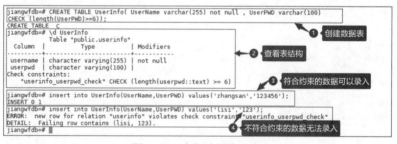

图 4-65　建表时创建约束

修改表并添加约束的示例如下。

```
CREATE  TABLE UserInfo( UserName varchar(255) not null , UserPWD varchar(100) );
ALTER TABLE UserInfo ADD CONSTRAINT chk_UserInfo_UserPWD CHECK (length(UserPWD)>=6);
```

修改表并添加约束如图 4-66 所示。

```
jiangwfdb=# CREATE TABLE UserInfo( UserName varchar(255) not null , UserPWD varchar(100) );
CREATE TABLE
jiangwfdb=# ALTER TABLE UserInfo ADD CONSTRAINT chk_UserInfo_UserPWD CHECK (length(UserPWD)>=6);
ALTER TABLE
jiangwfdb=# insert into UserInfo(UserName,UserPWD) values('zhangsan','123456');
INSERT 0 1
jiangwfdb=# insert into UserInfo(UserName,UserPWD) values('lisi','123');
ERROR:  new row for relation "userinfo" violates check constraint "chk_userinfo_userPWD"
DETAIL:  Failing row contains (lisi, 123).
jiangwfdb=#
```

图 4-66　修改表并添加约束

删除约束可以使用 SQL 语句，示例如下。删除约束后，密码字段不再受到约束的限制。

```
insert into UserInfo(UserName,UserPWD) values('lisi','123');
```

删除约束如图 4-67 所示。

```
jiangwfdb=# ALTER TABLE UserInfo DROP CONSTRAINT chk_UserInfo_UserPWD;
ALTER TABLE
jiangwfdb=# insert into UserInfo(UserName,UserPWD) values('lisi','123');
INSERT 0 1
jiangwfdb=#
```

图 4-67　删除约束

（2）DEFAULT 约束

DEFAULT 约束用于为数据表中的某列指定一个默认值，当用户录入的数据不是该列的值时，则数据库会将默认值添加到该列中。默认值可以在建表（CREATE TABLE）时直接指定，也可以在建表完成后，通过修改表指定。建表时指定默认值的示例如下。

```
--建表时指定密码字段的默认值为"888888"
CREATE TABLE UserInfo( UserName varchar(255) not null , UserPWD varchar(100)  default
'888888' );
```

建表时指定密码字段的默认值如图 4-68 所示。

```
jiangwfdb=# CREATE TABLE UserInfo( UserName varchar(255) not null , UserPWD varchar(100)  default '888888' )
;
CREATE TABLE
jiangwfdb=#  insert into UserInfo(UserName) values('zhangsan');
INSERT 0 1
jiangwfdb=# insert into UserInfo(UserName,UserPWD) values('lisi',default);
INSERT 0 1
jiangwfdb=# select * from UserInfo;
 username | userpwd
----------+---------
 zhangsan | 888888
 lisi     | 888888
(2 rows)
```

图 4-68　建表时指定密码字段的默认值

修改表并指定默认值的示例如下。

```
--修改表并指定密码字段的默认值为"888888"
CREATE TABLE UserInfo( UserName varchar(255) not null , UserPWD varchar(100) );
ALTER TABLE UserInfo  ALTER COLUMN UserPWD SET DEFAULT '888888' ;
```

修改表并指定密码字段的默认值如图 4-69 所示。

```
jiangwfdb=# CREATE TABLE UserInfo( UserName varchar(255) not null , UserPWD varchar(100) );
CREATE TABLE
jiangwfdb=#  insert into UserInfo(UserName) values('zhangsan');
INSERT 0 1
jiangwfdb=# ALTER TABLE UserInfo  ALTER COLUMN UserPWD SET DEFAULT '888888' ;
ALTER TABLE
jiangwfdb=#  insert into UserInfo(UserName) values('lisi');
INSERT 0 1
jiangwfdb=# select * from UserInfo;
 username | userpwd
----------+---------
 zhangsan |
 lisi     | 888888
(2 rows)
```

图 4-69　修改表并指定密码字段的默认值

（3）PRIMARY KEY 约束

主键（PRIMARY KEY）约束的作用是唯一地标识数据表中的每条记录，主键必须包含唯一的值且不能包含 NULL 值。虽然 openGauss 允许一个表没有主键，但在实际应用中，每个表有且只有一个主键。主键可以在建表时指定，也可以在建表后通过修改表指定。数据表中主键的作用有：保证实体的完整性；加快数据库的操作速度；在表中添加新记录时，DBMS 会自动检查新记录的主键值，不允许该值与其他记录的主键值重复。

建表时指定主键的示例如下。

```
CREATE TABLE UserInfo( UserName varchar(255) not null PRIMARY KEY , UserPWD varchar(100) );
```

建表时指定主键如图 4-70 所示。

```
jiangwfdb=# CREATE TABLE UserInfo( UserName varchar(255) not null PRIMARY KEY , UserPWD varchar(100) );
NOTICE:  CREATE TABLE / PRIMARY KEY will create implicit index "userinfo_pkey" for table "userinfo"
CREATE TABLE
jiangwfdb=#  insert into UserInfo(UserName) values('zhangsan');
INSERT 0 1
jiangwfdb=#  insert into UserInfo(UserName) values('lisi');
INSERT 0 1
jiangwfdb=#  insert into UserInfo(UserName) values('zhangsan');
ERROR:  duplicate key value violates unique constraint "userinfo_pkey"
DETAIL:  Key (username)=(zhangsan) already exists.
jiangwfdb=# insert into UserInfo(UserName) values('wangwu');
INSERT 0 1
jiangwfdb=# select * from UserInfo;
 username | userpwd
----------+---------
 zhangsan |
 lisi     |
 wangwu   |
(3 rows)
```

> 在主键列插入重复的数据时，系统会报错

图 4-70　建表时指定主键

修改表并指定主键的示例如下。

```
CREATE TABLE UserInfo( UserName varchar(255) not null  , UserPWD varchar(100) );
ALTER TABLE UserInfo ADD CONSTRAINT pk_UserName PRIMARY KEY (UserName);
```

修改表并指定主键如图 4-71 所示。

```
jiangwfdb=# CREATE TABLE UserInfo( UserName varchar(255) not null  , UserPWD varchar(100) );
CREATE TABLE
jiangwfdb=# ALTER TABLE UserInfo ADD CONSTRAINT pk_UserName PRIMARY KEY (UserName);
NOTICE:  ALTER TABLE / ADD PRIMARY KEY will create implicit index "pk_username" for table "userinfo"
ALTER TABLE
jiangwfdb=# insert into UserInfo(UserName) values('zhangsan');
INSERT 0 1
jiangwfdb=# insert into UserInfo(UserName) values('zhangsan');
ERROR:  duplicate key value violates unique constraint "pk_username"
DETAIL:  Key (username)=(zhangsan) already exists.
jiangwfdb=#
```

图 4-71　修改表并指定主键

（4）FOREIGN KEY 约束管理

外键（FOREIGN KEY）用于维护表与表之间数据的完整性和一致性。例如学生表中有学号（主键）、姓名，分数表的学号字段可以设置为外键，引用学生表中的学号。如果在分数表中插入一条学生表中不存在的学号的记录，系统就会报错，示例如下。

```
--创建学生表（stuid 为主键）
CREATE TABLE student( stuid serial not null PRIMARY KEY , stuname varchar(100) );
--创建分数表（stuid 为外键，引用学生表的 stuid）
CREATE TABLE studentscore(sid serial NOT NULL,score integer,stuid integer,CONSTRAINT
fk_studentscore_stuid_student_stuid FOREIGN KEY (stuid) REFERENCES student (stuid) );
--在学生表中插入两条记录（zhangsan, lisi）
insert into student(stuname) values('zhangsan');
insert into student(stuname) values('lisi');
--查看学生表中的信息（两条记录的 stuid 值分别为 1、2）
select * from student;
--在分数表中插入数据，stuid 值为 1，此时学生表中存在 stuid 值为 1 的记录
insert into studentscore(sid,score,stuid) values(default,80,1);
--在分数表中插入数据，stuid 值为 2，此时学生表中存在 stuid 值为 2 的记录
insert into studentscore(sid,score,stuid) values(default,85,2);
--在分数表中插入数据，stuid 值为 10，此时学生表中不存在 stuid 值为 10 的记录，系统报错
insert into studentscore(sid,score,stuid) values(default,80,10);
```

FOREIGN KEY 约束管理示例如图 4-72 所示。

```
jiangwfdb=# CREATE TABLE student( stuid serial not null PRIMARY KEY , stuname varchar(100) );
NOTICE:  CREATE TABLE will create implicit sequence "student_stuid_seq" for serial column "student.stuid"
NOTICE:  CREATE TABLE / PRIMARY KEY will create implicit index "student_pkey" for table "student"
CREATE TABLE
jiangwfdb=# CREATE TABLE studentscore(sid serial NOT NULL,score integer,stuid integer,CONSTRAINT fk_students
core_stuid_student_stuid FOREIGN KEY (stuid) REFERENCES student (stuid) );
NOTICE:  CREATE TABLE will create implicit sequence "studentscore_sid_seq" for serial column "studentscore.s
id"
CREATE TABLE
jiangwfdb=# insert into student(stuname) values('zhangsan');
INSERT 0 1
jiangwfdb=# insert into student(stuname) values('lisi');
INSERT 0 1
jiangwfdb=# select * from student;
 stuid | stuname
-------+----------      ① 学生表中stuid值分别为1和2
     1 | zhangsan                              ② 插入分数表的stuid值在学生表中存在，故可以录入
     2 | lisi
(2 rows)

jiangwfdb=# insert into studentscore(sid,score,stuid) values(default,80,1);
INSERT 0 1
jiangwfdb=# insert into studentscore(sid,score,stuid) values(default,85,2);
INSERT 0 1
jiangwfdb=# insert into studentscore(sid,score,stuid) values(default,80,10);
ERROR:  insert or update on table "studentscore" violates foreign key constraint "fk_studentscore_stuid_stud
ent_stuid"
DETAIL:  Key (stuid)=(10) is not present in table   ③ 插入分数表的stuid值为10，学生表中不存在，系统报错
jiangwfdb=#
```

图 4-72　FOREIGN KEY 约束管理示例

（5）UNIQUE 约束

UNIQUE 约束用来唯一标识数据表中的每条记录。UNIQUE 约束和 PRIMARY KEY 约束均为列或列集合提供唯一性的保证，每个表可以有多个 UNIQUE 约束，但只能有一个 PRIMARY KEY 约束。UNIQUE 约束可以在建表时指定，也可以在建表后通过修改表指定，示例如下。

```
CREATE TABLE UserInfo( UID serial not null  PRIMARY KEY ,UserName varchar(100)  ,CONSTRAINT
unique_UserName UNIQUE (UserName));
```

建表后通过修改表来指定 UNIQUE 约束如图 4-73 所示。

图 4-73　建表后通过修改表来指定 UNIQUE 约束

4.5.2　用户视图管理

视图是从一个或多个表（也可以是视图）中通过 SQL 语句创建的虚拟的表。系统的数据字典中仅存储视图的定义（即 SQL 语句），视图中不存储对应的数据。视图是查看表中数据的另外一种方式。用户可以创建各种视图，在视图中存储不同的 SQL 查询，也可以通过访问视图随时运行并查看需要统计的数据。视图是从一个或多个实际表中获得的，这些表的数据存储在数据库中。产生视图的表被称为该视图的基表。一个视图也可以从另一个视图中产生，通过视图看到的数据非常像数据库的物理表。由于视图不存储数据，因此当基表中的数据改变时，对应视图的调用结果也会随之改变。

视图可以简化用户对数据的操作。经常使用的查询被定义为视图，用户就不必在每

次操作时都指定全部的查询条件。视图具有安全特性，用户通过视图只能查询和修改所看到的数据，数据库中的其他数据则不能被查看和操作。视图还可以把程序与数据相互独立，这是因为如果应用程序被建立在数据表上，当数据表发生变化时，应用程序也需要修改；但如果应用程序的访问接口建立在视图的基础上，就可以通过视图屏蔽表的变化，使数据表即使发生变化，通过修改视图的 SQL 语句也能使应用程序不作改变。创建视图可以使用 CREATE VIEW 语句实现。首先需要初始化数据，过程如下。

```
--建表
CREATE TABLE UserInfo( UserName varchar(255) not null  , UserPWD varchar(100) );
--插入数据
insert into student(stuname) values('zhangsan');
insert into student(stuname) values('lisi');
insert into UserInfo(UID,UserName) values(default,'wangwu');
--查看所有数据
select * from UserInfo;
```

查看所有数据如图 4-74 所示。

```
jiangwfdb=# select * from UserInfo;
 uid | username
-----+----------
   1 | zhangsan
   2 | lisi
   4 | wangwu
(3 rows)
```

图 4-74　查看所有数据

创建并查询视图的命令如下。

```
--创建视图
create view V_ShowUserName as select UserName from UserInfo;
--查询视图
select * from V_ShowUserName;
```

创建并查询视图如图 4-75 所示。

```
jiangwfdb=# create view V_ShowUserName as select UserName from UserInfo;
CREATE VIEW
jiangwfdb=# select * from V_ShowUserName;
 username
----------
 zhangsan
 lisi
 wangwu
(3 rows)

jiangwfdb=#
```

图 4-75　创建并查询视图

4.5.3　系统表和系统视图介绍

在数据库系统中，用户表用于存储用户的业务数据，系统表用于存储数据库自身的私有数据，也就是数据库的元数据。在 openGauss 中，系统表是数据库系统运行控制信息的来源，包含 openGauss 安装信息及 openGauss 上运行的各种查询和进程信息。数据库中各种对象的定义、结构信息也都被存储在系统表中，因此系统表是数据库系统的核心组成部分。如果系统表被随意修改或删除，就可能会导致数据库无法正常工作。

系统视图提供了查询系统表和访问数据库内部状态的方法。系统表和系统视图要么只对管理员可见，要么对所有用户可见。对于标识了需要管理员权限的系统表和系统视图，只有管理员可以查询。用户可以删除系统表和视图后重新创建这些表、增加列、插入和更新数值，但是用户修改系统表会导致系统信息不一致，从而造成系统控制紊乱。正常情况下不应该由用户手动修改系统表或系统视图，或者手动重命名系统表或系统视图所在的模式，而是由 SQL 语句关联的系统表操作自动维护系统表信息。openGauss 提供了两种类型的系统表和系统视图：继承 PG 的系统表和视图，具有 PG 前缀；openGauss 新增的系统表和系统视图，具有 GS 前缀。

常见的系统表及其说明见表 4-19。

表 4-19　常见的系统表及其说明

系统表	说明
GS_OPT_MODEL	启用 AiEngine 执行计划时间预测功能时的数据表,记录机器学习模型的配置、训练结果、功能、对应系统函数、训练历史等相关信息
GS_WLM_USER_RESOURCE_HISTORY	存储用户资源的使用信息，每条信息记录着对应时间点某用户资源的使用情况，包括内存、CPU 核数、存储空间、临时空间、算子落盘空间、逻辑 I/O 流量等，其中内存、CPU、I/O 相关监控项仅记录用户进行复杂作业时资源的使用情况。对于 I/O 相关的监控，参数 enable_logical_io_statistics 为 on 时才有效。当参数 enable_user_metric_persistent 为 on 时，开启用户监控数据的保存功能
PG_AM	存储有关索引访问方法的信息。系统支持的索引访问方法均占一行
PG_ATTRIBUTE	存储关于表字段的信息
PG_AUTHID	存储有关数据库认证标识符（角色）的信息。角色把"用户"的概念包含在内，一个用户实际上就是设置 rolcanlogin 的角色。任何角色（不管 rolcanlogin 设置与否）都能够把其他角色作为成员。openGauss 中只有一份 PG_AUTHID。要有系统管理员权限才可以访问此系统表
PG_CLASS	存储数据库对象信息及其之间的关系
PG_CONSTRAINT	系统表存储表上的检查约束、主键和唯一约束
PG_DATABASE	存储关于可用数据库的信息
PG_DEPEND	系统表记录数据库对象彼此之间的依赖关系。允许使用 DROP 命令找出必须由 DROP CASCADE 删除的对象，或者是在 DROP RESTRICT 的情况下避免删除
PG_DESCRIPTION	给每个数据库对象存储一个可选的描述（注释）
PG_EXTENSION	存储关于安装扩展的信息
PG_FOREIGN_TABLE	存储外部表的辅助信息
PG_FOREIGN_SERVER	存储外部服务器定义。一个外部服务器描述了一个外部数据源，例如一个远程服务器。外部服务器是通过外部数据封装器访问的
PG_INDEX	存储索引的一部分信息，其他的信息在 PG_CLASS 中
PG_JOB	系统表存储用户所创建的定时任务的详细信息，定时任务线程定时轮询 pg_job 表中的时间，当定时到期会触发任务的执行，并更新 pg_job 表中的任务状态
PG_LANGUAGE	登记编程语言，用户可以用这些语言或接口写函数或者存储过程
PG_LARGEOBJECT	保存标记"大对象"的数据，大对象是使用其创建时分配的 OID 标识的。每个大对象被分解成足够小的小段或者"页面"，以便以行的形式存储在 PG_LARGEOBJECT 中。每页的数据定义为 LOBLKSIZE。此系统表的访问需要有系统管理员权限

（续表）

系统表	说明
PG_LARGEOBJECT_ METADATA	存储与大数据相关的元数据。实际的大对象数据被存储在 PG_LARGEOBJECT 中
PG_NAMESPACE	存储名称空间，即存储模式相关的信息
PG_OBJECT	存储限定类型对象（如普通表、索引、序列、视图、存储过程和函数）的创建用户、创建时间和最后修改时间
PG_PARTITION	存储数据库内所有分区表、分区、分区上 toast 表和分区索引这 4 类对象的信息。分区表索引的信息不在 PG_PARTITION 系统表中保存
PG_PROC	存储函数或过程的信息
PG_STATISTIC	存储有关该数据库中表和索引列的统计数据。默认需要有系统管理员权限才可以访问此系统表，普通用户需要授权才可以访问
PG_TABLESPACE	存储表空间信息
PG_TRIGGER	存储触发器信息
PG_TYPE	存储数据类型的相关信息
PG_USER_STATUS	提供访问数据库用户的状态，此系统表的访问需要有系统管理员权限

常见的系统视图及其说明见表 4-20。

表 4-20　常见的系统视图及其说明

系统视图	说明
GS_AUDITING	显示对数据库相关操作的所有审计信息。此视图需要有系统管理员或安全管理员权限才可以访问
GS_FILE_STAT	通过对数据文件 I/O 的统计，反映数据的 I/O 性能，以发现 I/O 操作异常等性能问题
GS_CLUSTER_ RESOURCE_INFO	显示的是所有 DN 资源的汇总信息。该视图需要设置 enable_dynamic_ workload=on 才能查询，并且该视图不支持在 DN 中执行。该视图的查询需要 sysadmin 权限
GS_LABELS	显示所有已配置的资源标签信息。此视图需要有系统管理员或安全管理员权限才可以访问
GS_MASKING	显示所有已配置的动态脱敏策略信息。此视图需要有系统管理员或安全策略管理员权限才可以访问
GS_MATVIEWS	提供关于数据库中每一个物化视图的信息
GS_SQL_COUNT	显示数据库当前节点当前时刻执行的 5 类语句（SELECT、INSERT、UPDATE、DELETE、MERGE INTO）统计信息
GS_SESSION_TIME	用于统计会话线程的运行时间信息，以及各执行阶段消耗的时间
GS_SESSION_MEMORY	统计 Session 级别的内存使用情况，其中包含执行作业在数据节点上的 postgres 线程和 Stream 线程分配的所有内存
GS_WLM_PLAN_ OPERATOR_HISTORY	显示的是当前用户数据库主节点执行作业结束后的执行计划算子级的相关记录
PG_LOCKS	存储各打开事务持有的锁信息

（续表）

系统视图	说明
PG_ROLES	提供访问数据库角色的相关信息，初始化用户和具有 sysadmin 属性或 createrole 属性的用户可以查看全部角色的信息，其他用户只能查看自己的信息
PG_RULES	提供对查询重写规则的有用信息访问的接口
PG_TOTAL_USER_RESOURCE_INFO_OID	显示所有用户资源使用情况，需要使用管理员用户进行查询。此视图在参数 use_workload_manager 为 on 时才有效
PG_SETTINGS	显示数据库运行时参数的相关信息
PG_STATS	提供存储在 pg_statistic 表中的单列统计信息
PG_STAT_ACTIVITY	显示与当前用户查询相关的信息
PG_STAT_ALL_TABLES	将包含当前数据库中每个表的一行（包括 TOAST 表），显示访问特定表的统计信息
PG_TABLES	提供访问数据库中每个表的有用信息
PG_TOTAL_USER_RESOURCE_INFO	显示所有用户资源的使用情况，其查询需要拥有管理员权限。此视图在参数 use_workload_manager 为 on 时才有效。其中，I/O 相关监控项在参数 enable_logical_io_statistics 为 on 时才有效
PG_USER	提供访问数据库用户的信息，默认只有初始化用户和具有 sysadmin 属性的用户可以查看，其他用户需要赋权后才可以查看
PG_VIEWS	提供数据库中每个视图有用信息的访问途径
PLAN_TABLE	用户通过执行 EXPLAIN PLAN 收集的计划信息。计划信息的生命周期是 Session 级别的，Session 退出后相应的数据将被清除。同时，不同 Session 和不同用户间的数据是相互隔离的
PG_STAT_DATABASE	包含 openGauss 中每个数据库的统计信息
PG_STAT_USER_FUNCTIONS	显示命名空间中用户自定义函数（函数语言为非内部语言）的状态信息
PG_STAT_USER_TABLES	显示所有命名空间中用户自定义普通表的状态信息
PG_STAT_XACT_USER_FUNCTIONS	包含每个函数执行的统计信息
GS_AUDITING_ACCESS	显示对数据库 DML 相关操作的审计信息。此视图需要有系统管理员或安全管理员权限才可以访问
GS_OS_RUN_INFO	显示当前操作系统运行的状态信息

4.5.4　索引介绍

索引是对数据表中一列或多列的值进行排序的一种结构，使用索引可快速访问数据表中的特定信息。如果数据表中没有创建索引，当查询信息——如 Select ＊ from 商品表 where 商品 ID=99999 时，则必须扫描整个商品表，直到商品 ID=99999 被找到为止。商品表的记录越多，整个表在扫描的过程中就会产生越长的时延。当大量用户同时对该表进行查询时，这种方式产生的影响更大，用户可能会无法接受。如果在商品表的商品 ID 字段上创建索引，系统会创建一个仅有商品 ID 和记录对应的物理位置信息的索引（可以看作一个小表），而且可以对商品 ID 字段进行排序，这样客户端发送同样的查询 SQL 语句就无须对整个表进行扫描，而是在索引中查找。由于索引的数据量很少而且已经根据商品 ID 进行排序，查找算法还可以对索引进行优化，因此查找次数要少得多，能够快速找到商品 ID=99999 的位置，从而定位到商品表中的商品 ID=99999 的记录。从实现数据搜索的角度来看，索引是另外一类文件/记录，它包含着可以指示相关数据位置的各种记录。每一个索引都有一个对应的搜索码，索引相当于所有数据目录项的集合，它能为既定的搜索码的所有数据目录项提供定位所需的各种有效支持。

索引可以提升数据查询的速度。为数据表创建索引会增加存储数据库的空间，而且当数据表的数据进行插入、更新和删除操作后，系统还需要对该表已有的索引同步进行插入、更新和删除，以确保索引中的记录和数据表中的记录一致。如果要为数据表创建索引，那么索引创建在哪些字段上、该数据表是否频繁地进行增删改的操作、索引同步更新需要多长时间等都是创建索引前必须考虑的问题，因此需要分析应用程序的业务处理、数据使用、是否经常被用作查询的条件或者被要求排序的字段，以确定是否创建索引。在数据表中创建索引可以参考以下场景。

① 在经常需要搜索查询的列上创建索引，这样可以加快搜索的速度。
② 在作为主键的列上创建索引，强制该列的唯一性和组织表中数据的排列结构。
③ 在经常需要根据范围进行搜索的列上创建索引，因为索引已经排序，其指定的范围是连续的。
④ 在经常需要排序的列上创建索引，因为索引已经排序，所以可以加快查询时间。
⑤ 在经常使用 WHERE 子句的列上创建索引，这样可以加快条件的判断速度。
⑥ 为经常出现在关键字 ORDER BY、GROUP BY、DISTINCT 后面的字段创建索引。

不建议在数据表中创建索引的场景有以下几个。
① 对于在查询中很少使用或参考的列不建议创建索引。
② 对于只有很少数据值的列不建议创建索引。
③ 定义为 text、image 和 bit 数据类型的列不建议创建索引。
④ 当数据发生修改的概率远远大于对该表进行查询的概率时，不建议创建索引。

在 openGauss 数据库中，当数据表的索引创建成功后，系统会自动判断何时引用索引。当系统认为使用索引比顺序扫描更快时，它就会使用索引。分区表索引分为 LOCAL 索引和 GLOBAL 索引，LOCAL 索引与某个具体分区绑定，GLOBAL 索引则对应整个分区表。列存表支持的 PSORT 和 B-tree 索引都不支持创建表达式索引、部分索引和唯一索引。列存表所支持的 GIN 索引能够创建表达式索引，但表达式不能包含空分词、空列和多列，不支持创建部分索引和唯一索引。索引创建成功后必须和表保持同步，以保证能够准确地找到新数据，但这样会增加系统操作的负载。为了保证数据库长期运行的效率，需定期删除无用的索引。

在表上创建索引的语法格式如下。

```
CREATE [ UNIQUE ] INDEX [ CONCURRENTLY ] [ [schema_name.]index_name ] ON table_name
[ USING method ]
  ({ { column_name | ( expression ) } [ COLLATE collation ] [ opclass ] [ ASC | DESC ]
[ NULLS { FIRST | LAST } ] }[, ...] )
  [ WITH ( {storage_parameter = value} [, ... ] ) ]
```

```
[ TABLESPACE tablespace_name ]
[ WHERE predicate ];
```

参数说明如下。

① UNIQUE：创建唯一索引，每次添加数据时检测表中是否有重复值。如果插入或更新的值有重复，就会导致错误。目前只有行存表 B-tree 索引支持唯一索引。

② CONCURRENTLY：以不阻塞 DML 的方式创建索引（加 ShareUpdateExclusiveLock）。创建索引时，一般会阻塞其他语句对该索引所依赖表的访问。指定此关键字可以实现创建过程中不阻塞 DML，此选项只能指定一个索引的名称。CREATE INDEX 命令可以在事务内执行，但是 CREATE INDEX CONCURRENTLY 命令不可以在事务内执行。列存表、分区表和临时表不支持 CONCURRENTLY 方式创建索引。

③ schema_name：模式的名称。其值为已存在的模式名。

④ index_name：创建的索引名，索引的模式与表相同。其值为字符串，且要符合标识符的命名规范。

⑤ table_name：需要创建索引的表的名称，可以用模式修饰。其值为已存在的表名。

⑥ USING method：指定创建索引的方法。其值有以下几种。

- btree：B-tree 索引使用一种类似于 B+树的结构来存储数据的键值，这种结构能够快速地查找索引。B-tree 适合支持比较查询及查询范围。
- gin：GIN 索引是倒排索引，可以处理包含多个键的值（如数组）。
- gist：Gist 索引适用于几何和地理这类多维数据类型和集合数据类型。目前支持的数据类型有 box、point、poly、circle、tsvector、tsquery、range。
- Psort：Psort 索引。针对列存表进行局部排序索引。行存表支持的索引类型有 B-tree（行存表默认值）、GIN、Gist。列存表支持的索引类型有 Psort（列存表默认值）、B-tree、GIN。

⑦ column_name：表中需要创建索引的列的名称（字段名）。如果索引方式支持多字段索引，那么便可以声明多个字段。最多可以声明 32 个字段。

⑧ expression：创建一个基于该表的一个或多个字段的表达式索引，通常必须写在圆括号中。如果表达式有函数调用的形式，则圆括号可以省略。表达式索引可用于获取对基本数据的某种变形的快速访问。比如，一个在 upper(col) 上的函数索引将允许 WHERE upper(col) = 'JIM' 子句使用索引。在创建表达式索引时，如果表达式中包含 IS NULL 子句，则这种索引是无效的。对于这种情况，本书建议用户尝试创建一个部分索引。

⑨ COLLATE collation：COLLATE 子句指定列的排序规则（该列必须是可排列的数据类型）。如果没有指定，则使用默认的排序规则。排序规则可以使用 select * from pg_collation 命令从 pg_collation 系统表中查询，默认的排序规则是以查询结果中 default 开始的。

⑩ opclass：操作符类的名称。对于索引的每一列可以指定一个操作符类，它标识了索引那一列使用的操作符。例如，一个 B-tree 索引在一个 4 字节的整数上可以使用 int4_ops；这个操作符类包括 4 字节整数的比较函数。实际上，列上的数据类型默认的操作符类是足够用的，操作符类主要用于一些有多种排序的数据。

⑪ ASC：指定按升序排列（默认）。

⑫ DESC：指定按降序排列。

⑬ NULLS FIRST：指定空值在排序中排在非空值之前。当指定 DESC 排序时，本选

项为默认的。

⑭ NULLS LAST：指定空值在排序中排在非空值之后。未指定 DESC 排序时，本选项为默认的。

⑮ WITH ({storage_parameter = value} [, ...])：指定索引方法的存储参数。

⑯ TABLESPACE tablespace_name：指定索引的表空间，如果没有指定，则使用默认的表空间。其值为已存在的表空间名。

⑰ WHERE predicate：创建一个部分索引。部分索引是一个只包含表的一部分数据的索引，通常这部分数据比其他数据更有用。例如，一个表中包含已记账和未记账的记录，其中未记账的记录只占表的一小部分且是最常用的部分，此时就可以只在未记账部分创建一个部分索引改善性能。predicate 表达式只能引用表的字段，它可以使用所有字段，而不仅是被索引的字段。此外，WHERE 子句中不能有子查询和聚集表达式。

在分区表上创建索引的语法格式如下。

```
CREATE [ UNIQUE ] INDEX [ [schema_name.]index_name ] ON table_name [ USING method ]
    ( {{ column_name | ( expression ) } [ COLLATE collation ] [ opclass ] [ ASC | DESC ]
[ NULLS LAST ] }[, ...] )
    [ LOCAL [ ( { PARTITION index_partition_name [ TABLESPACE index_partition_tablespace ] }
[, ...] ) ] | GLOBAL ]
    [ WITH ( { storage_parameter = value } [, ...] ) ]
    [ TABLESPACE tablespace_name ];
```

部分参数说明如下。

① LOCAL：指定创建的分区索引为 LOCAL 索引。

② PARTITION index_partition_name：索引分区的名称。其值为字符串，且要符合标识符的命名规范。

③ TABLESPACE index_partition_tablespace：索引分区的表空间。如果没有声明，其值将使用分区表索引的表空间 index_tablespace。

④ GLOBAL：指定创建的分区索引为 GLOBAL 索引，当不指定 LOCAL、GLOBAL 关键字时，默认创建 GLOBAL 索引。

通过 gsql 给数据表创建索引的示例如下。

```
--创建表 Products
CREATE TABLE Products (ProductID serial NOT NULL PRIMARY KEY,ProductName
varchar(100),ProductConfig varchar(100),UnitPrice money,UnitsInStock integer,Memo
varchar(500));
--在表 Products 上的 ProductName 字段上创建普通索引
CREATE UNIQUE INDEX index_products_productname ON Products(ProductName);
--在表 Products 上的 ProductConfig 字段上创建指定 B-tree 索引
CREATE INDEX index_products_config ON Products USING btree(ProductConfig);
--在表 Products 上的 UnitsInStock 字段上创建 SM_SHIP_MODE_SK 大于 10 的部分索引
CREATE INDEX index_products_unitsinstock ON Products(UnitsInStock) WHERE
UnitsIn Stock>10;
```

通过 gsql 给数据表创建索引如图 4-76 所示。

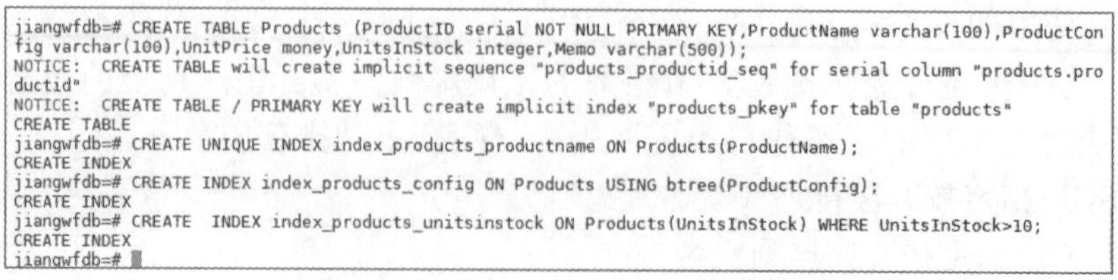
```
jiangwfdb=# CREATE TABLE Products (ProductID serial NOT NULL PRIMARY KEY,ProductName varchar(100),ProductCon
fig varchar(100),UnitPrice money,UnitsInStock integer,Memo varchar(500));
NOTICE:  CREATE TABLE will create implicit sequence "products_productid_seq" for serial column "products.pro
ductid"
NOTICE:  CREATE TABLE / PRIMARY KEY will create implicit index "products_pkey" for table "products"
CREATE TABLE
jiangwfdb=# CREATE UNIQUE INDEX index_products_productname ON Products(ProductName);
CREATE INDEX
jiangwfdb=# CREATE INDEX index_products_config ON Products USING btree(ProductConfig);
CREATE INDEX
jiangwfdb=# CREATE  INDEX index_products_unitsinstock ON Products(UnitsInStock) WHERE UnitsInStock>10;
CREATE INDEX
jiangwfdb=#
```

图 4-76　通过 gsql 给数据表创建索引

查看已经创建的索引，示例如下。

```
\d+ index_categoryname
```

查看已经创建的索引，如图 4-77 所示。

```
jiangwfdb=# \d+ index_categoryname
                Index "public.index_categoryname"
    Column    |          Type          |   Definition   | Storage
--------------+------------------------+----------------+----------
 categoryname | character varying(100) | categoryname   | extended
unique, btree, for table "public.categories"
Options: fillfactor=100
```

图 4-77　查看已经创建的索引

删除索引的示例如下。

```
drop index index_categoryname;
```

Products 还可以使用 Data Studio 来创建索引，如图 4-78～图 4-81 所示。

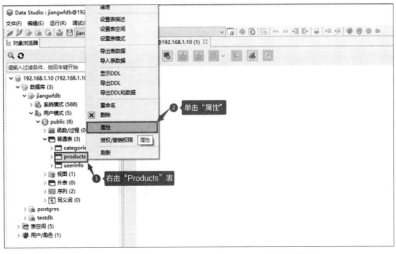

图 4-78　使用 Data Studio 对 Products 创建索引 1

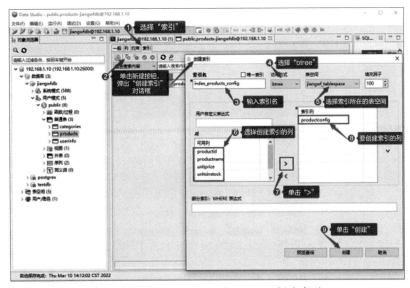

图 4-79　使用 Data Studio 对 Products 创建索引 2

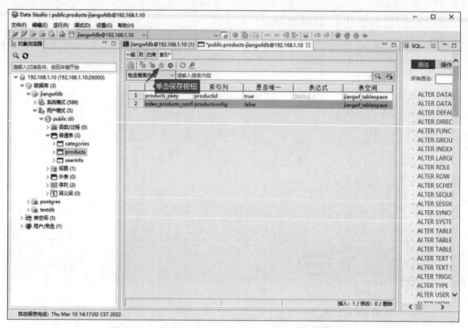

图 4-80　使用 Data Studio 对 Products 创建索引 3

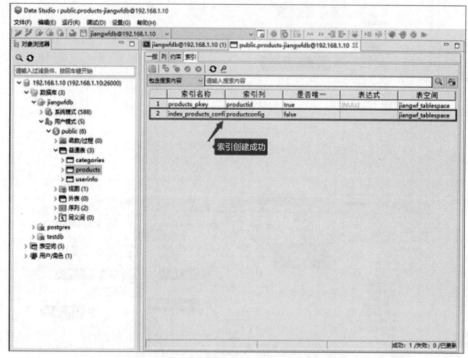

图 4-81　使用 Data Studio 对 Products 创建索引 4

openGauss 数据库提供 gs_index_advise 函数，可以针对查询语句生成推荐索引，推荐结果由表名和列名构成，以下示例演示该函数的使用方式。

```
select * from gs_index_advise('select * from score order by score');
```

gs_index_advise 函数使用如图 4-82 所示。

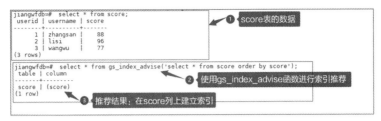

图 4-82　gs_index_advise 函数使用

4.5.5　序列介绍

序列（Sequence）是用来产生唯一整数的数据库对象。序列的值是按照一定规则自增的整数。由于其值自增，因此序列具有唯一标识性。通过序列使某字段成为唯一标识符的方法有两种：一种是声明字段的类型为序列整型，由数据库在后台自动创建一个对应的序列；另一种是使用 CREATE SEQUENCE 创建序列，然后将 nextval('sequence_name') 函数读取的序列值指定为某一字段的默认值，这样该字段就可以作为唯一标识符。

方法 1：声明字段的类型为序列整型，示例如下。

```
CREATE TABLE T1(id serial,name text);
```

当结果显示为 CREATE TABLE，则表示创建成功。

方法 2：创建序列，并通过 nextval('sequence_name') 函数指定为某一字段的默认值。

① 创建序列，示例如下。

```
CREATE SEQUENCE seq1 cache 100;
```

当结果显示为 CREATE SEQUENCE，则表示创建成功。

② 指定为某一字段的默认值，示例如下。

```
CREATE TABLE T2 ( id  int not null default nextval('seq1'), name text);
```

使用 Data Studio 创建序列的示例如下，如图 4-83～图 4-86 所示。

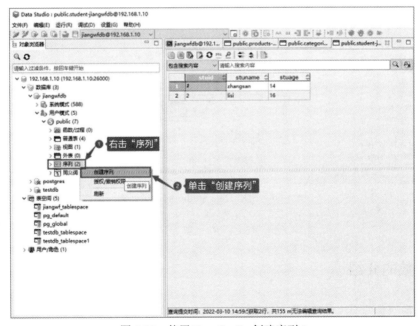

图 4-83　使用 Data Studio 创建序列 1

图 4-84　使用 Data Studio 创建序列 2

图 4-85　使用 Data Studio 创建序列 3

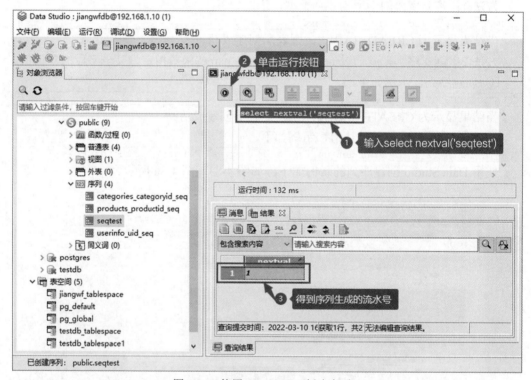

图 4-86　使用 Data Studio 创建序列 4

4.6　函数的介绍

在关系型数据库中，函数是在数据库内定义的具备一定功能的子程序，可以在
SQL 语句中被调用，还可以减少重复编码。openGauss 数据库中提供了大量的系统函

数，可以实现字符串处理、数学运算、日期运算等功能。此外，用户也可以添加自定义的函数。

4.6.1 系统函数介绍

常用的字符串处理函数见表 4-21。

表 4-21 常用的字符串处理函数

字符处理函数	功能	示例
basicemailmasking(text, char DEFAULT 'x'::bpchar)	对第一个@符号之前的电子邮件文本进行脱敏	basicemailmasking('abcd@gm-ail.com')→××××@gmail.com
char_ length(string)	字符串中的字符个数	char_ length('hello')→5
lengthb(text/bpchar)	获取指定字符串的字节数	lengthb('hello')→5
left(str text, *n* int)	返回字符串的前 *n* 个字符。当 *n* 是负数时，返回除最后|*n*|个字符外的所有字符	left('abcde', 2)→ab
right(str text, *n* int)	返回字符串中的后 *n* 个字符。当 *n* 是负数时，返回除前|*n*|个字符外的所有字符	right('abcde', 2)→de
notlike(*x* bytea name text, *y* bytea text)	比较 *x* 和 *y* 是否不一致	notlike(1,2) t.notlike(1,1)→f
rawcat(raw,raw)	字符串拼接函数	rawcat('ab','cd')→ABCD
rcversc(str)	返回颠倒的字符串	reverse ('abcdc')→cdcba

常用的数据操作函数见表 4-22。

表 4-22 常用的数据操作函数

数字操作函数	功能	示例
ceil(*x*)	不小于参数的最小整数	ceil(−42.8)→−42
floor(*x*)	不大于参数的最大整数	floor(−42.8)→−43
log(*x*)	以 10 为底的对数	log(100.0) →2.0000000000000000
div(*y* numeric, *x* numeric)	*y* 除以 *x* 的商的整数部分	div(9,4)→2
trunc(*x*)	截断（取整数部分）	trunc(42.8)→42
cbrt(dp)	立方根	cbrt(27.0)→3
mod(*x*,*y*)	*x*/*y* 的余数（模）。如果 *x* 是 0，则返回 0	mod(9,4)→1
power(*a* double precision, *b* double precision)	*a* 的 *b* 次幂	power(9.0, 3.0)→729.0000000000000000

常用的日期和时间处理函数见表 4-23。

表 4-23　常用的日期和时间处理函数

日期和时间处理函数	功能	示例
age(timestamp, timestamp)	将两个参数相减，并以年数、月数、日数作为返回值。若减值为负，则函数返回亦为负，入参可以都可带或不带 time zone	age(timestamp'2001-04-10',timestamp '1957-06-13')→43 years 9 mons 27 days
age(timestamp)	当前时间和参数相减，入参可带或不带 time zone	age(timestamp '1957-06-13')→64 years 2 mons 18 days
current_ date	当前日期	current_date→2021-05-01
date_ part(text, timestamp)	获取日期/时间值中子域的值，例如年或者小时的值	date_part('hour',timestamp'2001-02-16 20:38:40') →20
trunc(timestamp)	默认按大截取	trunc(timestamp '2001-02-16 20:38:40')→2001-02-16 00:00:00
sysdate	当前日期及时间	sysdate→2021-05-01 17:04:49
justify_ days(interval)	将时间间隔以月（30 天为一月）为单位	justify_days(interval '35 days')→1 mon 5 days
pg_sleep(seconds)	服务器线程时延，单位为 s	pg_steep(10) →系统等待 10s
last_day(d)	用于计算时间点 d 当月最后一天的时间	last_day(to_date ('2017-01-01'), ('YYYY-MM-DD')→2017-01-31 00:00:00

常用的类型转换函数见表 4-24。

表 4-24　常用的类型转换函数

类型转换函数	功能	示例
cast(x as y)	类型转换函数，将 x 转换成 y 指定的类型	cast('22-oct-1997' as timestamp)→1997-10-22 00:00:00
hextoraw(string)	将一个十六进制构成的字符串转换为二进制	hextoraw('7D')→7D
numtoday(numeric)	将数字类型的值转换为指定格式的时间戳	numtoday(2)→2 days
pg_ systimestamp()	获取系统时间戳	pg_systimestamp()→2021-05-14 11:21:28.317367+08
rawtohex(string)	将一个二进制构成的字符串转换为十六进制的字符串	rawtohex('1234567')→31323334353637
to_ bigint(varchar)	将字符类型转换为bigint 类型	to_ bigint('123364545554455') → 123364545554455
to_ timestamp(text, text)	将字符串类型的值转换为指定格式的时间戳	To_timestamp('05 Dec 2000', 'DD Mon YYYY')→2000-12-05 00:00:00
convert_to_nocase(text, text)	将字符串转换为指定的编码类型	convert_to_nocase('12345', 'GBK')→\x3132333435

常见的几何函数见表 4-25。

表 4-25　常见的几何函数

几何函数	描述	示例
area(object)	计算图形的面积	area(box '((0,0),(1,1))')→1
center(object)	计算图形的中心	center(box '((0,0),(1,2))')→(0.5,1)
diameter(circle)	计算圆的直径	diameter(circle '((0,0),2.0)')→4
height(box)	矩形的竖直高度	height(box '((0,0),(1,1))')→1
isclosed(path)	图形是否为闭合路径	isclosed(path '((0,0),(1,1),(2,0))')→t
isopen(path)	图形是否为开放路径	isopen(path '[(0,0),(1,1),(2,0)]')→t
length(object)	计算图形的长度	length(path '((-1,0),(1,0))')→4
npoints(path)	计算路径的顶点数	npoints(path '[(0,0),(1,1),(2,0)]')→3
npoints(polygon)	计算多边形的顶点数	npoints(polygon '((1,1),(0,0))')→2
pclose(path)	把路径转换为闭合路径	pclose(path　'[(0,0),(1,1),(2,0)]')→((0,0),(1,1),(2,0))
popen(path)	把路径转换为开放路径	popen(path　'((0,),(1,1),(2,0))')　→[(0,0),(1,1),(2,0)]
radius(circle)	计算圆的半径	radius(circle '((0,0),2.0)')→2
width(box)	计算矩形的水平尺寸	width(box '((0,0),(1,1))')→1

常见的几何类型转换函数见表 4-26。

表 4-26　常见的几何类型转换函数

几何类型转换函数	描述	示例
box(circle)	将圆转换成矩形	box(circle '((0,0),2.0)')→(1.41421356237309, 1.41421356237309),(-1.41421356237309, -1.41421356237309)
box(point, point)	将点转换成矩形	box(point '(0,0)', point '(1,1))→(1,1),(0,0)
box(polygon)	将多边形转换成矩形	box(polygon '((0,0),(1,1),(2,0))')→(2,1),(0,0)
circle(box)	矩形转换成圆	circle(box '((0,0),(1,1))')→<(0.5,0.5), 0.707106781186548>
circle(point, double precision)	将圆心和半径转换成圆	circle(point '(0,0)', 2.0)→<(0,0),2>
circle(polygon)	将多边形转换成圆	circle(polygon '((0,0),(1,1),(2,0))')→ <(1,0.333333333333333), 0.924950591148529>
lseg(box)	矩形对角线转化成线段	lseg(box '((-1,0),(1,0))')→[(1,0),(-1,0)]
lseg(point, point)	点转换成线段	lseg(point '(-1,0)', point (1,0)')→[(-1,0),(1,0)]
path(polygon)	多边形转换成路径	path(polygon '((0,0),(1,1),(2,0))')→((0,0), (1,1),(2,0))
point(box)	矩形的中心	point(box '((-1,0),(1,0))')→(0,0)
point(circle)	圆心	point(circle '((0,0),2.0) ')→(0,0)

4.6.2 用户自定义函数介绍

如果 openGauss 自带的系统函数不能满足用户的业务需求，那么用户可以创建自定义函数，在自定义函数中编写实际业务需要的 SQL 语句。自定义函数创建成功后，可以被应用程序和其他 SQL 语句像调用 openGauss 的系统函数一样进行调用。自定义函数在实际应用中非常有价值，用户可以根据自己所需的业务灵活地创建，更好地适配业务。

在创建自定义函数时，需要注意以下事项。

① 如果创建函数时，参数或返回值带有精度，则不进行精度检测。

② 创建函数时，函数定义中对表对象的操作建议都显式指定模式，否则函数执行可能会出现异常。

③ 在创建函数时，函数内部通过 SET 语句设置 current_schema 和 search_path 无效。函数 search_path 和 current_schema 在执行前和执行后保持一致。

④ 如果函数参数中带有出参，则 SELECT 调用函数必须默认出参，CALL 调用函数必须指定出参。对于调用重载的带有 PACKAGE 属性的函数，CALL 调用函数可以默认出参。

⑤ 兼容 Postgresql 风格的函数或带有 PACKAGE 属性的函数支持重载。在指定 REPLACE 时，如果参数的个数、类型、返回值有变化，就不会替换原有函数，而是建立新的函数。

⑥ SELECT 调用可以指定不同参数调用同名函数。该语法不支持调用不带有 PACKAGE 属性的同名函数。

⑦ 在创建函数时，不能在 avg 函数外嵌套其他 agg 函数或系统函数。

⑧ 创建的函数默认会给 PUBLIC 授予执行权限（详见 GRANT）。用户可以选择收回 PUBLIC 默认执行权限，然后根据需要将执行权限授予其他用户。为了避免出现新函数能被所有人访问的时间窗口，应在一个事务中创建函数并设置函数执行权限。

⑨ 在函数内部调用其他无参数的函数时，可以省略括号，直接使用函数名进行调用。

创建自定义函数的语法格式如下。

```
CREATE [ OR REPLACE ] FUNCTION function_name
    ([ { argname [ argmode ] argtype [ { DEFAULT | := | = } expression ] } [, ...] ])
    RETURN rettype [ DETERMINISTIC ]
    [
        { IMMUTABLE  | STABLE  | VOLATILE }
        | {SHIPPABLE | NOT SHIPPABLE}
        | {PACKAGE}
        | {FENCED | NOT FENCED}
        | [ NOT  ] LEAKPROOF
        | {CALLED ON NULL INPUT | RETURNS NULL ON NULL INPUT | STRICT }
        | {[ EXTERNAL  ] SECURITY INVOKER  | [ EXTERNAL  ] SECURITY DEFINER |
AUTHID DEFINER | AUTHID CURRENT_USER}
        | COST execution_cost
        | ROWS result_rows
        | SET configuration_parameter { {TO | =} value  | FROM CURRENT

    ][...]

    {
      IS  | AS
} plsql_body
/
```

参数说明如下。

① function_name：创建的函数名称（可以用模式修饰）。其值为字符串，且要符合标识符的命名规范。该参数最多为 63 个字符，若超过 63 个字符，数据库会截断超出部分，保留前 63 个字符作为函数名称。

② argname：函数参数的名称。其值为字符串，要符合标识符的命名规范。该参数最多为 63 个字符。若超过 63 个字符，数据库会截断超出部分，保留前 63 个字符作为函数参数名称。

③ argmode：函数参数的模式。其值为 IN、OUT、INOUT 或 VARIADIC。默认值是 IN。并且 OUT 和 INOUT 模式的参数不能用在 RETURNS TABLE 的函数定义中。VARIADIC 用于声明数组类型的参数。

④ argtype：函数参数的类型。

⑤ expression：参数的默认表达式。

⑥ rettype：函数返回值的数据类型。如果存在 OUT 或 INOUT 参数，可以省略 RETURNS 子句。该子句必须和输出参数表示的结果类型一致：如果有多个输出参数，则为 RECORD，否则与单个输出参数的类型相同。SETOF 修饰词表示该函数将返回一个集合，而不是单独一项。

⑦ DETERMINISTIC：SQL 语法兼容接口，未实现功能，不推荐使用。

⑧ IMMUTABLE：表示该函数在给出同样的参数值时总是返回同样的结果。

⑨ STABLE：表示该函数不能修改数据库，对相同参数值，在同一次表扫描里，该函数的返回值不变，但是返回值可能在不同 SQL 语句之间变化。

⑩ VOLATILE：表示该函数值可以在一次表扫描内改变，因此不会做任何优化。

⑪ SHIPPABLE | NOT SHIPPABLE：表示该函数是否可以下推执行。预留接口，不推荐使用。

⑫ PACKAGE：表示该函数是否支持重载。package 函数不支持 VARIADIC 类型的参数。不允许修改函数的 package 属性。

⑬ FENCED | NOT FENCED：声明用户定义的 C 函数是在保护模式还是非保护模式下执行。预留接口，不推荐使用。

⑭ LEAKPROOF：指出该函数的参数只包括返回值。LEAKPROOF 只能由系统管理员设置。

⑮ CALLED ON NULL INPUT：表明该函数的某些参数是 NULL 时，可以按照正常的方式调用。该参数可以省略。

⑯ RETURNS NULL ON NULL INPUT | STRICT：STRICT 用于指定如果函数的某个参数是 NULL，此函数总是返回 NULL。RETURNS NULL ON NULL INPUT 和 STRICT 的功能相同。

⑰ EXTERNAL：作用是与 SQL 兼容，是可选的，与 SQL 兼容的特性适合所有函数，不只是外部函数。

⑱ COST execution_cost：用来估计函数的执行成本。execution_cost 以 cpu_operator_cost 为单位。该参数的值为正数。

⑲ ROWS result_rows：估计函数返回的行数。用于函数返回的是一个集合。取值范围：正数，默认值是 1000 行。

⑳ plsql_body：PL/SQL 存储过程体。

创建自定义函数如图 4-87 所示。

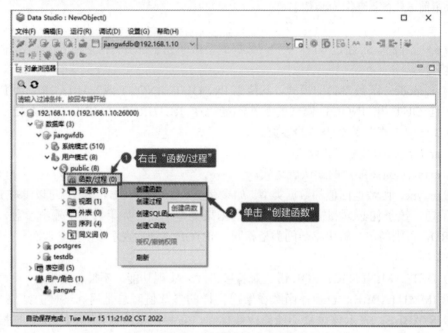

图 4-87　创建自定义函数

修改代码模板如图 4-88 所示。

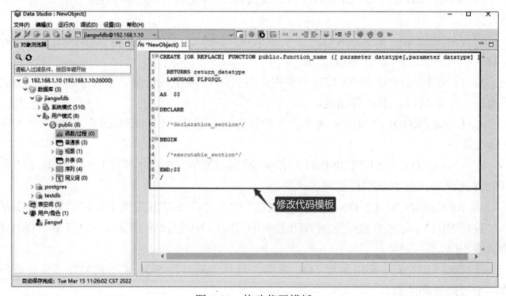

图 4-88　修改代码模板

修改代码如下。

```
CREATE OR REPLACE FUNCTION public.myfun(a integer, b integer)
    RETURNS integer
    LANGUAGE PLPGSQL
```

```
AS  $$
DECLARE
    /*declaration_section*/
  c int;
  d int;
BEGIN
    /*executable_section*/
  c:=a;
  d:=b;
  return 2*(c+d);
END;$$
/
```

编译代码如图 4-89 所示。

图 4-89　编译代码

新函数/过程将被打开，如图 4-90 所示。

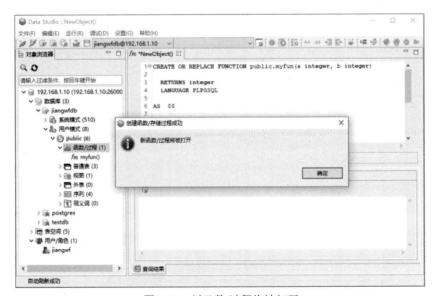

图 4-90　新函数/过程将被打开

修改代码如图 4-91 所示。

图 4-91　修改代码

执行如图 4-92 所示。

图 4-92　执行

输入参数值如图 4-93 所示。

图 4-93　输入参数值

查看结果如图 4-94 所示。

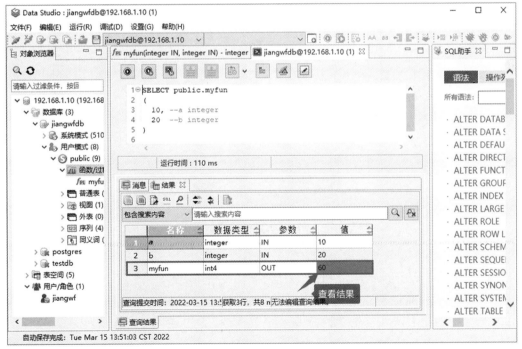

图 4-94　查看结果

创建自定义函数，如图 4-95 所示。

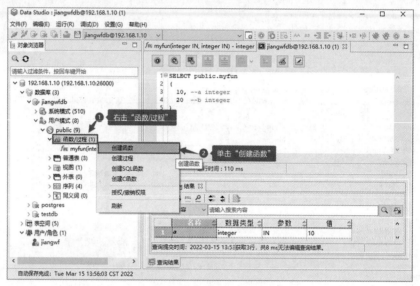

图 4-95　创建自定义函数

根据输入的分数得到评价，如图 4-96 所示。

图 4-96　根据输入的分数得到评价

创建自定义函数，命令如下。

```
CREATE OR REPLACE FUNCTION public.getScoreDescription (score  integer)
      RETURNS VARCHAR2
      LANGUAGE PLPGSQL
AS  $$
DECLARE
      /*declaration_section*/
    c varchar(100);
BEGIN
      /*executable_section*/
    c:='不及格';
    IF score>=90 THEN
```

```
    c :='优秀';
    ELSIF score >=80 THEN
    c :='良好';
    ELSIF score >=70 THEN
    c :='一般';
    ELSIF score >=60 THEN
    c :='及格';
    ELSE
    c := '不及格';
    END IF;
    RETURN c;
END;$$
/
```

编译代码如图 4-97 所示。

图 4-97　编译代码

新函数/过程将被打开，如图 4-98 所示。

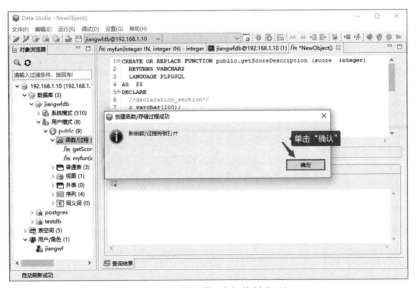

图 4-98　新函数/过程将被打开

函数创建成功，如图 4-99 所示。

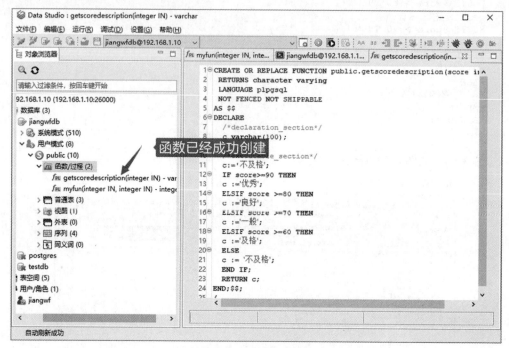

图 4-99　函数创建成功

输入测试数据，如图 4-100 所示。

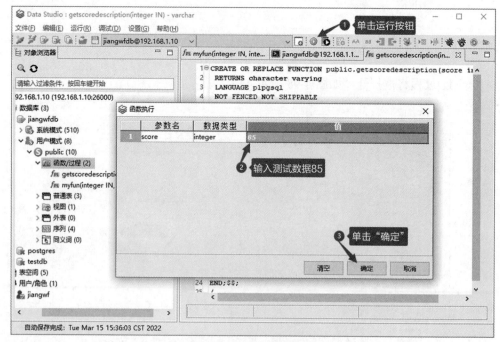

图 4-100　输入测试数据

查看输出结果，如图 4-101 所示。

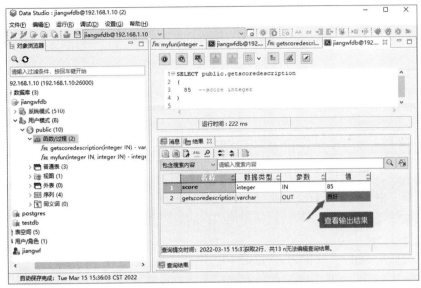

图 4-101　查看输出结果

创建并查询分数表，示例如下。

```
--创建分数表
CREATE table stuscore(stuid serial ,subject varchar(50),score int)
insert into stuscore(stuid,subject,score) values(default,'语文',88);
insert into stuscore(stuid,subject,score) values(default,'数学',98);
insert into stuscore(stuid,subject,score) values(default,'英语',66);
insert into stuscore(stuid,subject,score) values(default,'物理',75);
insert into stuscore(stuid,subject,score) values(default,'历史',45);
--查询分数表
select stuid,subject,score,getScoreDescription(score) as 评价 from stuscore;
```

得到评分信息，如图 4-102 所示。

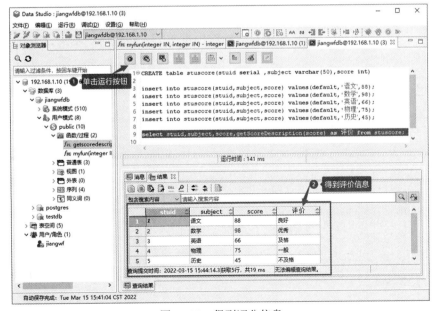

图 4-102　得到评分信息

删除函数的示例如下。

```
DROP FUNCTION function_name;
```

4.7　存储过程的介绍

存储过程是在大型数据库系统中，为了完成特定功能的一组 SQL 语句集，它存储在数据库中，一次编译永久有效，用户通过指定存储过程的名字进行调用。存储过程还可以定义输入和输出参数，用户在调用时可以传入参数并执行。存储过程是数据库中一个重要的对象。由于存储过程在数据库创建时就会进行语法检查和编译，并且在数据库服务器本地运行，因此在需要频繁访问本地数据时，使用存储过程能达到数据访问和处理效率的提升。

存储过程是 SQL 语句和 PL/SQL 语句的组合。存储过程使执行商业规则的代码可以从应用程序移动到数据库，实现代码存储一次能够被多个程序使用。创建存储过程可以使用 CREATE PROCEDURE 命令。创建存储过程有以下几点注意事项。

① 如果创建存储过程时，参数或返回值带有精度，不进行精度检测。

② 创建存储过程时，存储过程定义中对表对象的操作建议都显示指定模式，否则可能会导致存储过程执行异常。

③ 在创建存储过程时，存储过程内部通过 SET 语句设置 current_schema 和 search_path 无效。函数 search_path 和 current_schema 在执行前和执行后保持一致。

④ 如果存储过程参数中带有出参，SELECT 调用存储过程必须默认出参，CALL 调用存储过程调用非重载函数时必须指定出参，对于重载的 package 函数，out 参数可以默认。

⑤ 存储过程指定 package 属性时支持重载。

⑥ 在创建存储过程时，不能在 avg 函数外嵌套其他 agg 函数，或者其他系统函数。

⑦ 在存储过程内部调用其他无参数的存储过程时，可以省略括号，直接使用存储过程名进行调用。

4.7.1　创建存储过程

创建存储过程的语法格式如下。

```
CREATE [ OR REPLACE ] PROCEDURE procedure_name
    [ ( {[ argmode ] [ argname ] argtype [ { DEFAULT | := | = } expression ]}[,...]) ]
    [
        { IMMUTABLE | STABLE | VOLATILE }
        | { SHIPPABLE | NOT SHIPPABLE }
        | {PACKAGE}
        | [ NOT ] LEAKPROOF
        | { CALLED ON NULL INPUT | RETURNS NULL ON NULL INPUT | STRICT }
        | {[ EXTERNAL ] SECURITY INVOKER | [ EXTERNAL ] SECURITY DEFINER | AUTHID DEFINER
| AUTHID CURRENT_USER}
        | COST execution_cost
        | SET configuration_parameter { TO value | = value | FROM CURRENT }
    ][ ... ]
  { IS | AS }
plsql_body
/
```

参数说明如下。

① OR REPLACE：当存在同名的存储过程时，替换原来的定义。

② procedure_name：创建的存储过程名称，可以带有模式名。其值为字符串，要符合标识符的命名规范。

③ argmode：参数的模式。其值为 IN、OUT、INOUT 或 VARIADIC。默认值是 IN。VARIADIC 用于声明数组类型的参数。只有 OUT 模式的参数能跟在 VARIADIC 模式的参数之后。

④ argname：参数的名称。其值为字符串，要符合标识符的命名规范。

⑤ argtype：参数的数据类型。其值为可用的数据类型。

⑥ IMMUTABLE\STABLE：行为约束可选项。各参数的功能与 CREATE FUNCTION 类似。

⑦ configuration_parameter：把指定的配置参数设置为给定的值。如果参数的 value 是 DEFAULT，则在新的会话中使用系统的默认设置。OFF 关闭设置。该参数的值为字符串。

⑧ plsql_body：PL/SQL 存储过程体。

创建账户表，录入数据并查看初始数据的示例如下。

```
--创建账户表，账户余额字段添加约束：大于 0，并录入测试数据
create table accounts(id serial primary key,name varchar(50) not null, account numeric
check(account>0));
insert into accounts values (1,'zhangsan','2000');
insert into accounts values (2,'lisi','2000');
--查看初始数据
select * from accounts;
```

查看初始数据如图 4-103 所示。

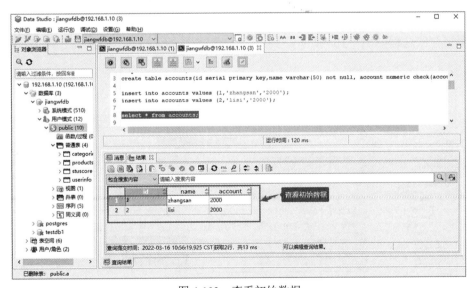

图 4-103　查看初始数据

创建存储过程的示例如下。

```
CREATE PROCEDURE public.transfer(id1 int,id2 int,num numeric)
IS
DECLARE
```

```
    /*declaration_section*/
BEGIN
    /*executable_section*/
  update accounts set account=account-num where id = id1;
  update accounts set account=account+num where id = id2;
  commit;  --提交事务
END;
/
```

创建存储过程如图 4-104 所示。

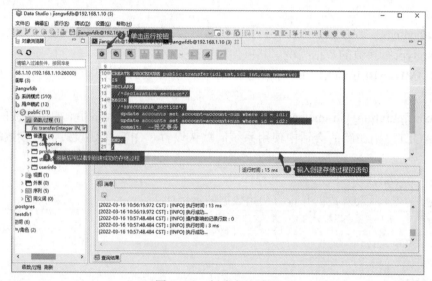

图 4-104　创建存储过程

调用存储过程，执行转账业务，并查看账户信息，示例如下。

```
call transfer(1,2,1000);
select * from accounts;
```

调用存储过程如图 4-105 所示。

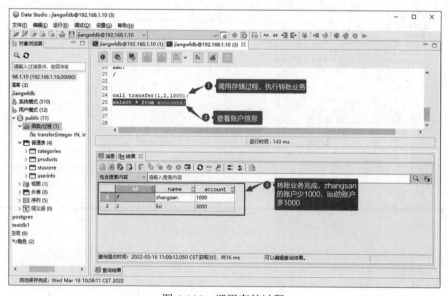

图 4-105　调用存储过程

再次执行转账，此时将违反账户余额必须大于 0 约束，示例如下。

```
call transfer(1,2,1000);
```

再次执行转账，如图 4-106 所示。

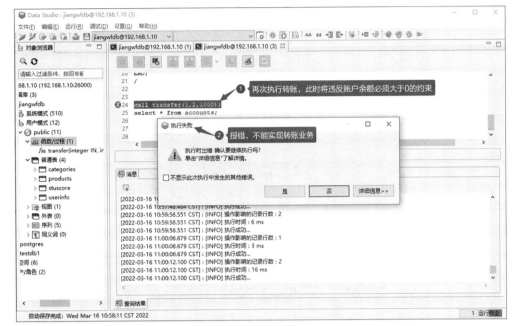

图 4-106　再次执行转账

查看账户信息，转账业务没有执行，示例如下。

```
select * from accounts;
```

查看账户信息如图 4-107 所示。

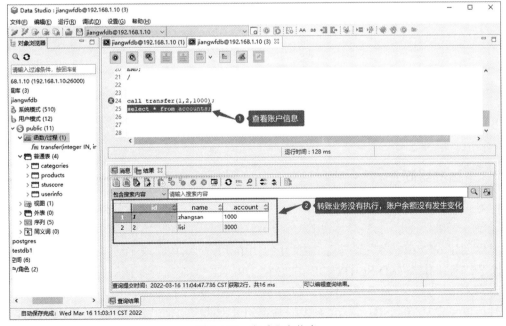

图 4-107　查看账户信息

4.7.2　删除存储过程

删除已存在的存储过程，语法格式如下。

```
DROP PROCEDURE [ IF EXISTS ] procedure_name ;
```

参数说明如下。

① IF EXISTS：如果指定的存储过程不存在，就会发出一个 notice 而不是抛出一个错误。

② procedure_name：准备删除的已存在的存储过程名。

删除已存在的存储过程如图 4-108 所示。

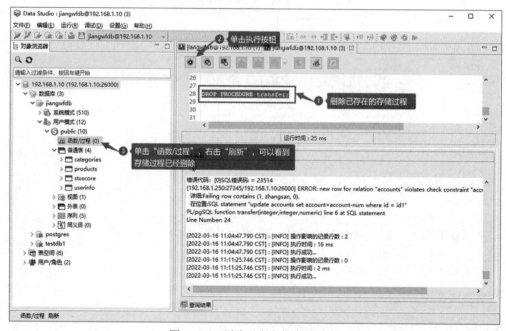

图 4-108　删除已存在的存储过程

4.8　触发器的介绍

4.8.1　触发器简介

触发器是数据库提供给用户用来对表中数据发生变动时的事件进行响应的业务处理机制，可以保证数据完整性。用户创建触发器时，可以预先编写业务处理逻辑代码。触发器创建成功后，这些代码不是由程序调用或用户手动启动，而是由事件触发，当对一个表进行操作（如 INSERT、DELETE 或 UPDATE）时就会激活触发器的执行。触发器经常用于加强数据的完整性约束和业务规则等。触发器执行时，不但可以查询其他表，而且可以包含复杂的 SQL 语句。触发器与存储过程的区别是触发器不能被用户或程序直接调用，而是在用户执行 Transact-SQL 语句对数据操作时自动触发。

在 openGauss 数据库中创建一个触发器，触发器将与指定的表或视图关联，并在特定条件下执行指定的函数。openGauss 当前仅支持在普通行存表上创建触发器，不支持在列存表、临时表、unlogged 表等表上创建触发器。如果为同一事件定义了多个相同类型的触发器，则按触发器的名称字母顺序触发。触发器常用于多表间数据关联同步场景，对 SQL 执行性能影响较大，不建议在同步数据量大及对性能要求高的场景中使用。

4.8.2　触发器的管理

创建触发器可以使用 CREATE TRIGGER 命令，语法格式如下。

```
CREATE [ CONSTRAINT ] TRIGGER trigger_name { BEFORE | AFTER | INSTEAD OF } { event
[ OR ... ] }
    ON table_name
    [ FROM referenced_table_name ]
    { NOT DEFERRABLE | [ DEFERRABLE ] { INITIALLY IMMEDIATE | INITIALLY DEFERRED } }
    [ FOR [ EACH ] { ROW | STATEMENT } ]
    [ WHEN ( condition ) ]
    EXECUTE PROCEDURE function_name ( arguments );
```

其中 event 包含 INSERT、UPDATE [OF column_name [, ...]]、DELETE、TRUNCATE。参数说明如下。

① CONSTRAINT：可选项，指定此参数将创建约束触发器，即触发器作为约束使用。除了可以使用 SET CONSTRAINTS 调整触发器触发的时间外，其他用法与常规触发器相同。约束触发器必须是 AFTER ROW 触发器。

② trigger_name：触发器名称，该名称不能限定模式，因为触发器自动继承其所在表的模式，且同一个表的触发器不能重名。对于约束触发器，使用 SET CONSTRAINTS 修改触发器行为时也使用此名称。该参数的值为符合标识符命名规范的字符串，且长度不超过 63 个字符。

③ BEFORE：触发器函数在触发事件发生前执行。

④ AFTER：触发器函数在触发事件发生后执行，约束触发器只能指定为 AFTER。

⑤ INSTEAD OF：触发器函数直接替代触发事件。

⑥ event：启动触发器的事件，其中包括 INSERT、UPDATE、DELETE 和 TRUNCATE，也可以通过 OR 同时指定多个触发事件。对于 UPDATE 事件，可以使用 UPDATE OF column_name1 [, column_name2 ...] 指定列，表示只有这些列作为 UPDATE 事件的目标列时，才会启动触发器，但是 INSTEAD OF UPDATE 不支持指定列。

⑦ table_name：需要创建触发器的表名称。其值为数据库中已经存在的表名称。

⑧ referenced_table_name：约束引用的另一个表的名称。只能为约束触发器指定，常见于外键约束。其值为数据库中已经存在的表名称。

⑨ DEFERRABLE | NOT DEFERRABLE：约束触发器的启动时机，仅用于约束触发器。这两个关键字设置该约束是否可推迟。

⑩ INITIALLY IMMEDIATE | INITIALLY DEFERRED ：如果约束是可推迟的，则这个子句声明检查约束的默认时间，仅用于约束触发器。

⑪ FOR EACH ROW | FOR EACH STATEMENT：触发器的触发频率。FOR EACH ROW 是指该触发器是受触发事件影响的每一行触发一次。FOR EACH STATEMENT 是指该触发器是每个 SQL 语句只触发一次。未指定时默认值为 FOR EACH STATEMENT。约束触发器只能指定为 FOR EACH ROW。

⑫ condition：决定是否实际执行触发器函数的条件表达式。当指定 WHEN 时，只有在条件返回 true 时才会调用该函数。在 FOR EACH ROW 触发器中，WHEN 条件可以通过分别写入 OLD.column_name 或 NEW.column_name 引用旧行或新行中某列的值。当然，INSERT 触发器不能引用 OLD，DELETE 触发器不能引用 NEW。INSTEAD OF 触发器不支持 WHEN 条件。WHEN 表达式不能包含子查询。对于约束触发器，WHEN 条件的评估不会延迟，而是在执行更新操作后立即发生。如果条件返回值不为 true，则触发器不会排队等待执行。

⑬ function_name：用户定义的函数，必须声明为不带参数的函数且返回类型为触发器，在触发器触发时执行。

触发器有以下 3 种。

① INSTEAD OF 触发器必须标记为 FOR EACH ROW，并且只能在视图上定义。

② BEFORE 和 AFTER 触发器作用在视图上时，只能标记为 FOR EACH STATEMENT。

③ TRUNCATE 触发器仅限 FOR EACH STATEMENT。

触发器的触发时机和触发事件见表 4-27。

表 4-27 触发器的触发时机和触发事件

触发时机	触发事件	行级	语句级
BEFORE	INSERT/UPDATE/DELETE	表	表和视图
	TRUNCATE	不支持	表
AFTER	INSERT/UPDATE/DELETE	表	表和视图
	TRUNCATE	不支持	表
INSTEAD OF	INSERT/UPDATE/DELETE	视图	不支持
	TRUNCATE	不支持	不支持

触发器函数特殊变量及含义见表 4-28。

表 4-28 触发器函数特殊变量及含义

特殊变量	含义
NEW	INSERT 及 UPDATE 操作涉及 tuple 信息中的新值，对 DELETE 为空
OLD	UPDATE 及 DELETE 操作涉及 tuple 信息中的旧值，对 INSERT 为空
TG_NAME	触发器名称
TG_WHEN	触发器触发时机（BEFORE/AFTER/INSTEAD OF）
TG_LEVEL	触发频率（ROW/STATEMENT）
TG_OP	触发操作（INSERT/UPDATE/DELETE/TRUNCATE）
TG_RELID	触发器所在表 OID
TG_RELNAME	触发器所在表名（已废弃，现用 TG_TABLE_NAME 替代）
TG_TABLE_NAME	触发器所在表名
TG_TABLE_SCHEMA	触发器所在表的 SCHEMA 信息
TG_NARGS	触发器函数参数个数
TG_ARGV[]	触发器函数参数列表

在实际应用开发时，触发器常应用在实施复杂的安全性检查、数据的审计、数据的备份和同步等场景中，例如在某个企业项目中，当数据库的入库表中添加一条商品入库记录时，系统自动同步库存表，将入库的数量增加在该商品的当前库存，当入库记录的数据发生修改或删除时，也应该同步该商品的当前库存。实际开发中，入库单的数据表一般设计为主子表结构，即主表用于记录入库单的基本信息，通过入库单编号对应入库子表中多条商品入库的记录。为了便于理解，对数据表的设计进行了简化：一个库存表和一个入库表，当入库表添加一条记录后，系统自动对库存表的商品库存进行同步。下面通过例子介绍触发器的使用。

示例 1：当学生表录入一条记录后，触发器自动在日志表中添加一条日志记录，命令如下。

```
--创建 student 表
CREATE TABLE student(stuid serial, stuname varchar(100));
--创建日志表（当 student 表中添加记录时，把当前的时间和 student 表的 stuname 添加到日志表中）
CREATE TABLE loginfo(createdate Date, stuname varchar(100));
```

创建 student 表和日志表，如图 4-109 所示。

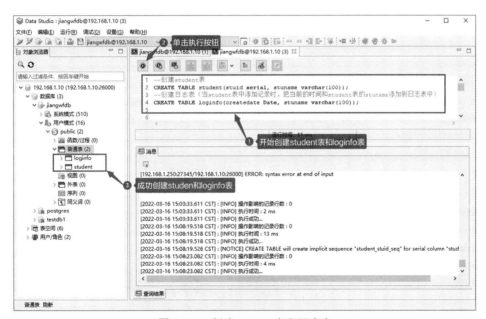

图 4-109　创建 student 表和日志表

创建函数，示例如下。

```
--创建函数，用于被触发器调用
CREATE OR REPLACE FUNCTION tri_insert_func() RETURNS TRIGGER AS
        $$
        DECLARE
        BEGIN
                INSERT INTO loginfo(createdate,stuname) VALUES(now(), NEW.stuname);
                RETURN NEW;
        END
        $$ LANGUAGE PLPGSQL;
--创建触发器，当 student 表插入数据后，执行 tri_insert_func()函数
CREATE TRIGGER insert_trigger
        AFTER INSERT ON student
        FOR EACH ROW
```

```
        EXECUTE PROCEDURE tri_insert_func();
```

创建函数，如图 4-110 所示。

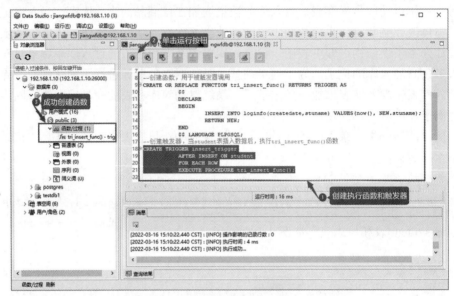

图 4-110　创建函数

插入数据并查看日志表的数据，示例如下。

```
--向 student 表中插入数据
insert into student(stuid, stuname) values(default,'zhangsan');
--查看日志表的数据
select * from loginfo;
--向 student 表中插入数据
insert into student(stuid, stuname) values(default,'lisi');
--查看日志表的数据
select * from loginfo;
```

插入数据并查看日志表的数据，如图 4-111 所示。

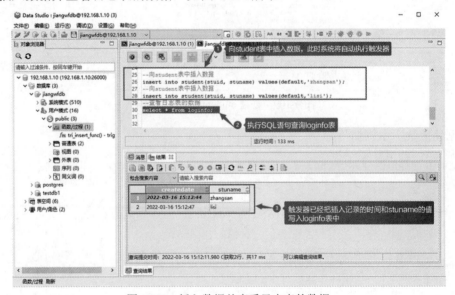

图 4-111　插入数据并查看日志表的数据

启用、禁用、删除触发器，示例如下。

```
--禁用 student 表的 insert_trigger 触发器
ALTER TABLE student DISABLE TRIGGER insert_trigger;
--启用 student 表的 insert_trigger 触发器
ALTER TABLE student ENABLE TRIGGER insert_trigger;
--禁用 student 表上所有触发器
ALTER TABLE student DISABLE TRIGGER ALL;
--启用 student 表上所有触发器
ALTER TABLE student ENABLE  TRIGGER ALL;
--删除 insert_trigger 触发器
DROP TRIGGER insert_trigger ON student;
```

示例 2：在入库表中添加入库记录后，自动同步商品表，命令如下。

```
--创建商品表（pno 为商品编码, pname 为商品名称, pnum 为当前库存量）
create table product(pno varchar(50) PRIMARY key,pname varchar(100),pnum INTEGER);
--创建入库表（sno 为入库流水号, pno 为商品编码, num 为入库数量）
create table  StockIn(sno serial PRIMARY key,pno varchar(50),num integer);
--添加测试数据
insert into product values('001','键盘',1),('002','鼠标',2),('003','显示器',3);
--查看商品表数据
select * from product;
```

创建入库表如图 4-112 所示。

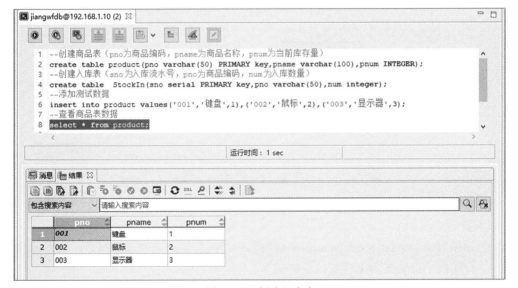

图 4-112　创建入库表

创建函数 tri_addproductnum()和触发器，当入库表添加记录后，触发器被调用，执行函数，自动增加库存量，示例如下。

```
--创建函数 tri_addproductnum()
CREATE OR REPLACE FUNCTION tri_addproductnum() RETURNS TRIGGER AS
        $$
        DECLARE
        BEGIN
      update product set pnum=pnum+NEW.num where pno=NEW.pno;
              RETURN NEW;
        END
        $$ LANGUAGE PLPGSQL;

--创建触发器
CREATE TRIGGER insertstockin_trigger
```

```
          AFTER INSERT ON StockIn
          FOR EACH ROW
          EXECUTE PROCEDURE tri_addproductnum();
--添加入库记录
insert into StockIn(sno,pno,num) values(default,'001',1);
--查看库存量
select * from product;
```

添加记录并查看库存量，如图 4-113 所示。

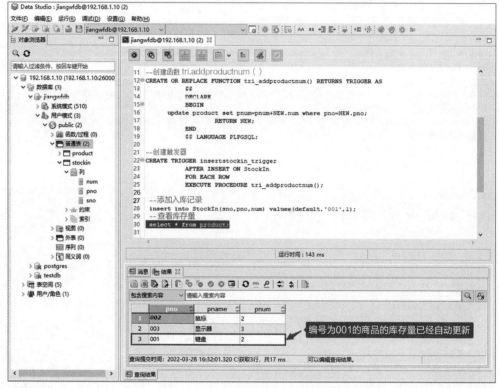

图 4-113　添加记录并查看库存量

创建函数 tri_updateproductnum()和触发器，当入库表的记录被修改后，触发器被调用，执行函数，自动更新库存量，示例如下。

```
--创建函数 tri_updateproductnum()
CREATE OR REPLACE FUNCTION tri_updateproductnum() RETURNS TRIGGER AS
        $$
        DECLARE
        BEGIN
    update Product set pnum=pnum-OLD.num where pno=NEW.pno;
    update Product set pnum=pnum+NEW.num where pno=NEW.pno;
        RETURN OLD;
        END
        $$ LANGUAGE PLPGSQL;

--创建触发器
CREATE TRIGGER updatestockin_trigger
        AFTER UPDATE ON StockIn
        FOR EACH ROW
        EXECUTE PROCEDURE tri_updateproductnum();
```

创建函数 tri_updateproductnum()，如图 4-114 所示。

图 4-114 创建函数 tri_updateproductnum()

修改入库数量并查看库存量，示例如下。

```
-- update StockIn set num=5 where pno='001'
-- select * from Product;
```

修改入库数量并查看库存量，如图 4-115 所示。

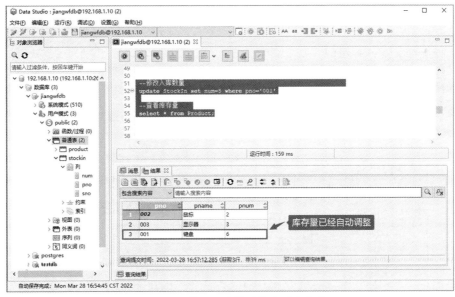

图 4-115 修改入库数量并查看库存量

创建函数 tri_deleteproductnum()和触发器，当入库表的记录被删除后，触发器被调用，执行函数，自动更新库存量，示例如下。

```
--创建函数 tri_deleteproductnum()
CREATE OR REPLACE FUNCTION tri_deleteproductnum() RETURNS TRIGGER AS
        $$
        DECLARE
        BEGIN
            update product set pnum=pnum-OLD.num where pno=OLD.pno;
```

```
            RETURN OLD;
        END
        $$ LANGUAGE PLPGSQL;
--创建触发器
CREATE TRIGGER deletestockin_trigger
        BEFORE DELETE ON StockIn
        FOR EACH ROW
        EXECUTE PROCEDURE tri_deleteproductnum();
```

创建函数 tri_deleteproductnum()，如图 4-116 所示。

图 4-116　创建函数 tri_deleteproductnum()

删除记录并查看库存量，示例如下。

```
--删除记录
delete from StockIn where sno=1;
--查看库存量
select * from Product;
```

删除记录并查看库存量，如图 4-117 所示。

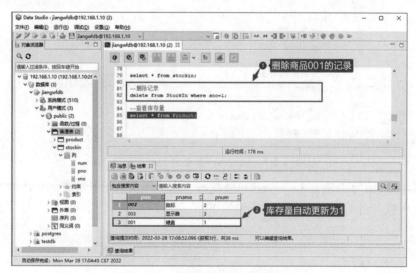

图 4-117　删除记录并查看库存量

4.9　游标的介绍

4.9.1　游标简介

数据库的游标可以理解为指向结果集记录的指针。与 SQL 语句可以一次性对数据库中的数据进行批处理不同，游标可以使用户从数据库中提取部分数据到一个缓冲区，并对该缓冲区的行记录指针进行定位和移动，同时能根据当前指针所在的行记录上访问数据。因此使用游标可以让用户像操作数组进行遍历一样操作查询的数据集。游标提供了一种从集合性质的结果中提取单条记录的手段。游标在创建的初始时指向首记录，可以返回当前指向的行记录（只能返回一行记录）。如果要返回多行，需要滚动游标，在移动过程中逐行地对数据进行访问。对于不同的 SQL 语句，游标的使用情况不同，游标的使用分为显式游标和隐式游标。显式游标主要用于对查询语句的处理，尤其是在查询结果为多条记录的情况下。对于非查询语句，如修改、删除操作，由系统自动地为这些操作设置游标并创建其工作区。由系统隐含创建的游标称为隐式游标，隐式游标的名称由系统定义。对于隐式游标的操作，如定义、打开、取值及关闭操作，都由系统自动地完成，无须用户进行处理。使用游标的注意事项有以下 3 个。

① 游标命令只能在事务块中使用。

② 游标通常和 SELECT 一样返回文本格式。因为数据在系统内部是用二进制格式存储的，系统必须对数据做一定转换以生成文本格式。一旦数据以文本形式返回，客户端应用需要把它们转换成二进制再进行操作。使用 FETCH 语句，游标可以返回文本或二进制格式。

③ 应该小心使用二进制游标。文本格式一般比对应的二进制格式占用的存储空间大。二进制游标返回内部二进制形态的数据，可能更易于操作。如果想以文本格式显示数据，则以文本格式检索会为用户节约很多客户端的工作。比如，如果查询从某个整数列返回 1，在默认的游标中将获得一个字符串 1，但在二进制游标里将得到一个 4 字节的包含该数值内部形式的数值。

4.9.2　游标管理

创建游标的语法格式如下。

```
CURSOR cursor_name
    [ BINARY ]  [ NO SCROLL ]  [ { WITH | WITHOUT } HOLD ]
    FOR query ;
```

参数说明如下。

① cursor_name：将要创建的游标名，需要遵循数据库对象命名规范。

② BINARY：指明游标以二进制而不是文本格式返回数据。

③ NO SCROLL：游标检索数据行的方式。声明则表示游标不能以倒序的方式检索数据行。未声明则表示根据执行计划的不同，自动判断游标是否可以以倒序的方式检索数据行。

④ WITH HOLD | WITHOUT HOLD：声明当创建游标的事务结束后，游标是否能继续使用。WITH HOLD 即声明游标在创建它的事务结束后仍可继续使用。WITHOUT HOLD

声明游标在创建它的事务结束后不能再继续使用，将被自动关闭。如果不指定 WITH HOLD 或 WITHOUT HOLD，默认行为是 WITHOUT HOLD。跨节点事务不支持 WITH HOLD，例如在多 DBnode 部署 openGauss 中创建的含有 DDL 的事务属于跨节点事务。

⑤ query：使用 SELECT 或 VALUES 子句指定游标返回的行。其值为 SELECT 或 VALUES 子句。

游标的应用示例如下。

```
--创建分数表 stuscore 并添加数据
CREATE  TABLE  stuscore(sid  serial,stuname  varchar(100),sex  varchar(10),score
integer) ;
insert into stuscore(sid,stuname,sex,score)  values(default,'zhangsan','男',60);
insert into stuscore(sid,stuname,sex,score)  values(default,'lisa','女',70);
insert into stuscore(sid,stuname,sex,score)  values(default,'lisa','男',80);
insert into stuscore(sid,stuname,sex,score)  values(default,'crystall','女',90);
--查看表中的数据 select * from stuscore;
```

创建分数表 stuscore 并添加数据，如图 4-118 所示。

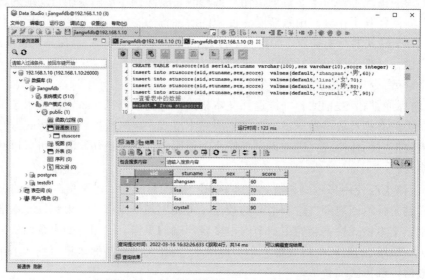

图 4-118　创建分数表 stuscore 并添加数据

创建存储过程，示例如下。

```
--给分数表中的女同学加 10 分
CREATE OR REPLACE PROCEDURE proc_stuscore()
AS
DECLARE
    stuid  integer;
    stusex varchar(10);
    stuscore   integer;
--定义游标 C
    CURSOR C IS SELECT sid,sex,score FROM stuscore;
BEGIN
--打开游标
    OPEN C;
    LOOP
--填充游标数据到 stuid, stusex,stuscore 变量中
        FETCH C INTO stuid, stusex,stuscore;
        EXIT WHEN C%NOTFOUND;
        IF stusex='女' THEN
            UPDATE stuscore SET score =score + 10 WHERE sid = stuid;
```

```
      END IF;
   END LOOP;
   CLOSE C;
END;
/
```

创建存储过程如图 4-119 所示。

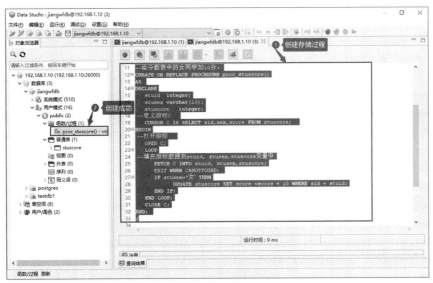

图 4-119　创建存储过程

查看数据、调用存储过程的示例如下。

```
--查看表中的数据
select * from stuscore;
--调用存储过程，开始给女同学加 10 分
CALL proc_stuscore();
```

查看表中的数据如图 4-120 所示。

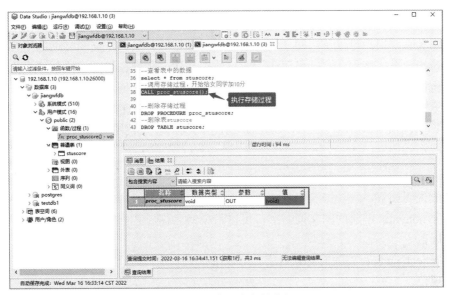

图 4-120　查看表中的数据

调用存储过程如图 4-121 所示。

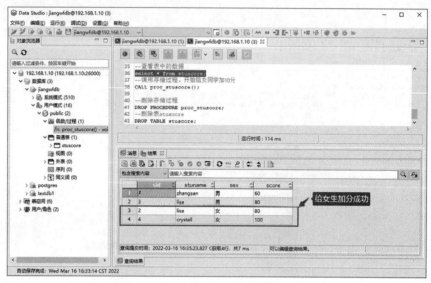

图 4-121　调用存储过程

删除存储过程、删除表的示例如下。

```
--删除存储过程
DROP PROCEDURE proc_stuscore;
--删除表 stuscore
DROP TABLE stuscore;
```

4.10　同义词的介绍

同义词是数据库中对象的一个别名，用于简化对象访问和提高对象访问的安全性。与视图类似，同义词并不占用实际存储空间，只在数据字典中记录与其他数据库对象之间的映射关系，用户可以使用同义词访问关联的数据库对象。定义同义词的用户为其所有者，若指定模式名称，则同义词在指定模式中创建，否则在当前模式创建。支持通过同义词访问的数据库对象包括表、视图、函数和存储过程。使用同义词时，用户需要具有对关联对象的相应权限。支持使用同义词的 DML 语句包括 SELECT、INSERT、UPDATE、DELETE、EXPLAIN、CALL。创建同义词可以使用 CREATE SYNONYM 语句，语法格式如下。

```
CREATE [ OR REPLACE ] SYNONYM synonym_name
    FOR object_name;
```

参数说明如下。

① synonym：创建的同义词名字，可以带模式名称。其值为字符串，要符合标识符的命名规范。

② object_name：关联的对象名字，可以带模式名称。其值为字符串，要符合标识符的命名规范。

使用 Data Studio 创建同义词如图 4-122～图 4-124 所示。

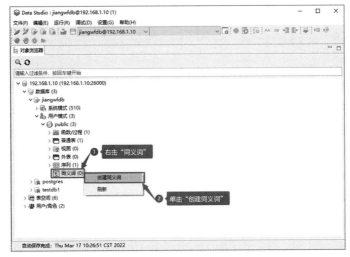

图 4-122 使用 Data Studio 创建同义词 1

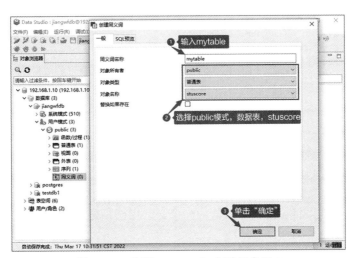

图 4-123 使用 Data Studio 创建同义词 2

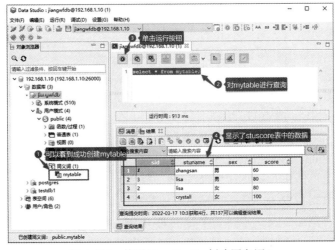

图 4-124 使用 Data Studio 创建同义词 3

删除同义词的示例如下。

```
DROP SYNONYM mytable;
```

4.11 导入/导出数据

4.11.1 使用 gsql 的\copy 命令导入/导出数据

gsql 工具提供了元命令\copy 进行数据导入/导出，\copy 元命令说明见表 4-29。

表 4-29   \copy 元命令说明

命令	参数说明
\copy { table [(column_list)] | (query) } { from | to } { filename | stdin | stdout | pstdin | pstdout } [with] [binary] [delimiter [as] 'character'] [null [as] 'string'] [csv [header] [quote [as] 'character'] [escape [as] 'character'] [force quote column_list | *] [force not null column_list]]	在任何 psql 客户端成功登录数据库后，可以使用该命令进行数据的导入/导出。但是与 sgl 和 copy 命令不同，该命令读取/写入的文件是本地文件，而非数据库服务器端文件，因此文件的可访问性、权限等，受限于本地用户的权限。 注意： \copy 只适合小批量、格式良好的数据导入，不会对非法字符进行预处理，也无容错能力，无法适用于含有异常数据的场景。导入数据应优先选择 copy

参数说明如下。

① table：表的名称（可以有模式修饰）。其值为已存在的表名。

② column_list：可选的待复制字段列表。其值为任意字段。如果没有声明字段列表，就使用所有字段。

③ query：其结果将被拷贝。其值为一个必须用圆括号包围的 SELECT 或 VALUES 命令。

④ filename：文件名及其绝对路径。执行 copy 命令的用户必须有此路径的写权限。

⑤ stdin：声明输入是来自标准输入。

⑥ stdout：声明输出打印到标准输出。

⑦ pstdin：声明输入是来自 gsql 的标准输入。

⑧ pstout：声明输出打印到 gsql 的标准输出。

⑨ binary：使用二进制格式存储和读取，而不是以文本的格式。在二进制模式下，不能声明 DELIMITER、NULL、CSV 选项。指定 binary 类型后，不能再通过 option 或 copy_option 指定 CSV、FIXED、TEXT 等类型。

⑩ delimiter [as] 'character'：指定数据文件行数据的字段分隔符。分隔符不能是\r 和 \n。分隔符不能和 null 参数相同，CSV 格式数据的分隔符不能和 quote 参数相同。TEXT 格式数据的分隔符不能包含：小写字母 a~z、数字 0~9、符号\和。在数据文件中，如果分隔符较长且数据列较多，会影响导出有效数据的长度。分隔符推荐使用多字符和不可见字符。多字符例如'$^&', 不可见字符例如 0x07、0x08、0x1b 等。支持多字符分隔符，但分隔符不能超过 10 个字节。TEXT 格式的默认分隔符是水平制表符（tab）。CSV

格式的默认分隔符为“,”。FIXED 格式没有分隔符。

⑪ null [as] 'string'：用来指定数据文件中空值的表示。null 值不能是\r 和\n，最大为 100 个字符。null 值不能和分隔符、quote 参数相同。CSV 格式的默认值是一个没有引号的空字符串。TEXT 格式的默认值是\N。

⑫ header：指定导出数据文件是否包含标题行。标题行一般用来描述表中每个字段的信息。header 只能用于 CSV、FIXED 格式的文件。在导入数据时，如果 header 为 on，则数据文件中第一行会被识别为标题行；如果 header 为 off，则数据文件中第一行会被识别为数据。在导出数据时，如果 header 为 on，则需要指定 fileheader。如果 header 为 off，则导出数据文件不包含标题行。该参数的取值为 true/on，false/off。默认值为 false。

⑬ quote [as] 'character'：CSV 格式中的引号字符。默认值为双引号。quote 参数不能和分隔符、null 参数相同。quote 参数只能是单字节的字符。推荐不可见字符作为 quote，例如 0x07、0x08、0x1b 等。

⑭ escape [as] 'character'：在 CSV 格式中，用来指定逃逸字符。逃逸字符只能指定为单字节字符。默认值为双引号。当与 quote 值相同时，会被替换为'\0'。

⑮ force quote column_list | *：在 CSV COPY TO 模式下，强制在每个声明的字段周围对所有非 NULL 值都使用引号包围。NULL 输出不会被引号包围。该参数的值为已存在的字段。

⑯ force not null column_list：在 CSV COPY FROM 模式下，指定的字段输入不能为空。该参数的值为已存在的字段。

使用\copy 命令导入/导出数据的示例如下。

```
--创建数据表 student
CREATE table stuscore(stuid serial ,subject varchar(50),score int);
--插入数据
insert into stuscore(stuid,subject,score) values(default,'语文',88);
insert into stuscore(stuid,subject,score) values(default,'数学',98);
insert into stuscore(stuid,subject,score) values(default,'英语',66);
```

创建数据表并插入数据如图 4-125 所示。

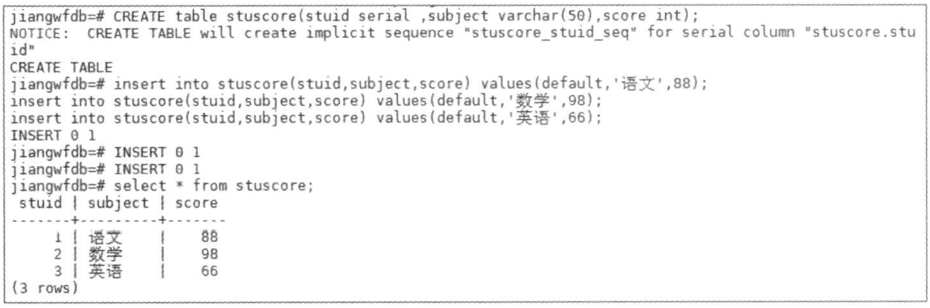

```
jiangwfdb=# CREATE table stuscore(stuid serial ,subject varchar(50),score int);
NOTICE:  CREATE TABLE will create implicit sequence "stuscore_stuid_seq" for serial column "stuscore.stu
id"
CREATE TABLE
jiangwfdb=# insert into stuscore(stuid,subject,score) values(default,'语文',88);
insert into stuscore(stuid,subject,score) values(default,'数学',98);
insert into stuscore(stuid,subject,score) values(default,'英语',66);
INSERT 0 1
jiangwfdb=# INSERT 0 1
jiangwfdb=# INSERT 0 1
jiangwfdb=# select * from stuscore;
 stuid | subject | score
-------+---------+-------
     1 | 语文    |    88
     2 | 数学    |    98
     3 | 英语    |    66
(3 rows)
```

图 4-125　创建数据表并插入数据

导出/导入数据示例如下。

```
--导出数据
\copy public.stuscore to '/home/omm/myscore.dat';
--导入数据
\copy public.stuscore from '/home/omm/myscore.dat';
```

导出/导入数据如图 4-126 所示。

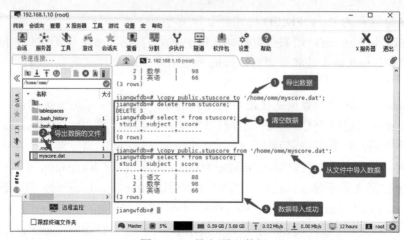

图 4-126　导出/导入数据

4.11.2　使用 CopyManager 类导入/导出数据

CopyManager 类是 openGauss JDBC 驱动提供的一个 API 类，用于批量向 openGauss 导入/导出数据。CopyManager 类通过编写的 Java 程序可以连接 openGauss 数据库，通过代码实现数据的导入和导出。要使用 CopyManager 类，首先需要下载 openGauss 数据库的 JDBC 驱动，如图 4-127 所示。

图 4-127　JDBC 驱动包

启动 Eclipse 开发环境，创建 Java 项目，将 JDBC 驱动复制到项目目录下并添加引用，如图 4-128 所示。

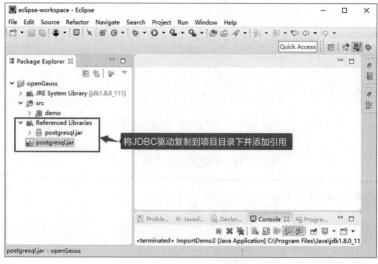

图 4-128　添加引用驱动

在项目中添加类 ExportDemo.java，用于将 openGauss 中的 stuscore 表导出到本地 D:/data.txt，代码如下（为简化代码，未做各种异常的捕捉，请读者自行补全）。

```java
import java.sql.Connection;
import java.sql.DriverManager;
import java.io.FileOutputStream;
import org.postgresql.copy.CopyManager;
import org.postgresql.core.BaseConnection;
public class ExportDemo {
    public static void main(String[] args) {
        String urls = new String("jdbc:postgresql://192.168.1.10:26000/jiangwfdb");
//数据库 URL
        String username = new String("jiangwf");          //用户名
        String password = new String("Jiangwf@123");           //密码
        String driver = "org.postgresql.Driver";
        Connection conn = null;
        try {
            Class.forName(driver);
            conn = DriverManager.getConnection(urls, username, password);
            FileOutputStream fileOutputStream = null;
            CopyManager copyManager = new CopyManager((BaseConnection)conn);
            fileOutputStream = new FileOutputStream("d:/data.txt");
            copyManager.copyOut("COPY (SELECT * FROM stuscore) TO STDOUT",
fileOutputStream);
        } catch (Exception e) {
        }
    }

}
```

添加类 ExportDemo.java 如图 4-129 所示。

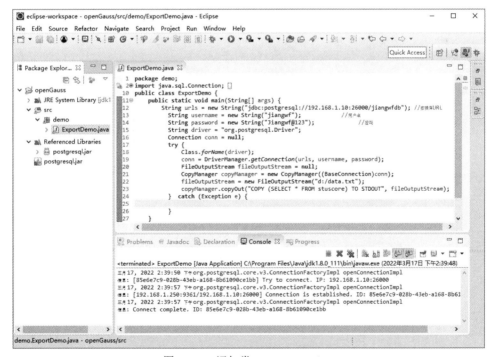

图 4-129 添加类 ExportDemo.java

运行程序，可以在本地的 D 盘下看到文件 data.txt。

在项目中添加类 ImportDemo.java，用于将本地 D:/data.txt 文件中的数据导入

openGauss 中的 stuscore 表，代码如下（为简化代码，未做各种异常的捕捉，请读者自行补全）。

```java
import java.sql.Connection;
import java.sql.DriverManager;
import java.io.FileInputStream;
import org.postgresql.copy.CopyManager;
import org.postgresql.core.BaseConnection;
public class ImportDemo2 {
    public static void main(String[] args) {
        String urls = new String("jdbc:postgresql://192.168.1.10:26000/jiangwfdb");
//数据库 URL
        String username = new String("jiangwf");          //用户名
        String password = new String("Jiangwf@123");          //密码
        String driver = "org.postgresql.Driver";
        Connection conn = null;
        try {
            Class.forName(driver);
            conn = DriverManager.getConnection(urls, username, password);
            FileInputStream fileInputStream = null;
            CopyManager copyManager = new CopyManager((BaseConnection)conn);
            fileInputStream = new FileInputStream("d:/data.txt");
            copyManager.copyIn("COPY stuscore FROM STDIN ", fileInputStream);

        catch (Exception e) {
            e.printStackTrace(System.out);
        }
    }
}
```

添加类 ImportDemo.java 如图 4-130 所示。

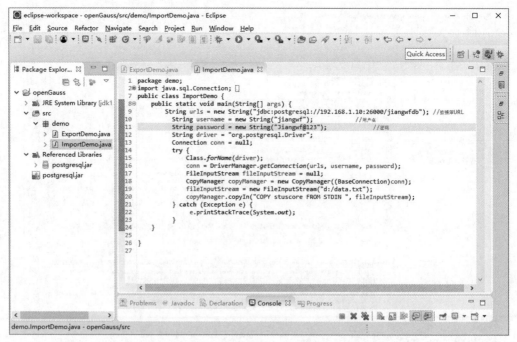

图 4-130　添加类 ImportDemo.java

先删除表 stuscore 中的数据，执行导入数据代码后，再查询表 stuscore，可以看到数据已经导入，如图 4-131 所示。

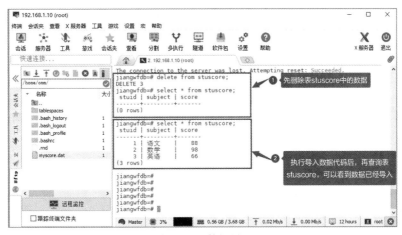

图 4-131　数据导入

4.11.3　使用服务器端命令导入/导出数据

openGauss 支持使用 gs_dump 工具导出某个数据库级的内容，包含数据库的数据和所有对象定义。根据需要可自定义导出以下信息。

① 导出数据库全量信息，包含数据和所有对象定义。使用导出的全量信息可以创建一个与当前库相同的数据库，且库中数据与当前库相同。

② 仅导出所有对象定义，包括库定义、函数定义、模式定义、表定义、索引定义和存储过程定义等。使用导出的对象定义，可以快速创建一个相同的数据库，但是库中并无原数据库的数据。

③ 仅导出数据，不包含所有对象定义。

gs_dump 工具的常用参数说明见表 4-30。

表 4-30　gs_dump 工具的常用参数说明

参数	参数说明	举例
-U	连接数据库的用户名。 注意：不指定连接数据库的用户时，默认以安装时创建的初始系统管理员连接	-U jack
-W	指定用户连接的密码。 如果主机的认证策略是 trust，则不会对数据库管理员进行密码验证，即不需要输入-W 选项。 如果没有-W 选项，并且不是数据库管理员，会提示用户输入密码	-W abcd@123
-f	将导出文件发送至指定文件夹。如果此处省略，则使用标准输出	-f/home/omm/backup/*postgres*_backuptar
-p	指定服务器侦听的 TCP 端口或本地 UNIX 域套接字后缀，以确保连接	-p 8000
dbname	需要导出的数据库名称	postgres
-F	选择导出文件格式。-F 参数值有以下几个供选择。 ① p：纯文本格式。 ② c：自定义归档格式。 ③ d：目录归档格式。 ④ t：TAR 归档格式	-F t

使用 gs_dump 工具导出数据库为文本类型，示例如下。

```
--以用户 omm 登录数据库主节点，执行 gs_dump，导出 jiangwfdb 数据库全量信息，导出文件格式为文本格式
gs_dump  -U omm -W Jiangwf@123 -f /home/omm/jiangwfdb_backup.sql -p 26000 jiangwfdb
-F p
--执行 gs_dump，导出 public 模式全量信息，导出文件格式为文本格式
gs_dump -U omm -W Jiangwf@123 -f /home/omm/jiangwfdb_public_backup.sql -p 26000
jiangwfdb -n public -F p
--执行 gs_dump，导出表 public.stuscore 的定义和数据，导出文件格式为文本格式
gs_dump  -U omm -W Jiangwf@123 -f /home/omm/jiangwfdb_stuscore_backup.sql -p 26000
jiangwfdb -t public.stuscore -F p
```

导出数据的过程如图 4-132 所示。

图 4-132　导出数据的过程

当数据库导出格式为文本格式时，还原数据库可以使用 gsql 命令将数据导入，具体如下。

```
gsql -d jiangwfdb -p 26000 -W Jiangwf@123 -f /home/omm/jiangwfdb_stuscore_backup.sql
```

导出所有数据库可以使用 gs_dumpall 命令，示例如下。

```
gs_dumpall -U omm -W Jiangwf@123 -f /home/omm/backup.sql -p 26000
```

导出所有数据库如图 4-133 所示。

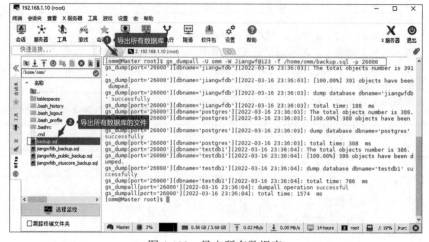

图 4-133　导出所有数据库

当使用 gs_dump 工具导出数据库的文件为 DMP 格式（自定义归档格式）、TAR 格式和目录归档格式文件类型时，还原数据库可以使用 gs_restore 命令导入数据。gs_restore 命令是 openGauss 提供的针对 gs_dump 导出数据的导入工具，通过此工具可将 gs_dump 生成的导出文件进行导入，示例如下。

```
--使用 gs_dump 导出 jiangwfdb 数据库为 TAR 格式
gs_dump -U omm -W Jiangwf@123 -f  /home/omm/jiangwfdb_backup.tar -p 26000 jiangwfdb
-F t
--使用 gs_restore 命令把 TAR 文件导入 jiangwfdb 数据库
gs_restore /home/omm/jiangwfdb_backup.tar -p 26000 -d jiangwfdb
```

4.12　数据库物理备份与恢复

4.12.1　使用 gs_probackup 命令对数据库进行物理备份

gs_probackup 是一个用于管理 openGauss 数据库备份和恢复的工具，对 openGauss 实例进行定期备份，以便在数据库出现故障时能够恢复服务器。gs_probackup 既可用于备份单机数据库或者主节点数据库，为物理备份，又可备份外部目录的内容，如脚本文件、配置文件、日志文件、DUMP 文件等。gs_probackup 还支持增量备份、定期备份和远程备份，可设置备份的留存策略。

使用 gs_probackup 备份数据库的过程如下。

① 使用 gsql 连接 jiangwfdb 数据库，执行 SQL 语句，打开参数 enable_cbm_tracking，跟踪数据页的变化，示例如下。

```
su omm
gsql -d jiangwfdb -p 26000
show enable_cbm_tracking;
alter system set enable_cbm_tracking=on;
```

查看和打开 enable_cbm_tracking 如图 4-134 所示。

图 4-134　查看和打开 enable_cbm_tracking

查看 jiangwfdb 数据库中已经存在的表和对象，如图 4-135 所示。

```
jiangwfdb=# \d
                       List of relations
 Schema |      Name        |   Type   | Owner |           Storage
--------+------------------+----------+-------+------------------------------------
 public | score            | table    | jiangwf | {orientation=row,compression=no}
 public | student          | table    | omm     | {orientation=row,compression=no}
 public | student_stuid_seq | sequence | omm    |
(3 rows)
```

图 4-135　查看 jiangwfdb 数据库中已经存在的表和对象

② 初始化备份目录/home/omm/jiangwfdb_bak20220301，示例如下。

```
\q --退出
gs_probackup init -B /home/omm/jiangwfdb_bak20220301/
```

③ 添加与查看备份实例，示例代码如下。

```
gs_probackup add-instance -B /home/omm/jiangwfdb_bak20220301 -D /opt/huawei/install/
data/dn/ --instance jiangwfdb_bak20220301_inst
--查看备份实例
gs_probackup show -B /home/omm/jiangwfdb_bak20220301/
```

添加与查看备份实例如图 4-136 所示。

```
jiangwfdb=# \q
[omm@Master root]$ gs_probackup init -B /home/omm/jiangwfdb_bak20220301/
INFO: Backup catalog '/home/omm/jiangwfdb_bak20220301' successfully inited
[omm@Master root]$ gs_probackup add-instance -B /home/omm/jiangwfdb_bak20220301 -D /opt/huawei/install/data/dn/ --instance jiangwfdb_bak20220301_i
nst
INFO: Instance 'jiangwfdb_bak20220301_inst' successfully inited
[omm@Master root]$ gs_probackup show -B /home/omm/jiangwfdb_bak20220301/     查看备份实例（目前还没有开始备份，因此列表为空）

BACKUP INSTANCE 'jiangwfdb_bak20220301_inst'

 Instance Version ID Recovery Time Mode WAL Mode TLI Time Data WAL Zratio Start LSN Stop LSN Status

[omm@Master root]$
```

图 4-136　添加与查看备份实例

④ 执行全量备份，示例如下。

```
gs_probackup  backup  -B  /home/omm/jiangwfdb_bak20220301  --instance  jiangwfdb_bak
20220301_inst -b full -D /opt/huawei/install/data/dn/ -d jiangwfdb -p 26000 --progress \
 --log-directory=/home/omm/jiangwfdb_bak20220301/log     --log-rotation-size=10GB
--log-rotation-age=30d --log-level-file=info --log-filename=full_20220301.log \
 --retention-redundancy=2 \
 --compress  \
 --note='这里是全量备份'
```

执行全量备份如图 4-137 所示。

```
[omm@Master root]$ gs_probackup backup -B /home/omm/jiangwfdb_bak20220301 --instance jiangwfdb_bak20220301_inst -b full -D /opt/huawei/install/dat
a/dn/ -d jiangwfdb -p 26000 --progress \
 --log-directory=/home/omm/jiangwfdb_bak20220301/log --log-rotation-size=10GB --log-rotation-age=30d --log-level-file=info --log-filename=full
_20220301.log \
 --retention-redundancy=2 \
 --compress \
 --note='这里是全量备份'
INFO: Backup start, gs_probackup version: 2.4.2, instance: jiangwfdb_bak20220301_inst, backup ID: R4VR9G, backup mode: FULL, wal mode: STREAM, rem
ote: false, compress-algorithm: zlib, compress-level: 1
LOG: Backup destination is initialized                          执行全量备份
WARNING: This openGauss instance was initialized without dat          backup have no way to detect data block corruption without th
em. Reinitialize PGDATA with option '--data-checksums'.
INFO: Adding note to backup R4VR9G: '这里是全量备份'
LOG: Database backup start
INFO: Cannot parse path "base"
LOG: started streaming WAL at 0/3000000 (timeline 1)
[2021-12-29 22:08:05]: check identify system success
[2021-12-29 22:08:05]: send START_REPLICATION 0/3000000 success
[2021-12-29 22:08:05]: keepalive message is received
[2021-12-29 22:08:05]: keepalive message is received
INFO: PGDATA size: 573MB
INFO: Start transferring data files
INFO: Progress: (1/2020). Process file "tablespace_map"
INFO: Progress: (2/2020). Process file "base/1/14623"
LOG: Creating page header map "/home/omm/jiangwfdb_bak20220301/backups/jiangwfdb_bak20220301_inst/R4VR9G/page_header_map"
INFO: Progress: (3/2020). Process file "base/1/14611"
```

图 4-137　执行全量备份

执行全量备份后，查看备份记录，可以看到详细备份信息，示例如下。

```
gs_probackup show -B /home/omm/jiangwfdb_bak20220301/
```

查看备份记录如图 4-138 所示。

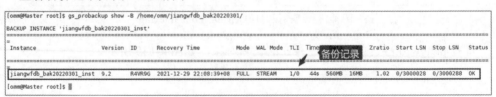

```
[omm@Master root]$ gs_probackup show -B /home/omm/jiangwfdb_bak20220301/

BACKUP INSTANCE 'jiangwfdb_bak20220301_inst'
=
 Instance                   Version ID     Recovery Time           Mode WAL Mode TLI Time   备份记录      Zratio Start LSN  Stop LSN   Status

 jiangwfdb_bak20220301_inst 9.2    R4VR9G 2021-12-29 22:08:39+08 FULL STREAM   1/0  44s 560MB 16MB    1.02 0/3000028 0/3000288 OK

[omm@Master root]$
```

图 4-138　查看备份记录

增量备份的语法示例如下。

```
\q --退出
```

```
gs_probackup backup -B /home/omm/jiangwfdb_bak20220301 --instance jiangwfdb_bak
20220301_inst -b PTRACK -D /opt/huawei/install/data/dn/ -d jiangwfdb -p 26000
--progress \
    --log-directory=/home/omm/jiangwfdb_bak20220301/log
    --log-rotation-size=10GB --log-rotation-age=30d
    --log-level-file=info --log-filename=incr1_20220301.log \
    --delete-expired --delete-wal \
    --retention-redundancy=2 \
    --compress  \
    --note='执行第一次增量备份'
--查看备份列表
    gs_probackup show -B /home/omm/jiangwfdb_bak20220301/
```

增加备份如图 4-139 所示。

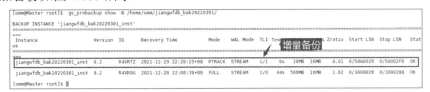

图 4-139　增加备份

4.12.2　使用 gs_probackup 命令对数据库进行恢复

使用 gs_probackup 命令恢复数据库的示例如下。

```
--使用 gsql 登录 postgres 数据库，删除 jiangwfdb 数据库
gsql -d postgres -p 26000
postgres=# drop database jiangwfdb;
DROP DATABASE
```

删除 jiangwfdb 数据库如图 4-140 所示。

```
[omm@Master root]$ gsql -d postgres -p 26000
gsql ((openGauss 2.0.0 build 78689da9) compiled at 2021-03-31 21:04:03 commit 0 last mr  )
Non-SSL connection (SSL connection is recommended when requiring high-security)
Type "help" for help.

postgres=# drop database jiangwfdb;
DROP DATABASE
postgres=# \l
                              List of databases
   Name    | Owner | Encoding | Collate | Ctype | Access privileges
-----------+-------+----------+---------+-------+-------------------
 postgres  | omm   | UTF8     | C       | C     |
 template0 | omm   | UTF8     | C       | C     | =c/omm           +
           |       |          |         |       | omm=CTc/omm
 template1 | omm   | UTF8     | C       | C     | =c/omm           +
           |       |          |         |       | omm=CTc/omm
 testdb    | omm   | UTF8     | C       | C     |
(4 rows)

postgres=#
```

图 4-140　删除 jiangwfdb 数据库

模拟数据库遭到毁坏，示例如下。

```
--删除整个数据库节点目录文件，模拟数据库遭到毁坏
gs_om -t stop
rm -fr /opt/huawei/install/data/dn/
--物理文件被删除后，数据库已经无法启动
gs_om -t start
```

模拟数据库遭到毁坏，如图 4-141 所示。

```
postgres=# \q
[omm@Master root]$ gs_om -t stop
Stopping cluster.
==========================================
Successfully stopped cluster.                       ❶ 删除数据库节点物理文件
==========================================
End stop cluster.
[omm@Master root]$ rm -fr /opt/huawei/install/data/dn/
[omm@Master root]$ gs_om -t start                   ❷ 数据库已经无法启动
Starting cluster.
==========================================
[GAUSS-53600]: Can not start the database, the cmd is source /home/omm/.bashrc; python3 '/opt/huawei/install/om/script/local/StartInstance.py' -U
omm -R /opt/huawei/install/app -t 300 --security-mode=off, Error:
[FAILURE] Master:
[GAUSS-50201] : The /opt/huawei/install/data/dn/postgresql.conf does not exist..
[omm@Master root]$
```

图 4-141　模拟数据库遭到毁坏

删除表空间的示例如下。

```
rm -fr /home/omm/tablespaces/testdb_tablespace_1
rm -fr /home/omm/tablespaces/testdb_tablespace_2
```

删除表空间如图 4-142 所示。

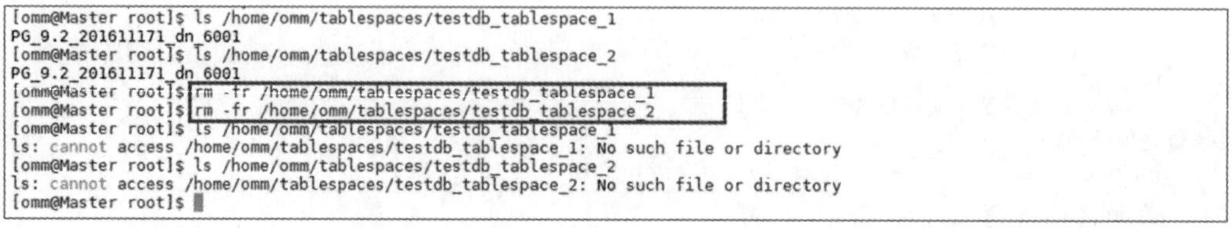

图 4-142　删除表空间

执行全量恢复并验证数据，示例如下。

```
--查看备份集的列表
gs_probackup show -B /home/omm/jiangwfdb_bak20220301/
```

执行全量恢复并验证数据，如图 4-143 所示。

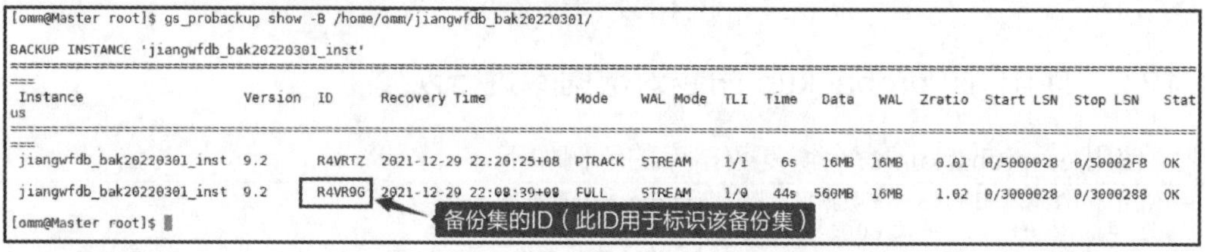

图 4-143　执行全量恢复并验证数据

恢复数据库，示例如下。

```
--开始进行恢复，参数-i 指定备份文件 ID，"R4VR9G" 即为全备的 ID
gs_probackup restore -B /home/omm/jiangwfdb_bak20220301/ --instance=jiangwfdb_bak
20220301_inst -D /opt/huawei/install/data/dn/ -i R4VR9G --progress -j 4
```

恢复数据库如图 4-144 所示。

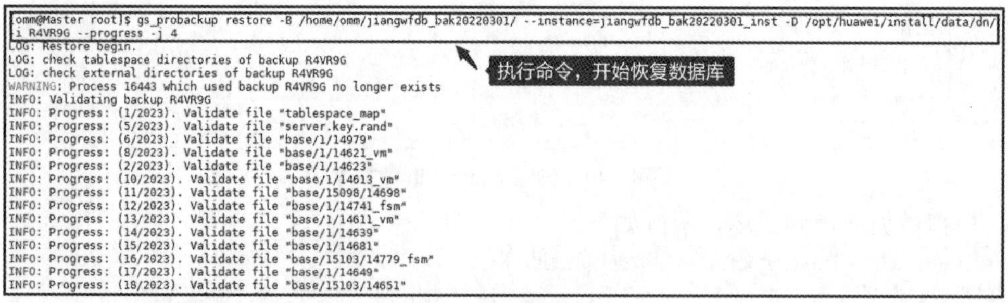

图 4-144　恢复数据库

启动 openGauss 数据库服务，验证数据是否正常，示例如下。

```
gs_om -t start
```

验证数据是否正常如图 4-145 所示。

图 4-145　验证数据是否正常

登录数据库 jiangwfdb 并查看数据库中的表和对象，可以看到数据已经恢复，示例如下。

```
gsql -d jiangwfdb -p 26000
\d
```

数据已经恢复如图 4-146 所示。

```
[omm@Master root]$ gsql -d jiangwfdb -p 26000
gsql ((openGauss 2.0.0 build 78689da9) compiled at 2021-03-31 21:04:03 commit 0 last mr )
Non-SSL connection (SSL connection is recommended when requiring high-security)
Type "help" for help.

jiangwfdb=# \d
                            List of relations
 Schema |       Name        |   Type   | Owner  |           Storage
--------+-------------------+----------+--------+------------------------------
 public | score             | table    | jiangwf| {orientation=row,compression=no}
 public | student           | table    | omm    | {orientation=row,compression=no}
 public | student_stuid_seq | sequence | omm    |
(3 rows)

jiangwfdb=#
```

图 4-146　数据已经恢复

4.13　常见的高危操作

请严格遵守指导书操作，注意有哪些是高危操作，禁止随意操作。在产品的操作与维护阶段，应注意的禁用操作见表 4-31。

表 4-31　禁用操作

操作名称	操作风险
严禁修改数据目录下文件名、权限，内容不能修改，不能删除内容	导致数据库节点实例出现严重错误，并且无法修复
严禁删除数据库系统表或系统表数据	删除系统表将导致无法正常进行业务操作

在 openGauss 数据库的操作与维护阶段，应注意的常见高危操作见表 4-32。

表 4-32　常见高危操作

操作分类	操作名称	操作风险	风险等级	规避措施	重大操作观察项目
数据库	不能直接在配置文件中手动修改端口号	导致数据库启动不了或者无法连接	▲▲▲▲▲	尽量使用工具修改，不要手动操作	无
	不能随意修改 pg_hba.conf 配置文件中的内容	导致客户端无法连接	▲▲▲▲▲	严格根据产品指导书操作	无
	不能手动修改 pg_xlog 的内容	导致数据库无法启动，数据不一致	▲▲▲▲▲	尽量使用工具修改，不要手动操作	无
作业	使用 kill-9 终止作业进程	导致作业占用的系统资源无法释放	▲▲▲	尽量登录数据库使用 pg_terminate_backend、pg_cancel_backend 操作终止作业，或使用 "Ctrl+C" 组合键终止作业进程	观察资源使用情况

第5章
openGauss SQL
语法基础

本章主要内容

5.1 SQL 语法入门

5.2 操作符和常用函数

5.3 SQL 语法分类

5.1 SQL 语法入门

5.1.1 SQL 基本介绍

SQL 是专门用于对数据库进行管理和数据操作的语言。SQL 与其他编程语言（如 Java、C、PHP 等）不一样，SQL 通过组合少数关键字达到数据库操作的目的。

SQL 不是某个特定数据库厂商专有的语言，大多数重要的数据库管理系统支持 SQL，因此掌握 SQL 就能与大部分数据库打交道。SQL 简单易学，其中关键字的数目不多，而且都是描述性很强的英语单词。程序员可以非常灵活地使用 SQL，进行非常复杂和高级的数据库操作。SQL 提供了以下各种任务的语句。

① 查询数据。

② 在表中插入、更新和删除行。

③ 创建、替换、更改和删除对象。

④ 控制对数据库及其对象的访问。

⑤ 保证数据库的一致性和完整性。

5.1.2 基本数据类型简介

数据类型是数据的一个基本属性，用于区分数据的种类，不同的数据类型所占的存储空间不同，能够进行的操作也不同。数据库中的数据被存储在数据表中，数据表中的每一列定义了数据类型。用户存储数据时，必须遵从这些数据类型的属性，否则系统可能会报错。openGauss 支持的数据类型有：数值类型、货币类型、布尔类型、字符类型、二进制类型、日期/时间类型、几何类型、网络地址类型、位串类型、全文检索类型、UUID 类型、JSON 类型、HLL 类型、范围类型、OID 类型、伪类型、列存表支持的数据类型和 XML 型。前面的章节已经对以上数据类型进行了详细说明，读者在使用 SQL 对数据库进行操作时，需要先熟悉各种数据类型的使用方法。

用户使用 SQL 语句对数据库进行操作时，要遵从一定的操作规范。openGauss 对部分数据类型支持隐式转换，但是，当不能自动把用户提供的数据类型转化为符合要求的数据类型时，系统会报错，此时用户可以利用系统所提供的转换函数把数据转化为符合要求的类型。

openGauss 不支持用户在数据库主节点不完整时进行 DDL 操作。例如：openGauss 中有 1 个数据库主节点出现故障，此时执行新建数据库、表等操作都会失败。

5.1.3 系统常量

openGauss 数据库中有一些标识符在系统运行时用于存储系统某些特定的状态或值，例如当前用户或者系统的日期，这些值不会改变，因此称为常量，用户可以直接通过 SELECT 语句访问这些常量的信息。openGauss 支持的常量见表 5-1。

表 5-1　openGauss 支持的常量

常量名称	描述	示例
CURRENT_CATALOG	当前数据库	SELECT CURRENT_CATALOG;
CURRENT_ROLE	当前角色	SELECT CURRENT_ROLE;
CURRENT_SCHEMA	当前数据库模式	SELECT CURRENT_SCHEMA;
CURRENT_USER	当前用户	SELECT CURRENT_USER;
LOCALTIMESTAMP	当前会话时间（无时区）	SELECT LOCALTIMESTAMP;
SESSION_USER	当前系统用户	SELECT SESSION_USER;
SYSDATE	当前系统日期	SELECT SYSDATE;
USER	当前用户，此用户为 CURRENT_USER 的别名	SELECT USER;

访问系统常量的示例如图 5-1 所示。

```
[omm@Master root]$ gsql -d jiangwfdb -p 26000;
gsql ((openGauss 2.0.0 build 78689da9) compiled at 2021-03-31 21:04:03 commit 0 last mr  )
Non-SSL connection (SSL connection is recommended when requiring high-security)
Type "help" for help.

jiangwfdb=# SELECT CURRENT_CATALOG;
 current_database
------------------
 jiangwfdb
(1 row)

jiangwfdb=# SELECT CURRENT_SCHEMA;
 current_schema
----------------
 public
(1 row)

jiangwfdb=# SELECT CURRENT_USER;
 current_user
--------------
 omm
(1 row)

jiangwfdb=# SELECT SYSDATE;
       sysdate
---------------------
 2021-12-31 12:07:05
(1 row)

jiangwfdb=#
```

图 5-1　访问系统常量的示例

5.2　操作符和常用函数

5.2.1　常用算术运算符

算术运算符见表 5-2。

表 5-2　算术运算符

算术运算符	描述	示例
+	加	SELECT 2+3 AS RESULT;
−	减	SELECT 2−3 AS RESULT;
*	乘	SELECT 2*3 AS RESULT;

（续表）

算术运算符	描述	示例
/	除（除法操作符不会取整）	SELECT 4/2 AS RESULT;
+/−	正/负	SELECT -2 AS RESULT;
%	模（求余）	SELECT 5%4 AS RESULT;
^	幂（指数运算）	SELECT 2.0^3.0 AS RESULT;
@	绝对值	SELECT @ -5.0 AS RESULT;
|/	平方根	SELECT |/ 25.0 AS RESULT;
||/	立方根	SELECT ||/ 27.0 AS RESULT;
!	阶乘	SELECT 5! AS RESULT;
!!	阶乘（前缀操作符）	SELECT !!5 AS RESULT;

5.2.2　比较运算符

大部分类型的数据可用比较操作符进行比较，并返回一个布尔类型的值。比较运算符均为双目运算符，被比较的两个数据必须属于同一类型或者是可以进行隐式转换的类型。openGauss 提供的比较运算符见表 5-3。

表 5-3　openGauss 提供的比较运算符

比较运算符	描述	示例
<	小于	SELECT 1<2 as RESULT;
>	大于	SELECT 2>3 AS RESULT;
<=	小于或等于	SELECT 2<=3 AS RESULT;
>=	大于或等于	SELECT 4>=2 AS RESULT;
=	等于	SELECT 2=0 AS RESULT;
<> 或 !=	不等于	SELECT 5!=4 AS RESULT;

5.2.3　逻辑运算符

逻辑运算符见表 5-4。

表 5-4　逻辑运算符

a	b	a AND b 的结果	a OR b 的结果	NOT a 的结果
TRUE	TRUE	TRUE	TRUE	FALSE
TRUE	FALSE	FALSE	TRUE	FALSE
TRUE	NULL	NULL	TRUE	FALSE
FALSE	FALSE	FALSE	FALSE	TRUE
FALSE	NULL	FALSE	NULL	TRUE
NULL	NULL	NULL	NULL	NULL

5.2.4　日期操作运算符

日期操作运算符见表 5-5。

表 5-5　日期操作运算符

日期操作运算符	描述	示例
+	在当前日期往后推 1 天	SELECT sysdate + integer '1' AS RESULT;
	在当前时间往后推 1 小时	SELECT sysdate + interval '1 hour' AS RESULT;
	在 2020-01-01 15:30:50 往后推 1 小时	SELECT date '2020-01-01 15:30:50' + interval '1 hour' AS RESULT;
	在 2020-01-01 15:30:50 往后推 1 周	SELECT date '2020-01-01 15:30:50' + interval '1 week' AS RESULT;
	在 2020-01-01 15:30:50 往后推 1 个月	SELECT date '2020-01-01 15:30:50' + interval '1 month' AS RESULT;
−	在当前日期往前推 1 天	SELECT sysdate − integer '1' AS RESULT;
	在当前时间往前推 1 小时	SELECT sysdate − interval '1 hour' AS RESULT;
	在 2020-01-01 15:30:50 往前推 1 小时	SELECT date '2020-01-01 15:30:50' − interval '1 hour' AS RESULT;
*	计算 120×2 秒是多少分钟	SELECT 120 * interval '2 second' AS RESULT;

5.2.5　表达式介绍

由算术运算符把操作数组合起来的式子称为算术表达式，如 SELECT 1+2；由比较运算符把数组合起来的式子称为比较表达式，如 SELECT 3>2；由逻辑运算符把条件组合起来的式子称为逻辑表达式，如 SELECT 3>2 AND 1<2。除了以上这些常用的表达式以外，openGauss 还支持以下表达式。

① BETWEEN AND 操作符可以用于判断数值是否在某个区间，具体如下。

```
a BETWEEN x  AND y 等效于 a >= x AND a <= y
a NOT BETWEEN  x AND y 等效于 a < x OR a > y
```

② 检查一个值是不是 NULL，可使用下面的语句。

```
expression IS NULL
expression IS NOT NULL
```

也可使用与之等价的句式结构，但不是标准的。

```
expression  ISNULL
expression NOTNULL
```

注意： 不要写成 expression=NULL 或 expression<>(!=)NULL，因为 NULL 代表一个未知的值，不能通过该表达式判断两个未知的值是否相等。

③ is distinct from/is not distinct from。

is distinct from：A 和 B 的数据类型、值不完全相同时为 t（true）；A 和 B 的数据类型、值完全相同时为 f（false）；将空值视为相同。例如："SELECT 2 IS DISTINCT FROM 2 AS RESULT；"的结果为 f，"SELECT 2 IS DISTINCT FROM NULL AS RESULT；"的结果为 t。

is distinct from 示例如图 5-2 所示。

```
jiangwfdb=# SELECT 2 IS DISTINCT FROM 2 AS RESULT;
 result
--------
 f
(1 row)

jiangwfdb=# SELECT 2 IS DISTINCT FROM NULL AS RESULT;
 result
--------
 t
(1 row)
```

图 5-2   is distinct from 示例

is not distinct from：A 和 B 的数据类型、值不完全相同时为 f（false）；A 和 B 的数据类型、值完全相同时为 t（truc）。

④ rownum：伪列，返回一个数字，表示从查询中获取结果的行编号。第一行的 rownum 为 1，第二行的 rownum 为 2，以此类推。rownum 的返回类型为 BIGINT。rownum 可以用于限制查询返回的总行数。伪列的示例如下。

创建表并添加数据，命令如下。

```
--创建 student 表，添加测试数据
CREATE TABLE student(stuno serial primary key, stuname varchar(50),stuage int );
insert into student(stuname,stuage) values('zhangsan',15),('lisi',12),('zhangsan',30),
('wangwu',18),('zhaoliu',20),('yangqi',90),('huba',60);
--查看结果
select*from student;
```

创建 student 表并添加测试数据，如图 5-3 所示。

```
jiangwfdb=# CREATE TABLE student(stuno serial primary key, stuname varchar(50),stuage int );
NOTICE:  CREATE TABLE will create implicit sequence "student_stuno_seq" for serial column "student.stuno"
NOTICE:  CREATE TABLE / PRIMARY KEY will create implicit index "student_pkey" for table "student"
CREATE TABLE
jiangwfdb=# insert into student(stuname,stuage) values('zhangsan',15),('lisi',12),('zhangsan',30),('wangwu',18),('zhaoliu',2
0),('yangqi',90),('huba',60);
INSERT 0 7
jiangwfdb=# select * from student;
 stuno | stuname | stuage
-------+---------+--------
     1 | zhangsan |     15
     2 | lisi     |     12
     3 | zhangsan |     30
     4 | wangwu   |     18
     5 | zhaoliu  |     20
     6 | yangqi   |     90
     7 | huba     |     60
(7 rows)
```

图 5-3   创建 student 表并添加测试数据

首先对 student 表筛选年龄大于 15 岁的学生，然后对 stuage 字段进行降序排列，最后给生成的结果添加伪列标识序号（显示结果集的行号），命令如下。

```
select *,rownum  as 伪列 from (select * from student where stuage>15  order by stuage
desc ) ;
```

通过 rownum 添加伪列，如图 5-4 所示。

```
jiangwfdb=# select *,rownum  as 伪列 from (select * from student where stuage>15  order by stuage desc ) ;
 stuno | stuname | stuage | 伪列
-------+---------+--------+-----
     6 | yangqi   |     90 |   1     ← 添加的伪列，在此处作为行序号
     7 | huba     |     60 |   2
     3 | zhangsan |     30 |   3
     5 | zhaoliu  |     20 |   4
     4 | wangwu   |     18 |   5
(5 rows)
```

图 5-4   通过 rownum 添加伪列

⑤ case 表达式：在执行 SQL 语句时，可通过 case 表达式筛选出符合条件的数据。case 表达式是条件表达式，类似于其他编程语言中的 case 语句。case 子句可以用于合法的表达式。condition 是一个返回 Boolean 数据类型的表达式：如果结果为真，case 表达式的结果就是符合该条件所对应的 result；如果结果为假，则以相同方式处理随后的 when 或 else 子句。如果各个 when 子句都不为真，表达式的结果就是在 else 子句执行的 result；如果省略了 else 子句且没有匹配的条件，结果为 NULL。case 表达式示例如下。

利用伪列示例已经创建的 student 表，命令如下。

```
select * from student;
```

利用伪列示例已经创建的 student 表，如图 5-5 所示。

```
jiangwfdb=# select * from student;
 stuno | stuname  | stuage
-------+----------+--------
     1 | zhangsan |     15
     2 | lisi     |     12
     3 | zhangsan |     30
     4 | wangwu   |     18
     5 | zhaoliu  |     20
     6 | yangqi   |     90
     7 | huba     |     60
(7 rows)
```

图 5-5　利用伪列示例已经创建的 student 表

利用 case 表达式，将不同年龄区间的数据显示为青少年、成年、老年，命令如下。

```
select stuname,case when stuage<=18 then '青少年'  when stuage>18 and stuage<=60 then
'成年' when stuage>60 then '老年' end from student;
```

利用 case 表达式显示不同年龄区间的人，如图 5-6 所示。

```
jiangwfdb=# select stuname,case when stuage<=18 then '青少年'  when stuage>18 and stuage<=60 then '成年' when stuage>60 then
 '老年' end from student;
 stuname  | case
----------+--------
 zhangsan | 青少年
 lisi     | 青少年
 zhangsan | 成年
 wangwu   | 青少年
 zhaoliu  | 成年
 yangqi   | 老年
 huba     | 成年
(7 rows)
```

图 5-6　利用 case 表达式显示不同年龄区间的人

⑥ decode(base_expr, compare1, value1, compare2, value2…default)：将表达式 base_expr 与后面的每个 compare(n) 进行比较，如果匹配，则返回相应的 value(n)；如果不匹配，则返回 default。decode 表达式示例如下。

```
SELECT decode('AB','AA',1,'BB',2,'AB',3, 0);
```

decode 示例如图 5-7 所示。

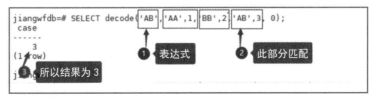

图 5-7　decode 示例

⑦ nullif(expr1, expr2)：当且仅当 expr1 和 expr2 相等时，nullif 返回 NULL，否则返回 expr1。nullif (expr1, expr2) 逻辑上等价于 case when expr1 = expr2 then null else expr1 end。nullif 的示例如下。

```
SELECT nullif('hello','world');
```

nullif 的示例如图 5-8 所示。

```
jiangwfdb=# SELECT nullif('hello','world');
 nullif
--------
 hello
(1 row)
```

图 5-8　nullif 的示例

⑧ nvl(expr1 , expr2)：如果 expr1 为 NULL，则返回 expr2；如果 expr1 非 NULL，则返回 expr1。nvl 的示例如下。

```
SELECT nvl('hello','world');
SELECT nvl(NULL,'world');
```

nvl 的示例如图 5-9 所示。

```
jiangwfdb=# SELECT nvl('hello','world');
  nvl
-------
 hello
(1 row)

jiangwfdb=# SELECT nvl(NULL,'world');
  nvl
-------
 world
(1 row)
```

图 5-9　nvl 的示例

⑨ in/not in 查询表达式：右边表达式是一个圆括号括起来的子查询，只能返回一个字段；左边表达式是对子查询结果的每一行进行一次计算和比较。如果找到任何相等的子查询行，则 in 结果为"真"；如果没有找到任何相等的子查询行，则结果为"假"（包括子查询没有返回任何行的情况）。表达式或子查询行里的 NULL 遵照 SQL 处理布尔值和 NULL 组合时的规则。如果两个行对应的字段都相等且非空，则这两行相等；如果任意对应字段不等且非空，则这两行不等；否则结果是未知（NULL）。如果每一行的结果都不等或是 NULL，并且至少有一个 NULL，则 in 的结果是 NULL。利用前文创建的 student 表，使用 in 查询表达式，查询 stuname 为 'zhangsan"lisi"wangwu' 之一的记录，命令如下。

```
select * from student where stuname in ('zhangsan','lisi','wangwu');
```

使用 in 查询表达式，如图 5-10 所示。

```
jiangwfdb=# select * from student where stuname in ('zhangsan','lisi','wangwu');
 stuno | stuname  | stuage
-------+----------+--------
     1 | zhangsan |     15
     2 | lisi     |     12
     3 | zhangsan |     30
     4 | wangwu   |     18
(4 rows)
```

图 5-10　使用 in 查询表达式

5.2.6　常用的字符串处理函数

openGauss 提供的字符处理函数和操作符主要用于字符串与字符串、字符串与非字符串之间的连接，以及字符串的模式匹配操作。常用的字符串处理函数如下。

（1）btrim(string text [, characters text])

描述：从 string 开头到结尾删除包含 characters 中字符（默认是空白）的最长字符串。该函数的返回值类型：text。函数使用示例如下。

```
SELECT btrim('sring' , 'ing');
 btrim
-------
 sr
(1 row)
```

（2）char_length(string)或 character_length(string)

描述：返回字符串中的字符个数。该函数的返回值类型：int。函数使用示例如下。

```
SELECT char_length('hello');
 char_length
-------------
           5
(1 row)
```

（3）instr(text,text,int,int)

描述：instr(string1,string2,int1,int2)表示返回在 string1 中从 int1 位置开始，匹配到第 int2 次 string2 的位置。第一个 int 表示开始匹配的起始位置，第二个 int 表示匹配的次数。该函数的返回值类型：int。函数使用示例如下。

```
SELECT instr( 'abcdabcdabcd', 'bcd', 2, 2 );
 instr
-------
     6
(1 row)
```

（4）lengthb(text/bpchar)

描述：获取指定字符串的字节数。该函数的返回值类型：int。函数使用示例如下。

```
SELECT lengthb('hello');
 lengthb
---------
       5
(1 row)
```

（5）left(str text, n int)

描述：返回字符串的前 n 个字符。当 n 是负数时，返回除最后|n|个字符以外的所有字符。该函数的返回值类型：text。函数使用示例如下。

```
SELECT left('abcde', 2);
 left
------
 ab
(1 row)
```

（6）length(string bytea, encoding name)

描述：指定 encoding 编码格式的 string 的字符数。在这个编码格式中，string 必须是有效的。该函数的返回值类型：int。函数使用示例如下。

```
SELECT length('jose', 'UTF8');
 length
--------
      4
(1 row)
```

（7）lpad(string text, length int [, fill text])

描述：通过填充字符 fill（默认为空白），把 string 填充为 length 长度。如果 string 已经比 length 长则将其尾部截断。该函数的返回值类型：text。函数使用示例如下。

```
SELECT lpad('hi', 5, 'xyza');
 lpad
-------
 xyzhi
(1 row)
```

（8）position(substring in string)

描述：指定子字符串的位置。字符串区分大小写。该函数的返回值类型：int。字符串不存在时返回 0。函数使用示例如下。

```
SELECT position('ing' in 'string');
 position
----------
        4
(1 row)
```

（9）pg_client_encoding()

描述：返回当前客户端编码的名称。该函数的返回值类型：name。函数使用示例如下。

```
SELECT pg_client_encoding();
 pg_client_encoding
--------------------
 UTF8
(1 row)
```

（10）substring_inner(string [from int] [for int])

描述：截取子字符串，from int 表示从第几个字符开始截取，for int 表示截取几个字符。该函数的返回值类型：text。函数使用示例如下。

```
select substring_inner('adcde', 2,3);
 substring_inner
-----------------
 dcd
(1 row)
```

（11）substring(string [from int] [for int])

描述：截取子字符串，from int 表示从第几个字符开始截取，for int 表示截取几个字符。该函数的返回值类型：text。函数使用示例如下。

```
SELECT substring('Thomas' from 2 for 3);
 substring
-----------
 hom
(1 row)
```

（12）substring(string from pattern)

描述：截取匹配 POSIX 正则表达式的子字符串。如果没有匹配的子字符串，返回空值；否则返回文本中匹配模式的子字符串。该函数的返回值类型：text。函数使用示例如下。

```
SELECT substring('Thomas' from '...$');
 substring
-----------
 mas
(1 row)
SELECT substring('foobar' from 'o(.)b');
 result
--------
 o
(1 row)
SELECT substring('foobar' from '(o(.)b)');
 result
```

```
--------
 oob
(1 row)
```

如果 POSIX 正则表达式模式包含圆括号，那么将返回匹配的第一对子表达式（对应第一个左括号的）的文本。如果想在表达式中使用圆括号而又不想出现上述情况，那么可以在整个表达式外边放一对圆括号。

（13）substring(string from pattern for escape)

描述：截取匹配 SQL 正则表达式的子字符串。声明的模式必须匹配整个字符串，否则函数失败并返回空值。该函数的返回值类型：text。函数使用示例如下。

```
SELECT substring('Thomas' from '%#"o_a#"_' for '#');
 substring
-----------
 oma
(1 row)
```

（14）rawcat(raw,raw)

描述：字符串拼接函数。该函数的返回值类型：raw。函数使用示例如下。

```
SELECT rawcat('ab','cd');
 rawcat
--------
 ABCD
(1 row)
```

（15）regexp_like(text,text,text)

描述：正则表达式的模式匹配函数。该函数的返回值类型：bool。函数使用示例如下。

```
SELECT regexp_like('str','[ac]');
 regexp_like
-------------
 f
(1 row)
```

（16）regexp_substr(text,text)

描述：正则表达式的抽取子串函数。与 substr 功能相似，正则表达式出现多个并列的括号时，需要全部对其进行处理。该函数的返回值类型：text。函数使用示例如下。

```
SELECT regexp_substr('str','[ac]');
 regexp_substr
---------------

(1 row)
```

（17）repeat(string text, number int)

描述：将 string 重复 number 次。该函数的返回值类型：text。函数使用示例如下。

```
SELECT repeat('Pg', 4);
  repeat
----------
 PgPgPgPg
(1 row)
```

数据库内存分配机制限制单次分配的内存不可超过 1GB，因此 number 的最大值不应超过$(1GB-x)$/lengthb(string)-1。x 为头信息长度，通常大于 4 字节，其具体值在不同的场景下存在差异。

（18）replace(string text, from text, to text)

描述：把字符串 string 中出现的所有子字符串 from 的内容替换成子字符串 to 的内容。该函数的返回值类型：text。函数使用示例如下。

```
SELECT replace('abcdefabcdef', 'cd', 'XXX');
    replace
----------------
 abXXXefabXXXef
(1 row)
```

（19）reverse(str)

描述：返回颠倒的字符串。该函数的返回值类型：text。函数使用示例如下。

```
SELECT reverse('abcde');
 reverse
---------
 edcba
(1 row)
```

（20）right(str text, n int)

描述：返回字符串中后 n 个字符。当 n 是负值时，返回除前|n|个字符以外的所有字符。该函数的返回值类型：text。函数使用示例如下。

```
SELECT right('abcde', 2);
 right
-------
 de
(1 row)

SELECT right('abcde', -2);
 right
-------
 cde
(1 row)
```

（21）rtrim(string text [, characters text])

描述：从字符串 string 的结尾删除包含 characters 中字符（默认是空白）的最长字符串。该函数的返回值类型：text。函数使用示例如下。

```
SELECT rtrim('trimxxxx', 'x');
 rtrim
-------
 trim
(1 row)
```

（22）substrb(text,int,int)

描述：提取子字符串，第一个 int 表示提取的起始位置，第二个 int 表示提取几个字符。该函数的返回值类型：text。函数使用示例如下。

```
SELECT substrb('string',2,3);
 substrb
---------
 tri
(1 row)
```

（23）substrb(text,int)

描述：提取子字符串，int 表示提取的起始位置。该函数的返回值类型：text。函数使用示例如下。

```
SELECT substrb('string',2);
 substrb
---------
 tring
(1 row)
```

（24）substr(bytea,from,count)

描述：从参数 bytea 中抽取子字符串。from 表示抽取的起始位置，count 表示抽取的子字符串长度。该函数的返回值类型：text。函数使用示例如下。

```
SELECT substr('string',2,3);
```

```
 substr
--------
 tri
(1 row)
```

（25）string || string

描述：连接字符串。该函数的返回值类型：text。函数使用示例如下。

```
SELECT 'MPP'||'DB' AS RESULT;
 result
--------
 MPPDB
(1 row)
```

（26）split_part(string text, delimiter text, field int)

描述：根据 delimiter 分隔 string，返回生成的第 field 个子字符串（以出现第一个 delimiter 的 text 为基础）。该函数的返回值类型：text。函数使用示例如下。

```
SELECT split_part('abc~@~def~@~ghi', '~@~', 2);
 split_part
-----------
 def
(1 row)
```

（27）strpos(string, substring)

描述：指定子字符串的位置。该函数和 position(substring in string) 一样，不过参数顺序与 pisition 函数相反。该函数的返回值类型：integer。函数使用示例如下。

```
SELECT strpos('source', 'rc');
 strpos
--------
      4
(1 row)
```

（28）length(string)

描述：获取参数 string 中字符的个数。该函数的返回值类型：integer。函数使用示例如下。

```
SELECT length('abcd');
 length
--------
      4
(1 row)
```

（29）lengthb(string)

描述：获取参数 string 中字节的个数。与字符集有关，同样的中文字符，在 GBK 与 UTF8 中，返回的字节数不同。该函数的返回值类型：integer。函数使用示例如下。

```
SELECT lengthb('Chinese');
 lengthb
---------
       7
(1 row)
```

（30）substr(string,from)

描述：从参数 string 中抽取子字符串。from 表示抽取的起始位置。from 为 0 时，按 1 处理；from 为正数时，抽取从 from 到末尾的所有字符；from 为负数时，抽取字符串的后 n 个字符，n 为 from 的绝对值。该函数的返回值类型：varchar。

from 为正数时，函数使用示例如下。

```
SELECT substr('ABCDEF',2);
 substr
--------
 BCDEF
(1 row)
```

from 为负数时，函数使用示例如下。

```
SELECT substr('ABCDEF',-2);
 substr
--------
 EF
(1 row)
```

（31）substr(string,from,count)

描述：从参数 string 中抽取子字符串。from 表示抽取的起始位置，count 表示抽取的子字符串长度。from 为 0 时，按 1 处理；from 为正数时，抽取从 from 开始的 count 个字符；from 为负数时，抽取从倒数第 n 个开始的 count 个字符，n 为 from 的绝对值。count 小于 1 时，返回 NULL。该函数的返回值类型：varchar。

from 为正数时，函数使用示例如下。

```
SELECT substr('ABCDEF',2,2);
 substr
--------
 BC
(1 row)
```

from 为负数时，函数使用示例如下。

```
SELECT substr('ABCDEF',-3,2);
 substr
--------
 DE
(1 row)
```

（32）trim([leading |trailing |both] [characters] from string)

描述：从字符串 string 的开头、结尾或两边删除包含 characters 中字符（默认是空白）的最长字符串。该函数的返回值类型：varchar 。函数使用示例如下。

```
SELECT trim(BOTH 'x' FROM 'xTomxx');
 btrim
-------
 Tom
(1 row)

SELECT trim(LEADING 'x' FROM 'xTomxx');
 ltrim
-------
 Tomxx
(1 row)

SELECT trim(TRAILING 'x' FROM 'xTomxx');
 rtrim
-------
 xTom
(1 row)
```

（33）rtrim(string [, characters])

描述：从字符串 string 的结尾删除包含 characters 中字符（默认是空白）的最长字符串。该函数的返回值类型：varchar。函数使用示例如下。

```
SELECT rtrim('TRIMxxxx','x');
 rtrim
-------
 TRIM
(1 row)
```

（34）ltrim(string [, characters])

描述：从字符串 string 的开头删除包含 characters 中字符（默认是空白）的最长字符串。该函数的返回值类型：varchar。函数使用示例如下。

```
SELECT ltrim('xxxxTRIM','x');
 ltrim
-------
 TRIM
(1 row)
```

（35）upper(string)

描述：把字符串转化为大写。该函数的返回值类型：varchar。函数使用示例如下。

```
SELECT upper('tom');
 upper
-------
 TOM
(1 row)
```

（36）lower(string)

描述：把字符串转化为小写。该函数的返回值类型：varchar。函数使用示例如下。

```
SELECT lower('TOM');
 lower
-------
 tom
(1 row)
```

（37）instr(string,substring[,position,occurrence])

描述：从字符串 string 的 position（默认为 1）所指的位置开始查找并返回第 occurrence（默认为 1）次出现子串 substring 的位置的值。当 position 为 0 时，返回 0；当 position 为负数时，从字符串倒数第 n 个字符往前逆向搜索，n 为 position 的绝对值。该函数以字符为计算单位，如一个汉字为一个字符。该函数的返回值类型：integer。函数使用示例如下。

```
SELECT instr('corporate floor','or', 3);
 instr
-------
     5
(1 row)

SELECT instr('corporate floor','or',-3,2);
 instr
-------
     2
(1 row)
```

（38）initcap(string)

描述：将字符串中的每个单词的首字母转化为大写，其他字母转化为小写。该函数的返回值类型：text。函数使用示例如下。

```
SELECT initcap('hi THOMAS');
  initcap
-----------
 Hi Thomas
(1 row)
```

（39）ascii(string)

描述：给出参数 string 的第一个字符对应的 ASCII 码。该函数的返回值类型：integer。函数使用示例如下。

```
SELECT ascii('xyz');
 ascii
-------
   120
(1 row)
```

（40）replace(string varchar, search_string varchar, replacement_string varchar)

描述：把字符串 string 中所有子字符串 search_string 替换成子字符串 replacement_string。该函数的返回值类型：varchar。函数使用示例如下。

```
SELECT replace('jack and jue','j','bl');
   replace
----------------
 black and blue
(1 row)
```

（41）concat(str1,str2)

描述：将字符串 str1 和 str2 连接并返回。在数据库 SQL 兼容模式被设置为 MY 的情况下，参数 str1 或 str2 为 NULL 会导致返回结果为 NULL。该函数的返回值类型：varchar。函数使用示例如下。

```
SELECT concat('Hello', ' World!');
   concat
--------------
 Hello World!
(1 row)
SELECT concat('Hello', NULL);
 concat
--------
 Hello
(1 row)
```

（42）chr(integer)

描述：给出该 ASCII 码对应的字符。该函数的返回值类型：varchar。函数使用示例如下。

```
SELECT chr(65);
 chr
-----
 A
(1 row)
```

（43）convert_to(string text, dest_encoding name)

描述：将字符串转化为 dest_encoding 的编码格式。该函数的返回值类型：bytea。函数使用示例如下。

```
SELECT convert_to('some text', 'UTF8');
     convert_to
----------------------
 \x736f6d652074657874
(1 row)
```

（44）format(formatstr text [, str"any" [, ...]])

描述：格式化字符串。该函数的返回值类型：text。函数使用示例如下。

```
SELECT format('Hello %s, %1$s', 'World');
     format
--------------------
 Hello World, World
(1 row)
```

（45）md5(string)

描述：使用 MD5 算法将 string 加密，并以十六进制数作为返回值。由于 MD5 加密算法安全性低，存在安全风险，因此不建议使用该算法。该函数的返回值类型：text。函数使用示例如下。

```
SELECT md5('ABC');
           md5
----------------------------------
 902fbdd2b1df0c4f70b4a5d23525e932
(1 row)
```

（46）decode(string text, format text)

描述：将二进制数据从文本数据中解码。该函数的返回值类型：bytea。函数使用示例如下。

```
SELECT decode('MTIzAAE=', 'base64');
    decode
--------------
 \x3132330001
(1 row)
```

5.2.7　常用数学操作函数

常用数学操作函数如下。

（1）abs(x)

描述：绝对值。该函数返回值类型：和输入相同。函数使用示例如下。

```
SELECT abs(-17.4);
 abs
------
 17.4
(1 row)
```

（2）cbrt(dp)

描述：立方根。该函数返回值类型：double precision。函数使用示例如下。

```
SELECT cbrt(27.0);
 cbrt
------
    3
(1 row)
```

（3）ceil(x)

描述：不小于参数的最小整数。该函数返回值类型：整数。函数使用示例如下。

```
SELECT ceil(-42.8);
 ceil
------
  -42
(1 row)
```

（4）ceiling(dp or numeric)

描述：不小于参数的最小整数（ceil 的别名）。该函数返回值类型：与输入相同。函数使用示例如下。

```
SELECT ceiling(-95.3);
 ceiling
---------
     -95
(1 row)
```

（5）div(y numeric, x numeric)

描述：y 除以 x 的商的整数部分。该函数返回值类型：numeric。函数使用示例如下。

```
SELECT div(9,4);
 div
-----
   2
(1 row)
```

（6）exp(x)

描述：自然指数。该函数返回值类型：与输入相同。函数使用示例如下。

```
SELECT exp(1.0);
       exp
-------------------
 2.7182818284590452
(1 row)
```

（7）floor(x)

描述：不大于参数的最大整数。该函数返回值类型：与输入相同。函数使用示例如下。

```
SELECT floor(-42.8);
 floor
-------
   -43
(1 row)
```

（8）int1(in)

描述：将传入的 text 参数转换为 int1 类型值并返回。该函数返回值类型：int1。函数使用示例如下。

```
select int1('123');
 int1
------
 123
(1 row)
select int1('a');
 int1
------
    0
(1 row)
```

（9）int2(in)

描述：将传入参数转换为 int2 类型值并返回。支持的入参类型包括 float4、float8、numeric 和 text。该函数返回值类型：int2。函数使用示例如下。

```
select int2('1234');
 int2
------
 1234
(1 row)
select int2(25.3);
 int2
------
   25
(1 row)
```

（10）int4(in)

描述：将传入参数转换为 int4 类型值并返回。支持的入参类型包括 bit、Boolean、char、double precision、numeric、real、smallint 和 text。该函数返回值类型：int4。函数使用示例如下。

```
select int4('789');
 int4
------
 789
(1 row)
select int4(99.9);
 int4
------
   99
(1 row)
```

（11）random()

描述：0.0～1.0 的随机数。该函数返回值类型：double precision。函数使用示例如下。

```
SELECT random();
     random
------------------
 .824823560658842
(1 row)
```

（12）log(x)

描述：以 10 为底的对数。该函数返回值类型：与输入相同。函数使用示例如下。

```
SELECT log(100.0);
       log
```

```
------------------
 2.0000000000000000
(1 row)
```

（13）mod(x,y)

描述：*x*/*y* 的余数（模）。如果 *x* 是 0，则返回 0。该函数返回值类型：与参数类型相同。函数使用示例如下。

```
SELECT mod(9,4);
 mod
-----
   1
(1 row)

SELECT mod(9,0);
 mod
-----
   9
(1 row)
```

（14）pi()

描述："π" 常量。该函数返回值类型：double precision。函数使用示例如下。

```
SELECT pi();
          pi
------------------
 3.14159265358979
(1 row)
```

（15）power(a double precision, b double precision)

描述：*a* 的 *b* 次幂。该函数返回值类型：double precision。函数使用示例如下。

```
SELECT power(9.0, 3.0);
        power
---------------------
 729.0000000000000000
(1 row)
```

（16）round(x)

描述：离输入参数最近的整数。该函数返回值类型：与输入相同。函数使用示例如下。

```
SELECT round(42.4);
 round
-------
    42
(1 row)
SELECT round(42.6);
 round
-------
    43
(1 row)
```

（17）round(v numcric, s int)

描述：四舍五入保留小数点后 *s* 位。该函数返回值类型：numeric。函数使用示例如下。

```
SELECT round(42.4382, 2);
 round
-------
 42.44
(1 row)
```

（18）sign(x)

描述：输出此参数的符号。该函数返回值类型：–1 表示负数，0 表示 0，1 表示正数。函数使用示例如下。

```
SELECT sign(-8.4);
 sign
------
   -1
(1 row)
```

（19）sqrt(x)

描述：平方根。该函数返回值类型：与输入相同。函数使用示例如下。

```
SELECT sqrt(2.0);
     sqrt
------------------
 1.414213562373095
(1 row)
```

（20）trunc(x)

描述：截断，取整数部分。该函数返回值类型：与输入相同。函数使用示例如下。

```
SELECT trunc(42.8);
 trunc
-------
    42
(1 row)
```

（21）trunc(v numeric, s int)

描述：截断为 s 位小数。该函数返回值类型：numeric。函数使用示例如下。

```
SELECT trunc(42.4382, 2);
 trunc
-------
 42.43
(1 row)
```

5.2.8　常用日期操作函数

常用日期操作函数如下。

（1）age(timestamp, timestamp)

描述：将两个参数相减，并以年、月、日作为返回值。若相减值为负，则函数返回亦为负，入参可以都带 time zone 或都不带 time zone。该函数返回值类型：interval。函数使用示例如下。

```
SELECT age(timestamp '2001-04-10', timestamp '1957-06-13');
        age
-------------------------
 43 years 9 mons 27 days
(1 row)
```

（2）age(timestamp)

描述：将服务器系统的当前时间和参数相减，入参可以带 time zone 或者不带 time zone。该函数返回值类型：interval。函数使用示例如下。

```
SELECT age(timestamp '1957-06-13');
        age
-------------------------
 60 years 2 mons 18 days
(1 row)
```

（3）clock_timestamp()

描述：实时时钟的当前时间戳。该函数返回值类型：timestamp with time zone。函数使用示例如下。

```
SELECT clock_timestamp();
       clock_timestamp
-------------------------------
 2017-09-01 16:57:36.636205+08
```

```
(1 row)
```

（4）current_date

描述：获取服务器系统的当前日期。该函数返回值类型：date。函数使用示例如下。

```
SELECT current_date;
    date
------------
 2017-09-01
(1 row)
```

（5）current_time

描述：获取服务器系统的当前时间。该函数返回值类型：time with time zone。函数使用示例如下。

```
SELECT current_time;
      timetz
-------------------
 16:58:07.086215+08
(1 row)
```

（6）current_timestamp

描述：获取服务器系统的当前日期及时间。该函数返回值类型：timestamp with time zone。函数使用示例如下。

```
SELECT current_timestamp;
     pg_systimestamp
----------------------------
 2017-09-01 16:58:19.22173+08
(1 row)
```

（7）date_part(text, timestamp)

描述：获取日期/时间值中子域的值，例如年或者小时的值。该函数等效于 extract(field from timestamp)。timestamp 类型有：abstime，date，interval，reltime，time with time zone，time without time zone，timestamp with time zone，timestamp without time zone。该函数返回值类型：double precision。函数使用示例如下。

```
SELECT date_part('hour', timestamp '2001-02-16 20:38:40');
 date_part
-----------
        20
(1 row)
```

（8）date_part(text, interval)

描述：获取日期/时间值中子域的值。获取月份的值时，如果月份的值大于 12，则取该值与 12 的模。该函数等效于 extract(field from timestamp)。该函数返回值类型：double precision。函数使用示例如下。

```
SELECT date_part('month', interval '2 years 3 months');
 date_part
-----------
         3
(1 row)
```

（9）date_trunc(text, timestamp)

描述：截取到参数 text 指定的精度。该函数返回值类型：interval，timestamp with time zone，timestamp without time zone。函数使用示例如下。

```
SELECT date_trunc('hour', timestamp '2001-02-16 20:38:40');
    date_trunc
---------------------
 2001-02-16 20:00:00
(1 row)
```

（10）trunc(timestamp)

描述：默认按天截取。函数使用示例如下。

```
SELECT trunc(timestamp '2001-02-16 20:38:40');
---------------------
2001-02-16 00:00:00
(1 row)
```

（11）extract(field from timestamp)

描述：获取小时的值。该函数返回值类型：double precision。函数使用示例如下。

```
SELECT extract(hour from timestamp '2001-02-16 20:38:40');
 date_part
-----------
        20
(1 row)
```

（12）extract(field from interval)

描述：获取月份的值。如果月份的值大于 12，则取该值与 12 的模。该函数返回值类型：double precision。函数使用示例如下。

```
SELECT extract(month from interval '2 years 3 months');
 date_part
-----------
         3
(1 row)
```

（13）isfinite(date)

描述：测试是否为有效日期。该函数返回值类型：Boolean。函数使用示例如下。

```
SELECT isfinite(date '2001-02-16');
 isfinite
----------
 t
(1 row)
```

（14）isfinite(timestamp)

描述：测试是否为有效时间。该函数返回值类型：Boolean。函数使用示例如下。

```
SELECT isfinite(timestamp '2001-02-16 21:28:30');
 isfinite
----------
 t
(1 row)
```

（15）isfinite(interval)

描述：测试是否为有效区间。该函数返回值类型：Boolean。函数使用示例如下。

```
SELECT isfinite(interval '4 hours');
 isfinite
----------
 t
(1 row)
```

（16）justify_days(interval)

描述：将时间间隔以月（以 30 天为一个月）为单位。该函数返回值类型：interval。函数使用示例如下。

```
SELECT justify_days(interval '35 days');
 justify_days
--------------
 1 mon 5 days
(1 row)
```

（17）justify_hours(interval)

描述：将时间间隔以天（以 24 小时为一天）为单位。该函数返回值类型：interval。

函数使用示例如下。

```
SELECT justify_hours(INTERVAL '27 HOURS');
 justify_hours
----------------
 1 day 03:00:00
(1 row)
```

（18）justify_interval(interval)

描述：结合 justify_days 和 justify_hours，调整 interval。该函数返回值类型：interval。
函数使用示例如下。

```
SELECT justify_interval(INTERVAL '1 MON -1 HOUR');
 justify_interval
------------------
 29 days 23:00:00
(1 row)
```

（19）localtime

描述：获取当前时间。该函数返回值类型：time。函数使用示例如下。

```
SELECT localtime AS RESULT;
    result
----------------
 16:05:55.664681
(1 row)
```

（20）localtimestamp

描述：获取当前日期及时间。该函数返回值类型：timestamp。函数使用示例如下。

```
SELECT localtimestamp;
      timestamp
----------------------------
 2017-09-01 17:03:30.781902
(1 row)
```

（21）now()

描述：获取当前日期及时间。该函数返回值类型：timestamp with time zone。函数使
用示例如下。

```
SELECT now();
          now
-------------------------------
 2017-09-01 17:03:42.549426+08
(1 row)
```

（22）timenow

描述：获取当前日期及时间。该函数返回值类型：timestamp with time zone。函数使
用示例如下。

```
select timenow();
      timenow
----------------------
 2020-06-23 20:36:56+08
(1 row)
```

（23）pg_sleep(seconds)

描述：获取服务器线程时延，单位为 s。该函数返回值类型：void。函数使用示例如下。

```
SELECT pg_sleep(10);
 pg_sleep
----------

(1 row)
```

（24）statement_timestamp()

描述：获取当前日期及时间。该函数返回值类型：timestamp with time zone。函数使

用示例如下。

```
SELECT statement_timestamp();
      statement_timestamp
-------------------------------
 2017-09-01 17:04:39.119267+08
(1 row)
```

（25）sysdate

描述：获取当前日期及时间。该函数返回值类型：timestamp。函数使用示例如下。

```
SELECT sysdate;
      sysdate
---------------------
 2017-09-01 17:04:49
(1 row)
```

（26）timeofday()

描述：获取当前日期及时间。该函数与 clock_timestamp()等效。该函数返回值类型：text。函数使用示例如下。

```
SELECT timeofday();
          timeofday
---------------------------------
 Fri Sep 01 17:05:01.167506 2017 CST
(1 row)
```

（27）transaction_timestamp()

描述：获取当前日期及时间。该函数与 current_timestamp()等效。该函数返回值类型：timestamp with time zone。函数使用示例如下。

```
SELECT transaction_timestamp();
    transaction_timestamp
-------------------------------
 2017-09-01 17:05:13.534454+08
(1 row)
```

（28）add_months(d,n)

描述：计算时间点 d 再加上 n 个月的时间。该函数返回值类型：timestamp。函数使用示例如下。

```
SELECT add_months(to_date('2017-5-29', 'yyyy-mm-dd'), 11) FROM sys_dummy;
    add_months
---------------------
 2018-04-29 00:00:00
(1 row)
```

（29）last_day(d)

描述：计算时间点 d 当月最后一天的时间。该函数返回值类型：timestamp。函数使用示例如下。

```
select last_day(to_date('2017-01-01', 'YYYY-MM-DD')) AS cal_result;
    cal_result
---------------------
 2017-01-31 00:00:00
(1 row)
```

（30）next_day(x,y)

描述：计算从时间点 x 开始的下一个星期几（y）的时间。该函数返回值类型：timestamp。函数使用示例如下。

```
select next_day(timestamp '2017-05-25 00:00:00','Sunday')AS cal_result;
    cal_result
---------------------
 2017-05-28 00:00:00
(1 row)
```

（31）tinterval(abstime, abstime)

描述：用两个绝对时间创建时间间隔。该函数返回值类型：tinterval。函数使用示例如下。

```
call tinterval(abstime 'May 10, 1947 23:59:12', abstime 'Mon May  1 00:30:30 1995');
                      tinterval
--------------------------------------------------------
 ["1947-05-10 23:59:12+08" "1995-05-01 00:30:30+08"]
(1 row)
```

（32）tintervalend(tinterval)

描述：返回 tinteval 的结束时间。该函数返回值类型：abstime。函数使用示例如下。

```
select tintervalend('["Sep 4, 1983 23:59:12" "Oct 4, 1983 23:59:12"]');
      tintervalend
----------------------
 1983-10-04 23:59:12+08
(1 row)
```

（33）TIMESTAMPDIFF(unit , timestamp_expr1, timestamp_expr2)

TIMESTAMPDIFF 函数用于计算两个日期/时间之间(timestamp_expr2-timestamp_expr1)的差值，并以 unit 形式返回结果。timestamp_expr1 和 timestamp_expr2 必须是一个 timestamp、timestamptz、date 类型的值表达式。unit 表示的是两个日期差的单位。该函数仅在 openGauss 兼容 MY 类型（即 dbcompatibility = 'B'）时有效，其他类型不支持该函数。

TIMESTAMPDIFF 函数中的 unit 参数可以使用以下单位。

① YEAR：年份。该参数使用示例如下。

```
SELECT TIMESTAMPDIFF(YEAR, '2018-01-01', '2020-01-01');
 timestamp_diff
----------------
              2
(1 row)
```

② QUARTER：季度。该参数使用示例如下。

```
SELECT TIMESTAMPDIFF(QUARTER, '2018-01-01', '2020-01-01');
 timestamp_diff
----------------
              8
(1 row)
```

③ MONTH：月份。该参数使用示例如下。

```
SELECT TIMESTAMPDIFF(MONTH, '2018-01-01', '2020-01-01');
 timestamp_diff
----------------
             24
(1 row)
```

④ WEEK：星期。该参数使用示例如下。

```
SELECT TIMESTAMPDIFF(WEEK, '2018-01-01', '2020-01-01');
 timestamp_diff
----------------
            104
(1 row)
```

⑤ DAY：天。该参数使用示例如下。

```
SELECT TIMESTAMPDIFF(DAY, '2018-01-01', '2020-01-01');
 timestamp_diff
----------------
            730
(1 row)
```

⑥ HOUR：小时。该参数使用示例如下。

```
SELECT TIMESTAMPDIFF(HOUR, '2020-01-01 10:10:10', '2020-01-01 11:11:11');
 timestamp_diff
----------------
              1
(1 row)
```

⑦ MINUTE：分钟。该参数使用示例如下。

```
SELECT TIMESTAMPDIFF(MINUTE, '2020-01-01 10:10:10', '2020-01-01 11:11:11');
 timestamp_diff
----------------
             61
(1 row)
```

⑧ SECOND：秒。该参数使用示例如下。

```
SELECT TIMESTAMPDIFF(SECOND, '2020-01-01 10:10:10', '2020-01-01 11:11:11');
 timestamp_diff
----------------
           3661
(1 row)
```

⑨ MICROSECOND：秒域（包括小数部分）乘以 1000000。该参数使用示例如下。

```
SELECT  TIMESTAMPDIFF(MICROSECOND,  '2020-01-01  10:10:10.000000',  '2020-01-01
10:10:10.111111');
 timestamp_diff
----------------
         111111
(1 row)
```

⑩ TIMESTAMP_EXPR：含有时区。该参数使用示例如下。

```
SELECT TIMESTAMPDIFF(HOUR,'2020-05-01 10:10:10-01','2020-05-01 10:10:10-03');
 timestamp_diff
----------------
              2
(1 row)
```

（34）date_part('field', source)

描述：从日期或时间的数值中抽取子域，函数中的第一个参数 field 必须是一个字符串，而不是一个名称。函数使用示例如下。

```
SELECT date_part('day', TIMESTAMP '2001-02-16 20:38:40');
 date_part
-----------
        16
(1 row)

SELECT date_part('hour', INTERVAL '4 hours 3 minutes');
 date_part
-----------
         4
(1 row)
```

5.2.9　类型转换函数和操作符

类型转换函数和操作符如下。

（1）to_number (expr [, fmt])

描述：将 expr 按指定格式转换为一个 number 类型的值。将十六进制字符串转换为十进制数字时，数据库最多支持 16 个字节的十六进制字符串转换为无符号数；格式字符串中不允许出现除'x'或'X'外的其他字符，否则系统报错。该函数返回值类型：number。函数使用示例如下。

```
SELECT to_number('12,454.8-', '99G999D9S');
 to_number
-----------
```

```
 -12454.8
(1 row)
```

（2）to_number(text, text)

描述：将字符串类型的值转换为指定格式的数字。该函数返回值类型：numeric。函数使用示例如下。

```
SELECT to_number('12,454.8-', '99G999D9S');
 to_number
-----------
 -12454.8
(1 row)
```

（3）to_timestamp(string [,fmt])

描述：将字符串 string 按 fmt 指定的格式转换成时间戳类型的值。不指定 fmt 时，按参数 nls_timestamp_format 指定的格式转换。在 openGauss 的 to_timestamp()函数中，如果输入的年份 YYYY=0，系统报错；如果输入的年份 YYYY<0，在 fmt 中指定 SYYYY，则系统正确输出公元前绝对值 n 的年份。fmt 中出现的字符必须与日期/时间格式化的模式匹配，否则系统报错。该函数返回值类型：timestamp without time zone。函数使用示例如下。

```
SHOW nls_timestamp_format;
    nls_timestamp_format
--------------------------
 DD-Mon-YYYY HH:MI:SS.FF AM
(1 row)

SELECT to_timestamp('12-sep-2014');
    to_timestamp
--------------------
 2014-09-12 00:00:00
(1 row)
```

（4）to_timestamp(text, text)

描述：将字符串类型的值转换为指定格式的时间戳。该函数返回值类型：timestamp。函数使用示例如下。

```
SELECT to_timestamp('05 Dec 2000', 'DD Mon YYYY');
    to_timestamp
--------------------
 2000-12-05 00:00:00
(1 row)
```

5.2.10　常用聚合函数介绍

常用聚合函数如下。

（1）sum(expression)

描述：计算所有输入行的 expression 总和。该函数返回值类型：通常情况下，输入的数据类型和输出的数据类型相同，但有些情况会发生类型转换。对于 smallint 或 integer 输入，输出的类型为 bigint；对于 bigint 输入，输出的类型为 number；对于浮点数输入，输出的类型为 double precision。

（2）max(expression)

描述：计算所有输入行中 expression 的最大值。输入的参数类型：任意数组、数值、字符串、日期/时间类型。该函数返回值类型：与参数数据类型相同。

（3）min(expression)

描述：计算所有输入行中 expression 的最小值。输入的参数类型：任意数组、数值、字符串、日期/时间类型。该函数返回值类型：与参数数据类型相同。

（4）avg(expression)

描述：计算所有输入值的均值（算术平均）。该函数返回值类型：对于任何整数类型输入，结果都是 number 类型；对于任何浮点类型输入，结果都是 double precision 类型；在其他情况下，结果和输入数据类型相同。

（5）count(expression)

描述：返回表中满足 expression 不为 NULL 的行数。该函数返回值类型：bigint。

（6）count(*)

描述：返回表中的记录行数。该函数返回值类型：bigint。

（7）median(expression) [over (query partition clause)]

描述：返回表达式的中位数，计算时 NULL 将会被 median 函数忽略。可以使用 distinct 关键字排除表达式中的重复记录。输入 expression 的数据可以是数值类型（包括 integer、double、bigint 等），也可以是 interval 类型。其他数据类型不支持求中位数。该函数返回值类型：double 或 interval。

（8）array_agg(expression)

描述：将所有输入的值（包括空）连接成一个数组。该函数返回值类型：参数类型的数组。

（9）string_agg(expression, delimiter)

描述：将输入的值连接成一个字符串，用分隔符分开。该函数返回值类型：和参数数据类型相同。

5.3　SQL 语法分类

SQL 由数据定义语言、数据操作语言和数据控制语言组成。

数据定义语言用于定义和管理数据库、表、视图及各种数据库的对象。数据定义语言通常包括每个对象的 CREATE、ALTER 和 DROP 命令。数据操作语言用于查询和操作数据，如 SELECT、INSERT、UPDATE、DELETE 等，这些语句可以对数据库表进行增删改查，是应用程序开发使用比较频繁的语句。数据控制语言用于控制对数据库对象进行操作的权限，如 GRANT、REVOKE 语句分别负责对用户或用户组进行授权和回收权限等操作。

5.3.1　数据定义语言相关 SQL 介绍

数据定义语言主要用于对数据库的核心对象进行管理，前面章节已经介绍了数据库核心对象的语法和使用示例，所以本小节省略关于语法格式和应用示例部分的介绍。

1. 定义客户端加密主密钥

客户端加密主密钥主要基于密态数据库特性，用于加密列加密密钥。定义客户端加密主密钥主要包括创建客户端加密主密钥，删除客户端加密主密钥。定义客户端加密主密钥的功能及相关 SQL 见表 5-6。

表 5-6 定义客户端加密主密钥的功能及相关 SQL

功能	相关 SQL
创建客户端加密主密钥	CREATE CLIENT MASTER KEY
删除客户端加密主密钥	DROP CLIENT MASTER KEY

2. 定义列加密密钥

列加密密钥主要基于密态数据库特性，用于加密数据。定义列加密密钥主要包括创建列加密密钥，删除列加密密钥。定义列加密密钥的功能及相关 SQL 见表 5-7。

表 5-7 定义列加密密钥的功能及相关 SQL

功能	相关 SQL
创建列加密密钥	CREATE COLUMN ENCRYPTION KEY
删除列加密密钥	DROP COLUMN ENCRYPTION KEY

3. 定义数据库

数据库是组织、存储和管理数据的仓库。定义数据库主要包括创建数据库，修改数据库属性，以及删除数据库。定义数据库的功能及相关 SQL 见表 5-8。

表 5-8 定义数据库的功能及相关 SQL

功能	相关 SQL
创建数据库	CREATE DATABASE
修改数据库属性	ALTER DATABASE
删除数据库	DROP DATABASE

4. 定义模式

模式是一组数据库对象的集合，主要用于控制对数据库对象的访问。定义模式的功能及相关 SQL 见表 5-9。

表 5-9 定义模式的功能及相关 SQL

功能	相关 SQL
创建模式	CREATE SCHEMA
修改模式属性	ALTER SCHEMA
删除模式	DROP SCHEMA

5. 定义表空间

表空间用于管理数据对象与磁盘上的一个目录对应。定义表空间的功能及相关 SQL 见表 5-10。

表 5-10 定义表空间的功能及相关 SQL

功能	相关 SQL
创建表空间	CREATE TABLESPACE
修改表空间属性	ALTER TABLESPACE
删除表空间	DROP TABLESPACE

6. 定义表

表是数据库中的一种特殊数据结构，用于存储数据对象及对象之间的关系。定义表的功能及相关 SQL 见表 5-11。

表 5-11　定义表的功能及相关 SQL

功能	相关 SQL
创建表	CREATE TABLE
修改表属性	ALTER TABLE
删除表	DROP TABLE

7. 定义分区表

数据是由普通表存储的。分区表是一种逻辑表，主要用于提升查询性能。定义分区表的功能及相关 SQL 见表 5-12。

表 5-12　定义分区表的功能及相关 SQL

功能	相关 SQL
创建分区表	CREATE TABLE
增加分区	ALTER TABLE ADD PARTITION
修改分区表属性	ALTER TABLE PARTITION
删除分区	ALTER TABLE DROP PARTITION
删除分区表	DROP TABLE

8. 定义索引

索引是对数据库表中一列或多列的值排序的一种结构，使用索引可快速访问数据库表中的特定信息。定义索引的功能及相关 SQL 见表 5-13。

表 5-13　定义索引的功能及相关 SQL

功能	相关 SQL
创建索引	CREATE INDEX
修改索引属性	ALTER INDEX
删除索引	DROP INDEX
重建索引	REINDEX

9. 定义存储过程

存储过程是一组为了完成特定操作的 SQL 语句集，经编译后被存储在数据库中。用户通过指定存储过程的名称并给出参数（如果该存储过程带有参数）来执行存储过程。定义存储过程的功能及相关 SQL 见表 5-14。

表 5-14　定义存储过程的功能及相关 SQL

功能	相关 SQL
创建存储过程	CREATE PROCEDURE
删除存储过程	DROP PROCEDURE

10．定义函数

在 openGauss 中，函数和存储过程类似，也是一组 SQL 语句集，在使用上没有差别。定义函数的功能及相关 SQL 见表 5-15。

表 5-15　定义函数的功能及相关 SQL

功能	相关 SQL
创建函数	CREATE FUNCTION
修改函数属性	ALTER FUNCTION
删除函数	DROP FUNCTION

11．定义视图

视图是从一个或几个基本表中导出的虚表，可用于控制用户对数据的访问。定义视图的功能及相关 SQL 见表 5-16。

表 5-16　定义视图的功能及相关 SQL

功能	相关 SQL
创建视图	CREATE VIEW
删除视图	DROP VIEW

12．定义游标

为了处理 SQL 语句，存储过程进程会分配一段内存区域来保存上下文。游标是指向上下文区域的句柄或指针。借助游标，存储过程可以控制上下文联系的内存区域的变化。定义游标的功能及相关 SQL 见表 5-17。

表 5-17　定义游标的功能及相关 SQL

功能	相关 SQL
创建游标	CURSOR
移动游标	MOVE
从游标中提取数据	FETCH
关闭游标	CLOSE

13．定义聚合函数

在实际应用中，如果系统提供的聚合函数不能满足需求，用户可以自定义聚合函数。定义聚合函数的功能及相关 SQL 见表 5-18。

表 5-18　定义聚合函数的功能及相关 SQL

功能	相关 SQL
创建聚合函数	CREATE AGGREGATE
修改聚合函数	ALTER AGGREGATE
删除聚合函数	DROP AGGREGATE

14．定义数据类型转换

在实际应用中，如果系统提供的数据类型转换不能满足需求，用户可以自定义数据类型转换。定义数据类型转换的功能及相关 SQL 见表 5-19。

表 5-19　定义数据类型转换的功能及相关 SQL

功能	相关 SQL
创建用户自定义数据类型转换	CREATE CAST
删除用户自定义数据类型转换	DROP CAST

15. 定义插件扩展

在实际应用中,用户可以自定义插件扩展。定义插件扩展的功能及相关 SQL 见表 5-20。

表 5-20　定义插件扩展的功能及相关 SQL

功能	相关 SQL
创建插件扩展	CREATE EXTENSION
修改插件扩展	ALTER EXTENSION
删除插件扩展	DROP EXTENSION

16. 定义操作符

在实际应用中,如果系统提供的操作符不能满足需求,用户可以自定义操作符。定义操作符的功能及相关 SQL 见表 5-21。

表 5-21　定义操作符的功能及相关 SQL

功能	相关 SQL
创建操作符	CREATE OPERATOR
修改操作符	ALTER OPERATOR
删除操作符	DROP OPERATOR

17. 定义数据类型

在实际应用中,如果系统提供的数据类型不能满足需求,用户可以自定义数据类型。定义数据类型的功能及相关 SQL 见表 5-22。

表 5-22　定义数据类型的功能及相关 SQL

功能	相关 SQL
创建数据类型	CREATE TYPE
修改数据类型	ALTER TYPE
删除数据类型	DROP TYPE

5.3.2　数据操作语言相关 SQL 介绍

1. 插入数据语句

使用插入数据语句可以在数据库表中添加一条或多条记录。只有拥有表 INSERT 权限的用户,才可以向表中插入数据。如果使用 RETURNING 子句插入数据,用户必须有该表的 SELECT 权限;如果使用 ON DUPLICATE KEY UPDATE 子句插入数据,用户必须有该表的 SELECT、UPDATE 权限,唯一约束(主键或唯一索引)的 SELECT 权限;如果使用 query 子句插入来自查询的数据行,用户还需要拥有在查询中使用的表的 SELECT 权限。连接到 TD 兼容的数据库,td_compatible_truncation 参数被设置为 on 时,系统将启用超长字符串自动截断功能。在后续的 INSERT 语句中（在不包含外部表的场景下），对目标表中 char 和 varchar 类型的列插入超长字符串时，系统会自动按照目标表中相应列定义的最大长度对超长字符串进行截断。

语法格式如下。

```
[ WITH [ RECURSIVE ] with_query [, ...] ]
INSERT INTO table_name [ ( column_name [, ...] ) ]
   { DEFAULT VALUES
   | VALUES {( { expression | DEFAULT } [, ...] ) }[, ...]
   | query }
   [ ON DUPLICATE KEY UPDATE {{ column_name = { expression | DEFAULT } } [, ...] |
NOTHING }]
   [ RETURNING {* | {output_expression [ [ AS ] output_name ] }[, ...]} ];
```

参数说明如下。

① WITH [RECURSIVE] with_query [, ...]：用于声明一个或多个可以在主查询中通过名称引用的子查询，相当于临时表。如果声明了 RECURSIVE，就允许 SELECT 子查询通过名称引用它自己。其中 with_query 的详细格式如下。

```
with_query_name [ ( column_name [, ...] ) ] AS  ({select | values | insert | update
| delete} )
```

- with_query_name 用于指定子查询生成的结果集名称,在查询中可使用该名称访问子查询的结果集。
- column_name 用于指定子查询结果集中显示的列名。
- 每个子查询可以是 SELECT、VALUES、INSERT、UPDATE 或 DELETE 语句。

② table_name：要插入数据的目标表名。取值为已存在的表名。

③ column_name：目标表中的字段名，字段名可以有子字段名或者数组下标修饰。没有在字段列表中出现的字段，将由系统默认值或者声明时的默认值填充，若都没有则用 NULL 填充。例如，向一个复合类型中的某些字段插入数据，其他字段将是 NULL。目标字段（column_name）可以按顺序排列。如果 VALUES 子句和 query 子句中提供了 N 个字段，则目标字段为前 N 个字段。VALUES 子句和 query 子句提供的值在表中从左到右关联到对应列。取值为已存在的字段名。

④ expression：赋予对应 column 的一个有效表达式或值。如果是在 INSERT ON DUPLICATE KEY UPDATE 语句中，expression 可以为 VALUES（column_name）或 EXCLUDED.column_name，用于表示引用冲突行对应的 column_name 字段的值。需注意，其中 VALUES(column_name)不支持嵌套在表达式（例如 VALUES(column_name)+1）中，但 EXCLUDED.column_name 不受此限制。向表中字段插入单引号 "'" 时需要使用单引号自身进行转义。如果插入行的表达式不是正确的数据类型，系统将试图进行数据类型转换，若转换不成功，则表示插入数据失败，系统返回错误信息。

⑤ DEFAULT：对应字段名的默认值。如果没有默认值，则为 NULL。

⑥ query：一个语句（SELECT）查询，将查询结果作为插入的数据。

⑦ ON DUPLICATE KEY UPDATE：对于带有唯一约束（UNIQUE INDEX 或 PRIMARY KEY）的表，如果插入数据违反唯一约束，则对冲突行执行 UPDATE 子句完成更新操作；对于不带唯一约束的表，则仅执行插入数据操作。执行 UPDATE 时，若指定 NOTHING 则忽略此条插入，可通过 "EXCLUDE." 或者 "VALUES()" 来选择源数据相应的列。

- 支持触发器，触发器的触发顺序与实际执行顺序相同。

➢ 执行 INSERT：触发 BEFORE INSERT、AFTER INSERT 触发器。

➢ 执行 UPDATE：触发 BEFORE INSERT、BEFORE UPDATE、AFTER UPDATE 触发器。

➢ 执行 UPDATE NOTHING：触发 BEFORE INSERT 触发器。

• 不支持时延生效（DEFERRABLE）的唯一约束或主键。

• 如果表存在多个唯一约束，插入的数据违反多个唯一约束，则对于检测到冲突的第一行进行更新，不更新其他冲突行（检查顺序与索引维护具有强相关性，一般先创建的索引先进行冲突检查）。

• 如果插入多行，这些行均与表中同一行数据存在唯一约束冲突，则按照顺序，第一条执行插入或更新，之后依次执行更新。

• 主键、唯一索引列不允许 UPDATE。

• 不支持列存、外表、内存表。

⑧ RETURNING：返回实际插入的行。RETURNING 列表的语法与 SELECT 输出列表的语法一致。注意：INSERT ON DUPLICATE KEY UPDATE 不支持 RETURNING 子句。

⑨ output_expression：INSERT 命令在每一行都被插入后用于计算输出结果的表达式。该表达式可以使用 table 的任意字段，可以使用*返回被插入行的所有字段。

⑩ output_name：字段的输出名称。取值为字符串，要符合标识符命名规范。

插入数据示例如下。

```
--创建表 reason_t2
CREATE TABLE reason_t2(r_reason_skinteger, r_reason_idcharacter(16), r_reason_desc
character(100));
--向表中插入一条记录
INSERT INTO reason_t2(r_reason_sk,r_reason_id,r_reason_desc)VALUES(1, 'AAAAAAAABAAAAAAA',
'reason1');
--向表中插入一条记录，和上一条语法等效
INSERT INTO reason_t2 VALUES (2, 'AAAAAAAABAAAAAAA', 'reason2');
--向表中插入多条记录
INSERT INTO reason_t2VALUES(3,'AAAAAAAACAAAAAAA','reason3'),(4, '
AAAAAAAADAAAAAAA', 'reason4'),(5, 'AAAAAAAAEAAAAAAA','reason5');
```

插入数据的运行效果如图 5-11 所示。

```
jiangwfdb=# CREATE TABLE reason_t2(r_reason_sk    integer, r_reason_id    character(16), r_reason_desc  character(100));
CREATE TABLE
jiangwfdb=# INSERT INTO reason_t2(r_reason_sk, r_reason_id, r_reason_desc) VALUES (1, 'AAAAAAAABAAAAAAA', 'reason1');
INSERT 0 1
jiangwfdb=# INSERT INTO reason_t2 VALUES (2, 'AAAAAAAABAAAAAAA', 'reason2');
INSERT 0 1
jiangwfdb=# INSERT INTO reason_t2 VALUES (3, 'AAAAAAAACAAAAAAA','reason3'),(4, 'AAAAAAAADAAAAAAA', 'reason4'),(5, 'AAAAAAAAEAAA
AAAA','reason5');
INSERT 0 3
jiangwfdb=# select * from reason_t2;
 r_reason_sk |   r_reason_id    |                              r_reason_desc
-------------+------------------+--------
           1 | AAAAAAAABAAAAAAA | reason1

           2 | AAAAAAAABAAAAAAA | reason2

           3 | AAAAAAAACAAAAAAA | reason3

           4 | AAAAAAAADAAAAAAA | reason4

           5 | AAAAAAAAEAAAAAAA | reason5

(5 rows)
```

图 5-11　插入数据的运行效果

2．修改数据语句

修改数据语句用于更新表中的数据。UPDATE 子句用于修改满足条件的所有行中指定的字段值，WHERE 子句用于声明条件，SET 子句指定的字段会被修改，没有出现的

字段则保持原值。想要修改表，用户必须对该表有 UPDATE 权限，对 expression 或 condition 条件里涉及的任何表要有 SELECT 权限。列存表暂时不支持 RETURNING 子句，不支持结果不确定的更新。试图对列存表用多行数据更新一行时，系统会报错。对列存表执行更新操作，旧记录空间不会被回收，需要执行 VACUUM FULL table_name 进行清理。列存复制表暂不支持 UPDATE 操作。

语法格式如下。

```
UPDATE [ ONLY ] table_name [ * ] [ [ AS ] alias ]
SET {column_name = { expression | DEFAULT }
    |( column_name [, ...] ) = {( { expression | DEFAULT } [, ...] ) |sub_query }}[, ...]
    [ FROM from_list ] [ WHERE condition ]
    [ RETURNING {*
                | {output_expression [ [ AS ] output_name ]} [, ...] }];

where sub_query can be:
SELECT [ ALL | DISTINCT [ ON ( expression [, ...] ) ] ]
{ * | {expression [ [ AS ] output_name ]} [, ...] }
[ FROM from_item [, ...] ]
[ WHERE condition ]
[ GROUP BY grouping_element [, ...] ]
[ HAVING condition [, ...] ]
```

主要参数说明如下。

① table_name：要更新的表名，可以使用模式修饰。取值为已存在的表名称。

② alias：目标表的别名。取值为字符串，要符合标识符命名规范。

③ column_name：要修改的字段名。支持使用目标表的别名加字段名来引用这个字段。例如：UPDATE foo AS f SET f.col_name = 'postgres'。取值为已存在的字段名。

④ expression：赋给字段的值或表达式。

⑤ DEFAULT：用对应字段的默认值填充该字段。如果没有默认值，则为 NULL。

⑥ sub_query：子查询。使用同一个数据库里其他表的信息来更新一个表，可以使用子查询的方法。

⑦ from_list：一个表的表达式列表，允许在 WHERE 条件里使用其他表的字段。与在一个 SELECT 语句的 FROM 子句里声明表类似。目标表绝对不能出现在 from_list 中，除非再使用一个自连接（此时自连接必须以 from_list 的别名出现）。

⑧ condition：一个返回 Boolean 类型结果的表达式。只有这个表达式返回 True 的行才会被更新。

⑨ output_expression：所有需要更新的行都被更新后，UPDATE 命令用于计算返回值的表达式。取值为任何 table 以及 FROM 中列出的表的字段。*表示返回所有字段。

⑩ output_name：字段的返回名称。

以修改年龄为例，具体如下。

```
--创建表 student
CREATE TABLE student(stuno  serial primary key, stuname varchar(50),stuage int );
--插入数据
INSERT INTO student VALUES(default,'zhangsan',20),(default,'zlisi',25),(default,
'wangwu',30);
--查看数据
SELECT * FROM student;
--修改所有年龄的值
UPDATE student SET stuage = stuage*2;
```

修改年龄的运行效果如图 5-12 所示。

```
jiangwfdb=# CREATE TABLE student(stuno  serial primary key, stuname varchar(50),stuage int );
NOTICE:  CREATE TABLE will create implicit sequence "student_stuno_seq" for serial column "student.stuno"
NOTICE:  CREATE TABLE / PRIMARY KEY will create implicit index "student_pkey" for table "student"
CREATE TABLE
jiangwfdb=# INSERT INTO student VALUES(default,'zhangsan',20),(default,'zlisi',25),(default,'wangwu',30);
INSERT 0 3
jiangwfdb=# SELECT * FROM student;
 stuno | stuname | stuage
-------+---------+--------
     1 | zhangsan |     20
     2 | zlisi    |     25
     3 | wangwu   |     30
(3 rows)

jiangwfdb=# UPDATE student SET stuage = stuage*2;
UPDATE 3
jiangwfdb=# SELECT * FROM student;
 stuno | stuname | stuage
-------+---------+--------
     1 | zhangsan |     40
     2 | zlisi    |     50
     3 | wangwu   |     60
(3 rows)
```

图 5-12　修改年龄的运行效果

修改数据示例如下。

```
--修改 zhangsan 的年龄为 18
UPDATE student SET stuage = 18 where stuname='zhangsan';
--查看数据
SELECT * FROM student;
--把 stuno 为 1 的数据修改为 888
UPDATE student SET stuno=888 where stuno=1;
```

修改数据的运行效果如图 5-13 所示。

```
jiangwfdb=# UPDATE student SET stuage = 18 where stuname='zhangsan';
UPDATE 1
jiangwfdb=# SELECT * FROM student;
 stuno | stuname | stuage
-------+---------+--------
     2 | zlisi    |     50
     3 | wangwu   |     60
     1 | zhangsan |     18
(3 rows)

jiangwfdb=# UPDATE student SET stuno=888 where stuno=1;
UPDATE 1
jiangwfdb=# SELECT * FROM student;
 stuno | stuname | stuage
-------+---------+--------
     2 | zlisi    |     50        把 stuno 为 1 的数据修改为 888
     3 | wangwu   |     60
   888 | zhangsan |     18
(3 rows)
```

图 5-13　修改数据的运行效果

3．查询数据语句

查询数据语句（SELECT）用于从表或视图中取出数据。SELECT 语句就像叠加在数据库表上的过滤器，利用 SQL 关键字从数据表中过滤出用户需要的数据。必须对每个在 SELECT 命令中使用的字段有 SELECT 权限。使用 FOR UPDATE 或 FOR SHARE 时，还要求有 UPDATE 权限。查询数据语法格式如下。

```
[ WITH [ RECURSIVE ] with_query [, ...] ]
SELECT [/*+ plan_hint */] [ ALL | DISTINCT [ ON ( expression [, ...] ) ] ]
{ * | {expression [ [ AS ] output_name ]} [, ...] }
[ FROM from_item [, ...] ]
[ WHERE condition ]
[ GROUP BY grouping_element [, ...] ]
[ HAVING condition [, ...] ]
[ WINDOW {window_name AS ( window_definition )} [, ...] ]
[ { UNION | INTERSECT | EXCEPT | MINUS } [ ALL | DISTINCT ] select ]
[ ORDER BY {expression [ [ ASC | DESC | USING operator ] | nlssort_expression_clause ]
[ NULLS { FIRST | LAST } ]} [, ...] ]
[ LIMIT { [offset,] count | ALL } ]
[ OFFSET start [ ROW | ROWS ] ]
[ FETCH { FIRST | NEXT } [ count ] { ROW | ROWS } ONLY ]
[ {FOR { UPDATE | SHARE } [ OF table_name [, ...] ] [ NOWAIT ]} [...] ];
```

condition 和 expression 可以使用 targetlist 中表达式的别名。查询语句使用规范如下。

① 只能被同一层引用。

② 只能引用 targetlist 中的别名。

③ 只能是后面的表达式引用前面的表达式。

④ 不能包含 volatile 函数。

⑤ 不能包含 window function 函数。

⑥ 不支持在 join on 条件中引用别名。

⑦ 如果 targetlist 有多个要应用的别名，则系统报错。

⑧ 简化版查询语法，功能相当于 SELECT * FROM table_name。TABLE { ONLY {(table_name)| table_name} | table_name [*]};

参数说明如下。

① ALL：声明返回所有符合条件的行，是默认行为，可以省略该关键字。

② DISTINCT [ON (expression [, ...])]：从 SELECT 的结果集中删除所有重复的行，使结果集中的每行都是唯一的。ON (expression [, ...]) 只保留那些在给出的表达式上运算出相同结果的行集合中的第一行。

③ SELECT 列表：指定查询表中的列名，可以是部分列或者是全部（使用通配符*表示）。使用子句 AS output_name 可以为输出字段取别名，这个别名通常用于显示输出字段。该列表支持关键字 name、value 和 type 作为列别名。列别名可以用下面 2 种形式表达。

- 手动输入列别名，多个列之间用英文逗号（,）分隔。

- 可以是 FROM 子句中计算出来的字段。

④ FROM 子句：为 SELECT 声明一个或者多个源表。FROM 子句涉及的元素如下。

- table_name：表名或视图名，名称前可加上模式名，如 schema_name.table_name。

- alias：起一个临时的别名，以便被其余的查询引用。别名用于缩写或者在自连接中消除歧义。如果提供了别名，表的实际名称就会被完全隐藏。

- TABLESAMPLE sampling_method (argument [, ...]) [REPEATABLE (seed)]：table_name 之后的 TABLESAMPLE 子句表示应该用指定的 sampling_method 来检索表中行的子集。

- column_alias：列别名。

- PARTITION：查询分区表的某个分区的数据。

PARTITION 示例代码如下。

```
PARTITION { ( partition_name ) |
       FOR ( partition_value [, ...] ) }
```

➢ partition_name：分区名。

➢ partition_value：指定的分区键值。在创建分区表时，如果指定了多个分区键，可以通过 PARTITION FOR 子句指定这一组分区键的值，唯一确定一个分区。

- subquery：FROM 子句可以出现子查询，创建一个临时表可以保存子查询的输出结果。

- with_query_name：WITH 子句同样可以作为 FROM 子句的数据来源，可以通过 WITH 查询的名称对其进行引用。

- function_name：函数名称。函数调用也可以出现在 FROM 子句中。

- join_type：有 5 种类型，说明如下。

➤ [INNER] JOIN：一个 JOIN 子句可以组合两个 FROM 项。可使用圆括号决定嵌套的顺序。如果没有圆括号，JOIN 则从左向右嵌套。在任何情况下，JOIN 都比逗号分隔的 FROM 项绑定得更紧。

➤ LEFT [OUTER] JOIN：返回笛卡儿积中所有符合连接条件的行，再加上左表中通过连接条件没有匹配右表的那些行。这样，左边的行将被扩展为表的全长，方法是在右表对应的字段位置填上 NULL。请注意，只在计算匹配时，才使用 JOIN 子句的条件，外层的条件是在计算完毕施加的。

➤ RIGHT [OUTER] JOIN：返回所有内连接的结果行，加上每个不匹配的右边行（左边用 NULL 扩展）。这只是符号上的便利，因为总是可以把它转换成一个 LEFT OUTER JOIN，只需把左边和右边的输入互换位置。

➤ FULL [OUTER] JOIN：返回所有内连接的结果行，加上每个不匹配的左边行（右边用 NULL 扩展），再加上每个不匹配的右边行（左边用 NULL 扩展）。

➤ CROSS JOIN：等效于 INNER JOIN ON（TRUE），即没有被条件删除的行。这种连接类型只是符号上的便利，因为它们与简单的 FROM 和 WHERE 的效果相同。必须为 INNER 和 OUTER 连接类型声明一个连接条件，即 NATURAL ON，join_condition，USING (join_column [,...]) 之一，但是它们不能出现在 CROSS JOIN 中。CROSS JOIN 和 INNER JOIN 会生成一个简单的笛卡儿积，和在 FROM 顶层列出的两项结果相同。

- ON join_condition：连接条件，用于限定连接中的哪些行是匹配的。如：ON left_table.a = right_table.a。

- USING(join_column[,...])：ON left_table.a = right_table.a AND left_table.b = right_table.b ... 的简写。要求对应的列必须同名。

- NATURAL：具有相同名称的两个表中所有列的 USING 列表的简写。

- from item：用于连接的查询源对象的名称。

  from_item 示例代码如下。

```
{[ ONLY ] table_name [ * ] [ partition_clause ] [ [ AS ] alias [ ( column_alias [, ...] ) ] ]
[ TABLESAMPLE sampling_method ( argument [, ...] ) [ REPEATABLE ( seed ) ] ]
|( select ) [ AS ] alias [ ( column_alias [, ...] ) ]
|with_query_name [ [ AS ] alias [ ( column_alias [, ...] ) ] ]
|function_name ( [ argument [, ...] ] ) [ AS ] alias [ ( column_alias [, ...] |
column_definition [, ...] ) ]
|function_name ( [ argument [, ...] ] ) AS ( column_definition [, ...] )
|from_item [ NATURAL ] join_type from_item [ ON join_condition | USING ( join_column
[, ...] ) ]}
```

⑤ WHERE 子句：构成一个行选择表达式，用来缩小 SELECT 查询的范围。condition 是返回值为布尔型的任意表达式，任何不满足该条件的行都不会被检索。WHERE 子句可以通过指定"(+)"操作符的方法将表的连接关系转换为外连接。但是不建议用户使用这种用法，因为这并不是 SQL 的标准语法，在进行平台迁移时可能面临语法兼容性差的问题。同时，使用"(+)"有以下限制。

- "(+)"只能出现在 WHERE 子句中。

- 如果 FROM 子句已经指定表连接关系，那么不能再在 WHERE 子句中使用"(+)"。

- "(+)"只能作用在表或者视图的列上，不能作用在表达式上。

- 如果表 A 和表 B 有多个连接条件，那么必须在所有的连接条件中指定"(+)"，否则"(+)"将不会生效，表连接会转化成内连接，并且不给出任何提示信息。
- "(+)"作用的满足连接条件的表不能跨查询或者子查询。如果"(+)"作用的表不在当前查询或者子查询的 FROM 子句中，则系统会报错。如果"(+)"作用的对端的表不存在，则系统不报错，同时连接关系会转化为内连接。
- "(+)"作用的满足表达式不能直接通过"OR"连接。
- 如果"(+)"作用的列与一个常量是比较关系，那么这个表达式会成为 join 条件的一部分。
- 同一个表不能对应多个外表。
- "(+)"只能出现在"比较表达式""NOT 表达式""ANY 表达式""ALL 表达式""IN 表达式""NULLIF 表达式""IS DISTINCT FROM 表达式""IS OF 表达式"中。"(+)"不能出现在其他类型的表达式中，并且这些表达式不允许通过"AND"和"OR"连接。
- "(+)"只能转化为左外连接或者右外连接，不能转化为全连接，即不能在一个表达式的两个表上同时指定"(+)"。
- 对于 WHERE 子句的 LIKE 操作符，LIKE 要查询特殊字符"%""_""\"时，需要使用反斜杠"\"来进行转义。

⑥ GROUP BY 子句：将查询结果按某一列或多列的值分组，值相等的为一组。GROUP BY 示例代码如下。

```
| expression
| ( expression [, ...] )
| ROLLUP ( { expression | ( expression [, ...] ) } [, ...] )
| CUBE ( { expression | ( expression [, ...] ) } [, ...] )
| GROUPING SETS ( grouping_element [, ...] )
```

- CUBE ({ expression | (expression [, ...]) } [, ...])：自动对 GROUP BY 子句中列出的字段进行分组汇总，结果集将包含维度列中各值的所有可能组合，以及与这些维度值组合相匹配的基础行中的聚合值。它会为每个分组返回一行汇总信息，用户可以使用 CUBE 来产生交叉表值。
- GROUPING SETS (grouping_element [, ...])：是 GROUP BY 子句的进一步扩展，可以使用户指定多个 GROUP BY 选项，从而通过裁剪用户不需要的数据组来提高效率。当用户指定了所需的数据组时，数据库不需要执行完整 CUBE 或 ROLLUP 生成的聚合集合。如果 SELECT 列表的表达式引用了没有分组的字段，则系统会报错，除非使用了聚集函数，因为未分组的字段可能返回多个数值。

⑦ HAVING 子句：与 GROUP BY 子句配合来选择特殊的组。HAVING 子句将组的一些属性与一个常数比较，只有满足 HAVING 子句中的逻辑表达式的组才会被提取出来。

⑧ UNION 子句：计算多个 SELECT 语句返回行集合的并集。UNION 子句有以下约束条件。

- 除非声明了 ALL 子句，否则默认的 UNION 结果不包含重复的行。
- 同一个 SELECT 语句中的多个 UNION 操作符是从左向右计算的，除非用圆括号进行了标识。
- FOR UPDATE 不能在 UNION 子句的结果或输入中声明。

UNION 子句的一般形式如下。

```
select_statement UNION [ALL] select_statement
```

- select_statement 可以是任何没有 ORDER BY、LIMIT、FOR UPDATE 子句的 SELECT 语句。
- 如果用圆括号包围，ORDER BY 和 LIMIT 可以被附着在子表达式里。

⑨ INTERSECT 子句：计算多个 SELECT 语句返回行集合的交集，不含重复的记录。INTERSECT 子句有以下约束条件。

- 同一个 SELECT 语句中的多个 INTERSECT 操作符是从左向右计算的，除非用圆括号进行了标识。
- 对多个 SELECT 语句的执行结果进行 UNION 和 INTERSECT 操作时，数据库会优先处理 INTERSECT。

INTERSECT 子句的一般形式如下。

```
select_statement INTERSECT select_statement
```

select_statement 可以是任何没有 FOR UPDATE 子句的 SELECT 语句。

⑩ EXCEPT 子句：用于将两个 SELECT 语句结合在一起，并返回两个语句的差，即在第一个语句中存在，但不存在于第二个语句的数据。EXCEPT 子句通用形式如下。

```
select_statement EXCEPT [ ALL ] select_statement
```

- select_statement 是任何没有 FOR UPDATE 子句的 SELECT 表达式。
- EXCEPT 操作符用于计算存在于左边 SELECT 语句的输出结果而不存在于右边 SELECT 语句输出结果的行。EXCEPT 的输出结果不包含任何重复的行，除非声明了 ALL 选项。使用 ALL 时，一个在左边表中有 m 个重复而在右边表中有 n 个重复的行，将在输出结果中出现 $\max(m-n,0)$ 次。除非用圆括号指明顺序，否则同一个 SELECT 语句中的多个 EXCEPT 操作符是从左向右计算的。EXCEPT 和 UNION 的绑定级别相同。

⑪ MINUS 子句：与 EXCEPT 子句具有相同的功能和用法。

⑫ ORDER BY 子句：将 SELECT 语句检索到的数据升序或降序。ORDER BY 表达式包含多列的情况时，操作如下。

- 根据最左边的列排序，如果这一列的值相同，则与下一个表达式进行比较，以此类推。
- 如果所有声明的表达式都相同，则按随机顺序返回。
- ORDER BY 中排序的列必须被包含在 SELECT 语句检索的结果集的列中。

如果要支持汉语拼音排序和不区分大小写排序，需要在初始化数据库时指定编码格式为 UTF-8 或 GBK。命令格式如下。

```
initdb -E UTF8 -D ../data -locale=zh_CN.UTF-8 或 initdb -E GBK -D ../data -locale=zh_CN.GBK
```

⑬ LIMIT 子句：由两个独立的子句——LIMIT { count | ALL } 和 OFFSET start 组成。count 用于声明返回的最大行数，而 start 用于声明返回行之前忽略的行数。如果 start 和 count 两个参数都被指定了，数据库会在计算 count 个返回行之前先跳过 start 行。

⑭ OFFSET 子句：语法格式为 OFFSET start { ROW | ROWS }，start 用于声明返回行之前忽略的行数。

⑮ FETCH { FIRST | NEXT } [count] { ROW | ROWS } ONLY：如果不指定 count，默认值为 1。FETCH 子句用于限定查询结果从第一行开始的总行数。

⑯ FOR UPDATE 子句：对 SELECT 检索出的行进行加锁，这样可以避免这些行在当前事务结束前被其他事务修改或者删除，即其他企图 UPDATE、DELETE、SELECT FOR UPDATE 这些行的事务将被阻塞，直到当前事务结束。为了避免当前的操作等待其他事务提交，可使用 NOWAIT 选项，如果被选择的行不能立即被锁住，执行 SELECT FOR UPDATE NOWAIT 将会汇报错误，而不是等待。FOR SHARE 与 FOR UPDATE 类似，只是 FOR SHARE 在每个检索的行上要求有一个共享锁，而不是一个排他锁。一个共享锁阻塞其他事务执行 UPDATE、DELETE、SELECT，不阻塞执行 SELECT FOR SHARE。如果在 FOR UPDATE 或 FOR SHARE 中明确指定了表名称，则只有这些指定的表被锁定，其他在 SELECT 中使用的表将不会被锁定。否则，将锁定该命令中所有使用的表。如果 FOR UPDATE 或 FOR SHARE 被应用于一个视图或者子查询，它同样将锁定该视图或子查询中所有使用到的表。多个 FOR UPDATE 和 FOR SHARE 子句可以为不同的表指定不同的锁定模式。如果一个表同时出现（或隐含同时出现）在 FOR UPDATE 和 FOR SHARE 子句中，则按照 FOR UPDATE 处理。类似地，如果影响一个表的任意子句中出现了 NOWAIT，该表将按照 NOWAIT 处理。对列存表的查询不支持 FOR UPDATE 或 FOR SHARE。

nlssort_expression_clause：设置排序方式，示例代码如下。

```
NLSSORT ( column_name, ' NLS_SORT = { SCHINESE_PINYIN_M | generic_m_ci } ' )
```

NLS_SORT：指定某字段按照特殊方式排序。目前仅支持汉语拼音格式排序和不区分大小写排序。取值如下。

- SCHINESE_PINYIN_M：按照汉语拼音排序。如果要支持此排序方式，在创建数据库时需要指定编码格式为"GBK"，否则排序无效。
- generic_m_ci：不区分大小写排序。

（1）数据查询概述

数据库中的数据表负责存储数据，表由列和行组成，列构成表的结构，行组成表的数据。数据查询中最常用的是 SELECT 语句，它可以从数据库表中查询所需的信息，只是将数据从数据库表中提取并展现出来，但不会改变数据库表中的数据。SELECT 语句与 WHERE 子句组合可以对查询的数据进行条件筛选，与 GROUP BY 子句组合可以对查询结果进行分组统计，与 DRDER BY 子句组合可以对查询结果进行排序。查询语句在应用开发中使用得非常频繁，一个有经验的应用开发人员应熟练掌握各种数据查询语句。

SELECT 语句的关键要素如图 5-14 所示。

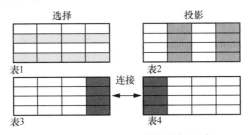

图 5-14　SELECT 语句的关键要素

关键要素的说明如下。

① 选择：查询符合条件的数据行，过滤不符合条件的数据行。

② 投影：查询符合条件的列，过滤不符合条件的列。

③ 连接：从多个表中查询数据。连接是关系型数据库的核心，把数据放在不同的表里，通过连接查询方式可以获得用户所需的完整信息。

（2）常用的简单查询语句

常用的简单查询语句语法格式如下。

```
SELECT [/*+ plan_hint */] [ ALL | DISTINCT [ ON ( expression [, ...] ) ] ]
{ * | {expression [ [ AS ] output_name ]} [, ...] }
[ FROM from_item [, ...] ]
[ WHERE condition ]
[ GROUP BY grouping_element [, ...] ]
[ HAVING condition [, ...] ]
[ WINDOW {window_name AS ( window_definition )} [, ...] ]
[ { UNION | INTERSECT | EXCEPT | MINUS } [ ALL | DISTINCT ] select ]
[ ORDER BY {expression [ [ ASC | DESC | USING operator ] | nlssort_expression_clause ]
[ NULLS { FIRST | LAST } }] [, ...] ]
[ LIMIT { [offset,] count | ALL } ]
[ OFFSET start [ ROW | ROWS ] ]
```

其中 SELECT 关键字和 FROM 子句之间出现的表达式称为 SELECT 项。SELECT 项用于指定要查询的列，FROM 子句用于指定从哪个表进行查询。运用 SELECT 语句查询数据的示例如下。

```
--创建班级表（表名为 classinfo，cno 为班级编号，cname 为班级名称）
CREATE TABLE classinfo(cno varchar(50) primary key,cname varchar(100));
--创建学生表（表名为 student，stuno 为学号，stuname 为学生的姓名，stuage 为学生的年龄，cno 为
该学生所属班级的编号）
CREATE TABLE student(stuno serial primary key, stuname varchar(50),stuage int,cno
varchar(50) );
--插入数据
INSERT INTO classinfo VALUES('001','美术班'),('002','舞蹈班');
INSERT INTO student VALUES(default,'zhangsan',20,'001'),(default,'zlisi',25,'002'),(de
fault,'wangwu',30,'001'),(default,'zhaoliu',40,'002'),(default,'yangqi',45,'002');
--查询 student 表中的所有列
select * from student;
--查询部分字段
select stuno,stuname from student;
--首先通过子查询得到一张临时表 temp_student，然后查询 temp_student 表中的所有数据
WITH temp_student(stuno,stuname) AS (SELECT stuno,stuname FROM student) SELECT * FROM
temp_student;
```

使用 SELECT 语句查询数据的运行效果如图 5-15 所示。

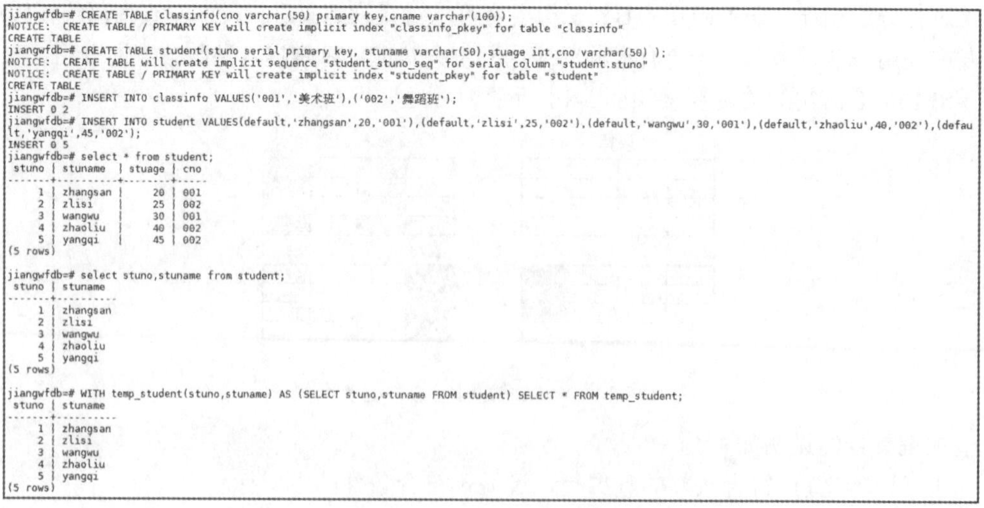

图 5-15　使用 SELECT 语句查询数据的运行效果

SELECT 语句可以通过 as 子句，为表名称或者列名称指定另一个名称，一般情况下是为了让列名称的可读性更强。使用 as 子句指定别名时，列和表的别名分别跟在列名和表名的后面，"as"关键字可以加也可以不加。示例如下。

```
--使用 as 指定别名
select stuno as 学号,stuname as 姓名 from student;
select stuno 学号,stuname 姓名 from student;
--对表名使用别名
select s.stuno 学号,s.stuname 姓名 from student s;
--计算两个列，并使用 as 对结果进行指定别名的查询
select stuno+stuage as 学号加年龄 from student;
```

使用 as 指定别名的运行效果如图 5-16 所示。

```
jiangwfdb=# select stuno as 学号,stuname as 姓名 from student;
 学号 |   姓名
------+----------
    1 | zhangsan
    2 | zlisi
    3 | wangwu
    4 | zhaoliu
    5 | yangqi
(5 rows)

jiangwfdb=# select stuno 学号,stuname 姓名 from student;
 学号 |   姓名
------+----------
    1 | zhangsan
    2 | zlisi
    3 | wangwu
    4 | zhaoliu
    5 | yangqi
(5 rows)

jiangwfdb=# select s.stuno 学号,s.stuname 姓名 from student s;
 学号 |   姓名
------+----------
    1 | zhangsan
    2 | zlisi
    3 | wangwu
    4 | zhaoliu
    5 | yangqi
(5 rows)

jiangwfdb=# select stuno+stuage as 学号加年龄 from student;
 学号加年龄
-----------
        21
        27
        33
        44
        50
(5 rows)
```

图 5-16　使用 as 指定别名的运行效果

（3）常用的条件查询和数据限制查询

在 SELECT 语句中，设置条件可以实现更加精确的查询。条件由表达式与操作符共同指定，且条件返回的值是 TRUE、FALSE 或 UNKNOWN。查询条件可以应用于 WHERE 子句、HAVING 子句。常用的条件定义方式可以是比较运算或者使用逻辑运算符连接的多个比较运算。其中，比较运算符包括：>、<、>=、<=、!=、<>、=。可以使用表中的列配合比较运算符查询满足条件的记录。比较运算符和数字类型进行比较时，可以使用单引号引起也可以不用单引号引起，但是和字符及日期类型的数据进行比较时，则必须用单引号引起。如果希望返回的结果满足多个条件，可以使用 AND 逻辑运算符连接多个条件；如果希望返回的结果满足多个条件中的一个，可以使用 OR 逻辑运算符连接多个条件。逻辑运算符有：AND、OR、NOT，优先级为：NOT>AND>OR；运算结果有：TRUE、FALSE 和 NULL，其中 NULL 代表未知。

查询语句可以通过 LIMIT 子句和 OFFSET 子句对查询进行数据限制。LIMIT 子句允许限制查询返回的行，语法格式为：LIMIT {count | ALL}。OFFSET 子句用于设置开始返回的位置，语法格式为：OFFSET start { ROW | ROWS } 。其中 start 声明返回行前

面忽略的行数；count 指定要返回的最大行数。如果 start 和 count 都被指定，则系统会在开始计算 count 个返回行前先跳过 start 行，例如：LIMIT 5,20 与 LIMIT 20 OFFSET 5、OFFSET 5 LIMIT 20 是等效的。示例如下。

```
--使用逻辑运算符和模糊查询，查询年龄大于 25 并且姓名以 z 开头的学生
select * from student where stuage>25 and stuname like 'z%';
--LIMIT 子句示例：查询 student 表，对 stuage 降序后获取前 3 条记录
SELECT * FROM student  order by stuage desc LIMIT 3;
--LIMIT OFFSET 子句示例：查询 student 表，对 stuage 升序后，从第 2 条（不包括前 2 条，即跳过前 2
行）后获取前 3 条记录（LIMIT OFFSET 子句经常用于分页显示时进行查询）
SELECT * FROM student  order by stuage LIMIT 3 OFFSET 2;
```

使用逻辑运算符和模糊查询的运行效果如图 5-17 所示。

图 5-17　使用逻辑运算符和模糊查询的运行效果

使用聚合函数进行统计的示例如下。

```
--使用聚合函数进行统计
select max(stuage) as 最大值,min(stuage) as 最小值,avg(stuage) as 平均值, sum(stuage)
as 总和 from student;
--使用 group by 进行分组统计
select cno, avg(stuage) as 平均值 from student group by cno;
```

使用聚合函数进行统计的运行效果如图 5-18 所示。

图 5-18　使用聚合函数进行统计的运行效果

（4）模式匹配查询

用户经常会对数据表进行模糊查询，openGauss 可以使用 LIKE 表达式判断字符串能否匹配 LIKE 后的模式字符串。如果字符串与提供的模式匹配，则 LIKE 表达式返回真（NOT LIKE 表达式返回假），否则返回假（NOT LIKE 表达式返回真）。匹配规则如下。

① 此操作符只有在它的模式匹配整个串时才能成功。如果要匹配串内任何位置的序列，该模式必须以百分号开头和结尾。

② 下划线（_）代表（匹配）任意单个字符；百分号（%）代表（匹配）任意串的通配符。

③ 若想匹配文本里的下划线或者百分号，提供的模式里相应的字符必须前导逃逸字符。逃逸字符的作用是禁用元字符的特殊含义，默认的逃逸字符是反斜线，也可以用 ESCAPE 子句指定一个不同的逃逸字符。

④ 若想匹配逃逸字符本身，需要写两个逃逸字符。例如，想写一个包含反斜线的模式常量，那么就要在 SQL 语句里写两个反斜线。

除了使用 LIKE 实现模式匹配，openGauss 还可以使用 SIMILAR TO 进行模式匹配。SIMILAR TO 操作符根据自己的模式是否匹配给定串而返回真或者假。SIMILAR TO 和 LIKE 类似，只不过前者使用 SQL 标准定义的正则表达式理解模式。SIMILAR TO 匹配规则如下。

① 和 LIKE 一样，SIMILAR TO 操作符只在它的模式匹配整个串时才能成功。如果要匹配串内任何位置的序列，该模式必须以百分号开头和结尾。

② 下划线（_）代表（匹配）任意单个字符；百分号（%）代表（匹配）任意串的通配符。

③ SIMILAR TO 也支持从 POSIX 正则表达式借用的模式匹配元字符。元字符及其含义见表 5-23。

表 5-23　元字符及其含义

元字符	含义
|	选择（两个候选之一）
*	重复前面的项零次或更多次
+	重复前面的项一次或更多次
?	重复前面的项零次或一次
{m}	重复前面的项 m 次
{m,}	重复前面的项 m 次或更多次
{m,n}	重复前面的项至少 m 次并且不超过 n 次
()	把多个项组合成一个逻辑项
[...]	声明一个字符类，就像 POSIX 正则表达式一样

SIMILAR TO 使用示例如下。

```
SELECT 'abc' SIMILAR TO 'abc' AS RESULT;
SELECT 'abc' SIMILAR TO 'a' AS RESULT;
SELECT 'abc' SIMILAR TO '%(b|d)%' AS RESULT;
SELECT 'abc' SIMILAR TO '(b|c)%' AS RESULT;
```

（5）表连接查询语句

在实际应用中，我们经常会碰到用户查询的数据来自两个或者两个以上的表，这时就需要在表与表之间进行连接。连接查询时，一般要先确定两个表连接的字段。连接查询常常用于具有相互主外键关系的父子表之间，对于没有建立主外键关系的表，也可以通过 JOIN 语句进行连接。JOIN 语句的语法格式如下。

```
SELECT [,…] FROM table_reference
    [LEFT [OUTER] |RIGHT [OUTER] | FULL [OUTER] |INNER]
    JOIN table_reference
    [ON { predicate } [{ AND | OR } condition ] [,… n]]
```

table_reference 子句的语法格式如下。

```
{ table_name [ [AS] alias ]
  | view_name [ [AS] alias ]
  | ( SELECT query ) [[AS] alias ]
}
```

在查询的 FROM 子句中出现多个表时，数据库表就会执行连接。大多数连接查询包含至少一个连接条件，连接条件可以存在于 FROM 子句中也可以存在于 WHERE 子句中。数据表的连接方式有内连接、外连接和全连接。内连接使用的场合很多，内连接的关键字为 inner join，其中 inner 可以省略。使用内连接时，连接执行顺序遵循语句中所写的表的顺序。内连接语句的示例如下。

```
--查看班级表和学生表的数据
select * from classinfo;
select * from student;
--使用两种不同形式的内连接查看班级名称、学生姓名、学生年龄
select cname as 班级名称,stuname as 学生姓名,stuage as 学生年龄 from student inner join classinfo on student.cno=classinfo.cno;
select cname as 班级名称,stuname as 学生姓名,stuage as 学生年龄 from student ,classinfo where student.cno=classinfo.cno;
```

内连接语句的运行效果如图 5-19 所示。

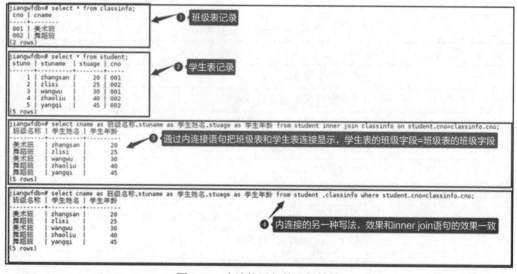

图 5-19　内连接语句的运行效果

除了内连接，外连接的使用场合也较多。内连接指定的数据源处于平等的地位，即表间字段必须符合连接表达式的条件才进行连接，不符合连接表达式的不会进行连接。外连接与内连接不同，外连接以一个数据源为基础，将另一个数据源与之进行条件匹配，连接匹配上的记录，没有匹配上的记录则照常展现基础数据源，另一个数据源的记录以 NULL 进行填充。外连接分为左外连接、右外连接和全外连接。openGauss 数据库在 WHERE 子句中通过指定(+)操作符的方法将表的连接关系转换为外连接，但不推荐使用这种方式，因为这种方式不属于 SQL 的标准语法。

左外连接又称左连接，是指以左边的表为基础表进行查询。左外连接的查询根据指定连接条件关联右表，获取基础表及与条件匹配的右表数据，在未匹配条件的右表对应的字段位置上填充 NULL。左外连接语句的示例如下。

```
--给班级表添加一个新班级：音乐班
insert into classinfo values('003','音乐班');
--使用内连接语句查看班级名称、学生姓名、学生年龄（由于学生表中没有属于音乐班的学生，因此不会显示
音乐班）
select cname as 班级名称,stuname as 学生姓名,stuage as 学生年龄 from classinfo inner join
student on student.cno=classinfo.cno;
--使用左外连接语句查看班级名称、学生姓名、学生年龄（由于学生表中没有属于音乐班的学生，与内连接不
同，此时会显示音乐班，学生姓名和学生年龄字段被填充为 NULL）
select cname as 班级名称,stuname as 学生姓名,stuage as 学生年龄 from classinfo  left join
student on student.cno=classinfo.cno;
```

左外连接语句的运行效果如图 5-20 所示。

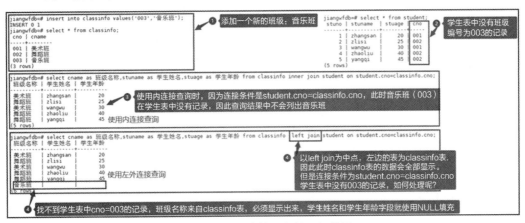

图 5-20 　左外连接语句的运行效果

右外连接又称右连接，是指以右边的表为基础表，在内连接的基础上查询右表中的
记录，而左边的表没有记录的数据用 NULL 填充。添加记录的示例如下。

```
--给学生表中添加一条记录（注意：这条记录的班级编号为 099，但是班级表中不存在 099 的班级信息）
insert into student values(default,'张三丰',88,'099');
```

添加一条记录的运行效果如图 5-21 所示。

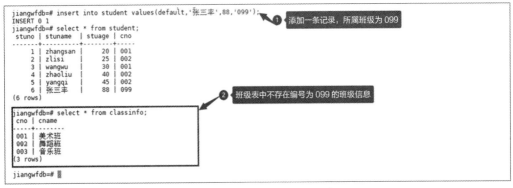

图 5-21 　添加一条记录的运行效果

使用右外连接示例如下。

```
--使用左外连接语句查看班级名称、学生姓名、学生年龄（以 left join 语句为参考点，左边的表为 classinfo
表，此时全部显示 classinfo 表的记录，但是新添加的记录因为没有被匹配到所以不会显示）
select cname as 班级名称、stuname as 学生姓名、stuage as 学生年龄 from classinfo  left join
student on student.cno=classinfo.cno;
--此时用右外连接语句查看班级名称、学生姓名、学生年龄（以 right join 语句为参考点,右边的表为 student
```

表，此时全部显示 student 表的记录，但是新添加的记录因为没有匹配到 classinfo 表的记录，所以此时班级名称字段被填充为 NULL）

```
select cname as 班级名称,stuname as 学生姓名,stuage as 学生年龄 from classinfo  right join
student on student.cno=classinfo.cno;
```

右外连接语句的运行效果如图 5-22 所示。

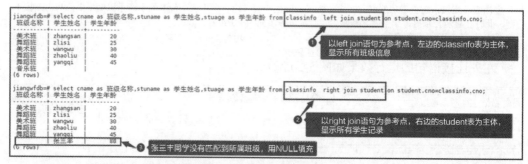

图 5-22　右外连接语句的运行效果

全外连接又称全连接，是指除了返回两个表中满足连接条件的记录，还返回两个表中不满足条件的所有其他行，不匹配的数据用 NULL 填充。全外连接语句的示例如下。

```
--将 left join 和 right join 整合起来，不管是 student 表还是 classinfo 表，找到匹配的数据就连
接，找不到就填充为 NULL
select cname as 班级名称,stuname as 学生姓名,stuage as 学生年龄 from classinfo  full  join
student on student.cno=classinfo.cno;
```

全外连接语句的运行效果如图 5-23 所示。

图 5-23　全外连接语句的运行效果

（6）子查询语句

在 SQL 中，一个 SELECT-FROM-WHERE 语句被称为一个查询块。将一个查询块嵌套在另一个查询块的 WHERE 子句或 HAVING 子句中被称为嵌套查询或子查询。子查询被称为内部查询，而包含子查询的语句被称为外部查询。子查询是一个 SELECT 查询，被嵌套在 SELECT、INSERT、UPDATE、DELETE 语句或其他子查询中。子查询可以用在任何允许使用表达式的地方，需要用圆括号括起来。子查询语句的示例如下。

```
--子查询被应用在列中
select  stuno  as  学号,stuname  as  姓名,(select  cname  from  classinfo  where
classinfo.cno=student.cno) as 班级名称 from student;
--子查询被应用在表中
select cname as 姓名,avg(stuage) as 平均年龄 from (select cname, stuname, stuage from
student inner join classinfo on student.cno=classinfo.cno where stuage>20) as stuinfo
group by cname having 平均年龄>30;
```

子查询语句的运行效果如图 5-24 所示。

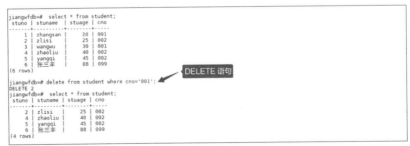

图 5-24　子查询语句的运行效果

4．删除数据语句

（1）DELETE 语句

openGauss 可以使用 DELETE 语句或者 TRUNCATE 语句删除数据，其中 DELETE 用于从指定的表中删除满足 WHERE 子句的行。如果 WHERE 子句不存在，将删除表中所有行，结果只保留表结构。想要删除表中的数据，用户必须对它有 DELETE 权限，也必须有 USING 子句引用的表及在 condition 上读取的表的 SELECT 权限。列存表暂时不支持 RETURNING 子句。DELETE 语句的语法格式如下。

```
[ WITH [ RECURSIVE ] with_query [, ...] ]
DELETE FROM [ ONLY ] table_name [ * ] [ [ AS ] alias ]
    [ USING using_list ]
    [ WHERE condition | WHERE CURRENT OF cursor_name ]
    [ RETURNING { * | { output_expr [ [ AS ] output_name ] } [, ...] } ];
```

参数说明如下。

① ONLY：如果某个表指定 ONLY，则只有该表的记录会被删除，其关联的子表记录不会被删除；如果没有指定，则该表和它的所有子表记录将都被删除。

② table_name：目标表的名称（可以有模式修饰）。取值为已存在的表名。

③ alias：目标表的别名。取值为字符串，要符合标识符命名规范。

④ using_list：using 子句。

⑤ condition：一个返回 Boolean 值的表达式，用于判断哪些行需要被删除。

⑥ WHERE CURRENT OF cursor_name：当前不支持，仅保留语法接口。

⑦ output_expr：DELETE 命令删除行后计算输出结果的表达式。该表达式可以使用表的任意字段。可以使用*返回被删除行的所有字段。

⑧ output_name：一个字段的输出名称。取值为字符串，要符合标识符命名规范。

DELETE 语句的使用示例如下。

```
--删除 student 表中班级编号为 001 的记录
delete from student where cno='001';
```

DELETE 语句的使用如图 5-25 所示。

图 5-25　DELETE 语句的使用

（2）TRUNCATE 语句

TRUNCATE 语句可以快速地从表中删除所有行，它和在每个表上无条件地 DELETE 有同样的效果。不过因为 TRUNCATE 语句不扫描表，所以它删除数据快得多，在大表上效果更明显。TRUNCATE 语句在功能上与不带 WHERE 子句的 DELETE 语句相同：二者均删除表中的全部行。TRUNCATE 语句删除行的速度比 DELETE 快且使用的系统和事务日志资源少：DELETE 语句每删除一行，就要在事务日志中为删除的行记录一项；TRUNCATE 语句通过释放存储表数据的数据页来删除数据，并且只在事务日志中记录页的释放。TRUNCATE、DELETE、DROP 三者的差异为：TRUNCATE 语句删除内容，释放空间，但不删除定义；DELETE 语句删除内容，不删除定义，不释放空间；DROP 语句删除内容和定义，释放空间。

清理表数据的语法格式如下。

```
TRUNCATE [ TABLE ] [ ONLY ] {table_name [ * ]} [, ... ]
    [ CONTINUE IDENTITY ] [ CASCADE | RESTRICT ];
```

清理表分区数据的语法格式如下。

```
ALTER TABLE [ IF EXISTS ] { [ ONLY ] table_name
                          | table_name *
                          | ONLY ( table_name )  }
    TRUNCATE PARTITION { partition_name
                       | FOR ( partition_value  [, ...] ) } ;
```

以上 2 个语法中的参数说明如下。

① CONTINUE IDENTITY：不改变序列的值。这是默认值。

② CASCADE | RESTRICT：CASCADE 是级联清空所有由于 CASCADE 而被添加到组中的表。RESTRICT（默认值）是完全清空。

③ partition_name：目标分区表的分区名。取值为已存在的分区名。

④ partition_value：指定的分区键值。通过 PARTITION FOR 子句指定的这一组值，可以唯一确定一个分区。取值为需要删除数据分区的分区键。

TRUNCATE 语句的使用示例如下。

```
--清空 student 表
TRUNCATE TABLE student;
```

TRUNCATE 语句的使用如图 5-26 所示。

```
jiangwfdb=# TRUNCATE TABLE student;
TRUNCATE TABLE
jiangwfdb=# select * from student;
 stuno | stuname | stuage | cno
-------+---------+--------+-----
(0 rows)

jiangwfdb=#
```

图 5-26　TRUNCATE 语句的使用

5. 锁定表语句

LOCK TABLE 用于获取表级锁。openGauss 在为一个引用了表的命令自动请求锁时，将尽可能选择最小限制的锁模式。如果用户需要一种更为严格的锁模式，可以使用 LOCK 命令。例如，一个应用是在 Read Committed 隔离级别上运行事务的，并且需要保证表中的数据在事务的运行过程中不被修改。为了实现这个目的，可以在查询之前对表使用 SHARE 锁模式进行锁定。这样可以防止数据被并发修改，从而保证后续的查询可以读到已提交的持久化的数据。因为 SHARE 锁模式与任何写操作需要的 ROW EXCLUSIVE 模式冲突，并且 LOCK TABLE name IN SHARE MODE 语句只有等到所有当前持有 ROW EXCLUSIVE 模式锁的事务提交或回滚后才能执行。因此，一旦获得 SHARE 锁，就不会存在未提交的写操作，并且其他操作也只能等到该锁释放后才能开始。LOCK TABLE 只能在一个事务块的内部使用，因为锁在事务结束时就会被释放。出现在任意事务块外面的 LOCK TABLE 都会被报错。如果没有声明锁模式，默认为最严格的模式 ACCESS EXCLUSIVE。使用 LOCK TABLE … IN ACCESS SHARE MODE 语句，需要用户在目标表上有 SELECT 权限。使用所有其他形式的 LOCK 语句，需要用户有 UPDATE 和/或 DELETE 权限。没有 UNLOCK TABLE 命令，锁总是在事务结束时释放。LOCK TABLE 只处理表级的锁，因此那些带"ROW"字样的锁模式都是有歧义的。这些模式名称通常可以被理解为用户试图在一个被锁定的表中获取行级的锁。同样，ROW EXCLUSIVE 模式也是一个可共享的表级锁。注意，只要涉及 LOCK TABLE，所有锁模式就都有相同的语义，区别仅在于规则中锁与锁之间是否存在冲突。如果没有打开 xc_maintenance_mode 参数，那么对系统表申请 ACCESS EXCLUSIVE 级别锁，系统将报错。LOCK TABLE 语法格式如下。

```
LOCK [ TABLE ] {[ ONLY ] name [, ...]| {name [ * ]} [, ...]}
   [ IN {ACCESS SHARE | ROW SHARE | ROW EXCLUSIVE | SHARE UPDATE EXCLUSIVE | SHARE
| SHARE ROW EXCLUSIVE | EXCLUSIVE | ACCESS EXCLUSIVE} MODE ]
   [ NOWAIT ];
```

参数说明如下。

① name：要锁定的表的名称，可以有模式修饰。LOCK TABLE 命令中声明的表的顺序就是上锁的顺序。取值为已存在的表名。

② ACCESS SHARE：只与 ACCESS EXCLUSIVE 冲突。SELECT 命令在被引用的表上请求该锁。通常，任何只读取表而不修改表的命令都请求这种锁模式。

③ ROW SHARE：与 EXCLUSIVE 和 ACCESS EXCLUSIVE 锁模式冲突。SELECT FOR UPDATE 和 SELECT FOR SHARE 命令会自动在目标表上请求 ROW SHARE 锁（在所有被引用但不是 FOR SHARE 或 FOR UPDATE 的其他表上，还会自动加上 ACCESS SHARE 锁）。

④ ROW EXCLUSIVE：与 ROW SHARE 锁相同，ROW EXCLUSIVE 允许并发读取表，但是禁止修改表中的数据。UPDATE、DELETE、INSERT 命令会自动在目标表上请求该锁（在所有被引用的其他表上，还会自动加上 ACCESS SHARE 锁）。

⑤ SHARE UPDATE EXCLUSIVE：保护一个表的模式不被并发修改，禁止在目标表上执行垃圾回收命令（VACUUM）。VACUUM（不带 FULL 选项）、ANALYZE、CREATE INDEX CONCURRENTLY 命令会自动请求该锁。

⑥ SHARE：允许并发的查询，但是禁止对表进行修改。CREATE INDEX（不带 CONCURRENTLY 选项）语句会自动请求该锁。

⑦ SHARE ROW EXCLUSIVE：禁止对表进行任何并发修改。SHARE ROW EXCLUSIVE 是独占锁，因此在一个会话中只能获取一次该锁。任何 SQL 语句都不会自动请求该锁模式。

⑧ EXCLUSIVE：允许对目标表进行并发查询，但是禁止任何其他操作。EXCLUSIVE 只允许并发添加 ACCESS SHARE 锁，也就是说，只有对表的读动作可以和持有这个锁模式的事务并发执行。任何 SQL 语句都不会在用户表上自动请求该锁模式。然而执行某

些操作时，会在某些系统表上请求它。

⑨ ACCESS EXCLUSIVE：保证其所有者（事务）是可以访问该表的唯一事务。ALTER TABLE、DROP TABLE、TRUNCATE、REINDEX 命令会自动请求这种锁。在 LOCK TABLE 命令没有明确声明需要的锁模式时，ACCESS EXCLUSIVE 是默认的锁模式。

⑩ NOWAIT：声明 LOCK TABLE 不需要等待任何冲突的锁释放，如果无法立即获取该锁，系统退出 NOWAIT 命令并且发出一个错误信息。在不指定 NOWAIT 的情况下获取表级锁时，如果有其他互斥锁存在，则需等待释放其他锁。

LOCK TABLE 的使用示例如下。

```
--创建班级表
CREATE TABLE classinfo(cno varchar(50) primary key,cname varchar(100));
--插入数据
INSERT INTO classinfo VALUES('001','美术班'),('002','舞蹈班');
```

第一种情况：开启事务，不执行 LOCK TABLE。

在终端 1 中，开启事务，但不提交事务，命令如下。

```
START TRANSACTION;
select * from classinfo;
```

开启事务，不执行 LOCK TABLE，如图 5-27 所示。

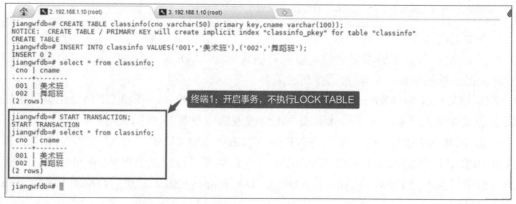

图 5-27　开启事务，不执行 LOCK TABLE

切换到终端 2，在终端 1 未提交事务期间执行修改语句，此时可以成功修改该表，命令如下。

```
update classinfo set cname='音乐班' where cno='001';
```

执行修改语句的运行效果如图 5-28 所示。

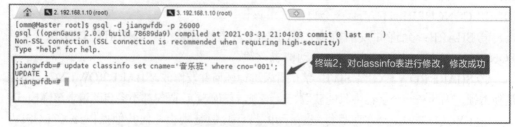

图 5-28　执行修改语句的运行效果

回到终端 1，查看终端 2 修改成功的数据，然后结束当前事务，命令如下。

```
COMMIT;
```

查看修改成功的数据如图 5-29 所示。

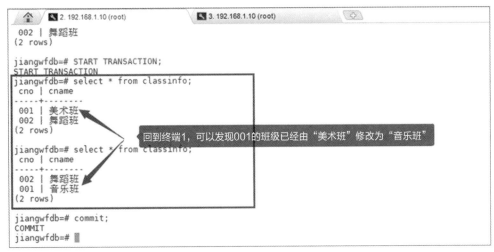

图 5-29　查看修改成功的数据

第二种情况：开启事务，在事务中执行 LOCK TABLE。

在终端 1 中，开启事务，但不提交事务，命令如下。

```
START TRANSACTION;
```

执行 LOCK TABLE，锁住 classinfo 表，命令如下。

```
LOCK TABLE classinfo IN SHARE ROW EXCLUSIVE MODE;
Select * from classinfo;
```

锁住 classinfo 表的运行效果如图 5-30 所示。

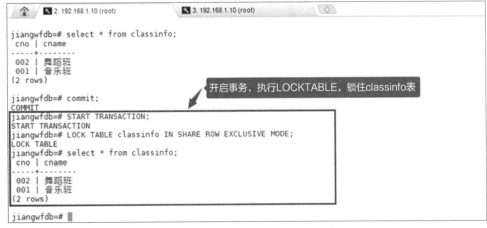

图 5-30　锁住 classinfo 表的运行效果

切换到终端 2，在终端 1 未提交事务期间执行修改语句，此时会发现因为 classinfo 表已经被锁住，处于等待状态，命令如下。

```
update classinfo set cname='音乐班' where cno='002';
```

classinfo 表被锁住，处于等待状态，如图 5-31 所示。

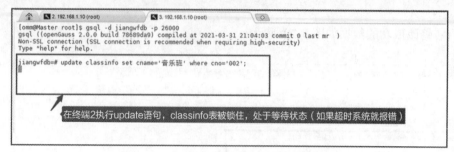

图 5-31   classinfo 表被锁住，处于等待状态

终端 1 提交事务，命令如下。

```
COMMIT;
```

终端 1 提交事务，如图 5-32 所示。

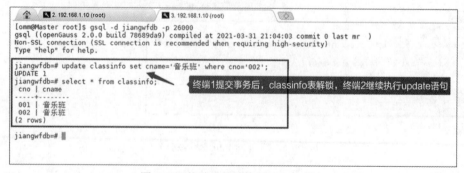

图 5-32   终端 1 提交事务

此时终端 2 继续执行 update 语句，如图 5-33 所示。

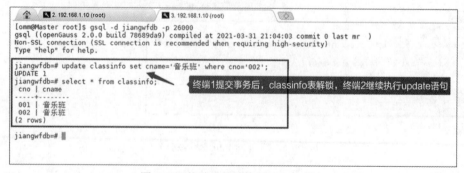

图 5-33   终端 2 继续执行 update 语句

6. 调用函数语句

使用 CALL 命令可以调用已定义的函数和存储过程。

调用函数语法格式如下。

```
CALL [schema.] {func_name| procedure_name} ( param_expr );
```

参数说明如下。

① schema：函数或存储过程所在的模式名称。

② func_name：调用的函数或存储过程的名称。取值为已存在的函数名称。

③ param_expr：参数列表可以用 ":=" 或者 "=>" 将参数名和参数值隔开，让列表参数以任意顺序排列。若参数列表仅出现参数值，则参数值的排列顺序必须和函数或存储过程定义时的排列顺序相同。取值为已存在的函数参数名称或存储过程参数名称。参数列表可以包含入参（参数名和类型之间指定 "IN" 关键字）和出参（参数名和类型之间指定 "OUT" 关键字）。使用 CALL 命令调用函数或存储过程时，对于非重载的函数，参数列表必须包含出参，出参可以是一个变量或者任一常量。对于重载的 package 函数，参数列表可以忽略出参，忽略出参可能导致找不到函数。包含出参时，出参只能是常量。

调用函数 1 的示例如下。

```
--创建一个函数 func_add_sql，计算两个整数的和，并返回结果
CREATE FUNCTION func_add_sql(num1 integer, num2 integer) RETURN integer AS BEGIN RETURN
num1 + num2;END;
/
--按参数值传递参数
CALL func_add_sql(1, 3);
--使用命名标记法传递参数
CALL func_add_sql(num1 => 1,num2 => 3);
CALL func_add_sql(num2 := 2, num1 := 3);
--删除函数
DROP FUNCTION func_add_sql;
```

调用函数 1 的运行效果如图 5-34 所示。

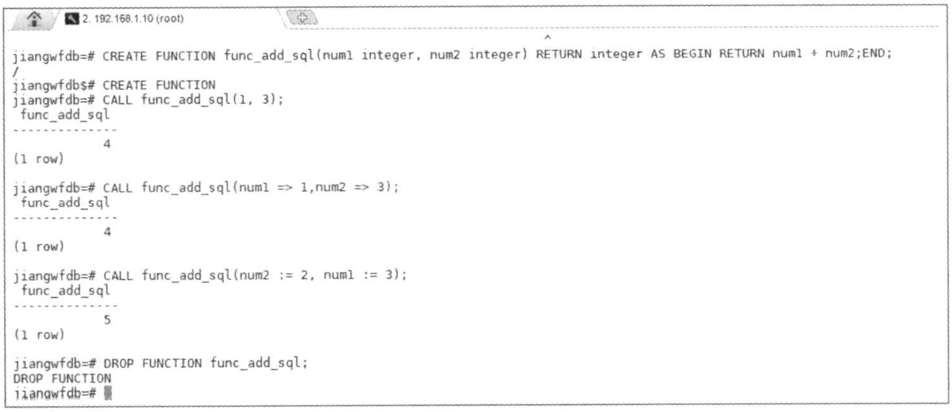

图 5-34　调用函数 1 的运行效果

调用函数 2 的示例如下。

```
--创建带出参的函数
CREATE FUNCTION func_increment_sql(num1 IN integer, num2 IN integer, res OUT integer)
RETURN integer AS BEGIN res := num1 + num2; END;
/
--出参是常量
CALL func_increment_sql(1,2,1);
```

调用函数 2 的运行效果如图 5-35 所示。

```
jiangwfdb=# CREATE FUNCTION func_increment_sql(num1 IN integer, num2 IN integer, res OUT integer) RETURN integer AS BEGIN re
s := num1 + num2; END;
/
jiangwfdb$# CREATE FUNCTION
jiangwfdb=# CALL func_increment_sql(1,2,1);
 res
-----
   3
(1 row)

jiangwfdb=#
```

图 5-35　调用函数 2 的运行效果

7．操作会话语句

用户与数据库之间建立的连接称为会话，操作会话语句可以修改或结束当前的会话。修改和结束会话的功能及相关 SQL 见表 5-24。

表 5-24　修改和结束会话的功能及相关 SQL

功能	相关 SQL
修改会话	ALTER SESSION
结束会话	ALTER SYSTEM KILL SESSION

（1）修改会话

ALTER SESSION 命令用于修改对当前会话有影响的条件或参数。修改后的会话参数会被一直保持，直到断开当前会话。如果执行 SET TRANSACTION 前没有执行 START TRANSACTION，则事务立即结束，无法显示命令效果。可以用 START TRANSACTION 中声明所需要的 transaction_mode(s)的方法来避免使用 SET TRANSACTION。修改会话的语法格式如下。

① 设置会话的事务参数。

```
ALTER SESSION SET [ SESSION CHARACTERISTICS AS ] TRANSACTION
   { ISOLATION LEVEL { READ COMMITTED } | { READ ONLY | READ WRITE } } [, ...] ;
```

② 设置会话的其他运行时参数。

```
ALTER SESSION SET  {{config_parameter { { TO | = } { value | DEFAULT }
      | FROM CURRENT }}
      | TIME ZONE time_zone
      | CURRENT_SCHEMA schema
      | NAMES encoding_name
      | ROLE role_name PASSWORD 'password'
      | SESSION AUTHORIZATION { role_name PASSWORD 'password' | DEFAULT }
      | XML OPTION { DOCUMENT | CONTENT }
   } ;
```

修改会话的示例如下。

```
--设置当前会话的字符编码为UTF8
ALTER SESSION SET NAMES 'UTF8';
Select*from current_role;
--设置时区为意大利
SET TIME ZONE 'Europe/Rome';
--创建角色，并设置会话的角色
CREATE ROLE admin WITH PASSWORD 'Jiangwf@123';
ALTER SESSION SET SESSION AUTHORIZATION admin PASSWORD 'Jiangwf@123';
--创建用户
CREATE USER jack PASSWORD 'Jiangwf@123';
--切换当前用户为jack
 ALTER SESSION SET SESSION AUTHORIZATION jack PASSWORD 'Jiangwf@123';
 Select*from current_role
--切换到默认用户
```

```
ALTER SESSION SET SESSION AUTHORIZATION default;
--查看当前用户
select * from current_user;
```

　　修改会话的结果如图 5-36 所示。

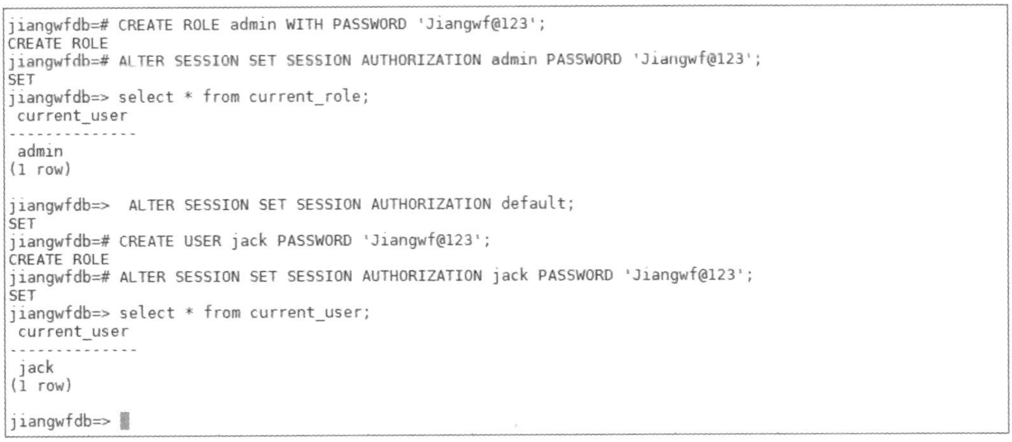

```
jiangwfdb=# CREATE ROLE admin WITH PASSWORD 'Jiangwf@123';
CREATE ROLE
jiangwfdb=# ALTER SESSION SET SESSION AUTHORIZATION admin PASSWORD 'Jiangwf@123';
SET
jiangwfdb=> select * from current_role;
 current_user
--------------
 admin
(1 row)

jiangwfdb=>  ALTER SESSION SET SESSION AUTHORIZATION default;
SET
jiangwfdb=# CREATE USER jack PASSWORD 'Jiangwf@123';
CREATE ROLE
jiangwfdb=# ALTER SESSION SET SESSION AUTHORIZATION jack PASSWORD 'Jiangwf@123';
SET
jiangwfdb=> select * from current_user;
 current_user
--------------
 jack
(1 row)

jiangwfdb=> █
```

图 5-36　修改会话的结果

（2）结束会话

ALTER SYSTEM KILL SESSION 命令用于结束一个会话。语法格式如下。

```
ALTER SYSTEM KILL SESSION 'session_sid, serial' [ IMMEDIATE ];
```

　　参数说明如下。

　　① session_sid, serial：设置会话的 sid 和 serial。

　　② IMMEDIATE：表明会话将在命令执行后立即结束。

　　查看会话信息的示例如下。

```
--查询会话信息
SELECT  sa.sessionid  AS  sid,0::integer  AS  serial#,ad.rolname  AS  username  FROM
pg_stat_get_activity(NULL) AS sa LEFT JOIN pg_authid ad ON (sa.usesysid = ad.oid) WHERE
sa.application_name <> 'JobScheduler';
```

　　查询会话信息的运行效果如图 5-37 所示。

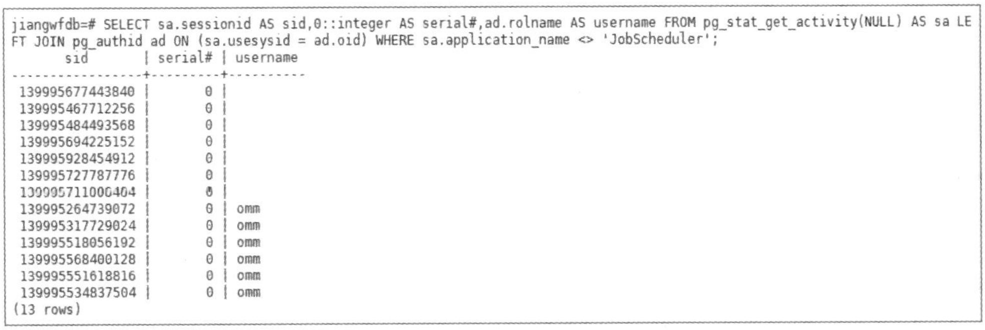

```
jiangwfdb=# SELECT sa.sessionid AS sid,0::integer AS serial#,ad.rolname AS username FROM pg_stat_get_activity(NULL) AS sa LE
FT JOIN pg_authid ad ON (sa.usesysid = ad.oid) WHERE sa.application_name <> 'JobScheduler';
       sid        | serial# | username
------------------+---------+----------
 139995677443840 |       0 |
 139995467712256 |       0 |
 139995484493568 |       0 |
 139995694225152 |       0 |
 139995928454912 |       0 |
 139995727787776 |       0 |
 139995711006464 |       0 |
 139995264739072 |       0 | omm
 139995317729024 |       0 | omm
 139995518056192 |       0 | omm
 139995568400128 |       0 | omm
 139995551618816 |       0 | omm
 139995534837504 |       0 | omm
(13 rows)
```

图 5-37　查询会话信息的运行效果

　　结束会话的示例如下。

```
--结束 sid 为 139995264739072 的会话
ALTER SYSTEM KILL SESSION '139995264739072,0' IMMEDIATE;
```

　　结束指定 sid 的会话如图 5-38 所示。

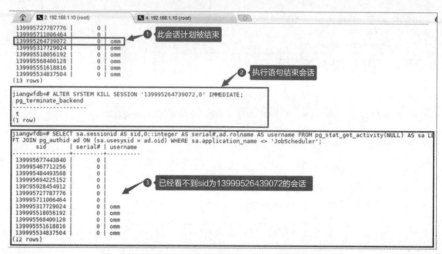

图 5-38　结束指定 sid 的会话

查看会话的客户端程序名称和状态等信息的示例如下。

```
select  sessionid,usename,application_name,client_addr,client_hostname,state  from
pg_stat_activity;
```

查看会话的客户端程序名称和状态等信息的运行效果如图 5-39 所示。

```
jiangwfdb=# select sessionid,usename,application_name,client_addr,client_hostname,state from pg_stat_activity;
    sessionid    | usename |    application_name    | client_addr | client_hostname | state
-----------------+---------+------------------------+-------------+-----------------+--------
 139995317729024 | omm     | gsql                   |             |                 | active
 139995660662528 | omm     | JobScheduler           |             |                 | active
 139995518056192 | omm     | statement flush thread |             |                 | idle
 139995568400128 | omm     | WDRSnapshot            |             |                 | idle
 139995551618816 | omm     | PercentileJob          |             |                 | active
 139995534837504 | omm     | Asp                    |             |                 | active
(6 rows)
```

图 5-39　查看会话的客户端程序名称和状态等信息的运行效果

5.3.3　数据控制语言相关 SQL 介绍

1. 角色定义

角色是用于管理权限的，从数据库安全的角度考虑，可以把所有的管理和操作权限划分到不同的角色上。角色定义的功能及相关 SQL 见表 5-25。

表 5-25　角色定义的功能及相关 SQL

功能	相关 SQL
创建角色	CREATE ROLE
修改角色属性	ALTER ROLE
删除角色	DROP ROLE

角色是拥有数据库对象和权限的实体。在不同的环境中角色可以被认为是一个用户、一个组，或者兼顾两者。在数据库中添加一个新角色，角色无登录权限。创建角色的用户必须具备 CREATE ROLE 的权限或者是系统管理员。

创建角色的语法格式如下。

```
CREATE ROLE role_name [ [ WITH ] option [ ... ] ] [ ENCRYPTED | UNENCRYPTED ] { PASSWORD
| IDENTIFIED BY } { 'password' [EXPIRED] | DISABLE };
```

参数说明如下。

① role_name：角色名称。取值为字符串（要符合标识符的命名规范，且最多为 63 个字符。若超过 63 个字符，数据库会截断字符串并保留前 63 个字符当作角色名称）。在创建角色时，数据库给出提示信息。标识符是字母、下划线、数字（0~9）或美元符号（$），且必须以字母（a~z）或下划线（_）开头。

② password：登录密码。密码的设置规则：密码默认不少于 8 个字符；不能与用户名及用户名倒序相同；至少包含大写字母（A~Z）、小写字母（a~z）、数字（0~9）、非字母数字字符（限定为~!@#$%^&*()-_=+\|[{}];:,<.>/?）4 类字符中的 3 类字符。密码也可以是符合格式要求的密文字符串，这种情况主要用于用户将数据导入场景，不推荐用户直接使用。如果直接使用密文密码，用户需要知道密文密码对应的明文，并且保证明文密码复杂度，数据库不会校验密文密码复杂度，直接使用密文密码的安全性由用户保证。创建角色时，应当使用双引号或单引号将用户密码引起来。取值为字符串。

③ EXPIRED：创建用户时可指定 EXPIRED 参数，即创建密码失效用户，该用户不允许执行简单查询和扩展查询。只有在修改自身密码后才可正常执行语句。

④ DISABLE：默认情况下，用户可以更改自己的密码，除非密码被禁用。要禁用用户的密码，需指定 DISABLE。禁用某个用户的密码后，将从系统中删除该密码，此类用户只能通过外部认证来连接数据库，例如 Kerberos 认证。只有管理员才能启用或禁用密码，普通用户不能禁用初始用户的密码。要启用密码，需运行 ALTER USER 并指定密码。

创建和管理角色的示例如下。

```
--创建一个角色，名为 manager，密码为 Jiangwf@123
CREATE ROLE manager IDENTIFIED BY 'Jiangwf@123';
--创建一个角色，从 2022 年 1 月 1 日开始生效，到 2026 年 1 月 1 日失效
CREATE ROLE manager1 WITH LOGIN PASSWORD 'Jiangwf@123' VALID BEGIN '2022-01-01' VALID
UNTIL '2026-01-01';
--修改角色 manager 的密码为 abcd@123
ALTER ROLE manager IDENTIFIED BY 'abcd@123' REPLACE 'Jiangwf@123';
--修改角色 manager 为系统管理员
ALTER ROLE manager SYSADMIN;
--删除角色 manager 和 manager1
DROP ROLE manager;
DROP ROLE manager1;
```

创建和管理角色效果如图 5-40 所示。

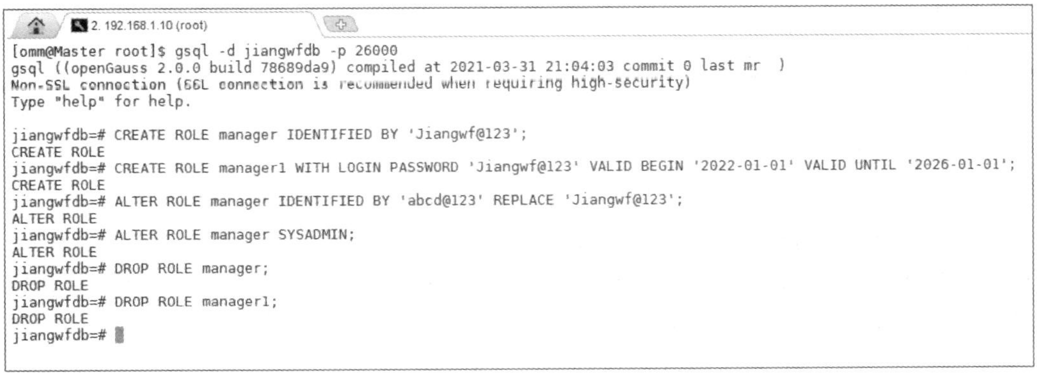

```
2. 192.168.1.10 (root)
[omm@Master root]$ gsql -d jiangwfdb -p 26000
gsql ((openGauss 2.0.0 build 78689da9) compiled at 2021-03-31 21:04:03 commit 0 last mr  )
Non-SSL connection (SSL connection is recommended when requiring high-security)
Type "help" for help.

jiangwfdb=# CREATE ROLE manager IDENTIFIED BY 'Jiangwf@123';
CREATE ROLE
jiangwfdb=# CREATE ROLE manager1 WITH LOGIN PASSWORD 'Jiangwf@123' VALID BEGIN '2022-01-01' VALID UNTIL '2026-01-01';
CREATE ROLE
jiangwfdb=# ALTER ROLE manager IDENTIFIED BY 'abcd@123' REPLACE 'Jiangwf@123';
ALTER ROLE
jiangwfdb=# ALTER ROLE manager SYSADMIN;
ALTER ROLE
jiangwfdb=# DROP ROLE manager;
DROP ROLE
jiangwfdb=# DROP ROLE manager1;
DROP ROLE
jiangwfdb=#
```

图 5-40　创建和管理角色效果

2. 用户定义语句

成功创建数据库后，创建用户并登录数据库，就可以对数据库进行管理和操作。对用户赋予不同的权限，可以方便地管理用户对数据库的访问及操作。用户定义的功能及相关 SQL 见表 5-26。

表 5-26　用户定义的功能及相关 SQL

功能	相关 SQL
创建用户	CREATE USER
修改用户属性	ALTER USER
删除用户	DROP USER

通过 CREATE USER 创建的用户，默认具有 LOGIN 权限，同时系统会在执行该命令的数据库中，为该用户创建一个同名的 SCHEMA；在其他数据库中，系统则不自动创建同名的 SCHEMA，用户可使用 CREATE SCHEMA 命令，为该用户创建同名 SCHEMA。系统管理员在普通用户同名 SCHEMA 下创建的对象，所有者为 SCHEMA 的同名用户（非系统管理员）。语法格式如下。

```
CREATE USER user_name [ [ WITH ] option [ ... ] ] [ ENCRYPTED | UNENCRYPTED ] { PASSWORD
| IDENTIFIED BY } { 'password' [EXPIRED] | DISABLE };
```

参数说明如下。

① user_name：角色名称。取值为字符串（要符合标识符的命名规范，且最多为 63 个字符）。

② password：同"角色定义"的参数说明。

创建和管理用户的示例如下。

```
--创建用户 jwf，登录密码为 Jiangwf@123
CREATE USER jwf PASSWORD 'Jiangwf@123';
--下面语句与上面的语句等价
CREATE USER jwf1 IDENTIFIED BY 'Jiangwf@123';
--如果创建有"创建数据库"权限的用户，则需要加 CREATEDB 关键字
CREATE USER jwf2 CREATEDB PASSWORD 'Jiangwf@123';
--将用户 jwf 的登录密码由 Jiangwf@123 修改为 Abcd@123
ALTER USER jwf IDENTIFIED BY 'Abcd@123' REPLACE 'Jiangwf@123';
--为用户 jwf 追加 CREATEROLE 权限
ALTER USER jwf CREATEROLE;
--锁定 jwf 用户
ALTER USER jwf ACCOUNT LOCK;
--删除用户
DROP USER jwf1 CASCADE;
DROP USER jwf CASCADE;
DROP USER jwf2 CASCADE;
```

3. 授权

（1）授权操作的应用场合

对角色和用户进行授权操作可以使用 GRANT 命令，常见的应用场景如下。

① 将系统权限授权给角色或用户：系统权限又称为用户属性，包括 SYSADMIN、CREATEDB、CREATEROLE、AUDITADMIN、MONADMIN、OPRADMIN、POLADMIN 和 LOGIN。系统权限一般通过 CREATE 或 ALTER ROLE 语法来指定。其中，SYSADMIN 权限可以分别通过 GRANT 或 REVOKE ALL PRIVILEGE 授予或撤销。但系统权限无法通过角色和用户的权限继承，也无法授予 PUBLIC。

②　将数据库对象授权给角色或用户：将数据库对象（表和视图、指定字段、数据库、函数、模式、表空间等）的相关权限授予特定角色或用户。GRANT 命令用于将数据库对象的特定权限授予一个或多个角色，这些权限会被追加到已有的权限上。关键字 PUBLIC 表示该权限要赋予所有角色，包括以后创建的用户。PUBLIC 可以被看作一个隐含定义好的组，总是包括所有角色。任何角色或用户都将拥有通过 GRANT 直接赋予的权限和所属的权限，再加上 PUBLIC 的权限。如果声明了 WITH GRANT OPTION，则被授权的用户也可以将此权限赋予他人，这个选项不能赋予 PUBLIC，这是 openGauss 特有的属性。openGauss 会将某些类型的对象上的权限授予 PUBLIC。默认情况下，对表、表字段、序列、外部数据源、外部服务器、模式或表空间对象的权限不会被授予 PUBLIC，而数据库的 CONNECT 权限和 CREATE TEMP TABLE 权限、函数的 EXECUTE 特权、语言和数据类型（包括域）的 USAGE 特权会被授予 PUBLIC。当然，对象拥有者可以撤销默认授予 PUBLIC 的权限并将权限专门授予其他用户。为了更安全，建议在同一个事务中创建对象并设置权限，这样其他用户就没有时间窗口使用该对象。这些初始的默认权限可以使用 ALTER DEFAULT PRIVILEGES 命令修改。对象的所有者默认具有该对象上的所有权限，出于安全考虑，所有者可以舍弃部分权限。但 ALTER、DROP、COMMENT、INDEX、VACUUM 及对象的可再授予权限属于所有者固有的权限，隐式拥有。

③　将角色或用户的权限授权给其他角色或用户：将一个角色或用户的权限授予一个或多个其他角色或用户。在这种情况下，每个角色或用户都可被视为拥有一个或多个数据库权限的集合。声明了 WITH ADMIN OPTION 后，被授权的用户可以将该权限再次授予其他角色或用户，以及撤销所有由该角色或用户继承的权限。当授权的角色或用户发生变更或被撤销时，所有继承该角色或用户权限的用户拥有的权限都会随之发生变更。数据库系统管理员可以给任何角色或用户授予、撤销任何权限。拥有 CREATE ROLE 权限的角色可以赋予或者撤销任何非系统管理员角色的权限。

（2）授权操作的语法格式

①　将表或视图的访问权限赋予指定的用户或角色，语法格式如下。

```
GRANT { { SELECT | INSERT | UPDATE | DELETE | TRUNCATE | REFERENCES | ALTER | DROP
| COMMENT | INDEX | VACUUM } [, ...]
    | ALL [ PRIVILEGES ] }
  ON { [ TABLE ] table_name [, ...]
    | ALL TABLES IN SCHEMA schema_name [, ...] }
  TO { [ GROUP ] role_name | PUBLIC } [, ...]
  [ WITH GRANT OPTION ];
```

②　将表中字段的访问权限赋予指定的用户或角色，语法格式如下。

```
GRANT { {{ SELECT | INSERT | UPDATE | REFERENCES | COMMENT } ( column_name [, ...] )}
[, ...]
    | ALL [ PRIVILEGES ] ( column_name [, ...] ) }
  ON [ TABLE ] table_name [, ...]
  TO { [ GROUP ] role_name | PUBLIC } [, ...]
  [ WITH GRANT OPTION ];
```

③　将序列的访问权限赋予指定的用户或角色，语法格式如下。

```
GRANT { { SELECT | UPDATE | USAGE | ALTER | DROP | COMMENT } [, ...]
    | ALL [ PRIVILEGES ] }
  ON { [ SEQUENCE ] sequence_name [, ...]
    | ALL SEQUENCES IN SCHEMA schema_name [, ...] }
  TO { [ GROUP ] role_name | PUBLIC } [, ...]
  [ WITH GRANT OPTION ];
```

④　将数据库的访问权限赋予指定的用户或角色，语法格式如下。

```
GRANT { { CREATE | CONNECT | TEMPORARY | TEMP | ALTER | DROP | COMMENT } [, ...]
    | ALL [ PRIVILEGES ] }
    ON DATABASE database_name [, ...]
    TO { [ GROUP ] role_name | PUBLIC } [, ...]
    [ WITH GRANT OPTION ];
```

⑤ 将域的访问权限赋予指定的用户或角色，语法格式如下。

```
GRANT { USAGE | ALL [ PRIVILEGES ] }
    ON DOMAIN domain_name [, ...]
    TO { [ GROUP ] role_name | PUBLIC } [, ...]
    [ WITH GRANT OPTION ];
```

⑥ 将外部数据源的访问权限赋予指定的用户或角色，语法格式如下。

```
GRANT { USAGE | ALL [ PRIVILEGES ] }
    ON FOREIGN DATA WRAPPER fdw_name [, ...]
    TO { [ GROUP ] role_name | PUBLIC } [, ...]
    [ WITH GRANT OPTION ];
```

⑦ 将外部服务器的访问权限赋予指定的用户或角色，语法格式如下。

```
GRANT { { USAGE | ALTER | DROP | COMMENT } [, ...] | ALL [ PRIVILEGES ] }
    ON FOREIGN SERVER server_name [, ...]
    TO { [ GROUP ] role_name | PUBLIC } [, ...]
    [ WITH GRANT OPTION ];
```

⑧ 将函数的访问权限赋予指定的用户或角色，语法格式如下。

```
GRANT { { EXECUTE | ALTER | DROP | COMMENT } [, ...] | ALL [ PRIVILEGES ] }
    ON { FUNCTION {function_name ( [ {[ argmode ] [ arg_name ] arg_type} [, ...] ] ) }}
[, ...]
    | ALL FUNCTIONS IN SCHEMA schema_name [, ...] }
    TO { [ GROUP ] role_name | PUBLIC } [, ...]
    [ WITH GRANT OPTION ];
```

⑨ 将过程语言的访问权限赋予指定的用户或角色，语法格式如下。

```
GRANT { USAGE | ALL [ PRIVILEGES ] }
    ON LANGUAGE lang_name [, ...]
    TO { [ GROUP ] role_name | PUBLIC } [, ...]
    [ WITH GRANT OPTION ];
```

⑩ 将大对象的访问权限赋予指定的用户或角色，语法格式如下。

```
GRANT { { SELECT | UPDATE } [, ...] | ALL [ PRIVILEGES ] }
    ON LARGE OBJECT loid [, ...]
    TO { [ GROUP ] role_name | PUBLIC } [, ...]
    [ WITH GRANT OPTION ];
```

⑪ 将模式的访问权限赋予指定的用户或角色，语法格式如下。

```
GRANT { { CREATE | USAGE | ALTER | DROP | COMMENT } [, ...] | ALL [ PRIVILEGES ] }
    ON SCHEMA schema_name [, ...]
    TO { [ GROUP ] role_name | PUBLIC } [, ...]
    [ WITH GRANT OPTION ];
```

⑫ 将表空间的访问权限赋予指定的用户或角色，语法格式如下。

```
GRANT { { CREATE | ALTER | DROP | COMMENT } [, ...] | ALL [ PRIVILEGES ] }
    ON TABLESPACE tablespace_name [, ...]
    TO { [ GROUP ] role_name | PUBLIC } [, ...]
    [ WITH GRANT OPTION ];
```

⑬ 将类型的访问权限赋予指定的用户或角色，语法格式如下。

```
GRANT { { USAGE | ALTER | DROP | COMMENT } [, ...] | ALL [ PRIVILEGES ] }
    ON TYPE type_name [, ...]
    TO { [ GROUP ] role_name | PUBLIC } [, ...]
    [ WITH GRANT OPTION ];
```

⑭ 将角色的权限赋予其他用户或角色，语法格式如下。

```
GRANT role_name [, ...]
    TO role_name [, ...]
    [ WITH ADMIN OPTION ];
```

⑮ 将 sysadmin 权限赋予指定的角色，语法格式如下。

```
GRANT ALL { PRIVILEGES | PRIVILEGE } TO role_name;
```

⑯ 将 DATA SOURCE 对象的权限赋予指定的角色，语法格式如下。

```
GRANT {USAGE | ALL [PRIVILEGES]}
    ON DATA SOURCE src_name [, ...]
    TO {[GROUP] role_name | PUBLIC} [, ...] [WITH GRANT OPTION];
```

⑰ 将 directory 对象的权限赋予指定的角色，语法格式如下。

```
GRANT {READ|WRITE| ALL [PRIVILEGES]}
    ON DIRECTORY directory name [, ...]
    TO {[GROUP] role_name | PUBLIC} [, ...] [WITH GRANT OPTION];
```

（3）GRANT 的权限分类

① SELECT：允许对指定的表、视图、序列执行 SELECT 命令，执行 UPDATE 或 DELETE 时也需要拥有对应字段上的 SELECT 权限。

② INSERT：允许对指定的表执行 INSERT 命令。

③ UPDATE：允许对声明的表中任意字段执行 UPDATE 命令。通常，执行 UPDATE 命令也需要拥有 SELECT 权限来查询哪些行需要更新。SELECT…FOR UPDATE 和 SELECT… FOR SHARE 除了需要拥有 SELECT 权限外，还需要拥有 UPDATE 权限。

④ DELETE：允许执行 DELETE 命令删除指定表中的数据。通常，DELETE 命令也需要拥有 SELECT 权限来查询哪些行需要删除。

⑤ TRUNCATE：允许执行 TRUNCATE 语句删除指定表中的所有记录。

⑥ REFERENCES：创建一个外键约束，必须拥有参考表和被参考表的 REFERENCES 权限。

⑦ CREATE：对于数据库，允许在数据库里创建新的模式；对于模式，允许在模式中创建新的对象；对于表空间，允许在表空间中创建表，允许在创建数据库和模式时把该表空间指定为默认表空间。如果要重命名一个对象，用户除了必须是该对象的所有者外，还必须拥有该对象所在模式的 CREATE 权限。

⑧ CONNECT：允许用户连接到指定的数据库。

⑨ EXECUTE：允许使用指定的函数，以及利用这些函数实现的操作符。

⑩ USAGE：对于过程语言，允许用户在创建函数时指定过程语言；对于模式，允许访问包含在指定模式中的对象，若没有该权限，则只能看到这些对象的名称；对于序列，允许使用 nextval 函数；对于 DATA SOURCE 对象，既指访问权限，又指可赋予的所有权限，即 USAGE 与 ALL PRIVILEGES 等价。

⑪ ALTER：允许用户修改指定对象的属性，但不包括修改对象的所有者和所在的模式。

⑫ DROP：允许用户删除指定的对象。

⑬ COMMENT：允许用户定义或修改指定对象的注释。

⑭ INDEX：允许用户在指定表上创建索引，并管理指定表上的索引，还允许用户对指定表执行 REINDEX 和 CLUSTER 操作。

⑮ VACUUM：允许用户对指定的表执行 ANALYZE 和 VACUUM 操作。

⑯ ALL PRIVILEGES：一次性给指定用户或角色赋予所有可赋予的权限。只有系统管理员有权执行 ALL PRIVILEGES。

（4）GRANT 操作语句的参数说明

① role_name：已存在的用户名称。

② table_name：已存在的表名称。

③ column_name：已存在的字段名称。

④ schema_name：已存在的模式名称。

⑤ database_name：已存在的数据库名称。

⑥ function_name：已存在的函数名称。

⑦ sequence_name：已存在的序列名称。

⑧ domain_name：已存在的域类型名称。

⑨ fdw_name：已存在的外部数据包名称。

⑩ lang_name：已存在的语言名称。

⑪ type_name：已存在的类型名称。

⑫ src_name：已存在的 DATA SOURCE 对象名称。

⑬ arg_mode：参数模式。取值为字符串，要符合标识符命名规范。

⑭ arg_name：参数名称。取值为字符串，要符合标识符命名规范。

⑮ arg_type：参数类型。取值为字符串，要符合标识符命名规范。

⑯ loid：包含本页大对象的标识符。取值为字符串，要符合标识符命名规范。

⑰ tablespace_name：表空间名称。

⑱ client_master_key：客户端加密主密钥的名称。取值为字符串，要符合标识符命名规范。

⑲ column_encryption_key：列加密密钥的名称。取值为字符串，要符合标识符命名规范。

⑳ directory_name：目录名称。取值为字符串，要符合标识符命名规范。

㉑ WITH GRANT OPTION：如果声明了 WITH GRANT OPTION，则被授权的用户也可以将此权限赋予他人。这个选项不能被赋予 PUBLIC。

（5）GRANT 授权操作示例

将权限授予用户的示例如下。

```
--登录系统，切换到 omm 用户，创建名为 jwf 的用户，并将 sysadmin 权限授予 jwf 用户
su omm
gsql -d jiangwfdb -p 26000
CREATE USER jwf PASSWORD 'Jiangwf@123';
GRANT ALL PRIVILEGES TO jwf;
--授权成功后，jwf 用户会拥有 sysadmin 的所有权限
--创建名为 jack 的用户，并将 sysadmin 权限授予 jack 用户
CREATE USER jack PASSWORD 'Jiangwf@123';
```

将权限授予用户的运行效果如图 5-41 所示。

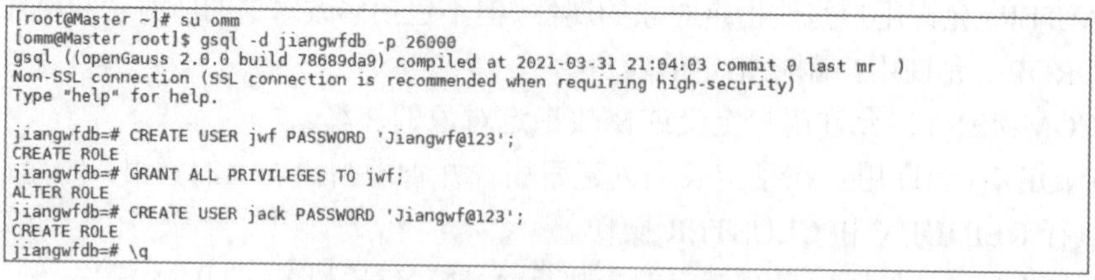

```
[root@Master ~]# su omm
[omm@Master root]$ gsql -d jiangwfdb -p 26000
gsql ((openGauss 2.0.0 build 78689da9) compiled at 2021-03-31 21:04:03 commit 0 last mr )
Non-SSL connection (SSL connection is recommended when requiring high-security)
Type "help" for help.

jiangwfdb=# CREATE USER jwf PASSWORD 'Jiangwf@123';
CREATE ROLE
jiangwfdb=# GRANT ALL PRIVILEGES TO jwf;
ALTER ROLE
jiangwfdb=# CREATE USER jack PASSWORD 'Jiangwf@123';
CREATE ROLE
jiangwfdb=# \q
```

图 5-41   将权限授予用户的运行效果

用户以 sha256 方式登录数据库的示例如下。

```
--退出 gsql，在 omm 用户下使用 gs_guc 命令，使用 jwf 和 jack 用户登录，验证数据库配置白名单
--允许名为 jwf 和 jack 的用户在 IP 地址为 192.168.1.250 的客户端以 sha256 方式登录数据库
jiangwfdb
cd /opt/software/openGauss/script/
gs_guc set -Z coordinator -N all -I all -h "host jiangwfdb jwf 192.168.1.250/32 sha256"
gs_guc set -Z coordinator -N all -I all -h "host jiangwfdb jack 192.168.1.250/32 sha256"
```

用户以 sha256 方式登录数据库的运行效果如图 5-42 所示。

```
[omm@Master script]$ cd /opt/software/openGauss/script/
[omm@Master script]$ gs_guc set -Z coordinator -N all -I all -h "host jiangwfdb jwf 192.168.1.250/32 sha256"
Begin to perform the total nodes: 1.
Popen count is 0, Popen success count is 0, Popen failure count is 0.
Begin to perform gs_guc for coordinators.
Command count is 0, Command success count is 0, Command failure count is 0.

Total instances: 0. Failed instances: 0.
ALL: Success to perform gs_guc!


[omm@Master script]$ gs_guc set -Z coordinator -N all -I all -h "host jiangwfdb jack 192.168.1.250/32 sha256"
Begin to perform the total nodes: 1.
Popen count is 0, Popen success count is 0, Popen failure count is 0.
Begin to perform gs_guc for coordinators.
Command count is 0, Command success count is 0, Command failure count is 0.

Total instances: 0. Failed instances: 0.
ALL: Success to perform gs_guc!
```

图 5-42　用户以 sha256 方式登录数据库的运行效果

创建测试表 student 和测试数据的示例如下。

```
--在 omm 用户，使用 jwf 用户登录 jiangwfdb 数据库，创建测试表 student 和测试数据
su omm
gsql -d jiangwfdb -h 192.168.1.10 -U jwf -p 26000 -W Jiangwf@123
CREATE TABLE student(stuno serial primary key, stuname varchar(50),stuage int );
INSERT INTO student
VALUES(default,'zhangsan',7),(default,'zlisi',8),(default,'wangwu',9);
```

创建测试表 student 和测试数据的运行效果如图 5-43 所示。

```
9. 192.168.1.10 (root)

Total instances: 0. Failed instances: 0.
ALL: Success to perform gs_guc!

[omm@Master script]$ gsql -d jiangwfdb -h 192.168.1.10 -U jwf -p 26000 -W Jiangwf@123
gsql ((openGauss 2.0.0 build 78689da9) compiled at 2021-03-31 21:04:03 commit 0 last mr  )
SSL connection (cipher: DHE-RSA-AES256-GCM-SHA256, bits: 256)
Type "help" for help.

jiangwfdb=> CREATE TABLE student(stuno serial primary key, stuname varchar(50),stuage int );
NOTICE:  CREATE TABLE will create implicit sequence "student_stuno_seq" for serial column "student.stuno"
NOTICE:  CREATE TABLE / PRIMARY KEY will create implicit index "student_pkey" for table "student"
CREATE TABLE
jiangwfdb=> INSERT INTO student VALUES(default,'zhangsan',7),(default,'zlisi',8),(default,'wangwu',9);
INSERT 0 3
jiangwfdb=> select * from student;
 stuno | stuname | stuage
-------+---------+--------
     1 | zhangsan |      7
     2 | zlisi   |      8
     3 | wangwu  |      9
(3 rows)
```

图 5-43　创建测试表 student 和测试数据的运行效果

无法访问 jwf.student 表的示例如下。

```
--另外启动一个终端，使用 jack 用户登录数据库 jiangwfdb
su omm
gsql -d jiangwfdb -h 192.168.1.10 -U jack -p 26000 -W Jiangwf@123
--jack 用户此时无法访问 jwf.student 表（因为没有授权）
select * from jwf.student;
```

无法访问 jwf.student 表的运行效果如图 5-44 所示。

```
9. 192.168.1.10 (root)          11. 192.168.1.10 (root)

[root@Master ~]# su omm
[omm@Master root]$ gsql -d jiangwfdb -h 192.168.1.10 -U jack -p 26000 -W Jiangwf@123
gsql ((openGauss 2.0.0 build 78689da9) compiled at 2021-03-31 21:04:03 commit 0 last mr  )
SSL connection (cipher: DHE-RSA-AES128-GCM-SHA256, bits: 128)
Type "help" for help.

jiangwfdb=> select * from jwf.student;
ERROR:  permission denied for schema jwf
LINE 1: select * from jwf.student;
                      ^
jiangwfdb=>
```

图 5-44　无法访问 jwf.student 表的运行效果

授权后成功查询 jwf.student 表的示例如下。

```
--回到第一个终端，在 jwf 用户下执行命令，给 jack 用户授予模式 jwf 的权限
GRANT USAGE ON SCHEMA jwf TO jack;
--执行命令，给 jack 用户授予 student 表的 SELECT 权限
GRANT select  ON  jwf.student TO jack;
--授权后，转到第二个终端，使用 jack 用户可成功查询 jwf.student 表
select * from jwf.student;
```

授权后成功查询 jwf.student 表的运行效果如图 5-45 所示。

```
jiangwfdb=> select * from jwf.student;
 stuno | stuname  | stuage
-------+----------+--------
     1 | zhangsan |      7
     2 | zlisi    |      8
     3 | wangwu   |      9
(3 rows)
```

图 5-45　授权后成功查询 jwf.student 表的运行效果

收回权限的示例如下。

```
--在第一个终端，使用 jwf 用户执行语句收回权限
REVOKE USAGE ON SCHEMA jwf FROM jack;
```

收回权限的运行效果如图 5-46 所示。

```
jiangwfdb=> REVOKE USAGE ON SCHEMA jwf FROM jack;
REVOKE
jiangwfdb=>
```

图 5-46　收回权限的运行效果

jack 用户又不能访问 jwf.student 表的示例如下。

```
--在第二个终端，jack 用户又不能访问 jwf.student 表
select*from jwf.student;
```

jack 用户又不能访问 jwf.student 表的运行效果如图 5-47 所示。

```
jiangwfdb=>  select * from jwf.student;
ERROR:  permission denied for schema jwf
LINE 1: select * from jwf.student;
                      ^
```

图 5-47　jack 用户又不能访问 jwf.student 表的运行效果

授权后可以查询表但不能修改记录的示例如下。

```
--回到第一个终端，在 jwf 用户下执行命令，给 jack 用户授予 jwf 的模式权限
GRANT USAGE ON SCHEMA jwf TO jack;
--授权后，jack 用户可以查询 jwf.student 表，但不能修改记录
update jwf.student set stuage=stuage+1;
```

授权后可以查询表但不能修改记录的运行效果如图 5-48 所示。

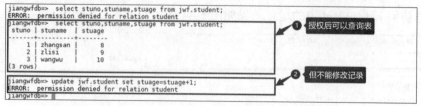

图 5-48　授权后可以查询表但不能修改记录的运行效果

授予 UPDATE 权限的示例如下。

```
--在 jwf 用户下，给 jack 用户授予 stuage 字段的 UPDATE 权限
GRANT select (stuno,stuname,stuage),update (stuage) ON  jwf.student TO jack;
```

授予 UPDATE 权限的运行效果如图 5-49 所示。

```
jiangwfdb=> GRANT select (stuno,stuname,stuage),update (stuage) ON  jwf.student TO jack;
GRANT
jiangwfdb=>
```

图 5-49　授予 UPDATE 权限的运行效果

成功执行 update 语句的示例如下。

```
--得到授权后，jack 用户可以修改 jwf.student 表
update jwf.student set stuage=stuage+1;
```

成功执行 update 语句的运行效果如图 5-50 所示。

```
jiangwfdb=> update jwf.student set stuage=stuage+1;
ERROR:  permission denied for relation student
jiangwfdb=>  update jwf.student set stuage=stuage+1;
UPDATE 3
jiangwfdb=> select stuno,stuname,stuage from jwf.student;
 stuno | stuname | stuage
-------+---------+--------
     1 | zhangsan |      9
     2 | zlisi    |     10
     3 | wangwu   |     11
(3 rows)

jiangwfdb=>
```
授权后，成功执行 update 语句

图 5-50　成功执行 update 语句的运行效果

未授权时无法删除记录的运行效果如图 5-51 所示。

```
jiangwfdb=>  select * from jwf.student;
 stuno | stuname | stuage
-------+---------+--------
     1 | zhangsan |      8
     2 | zlisi    |      9
     3 | wangwu   |     10
(3 rows)

jiangwfdb=> delete from jwf.student where stuno=1;
ERROR:  permission denied for relation student
jiangwfdb=>
```
未授权时，无法删除记录

图 5-51　未授权时无法删除记录的运行效果

得到授权后可以删除记录的示例如下。

```
--在 jwf 用户下，给 jack 用户授予 jwf.student 表的删除权限
GRANT delete on jwf.student to jack;
--回到第二个终端，在 jack 用户下可以删除记录
delete from jwf.student where stuno=1;
```

得到授权后可以删除记录的运行效果如图 5-52 所示。

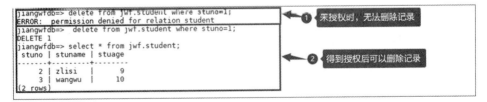

图 5-52　得到授权后可以删除记录的运行效果

收回所有权限的示例如下。

```
--执行命令，收回 jack 用户在 jwf.student 表的所有权限
REVOKE ALL PRIVILEGES ON jwf.student FROM jack;
```

收回所有权限的运行效果如图 5-53 所示。

```
jiangwfdb=> REVOKE ALL PRIVILEGES ON jwf.student FROM jack;
REVOKE
```

图 5-53　收回所有权限的运行效果

jack 用户无法操作 jwf.student 表的运行效果如图 5-54 所示。

```
jiangwfdb=> select stuno,stuname,stuage from jwf.student;
ERROR:  permission denied for relation student
```

图 5-54　jack 用户无法操作 jwf.student 表的运行效果

4. 收回权限

REVOKE 用于收回一个或多个角色的权限。非对象所有者试图在对象上收回权限，命令的执行规则为：如果授权用户没有该对象上的权限，则命令立即失败；如果授权用户有部分权限，则只收回有授权选项的权限；如果授权用户没有授权选项，对于 REVOKE ALL PRIVILEGES 形式的命令，系统将发出一个错误信息，而对于其他形式的命令，如果命令中指定名称的权限没有相应的授权选项，该系统将发出一个警告。不允许对表分区进行 REVOKE 操作，对分区表进行 REVOKE 操作会引起警告。

① 收回指定表或视图上的权限，语法格式如下。

```
REVOKE [ GRANT OPTION FOR ]
    { { SELECT | INSERT | UPDATE | DELETE | TRUNCATE | REFERENCES | ALTER | DROP |
COMMENT | INDEX | VACUUM }[, ...]
    | ALL [ PRIVILEGES ] }
    ON { [ TABLE ] table_name [, ...]
       | ALL TABLES IN SCHEMA schema_name [, ...] }
    FROM { [ GROUP ] role_name | PUBLIC } [, ...]
    [ CASCADE | RESTRICT ];
```

② 收回表上指定字段上的权限，语法格式如下。

```
REVOKE [ GRANT OPTION FOR ]
    { {{ SELECT | INSERT | UPDATE | REFERENCES | COMMENT } ( column_name [, ...] )}[, ...]
    | ALL [ PRIVILEGES ] ( column_name [, ...] ) }
    ON [ TABLE ] table_name [, ...]
    FROM { [ GROUP ] role_name | PUBLIC } [, ...]
    [ CASCADE | RESTRICT ];
```

③ 收回指定序列上的权限，语法格式如下。

```
REVOKE [ GRANT OPTION FOR ]
    { { SELECT | UPDATE | ALTER | DROP | COMMENT }[, ...]
    | ALL [ PRIVILEGES ] }
    ON { [ SEQUENCE ] sequence_name [, ...]
       | ALL SEQUENCES IN SCHEMA schema_name [, ...] }
    FROM { [ GROUP ] role_name | PUBLIC } [, ...]
    [ CASCADE | RESTRICT ];
```

④ 收回指定数据库上的权限，语法格式如下。

```
REVOKE [ GRANT OPTION FOR ]
    { { CREATE | CONNECT | TEMPORARY | TEMP | ALTER | DROP | COMMENT } [, ...]
    | ALL [ PRIVILEGES ] }
    ON DATABASE database_name [, ...]
    FROM { [ GROUP ] role_name | PUBLIC } [, ...]
    [ CASCADE | RESTRICT ];
```

⑤ 收回指定函数上的权限，语法格式如下。

```
REVOKE [ GRANT OPTION FOR ]
    { { EXECUTE | ALTER | DROP | COMMENT } [, ...] | ALL [ PRIVILEGES ] }
```

```
ON { FUNCTION {function_name ( [ {[ argmode ] [ arg_name ] arg_type} [, ...] ] )}
[, ...]
        | ALL FUNCTIONS IN SCHEMA schema_name [, ...] }
  FROM { [ GROUP ] role_name | PUBLIC } [, ...]
  [ CASCADE | RESTRICT ];
```

⑥ 收回指定大对象上的权限，语法格式如下。

```
REVOKE [ GRANT OPTION FOR ]
    { { SELECT | UPDATE } [, ...] | ALL [ PRIVILEGES ] }
  ON LARGE OBJECT loid [, ...]
  FROM { [ GROUP ] role_name | PUBLIC } [, ...]
  [ CASCADE | RESTRICT ];
```

⑦ 收回指定模式上的权限，语法格式如下。

```
REVOKE [ GRANT OPTION FOR ]
    { { CREATE | USAGE | ALTER | DROP | COMMENT } [, ...] | ALL [ PRIVILEGES ] }
  ON SCHEMA schema_name [, ...]
  FROM { [ GROUP ] role_name | PUBLIC } [, ...]
  [ CASCADE | RESTRICT ];
```

⑧ 收回指定表空间上的权限，语法格式如下。

```
REVOKE [ GRANT OPTION FOR ]
    { { CREATE | ALTER | DROP | COMMENT } [, ...] | ALL [ PRIVILEGES ] }
  ON TABLESPACE tablespace_name [, ...]
  FROM { [ GROUP ] role_name | PUBLIC } [, ...]
  [ CASCADE | RESTRICT ];
```

⑨ 按角色收回角色上的权限，语法格式如下。

```
REVOKE [ ADMIN OPTION FOR ]
    role_name [, ...] FROM role_name [, ...]
  [ CASCADE | RESTRICT ];
```

⑩ 收回角色上的 sysadmin 权限，语法格式如下。

```
REVOKE ALL { PRIVILEGES | PRIVILEGE } FROM role_name;
```

⑪ 收回 DATA SOURCE 对象上的权限，语法格式如下。

```
REVOKE {USAGE | ALL [PRIVILEGES]}
    ON DATA SOURCE src_name [, ...]
    FROM {[GROUP] role_name | PUBLIC} [, ...];
```

⑫ 收回指定客户端加密主密钥上的权限，语法格式如下。

```
REVOKE [ GRANT OPTION FOR ]
    {USAGE | DROP | ALL [PRIVILEGES]}
    ON { CLIENT_MASTER_KEYS client_master_keys_name [, ...]
        FROM { [ GROUP ] role_name | PUBLIC } [, ...]
    [ CASCADE | RESTRICT ];
```

⑬ 收回指定列加密密钥上的权限，语法格式如下。

```
REVOKE [ GRANT OPTION FOR ]
    {USAGE | DROP | ALL [PRIVILEGES]}
    ON { COLUMN_ENCRYPTION_KEYS column_encryption_keys_name [, ...]
        FROM { [ GROUP ] role_name | PUBLIC } [, ...]
    [ CASCADE | RESTRICT ];
```

⑭ 收回 DIRECTORY 对象的权限，语法格式如下。

```
REVOKE {READ|WRITE| ALL [PRIVILEGES]}
   ON DIRECTORY src_name [, ...]
   FROM {[GROUP] role_name | PUBLIC} [, ...] [WITH GRANT OPTION];
```

收回权限示例代码如下。

```
REVOKE manager FROM joe;
REVOKE senior_manager FROM manager;
REVOKE USAGE ON COLUMN_ENCRYPTION_KEY MyCEK1 FROM newuser;
REVOKE USAGE ON CLIENT_MASTER_KEY MyCMK1 FROM newuser;
REVOKE ALL PRIVILEGES ON tpcds.reason FROM joe;
REVOKE ALL PRIVILEGES ON SCHEMA tpcds FROM joe;
REVOKE ALL ON TABLESPACE tpcds_tbspc FROM joe;
REVOKE USAGE,CREATE ON SCHEMA tpcds FROM tpcds_manager;
```

5. 关闭当前节点

SHUTDOWN 用于关闭当前连接的数据库节点。只有拥有管理员权限的用户才可以运行此命令。

语法格式如下。

```
SHUTDOWN
    {
            |
    fast  |
    immediate
};
```

参数说明如下。

① ""：不指定关闭模式，默认为 fast。

② fast：无须等待客户端中断连接，将所有活跃事务回滚并且强制断开客户端，然后关闭数据库节点。

③ immediate：强行关闭，在下次重新启动时将导致故障再次出现。

关闭节点的示例如下。

```
--关闭当前数据库节点
SHUTDOWN;
--使用 fast 模式关闭当前数据库节点
SHUTDOWN FAST;
```

关闭节点的运行效果如图 5-55 所示。

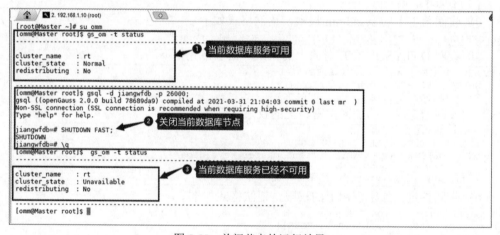

图 5-55　关闭节点的运行效果

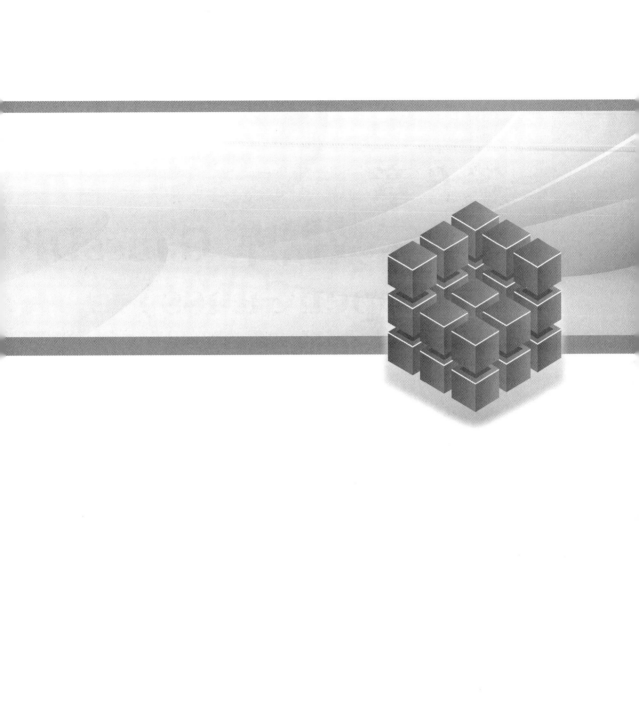

第6章
华为云数据库 GaussDB（for openGauss）

本章主要内容

6.1　华为云数据库GaussDB（for openGauss）概述

6.2　华为云数据库GaussDB（for openGauss）的企业级特性

6.3　健全的工具与出色的服务能力

6.4　应用场景及案例

6.5　华为云数据库GaussDB（for openGauss）操作实战

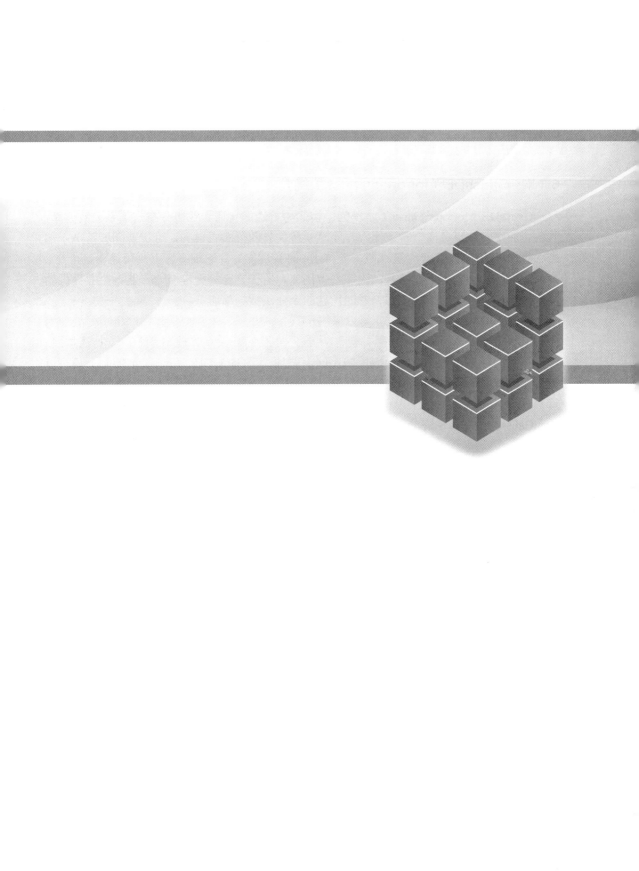

6.1 华为云数据库 GaussDB（for openGauss）概述

6.1.1 GaussDB（for openGauss）简介

GaussDB（for openGauss）是华为公司倾力打造的自研企业级分布式关系型数据库，具备企业级复杂事务混合负载能力，同时支持优异的分布式事务，可实现同城跨 AZ 部署、数据零丢失、PB 级海量存储，支持 1000+扩展能力。它拥有云上高可用、高可靠、高安全、弹性伸缩、一键部署、快速备份恢复、监控告警等关键能力，能为企业提供功能全面、稳定可靠、扩展性强、性能优越的企业级数据库服务。

GaussDB（for openGauss）可以应用于具备大并发、大数据量、以联机事务处理为主的交易型应用，如政务、金融、电商、O2O、电信客户关系管理/计费等，支持高扩展、弹性扩缩的服务，可按需选择应用的不同部署规模。GaussDB（for openGauss）还可以应用在详单查询场景，具备 PB 级数据负载能力，通过内存分析技术满足海量数据边入库边查询的需求，适用于电信、金融、物联网等行业的详单查询业务。GaussDB（for openGauss）分布式形态的整体架构如图 6-1 所示。

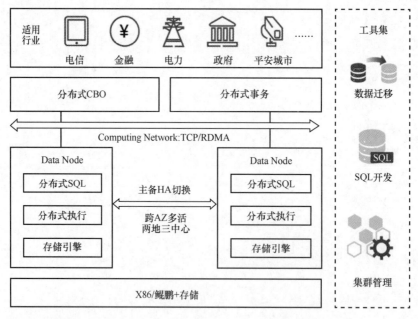

图 6-1   GaussDB（for openGauss）分布式形态的整体架构

6.1.2 GaussDB（for openGauss）的特性

GaussDB（for openGauss）基于鲲鹏生态，是当前我国唯一能够做到全栈自主可控的品牌，同时能够基于硬件优势在底层不断进行优化，提升产品综合性能。充分发挥华为在数据库内核研发能力积累作用，GaussDB（for openGauss）结合传统关系型数据库的企业级能力和互联网分布式数据库的优点，在高安全、高可用、高扩展、高性能方面拥有极强的综合优势，同时配合华为强大的软硬件研发能力，能够做到全栈自主可控。GaussDB（openGauss）具备以下特性。

（1）高性能

GaussDB（for openGauss）支持分布式事务强一致性，同时 32 个节点下能够达到 1500 万 tpmC 的事务处理能力；单集群最大数据量超过 4PB。核心技术包括分布式执行框架、GTM-Lite 技术、NUMA-Aware 事务处理。

（2）高安全

GaussDB（for openGauss）拥有较好的商用数据库安全特性：支持访问控制、加密认证、数据库审计、数据动态脱敏、TDE 透明加密、行级访问控制、密态计算，提供全方位端到端的数据安全保护，能够满足政府、企业金融级客户的核心安全诉求。

（3）高可用

GaussDB（for openGauss）支持同城跨 AZ 多活容灾，两地三中心金融级部署场景；通过并行回放实现极致 RTO、数据零丢失（RPO=0，RTO<30s）。

（4）高扩展

优化分布式全局事务一致性，打破传统分布式性能瓶颈，实现计算与存储自由水平扩展的目标，同时支持新增分片的数据在线重分布。当前支持 256 个节点的在线扩容，同时保障客户拥有的性能呈线性提升，打破传统自己动手制作架构的性能"天花板"。

（5）易运维

GaussDB（for openGauss）拥有华为云 Stack 的商用服务化部署能力，同时拥有数据管理服务、数据库和应用迁移、数据复制服务等生态工具、可有效满足用户开发、运维、优化、监控、迁移等日常工作需要。其高度支持 HTAP 负载场景，极大地减少了业务改造成本，同时基于云平台获得在线监控、运维、升级等能力。

（6）全栈自研

GaussDB（for openGauss）基于鲲鹏生态，支持新一代 V6 CPU 和鲲鹏处理器，是当前我国唯一能够做到全栈自主可控的品牌。同时 GaussDB（for openGauss）能够基于硬件优势在底层不断优化，提升产品综合性能。

6.1.3　GaussDB（for openGauss）的部署形态

GaussDB（for openGauss）在华为云上拥有两种部署形态：集中式和分布式，分别面向企业核心交易和未来海量事务型场景，打造差异化竞争力。GaussDB（for openGauss）支持不同的部署形态：可以只部署一台设备作为单节点，支持一些简单应用，数据做盘间冗余；也可以部署为主备模式，单 AZ 内支持 1 主 2 备，多 AZ 可以支持 5 副本，这种部署形态保证了 AZ 内或者 AZ 间的高可用性。对于希望横向扩展，或者资源共享的场景，可以将 GaussDB（for openGauss）配置为分布式的模式。

1.　集中式部署

GaussDB（for openGauss）的集中式部署聚焦企业核心交易场景，集中式部署包括单机和主备两种类型。以主备为例，GaussDB（for openGauss）支持 1+2（最大保护）主备，基于数据库日志复制的热备，在单机性能可满足需求的情况下，可以提供高可用服务。其中，1+1（最大可用）指的是，数据会被同步写往备机。但如果出现网络异常等情况，无法完成同步操作，会转为异步，后续网络恢复，会自动追上。在数据不同步期间，切换主备机会丢失数据。1+2（最大保护）则意味着数据会被同步写往备机，且要求必须有一个消息确认，才向客户端返回，可靠度高。集中式部署的 GaussDB（for openGauss）拥有开源生态，用户可以通过开源网站直接下载。

2．分布式部署

在分布式部署方面，数据按分片（shard）分布，读/写负载呈线性扩展，满足大规模业务量需求。另外，分布式部署的 GaussDB（for openGauss）承载华为云自研分布式组件体系，是传统企业拥抱互联网，面向未来海量事务型场景的有力保障。分布式架构中的关键角色见表 6-1。

表 6-1　分布式架构中的关键角色

名称	描述
CM（S）	集群管理模块，管理和监控分布式系统中各个功能单元和物理资源的运行情况，确保整个系统稳定运行
GTM	全局事务管理器，负责生成和维护全局事务 ID、事务快照、时间戳等全局唯一的信息
CN	协调节点，负责接收来自应用的访问请求，并向客户端返回执行结果；负责分解任务，并调度任务分片在各数据节点上并行执行
DN	数据节点，负责存储业务数据（支持行存、列存、混合存储），执行数据查询任务以及向 CN 返回执行结果
ETCD	分布式键值存储系统，用于共享配置和发现服务（服务注册和查找）
Storage	服务器的存储资源，用于持久化存储数据

分布式部署可以分为独立部署和混合部署。混合部署方案适合通用客户，其方案包括：各角色 3 副本，数据 3 副本部署；各角色进程合一部署，对外只体现数据库节点。混合部署的优势是组网简洁明了，交付界面高效；起点配置要求低，适配场景比较通用；和未来的技术演进方向匹配。

独立部署方案适合高端客户，它的方案包括：各角色 3 副本，数据 3 副本部署；关键角色进程分开部署，对外体现 CMS、GTM、CN、DN 主、DN 备。在独立部署方案下，用户可以根据业务负载确定 CN 和 DN 的最佳比例，达成最高效的组网。

6.1.4　GaussDB（for openGauss）的高可用

数据库系统的运行安全是整个系统风险控制的核心之一，灾备系统建设的目标是减灾容灾，使计算机信息系统、数据能够最大限度地防范和化解各种意外所带来的风险。灾备系统建设本身在总体规划、方案选择和投产实施后的管理运行，以及真正面对灾难时的切换操作等方面也存在潜在的风险。灾备系统建设中所涉及的潜在风险大致可分为技术风险、管理风险和投资风险，其中尤以技术风险最大，技术方案选择优越的话，可以规避一定的管理风险和投资风险。不同灾备级别对应的建设投资规模、所采用的技术，以及实施和管理的复杂度也不同，应考虑保护计算机系统的原有投资并提高灾备系统建设投资的利用率。

GaussDB（for openGauss）具有灵活的部署形态，满足高可用的用户需求；可以结合主备部署，通过 1+1 最大可用主备模式或者通过 1+2 最大保护主备模式。基于数据库日志复制的热备，在单机性能满足需求的情况下，可提供高可用服务。还可以通过分布式部署，将数据库按照 shard 划分，读/写负载呈线性扩展，满足大规模业务量需求，支持两地三中心高可用部署。

集中式集群部署方案如图 6-2 所示。

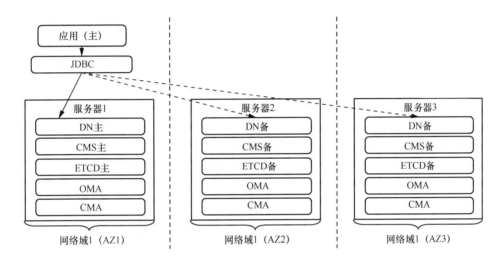

图 6-2　集中式集群部署方案

分布式集群同城双活方案如图 6-3 所示。

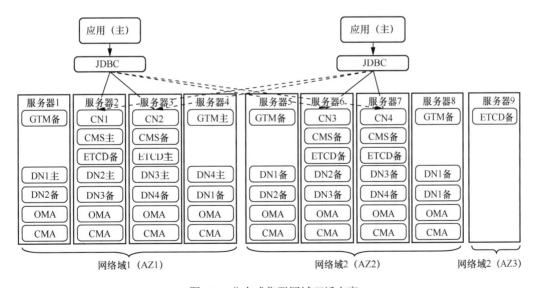

图 6-3　分布式集群同城双活方案

分布式集群同城 3AZ 多活方案如图 6-4 所示。

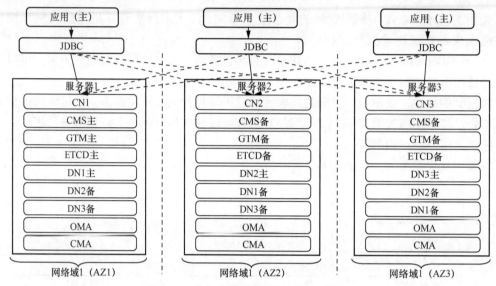

图 6-4　分布式集群同城 3AZ 多活方案

6.1.5　GaussDB（for openGauss）的高性能

（1）全并行分布式执行框架

GaussDB（for openGauss）采用大规模并行处理（MPP）架构，该架构的特点是：并行执行任务，分布式存储数据（本地化），分布式计算，私有化资源（CPU、内存、磁盘、网络等），可横向扩展。因此 GaussDB（for openGauss）天然具备大规模并行数据处理的能力。在 MPP 架构的基础上，GaussDB（for openGauss）又增加了流式计算框架，提升了所有计算节点之间的数据交换能力。目前数据库大多数可以实现全并行分布式执行，例如扫描数据、连接表、聚合数据等。GaussDB（for openGauss）还支持最大 256 个分片的横向扩展，其计算能力与传统数据库相比，有巨大的优势。全并行分布式执行框架如图 6-5 所示。

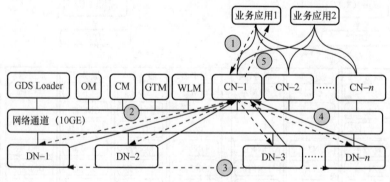

图 6-5　全并行分布式执行框架

执行过程如下。

第一步：业务应用下发 SQL 给协调节点，SQL 可以包含对数据的增、删、改、查。

第二步：CN 利用数据库的优化器生成执行计划，每个数据节点会按照执行计划的要求去处理数据。

第三步：因为数据是通过一致性哈希技术均匀分布在每个节点上的，因此 DN 在处理数据的过程中，可能需要从其他 DN 获取数据。GaussDB（for openGauss）提供了 3 种流（广播流、聚合流和重分布流）来降低数据在 DN 间的流动。

第四步：数据节点将结果集返回给 CN 进行汇总。

第五步：CN 将汇总后的结果返回给业务应用。

（2）NUMA-Aware 技术

在 X86 多处理器的发展历史中，早期的多核和多处理器系统都是 UMA 架构的。在这种架构下，多个 CPU 通过同一个北桥芯片与内存链接。北桥芯片里集成了内存控制器，因此，这些 CPU 和内存控制器之间的前端总线（FSB）在系统 CPU 数量不断增加的前提下，成为提升系统性能的瓶颈。AMD 在引入 64 位 X86 架构时，实现了 NUMA 架构，内存访问时间取决于处理器的内存位置。在 NUMA 架构下，处理器访问它本地存储器的速度比访问非本地存储器快。GaussDB（for openGauss）具备应对海量并发事务处理与复杂查询混合负载，以及超过 1000+ 节点的弹性扩展能力，通过 NUMA-Aware 技术与全并行架构的创新，生成基于鲲鹏 CPU 的 NUMA-Aware 数据库架构，使性能大幅领先于同行产品。NUMA-Aware 技术的特性如下。

① 线程绑核：缩短线程在不同 CPU 核上的切换时间；减少与其他线程资源的竞争。

② 改造 NUMA 化数据结构，减少跨核访问次数。

③ 分区数据，避免线程访问冲突。

④ 调整算法，打破单点瓶颈。

⑤ 借助 ARM 原子指令，使用一个指令代替原有的需要 4 个指令才能完成的功能，提高执行效率，减少计算开销。

（3）其他高性能特性

① 高速并行数据加载：CN 只负责任务的规划及下发，把数据导入的工作交给了 DN，释放了 CN 的资源，使 CN 有能力处理外部请求。每个 DN 都参与数据导入的工作，充分利用各个设备的计算能力及网络带宽，提高数据导入的整体性能。数据并行导入充分利用所有节点的计算能力和 I/O 能力，以达到最快的导入速度。GaussDB（for openGauss）的数据并行导入实现了对指定格式（支持 CSV/TEXT/FIXED 格式）外部数据的高速、并行入库。

② SMP 并行技术：通过算子并行来提升性能，同时会占用更多的系统资源。本质上 SMP 是一种以资源换取时间的方式，在合适的场景以及资源充足的情况下，能够较好地提升性能。GaussDB（for openGauss）的 SMP 并行技术是一种利用计算机多核 CPU 架构实现多线程并行计算，以充分利用 CPU 资源来提升查询性能的技术。SMP 并行技术可以显著减少单个查询的执行时间，有效提高系统资源的利用率。

③ LLVM 动态编译技术：提供了完整编译系统的中间层，会将中间语言（IR）从编译器取出并最优化，最优化后的 IR 被转换并链接到目标平台的汇编语言。LLVM 也可以在编译、链接时期，甚至是运行时期产生可重新定位的代码。GaussDB（for openGauss）借助 LLVM 提供的库函数，依据查询执行计划树，将原本在执行器阶段才会确定查询实际执行路径的过程提前到执行初始化阶段，从而规避原本查询执行时伴随的函数调用、逻辑条件分支判断以及大量的数据读取等问题，以达到提升查询性能的目的。

④ 自适应压缩：支持类手机号字符串的大整数压缩、numeric 类型的大整数压缩、对压缩算法进行不同压缩水平的调整。自适应压缩从数据类型和数据特征出发，采用相应的压缩算法，实现了良好的压缩比、较快的入库速度以及良好的查询性能。

6.1.6　GaussDB（for openGauss）的高扩展

GaussDB Kernel 基于 Shared-Nothing 架构，由众多拥有独立且互不共享 CPU、内存、存储等系统资源的逻辑节点组成。在这样的系统架构中，业务数据被分散存储在多个计算节点上，数据查询任务被推送到数据所在位置就近执行，通过协调节点的操作，并行地完成大规模的数据处理工作，实现对数据处理的快速响应。我们常说的 Sharding 其实就是 Shared-Nothing 架构，它把某个表在物理存储上进行水平分割，并将其分配给多台服务器（或多个实例），每台服务器可以独立工作，具备共同的模式。比如 MySQL Proxy 和 Google 的各种架构，只需增加服务器数就可以增强处理能力，并增加容量。在一个纯 Shared-Nothing 系统中，简单增加一些廉价的计算机作为系统的节点，即可获取几乎无限的扩展。Shared-Nothing 系统通常需要将它的数据分布在多个节点的不同数据库中（不同的计算机处理不同的用户和查询），或者要求每个节点通过使用某些协调协议来保留它自己的应用程序数据备份。

Shared-Nothing 架构如图 6-6 所示，特点如下。

① 集群中每一个节点（处理单元）都完全拥有独立的 CPU、内存、存储，不存在共享资源。

② 各节点（处理单元）处理自己本地的数据，处理结果可以向上层汇总或者通过通信协议在节点间流转。

③ 节点是相互独立的，扩展能力强。整个集群拥有强大的并行处理能力。

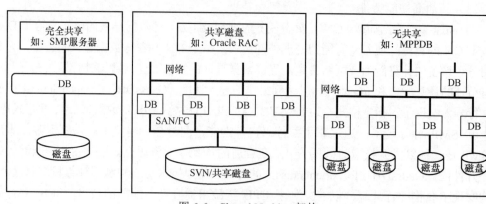

图 6-6　Shared-Nothing 架构

6.2　华为云数据库 GaussDB（for openGauss）的企业级特性

6.2.1　GaussDB（for openGauss）的企业级特性——分布式存储

作为分布式数据库，GaussDB（for openGauss）具备两个层级的分布式存储能力。分片间数据的分布式存储：支持哈希分布和复制分布。其中，哈希分布主要应用于数据量较大的用户表，通过对用户指定的单个或者多个分布列进行哈希值计算，将同一张用户表的数据打散存储到不同的分片内，从而增加整个数据库能够支撑的总数据量，并提供在此基础上的分布式并行处理功能和剪枝处理服务。复制分布主要应用于数据量较小的用户表，在每个分片内都会保存复制分布表的全量数据，从而提升分布式多表关联查询的性能。分片内数据的分布式存储：对于每个分片，支持基于 Quorum 协议的一主多备分布式多副本存储，从而保证数据库的高可靠性和高可用性，并提供在此基础上的主备自动切换、AZ 切换、备机强制升主等功能，保证稳定的、符合预期的 RPO 和 RTO 指标。

数据分区是数据库产品普遍具备的功能。在 GaussDB（for openGauss）中，数据分区是按照用户指定的策略对数据汇总的水平分表，将表按照指定范围划分为多个数据互不重叠的部分。GaussDB（for openGauss）支持范围分区功能，即根据表的一列或者多列，首先将要插入表的记录分为若干个范围（这些范围在不同的分区里没有重叠），然后为每个范围创建一个分区来存储相应的数据。用户在创建表时增加 PARTITION 参数，表示针对此表应用数据分区功能。数据分区的优点如下。

① 改善可管理性：利用分区，可以将表和索引划分为一些更小、更易于管理的单元，这样，数据库管理员在进行数据管理时就能采取"分而治之"的方法。有了数据分区，维护操作可以专门针对表的特定部分执行。

② 提升删除操作的性能：删除数据时可以删除整个分区，与分别删除每行相比，这种操作非常高效。

③ 改善查询性能：通过限制要检查或操作的数据数量，数据分区可带来许多优势。

6.2.2　GaussDB（for openGauss）的分布式事务处理能力

GTM-Lite 技术，在保证事务全局强一致的同时，提供高性能的事务处理功能，打破了单 GTM 的性能瓶颈。传统友商为了保证事务一致性，会维护一个全局事务列表，从而产生性能瓶颈。华为在 GTM 上进行了创新，使用了轻量化技术，其有以下 3 个优点。

① 使用 CSN 提交事务号，无须遍历事务列表，提高了事务可见性判断效率。

② 通过无锁的原子化操作，提供 CSN 序号，不存在全局单点瓶颈；各事务可同时获取 CSN 序号。

③ 节点间交互只需要一个 CSN，大大减少了各节点事务状态同步的网络开销。

一致性和性能是分布式事务处理的两个最核心的内容。GaussDB（for openGauss）根据不同的业务应用场景，对分布式事务处理性能和一致性进行了最大限度的优化，目前支持两种事务处理模式。

① GTM-Lite 模式：分布式事务强一致性。GTM 最大限度地轻量化，针对 OLTP 类场景，性能较好。

② GTM-Free 模式：分布式事务最终一致性。不连接 GTM，不提供分布式事务实时读一致性，针对 OLTP 类场景，去除中心节点性能最好。

数据库不仅需要 MPP 技术具有很好的水平横向扩展，也需要支持 SMP 并行技术在单机上实现更好的纵向扩展。SMP 并行技术可以从两个方面提升数据库的性能：显著缩短单个查询的执行时间；提升相同时间段内系统的吞吐量，有效提高系统资源的利用率。SMP 并行技术通过多线程多子任务并行执行的机制，实现系统计算资源的充分高效使用。SMP 多线程轻量执行的模式无疑能够弥补 MPP 架构部署上的不足。

6.2.3 GaussDB（for openGauss）的物理备份和逻辑备份

数据库或表被恶意或误删除时，虽然 GaussDB（for openGauss）支持高可用，但备机数据库会被同步删除且无法还原。因此，数据被删除后只能依赖于实例的备份保障数据安全。GaussDB（for openGauss）支持数据库实例的备份和恢复，以保证数据可靠性。GaussDB（for openGauss）可以将整个集群的数据以数据库内部格式备份到对象存储服务（OBS）中，并在同构数据库中恢复整个集群的数据。物理备份采用分布式并行技术，并行地对每个数据实例 DN 的数据文件进行物理备份，具有极好的备份恢复性能。在此基础上，GaussDB（for openGauss）还提供压缩、流控、断点续备等高阶功能。

物理备份主要分为全量备份和增量备份。全量备份包含备份时刻数据库的全量数据，耗时长（和数据库数据总量成正比），自身即可恢复完整的数据库；增量备份只包含指定时刻点后面的增量修改数据，耗时短（和增量数据成正比，和数据总量无关），但是必须和全量备份数据一起才能恢复完整的数据库。目前以未加密的方式存储备份。在华为云标准环境下，全量备份恢复的性能规格为 2TB，数据在 8h 内完成全量备份或全量恢复。

GaussDB（for openGauss）具备逻辑备份能力，可以将用户表的数据以通用的 text 或者 csv 格式备份到本地磁盘文件、OBS 中，并在同构/异构数据库中恢复该用户表的数据。逻辑备份采用分布式并行技术，并行地从每个数据实例 DN 中通过流式抽取待备份的用户表记录，提供了较好的备份恢复功能。

6.3 健全的工具与出色的服务能力

6.3.1 数据管理服务

数据管理服务提供数据库开发、运维、智能诊断、企业级 DevOps 一站式云上数据库管理平台，方便用户使用和运维华为云数据库。用户使用数据管理服务不仅可以对 GaussDB（for openGauss）进行数据管理，还可以对 MySQL、Microsoft SQL Server、PostgreSQL、GaussDB（for MySQL）、GaussDB（for Cassandra）等数据库进行数据管理。数据管理服务对于用户来说简便易用，由于直接部署在云上，用户在控制台单击数据管理服务链接，无须安装相关软件，就可以通过可视化界面连接和管理云上数据库。数据管理服务还支持多种数据库类型和云主机自建库等。用户无须开通公网 IP 和设置额外白名单，数据管理服务拒绝非实例资源所有者登录数据库，因此安全性得到保障。数据管理服务提供 Binlog 数据追踪与回滚、周期性 SQL 任务调度、10GB 的 SQL 文件导入等高级功能，还具有一键识别 InnoDB 锁等待、慢 SQL 诊断及索引优化建议、实时性能看板等智能化运维能力。数据管理服务的核心功能如下。

功能 1：库管理。基于库纬度的管理方式，在库级别提供日常的大部分数据库管理功能，快速生成表的测试数据等，使数据库管理更便捷。

功能 2：SQL 窗口提供 SQL 命令的智能提示功能。用户输入 SQL 命令更方便，交互更流畅，可以便利地在 SQL 窗口中执行命令得到结果集，对数据库实例实现多维度展现，对于得到的 SQL 命令运行结果可以保存执行记录，提供搜索和翻页展示。

功能 3：数据导入/导出功能。导入容量全面升级，目前最大支持 10GB 数据导入容量，并支持各种复杂、极端的 SQL 语句写法，保障 SQL 语句拆分准确度。提供详细的日志追踪记录并支持导出数据，用户可以在导出数据的任何阶段主动终止该任务，及时规避可能对数据库性能产生的影响。

功能 4：DBA 智能运维。使用人工智能技术，与实例的性能数据相结合，智能化地预测实例的最优参数设置方案。智能诊断并反馈，让数据库的性能状态更佳，通过实时性能、SQL 诊断、实例会话、InnoDB 锁等待、Binlog 查询等手段实现最优参数设置。

功能 5：数据追踪与回滚。对于用户误操作或者系统故障导致的数据篡改等问题，支持用户进行核心数据的变更审计，统计数据的变更数量，查看敏感变更日志，帮助用户找回被误篡改的数据，恢复数据生命力。

在华为云官网使用数据管理服务，需要先申请华为账号，如图 6-7 所示。

图 6-7　申请华为账号

通过 Web 页面连接并登录云数据库，如图 6-8 所示。

图 6-8　通过 Web 页面连接并登录云数据库

6.3.2　数据复制服务

数据复制服务是一种易用、稳定、高效的云服务。数据复制服务围绕云数据库，降低了数据库之间数据流通的复杂度，有效地帮助用户减少数据传输的成本。用户可通过数据复制服务快速解决多场景下，数据库之间的数据流通问题，以满足数据传输业务需求。数据复制服务提供了数据实时迁移、备份迁移、实时同步、数据订阅和实时灾备等多种功能。图 6-9 所示是在华为云的主控面板找到的"数据复制服务"。

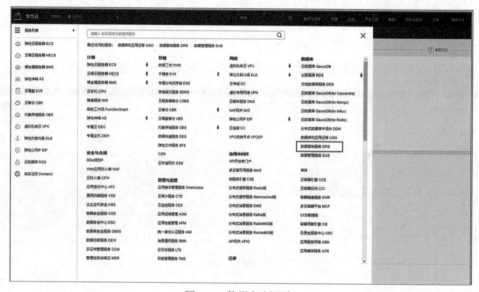

图 6-9　数据复制服务

1. 数据实时迁移

数据实时迁移是指在数据复制服务能够同时连通源数据库和目标数据库的情况下，只需要配置迁移的源、目标数据库实例及迁移对象，就能自动完成整个数据的迁移。数据实时迁移支持多种网络迁移方式，如公网网络、VPC 网络、VPN 和专线网络。多种网络链路，可快速实现跨云平台数据库迁移、云下数据库迁移上云或云上跨区域的数据库迁移等多种业务场景。数据实时迁移通过增量迁移技术，能够最大限度地允许迁移过程中继续对外提供业务，有效地将业务系统中断时间和业务影响最小化，实现数据库平滑迁移上云，支持全部数据库对象的迁移。图 6-10 所示是数据实时迁移架构。

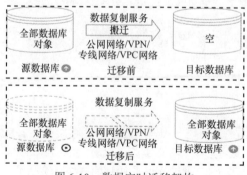

图 6-10　数据实时迁移架构

数据实时迁移如图 6-11 和图 6-12 所示。

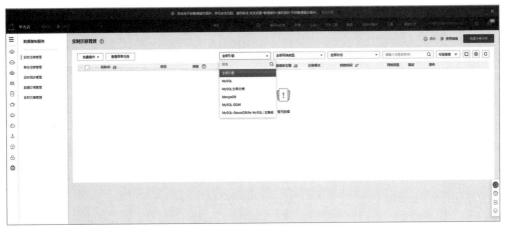

图 6-11　数据实时迁移 1

图 6-12　数据实时迁移 2

2．备份迁移

基于安全考虑，数据库的 IP 地址有时不能被暴露在公网上，但是选择专线网络进行数据库迁移，成本又高。在这种情况下，可以选用数据复制服务提供的备份迁移，将源数据库的数据导出成备份文件，并上传至对象存储器，然后恢复到目标数据库。备份迁移可以帮助用户在云服务不触碰源数据库的情况下，实现数据迁移。常用场景为云下数据库迁移上云（目前只支持 SQL Server 环境迁移上云）。备份迁移的特点是，云服务无须碰触源数据库，即可实现数据迁移。备份迁移架构如图 6-13 所示。

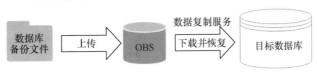

图 6-13　备份迁移架构

备份迁移如图 6-14 和图 6-15 所示。

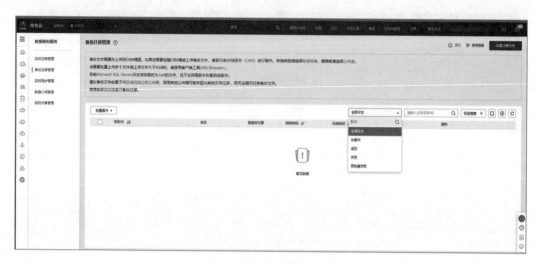

图 6-14　备份迁移 1

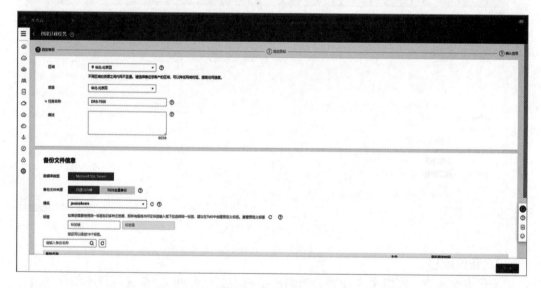

图 6-15　备份迁移 2

3. 实时同步

实时同步是指在不同的系统之间，将数据通过同步技术从一个数据源复制到其他数据库，并保证数据的一致性，实现关键业务的数据实时流动。实时同步不同于迁移，迁移是以整体数据库搬迁为目的，而实时同步是维持不同业务之间的数据持续性流动。常用在需要实时分析的场景，如报表系统、数仓环境。实时同步的特点是，聚焦于表和数据，满足多种灵活性的需求，例如多对一、一对多，动态增减同步表，不同表名之间同步数据，等等。实时同步架构如图 6-16 所示。

实时同步如图 6-17 和图 6-18 所示。

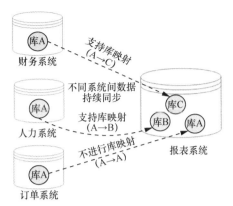

图 6-16　实时同步架构

图 6-17　实时同步 1

图 6-18　实时同步 2

4．数据订阅

数据订阅是指获取数据库中关键业务的数据变化信息，这类信息常常是下游业务所需要的。数据订阅缓存这类信息并提供统一的 SDK 接口，方便下游业务订阅、获取并消费，从而实现数据库和下游系统解耦，业务流程解耦。常用场景为 Kafka 订阅 MySQL 增量数据。数据订阅架构如图 6-19 所示。

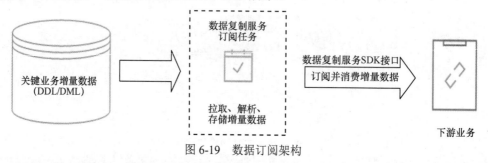

图 6-19   数据订阅架构

数据订阅如图 6-20 和图 6-21 所示。

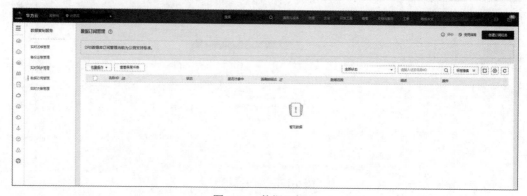

图 6-20   数据订阅 1

图 6-21   数据订阅 2

5．实时灾备

为了解决地区故障导致的业务不可用问题，数据复制服务推出实时灾备功能，为用户业务连续性提供数据库的灾备保障。用户可以轻松地实现云下数据库到云上的灾备、跨云平台的数据库灾备，无须预先投入巨额基础设施。数据实时灾备支持两地三中心、两地四中心灾备架构。单边灾备可以利用灾备场景的升主、降备功能，实现异地主备倒换的效果。实时灾备架构如图 6-22 所示。

图 6-22　实时灾备架构

实时灾备如图 6-23 和图 6-24 所示。

图 6-23　实时灾备 1

图 6-24　实时灾备 2

6.3.3 云审计服务

云审计服务是华为云安全解决方案中专业的日志审计服务，提供对各种云资源操作记录的收集、存储和查询功能，可用于支撑安全分析、合规审计、资源跟踪和问题定位等常见的应用场景。日志审计模块是信息安全审计功能的核心必备组件，是企、事业单位信息系统安全风险管控的重要组成部分。云审计服务架构如图 6-36 所示，功能如下。

① 记录审计日志：支持记录用户通过管理控制台或 API 发起的操作，以及各服务内部自触发的操作。

② 审计日志查询：支持在管理控制台对 7 天内的操作记录，按照事件类型、事件来源、资源类型、筛选类型、操作用户和事件级别等多个维度进行组合查询。

③ 审计日志转储：支持将审计日志周期性地转储至对象存储服务下的 OBS 桶，转储时会按照服务维度将审计日志压缩为事件文件。

④ 事件文件加密：支持在转储过程中使用数据加密服务中的密钥对事件文件进行加密。云审计服务架构如图 6-25 所示。

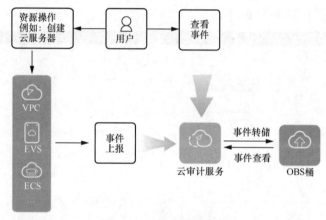

图 6-25 云审计服务架构

使用云审计服务需要先进行授权，如图 6-26～图 6-29 所示。

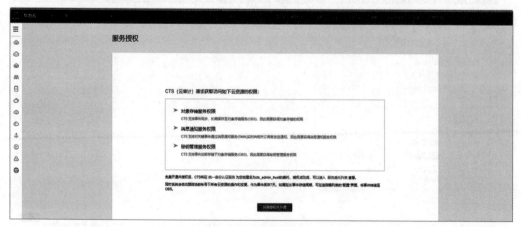

图 6-26 服务授权 1

图 6-27　服务授权 2

图 6-28　服务授权 3

图 6-29　服务授权 4

6.3.4　云监控服务

　　云监控服务为用户提供一个针对弹性云服务器、带宽等资源的立体化监控平台。用户通过云监控服务可以全面了解云上的资源使用情况、业务的运行状况，并及时收到异常告警作出反应，保证业务顺畅运行。云监控服务的主要功能有自动监控、主机监控、实时通知、监控面板、OBS 转储、资源分组、日志监控、事件监控等。华为云数据库通过云监控服务的资源监控功能可以了解系统的运行情况。监控数据库运行时的系统资源利用率，可以识别什么时间段资源占用率最高，然后到错误日志或慢日志中分析可能存在问题的 SQL 语句，从而优化数据库性能。云监控服务的相关界面如图 6-30 和图 6-31 所示。

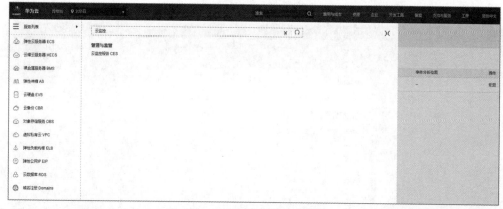

图 6-30　云监控服务的相关界面 1

图 6-31　云监控服务的相关界面 2

6.3.5　数据安全服务

　　数据库安全服务是华为云基于 30 年的数据库安全积累自研的云服务，包括数据库安全审计和数据库安全防护两个子服务，提供数据泄露保护、数据库防火墙、数据库审计等功能，可以全面保障云上数据库安全和资产安全。

　　数据库安全审计提供的旁路模式数据库审计功能，可以对风险行为进行实时告警，并对攻击行为进行阻断。同时，生成满足数据安全标准的合规报告，可以对数据库的内部违规和不正当操作定位追责，有效检测并阻断外部入侵，保障数据资产安全。数据库安全审计提供用户行为发现审计、多维度分析功能。用户行为发现审计包括：关联应用层和数据库层的访问操作，支持协助用户溯源到应用者的身份和行为。多维度分析包括：风险线索，支持从高中低的风险等级、SQL 注入、黑名单语句、违反授权策略等 SQL 行为分析；会话线索，支持根据时间、用户、IP 地址、客户端等多角度分析；详细语句线索，提供用户、客户端 IP、访问时间、操作对象、操作类型等多种检索条件。系统针对各种异常行为提供以下精细化报表。

　　① 会话行为：提供登录失败报表、会话分析报表。

　　② SQL 行为：提供新型 SQL 报表、SQL 语句执行历史报表、失败 SQL 报表。

　　③ 风险行为：提供告警报表、通知报表、SQL 注入报表、批量数据访问行为报表。

　　④ 合规报表：提供符合数据安全标准（例如 Sarbanes-Oxley）的合规报告。

数据库安全服务界面如图 6-32 所示。

图 6-32　数据库安全服务界面

需要购买数据安全审计才能使用数据安全服务，如图 6-33 所示。

图 6-33　购买数据安全审计

6.4　应用场景及案例

6.4.1　某银行的 OLTP 业务系统介绍

当前，越来越多企业用户正在积极依托云化技术实现业务转型和数字化智能升级，业务云化大势所趋，云原生数据库将是数据库产业升级的转折点。传统金融行业客户的核心业务过去主要是构建在 DB2 大型机或者集中式架构上，跨入云时代后，金融客户可以选择自主可控的云化分布式数据库，尤其是当前的互联网金融类和创新类业务等。GaussDB（for openGauss）立足云原生，让技术更贴合业务场景，在金融客户场景下，面对互联网金融业务和核心系统进行分布式改造。用户遇到的挑战有以下 3 个。

① 容量瓶颈：互联网金融业务呈井喷式发展，传统集中式数据库扩展性差，迫切需要分布式化改造。

② 金融级高可用：金融核心业务大型机下移，要求对标 DB2 具备金融级同城双活+两地三中心容灾高可用能力。

③ 性能挑战：要求分布式数据库 TP 业务场景性能不劣于集中式，同时解决 DB2、Oracle 报表和复杂查询类业务性能问题。

GaussDB（for openGauss）云原生能力体现在多个方面。首先，支持多种部署形态，拥有集中式主备版本和分布式版本两种部署形态，其中分布式版本拥有业内众多创新技术，在海量事务型场景方面拥有极具竞争力、稳定可靠的数据库底座能力。其次，在生态开放方面，GaussDB（for openGauss）开源了主备版本，积极拥抱开源，支持多元化业务合作开发，提供了更开放的生态。最后，拥有丰富的企业级特性：全局数据结构 NUMA 分区化改造，减少了跨 Die、跨处理器的竞争冲突，提升 50%以上性能；基于分布式架构的分布式优化器，可以进行谓词下推等操作，充分利用集群整体的处理能力；基于无锁并行日志恢复技术，主备切换可在 10s 内快速完成。GaussDB（for openGauss）根据客户的不同业务需求制订以下 3 种方案。

① 分布式高扩展：提供分布式扩展能力，分布式事务 ACID 保障。

② 两地三中心容灾：支持同城单集群跨 AZ 双活部署（RPO=0、RTO<60s）跨区域双集群容灾部署。

③ 分布式优化器：实现分布式参数化路径、Stream 线程池、分布式执行下推等性能优化技术，分布式优化器能力持续提升。

经过双方努力，该数据库升级项目最终协助用户实现了大容量高扩展，支持 TB～PB 级单库容量和在线扩容，避免分库分表，降低了应用开发难度；构建了基于华为云全栈云的同城跨 AZ 双活部署的多套数据库集群，实现了 RPO=0、RTO 秒级，且异地构建相应的容灾集群，满足银行金融级高可用需求，同城双活部署实现同城两中心业务同时接入，一中心发生故障，业务秒级恢复。实现大并发高性能，主要业务流程并发交易响应时延<3s，报表和复杂查询类场景执行耗时从 20 多分钟降至秒级。图 6-34 所示是某银行的 OLTP 业务系统架构。

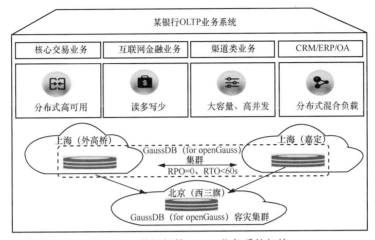

图 6-34　某银行的 OLTP 业务系统架构

6.4.2　华为消费者云实现智慧化运营

华为消费者云是华为智能终端的大脑，除了为所有终端设备提供云服务支撑，包括应用下载、数据备份、定位服务等外，还为第三方 App 开发者提供云基础能力，帮助他们快速开发新应用，驱动业务创新。目前华为消费者云在全球已经拥有 10 亿账户，月活用户高达 3 亿人，其中云空间、地理大数据等业务面临以下挑战。

① 运动业务飞速发展，数据量年增长 30%以上。

② 用户智慧化体验要求数据分析平台提供实时分析服务。

③ 性能的提升遇到瓶颈。

面对使用国外开源数据库产品遇到的因数据量增长带来的扩容效率低、机房容灾性能差、数据丢失等问题，华为消费者云基于 GaussDB（for openGauss）构建了高可靠、高性能、易扩容的分布式数据库，集中存储和管理业务侧数据，采用 Hadoop+MPP 数据库混搭架构。将以上业务迁移到 GaussDB（for openGauss）分布式数据库，采用按需分片，弹性扩容支撑业务飞速发展，拥有强大的 HTAP 负载能力，打破传统自制架构的性能"天花板"，支持业务实时分析。机房级隔离、应用级隔离，使故障影响范围最小化，并且实现了无损切换。

为了提升数据库的整体表现效果，华为商城针对不同业务采用不同的数据库查询模式，例如针对稳定的关键业务，尽量避免引入分布式查询和复杂处理逻辑，使系统容量和系统时延得到了更好的预测。面向非核心管理业务时，提供了按需开启分布式查询功能，以此来提高研发效率。与过去大而全的集中式数据库系统相比，改造的本质就是让分布式多一些，让数据库少一点。采用华为云提供的数据迁移服务，在迁移过程中将新旧数据库按比例并线运行，很好地解决了数据回流的问题，保证业务的稳定性和数据的完整性。最终为客户实现系统的按需扩容，在节省资源的同时，保障业务不中断。新的数据分析模型上线后，可实时获得分析结果，将营销精准率提高 50%以上，将分析效率提升 80%以上。典型可视化报表查询分析响应时间从分钟级降至 5 秒以内，报表开发周期从 2 周降至 0.5 小时。图 6-35 所示是华为商城的系统架构，其中，Flume 是 Apache Flume 数据采集框架，HDFS 是 Hadoop 分布式文件系统。

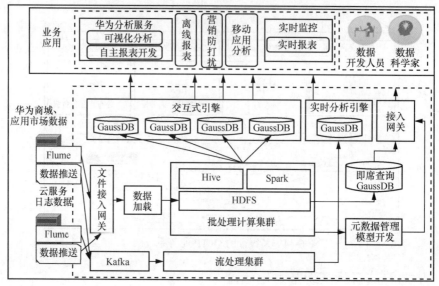

图 6-35　华为商城的系统架构

6.5　华为云数据库 GaussDB（for openGauss）操作实战

GaussDB（for openGauss）是基于华为主导的 openGauss 生态推出的企业级分布式关系型数据库。

6.5.1　登录华为云官网

使用浏览器访问华为云官网，单击页面右上角的"登录"，进入华为云账号登录页面，如图 6-36 所示。

图 6-36　华为云官网

如果第一次使用，请先注册用户，注册过程中需要提交手机号码，后期操作时也会多次利用手机接收验证码。华为账号注册界面如图 6-37 所示。

图 6-37　华为账号注册界面

输入华为账号的用户名和密码，单击下方的"登录"，登录华为云官网。登录界面如图 6-38 所示。

图 6-38　登录界面

登录成功后，进入控制台主界面，如图 6-39 所示。

图 6-39　控制台主界面

云服务列表菜单如图 6-40 所示。

图 6-40　云服务列表菜单

依次选择"服务列表"，单击"云数据库 GaussDB"，如图 6-41 所示。

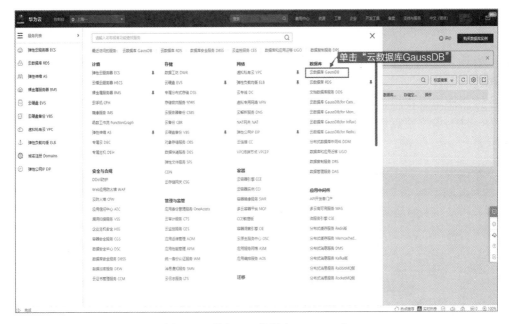

图 6-41　单击"云数据库 GaussDB"

在"云数据库 GaussDB"中单击"GaussDB（for openGauss）"，如图 6-42 所示。

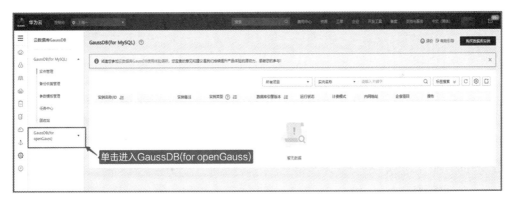

图 6-42　单击"GaussDB（for openGauss）"

先单击"实例管理"，再单击右上角的"购买数据库实例"进入购买页面，如图 6-43 所示。

图 6-43　购买页面

6.5.2　购买数据库实例

　　购买页面有两种计费方式：包年/包月和按需计费。如果只是学习使用的话，建议选择"按需计费"，该选项费用较低。包年/包月相对于按需付费，具有更大的折扣，推荐长期使用者使用该计费方式。按需计费，可即开即停，按实际使用时长计费，以自然小时为单位整点计费，不足一小时按实际使用时长计费。计费方式说明如图 6-44所示。

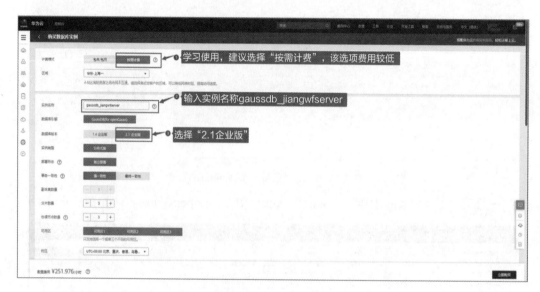

图 6-44　计费方式说明

　　选择规格名称和安全组，需预先创建安全组并设定安全策略，如图 6-45 和图 6-46所示。

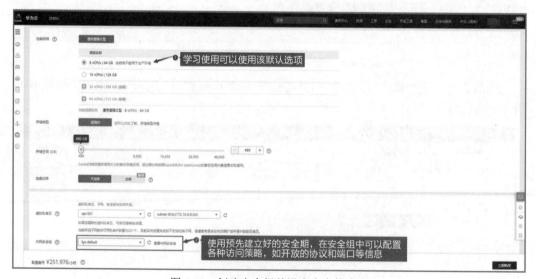

图 6-45　创建安全组并设定安全策略 1

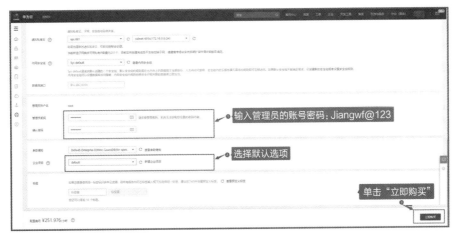

图 6-46 创建安全组并设定安全策略 2

单击"立即购买"后，进入配置确认页面确认购买的信息，如图 6-47 所示。

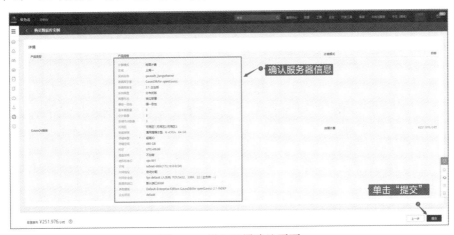

图 6-47 进入配置确认页面

确认后完成后单击"提交"，完成 GaussDB（for openGauss）实例购买，如图 6-48 所示。页面会跳转到控制台，通过运行状态我们可以看到数据库正在"创建中"，如图 6-49 所示。

图 6-48 完成 GaussDB（for openGauss）实例购买

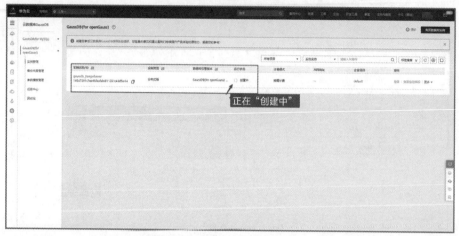

图 6-49　数据正在"创建中"

稍等一会儿，确认实例创建成功，页面实例状态显示"正常"，如图 6-50 所示。

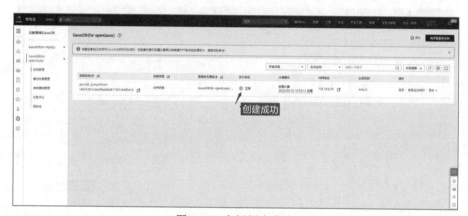

图 6-50　实例创建成功

现在数据库已经创建成功，并开始计费。

6.5.3　使用数据管理服务连接数据库

启动数据管理服务，如图 6-51 所示。

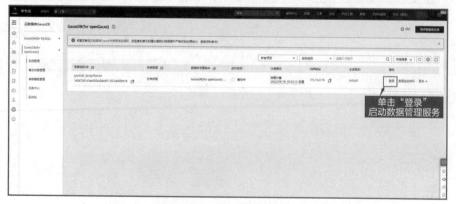

图 6-51　启动数据管理服务

产品隐私说明如图 6-52 所示。

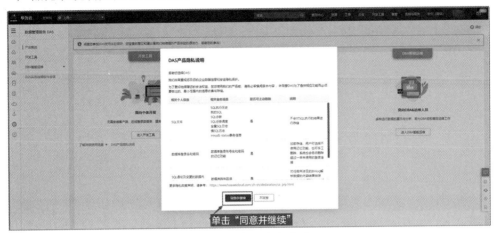

图 6-52　产品隐私说明

开始使用数据管理服务连接数据库，操作如图 6-53～图 6-55 所示。

图 6-53　使用数据管理服务连接数据库 1

图 6-54　使用数据管理服务连接数据库 2

图 6-55　使用数据管理服务连接数据库 3

登录成功后，进入数据管理服务控制面板，如图 6-56 所示。

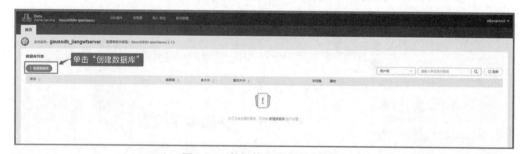

图 6-56　数据管理服务控制面板

创建数据库，如图 6-57 所示。

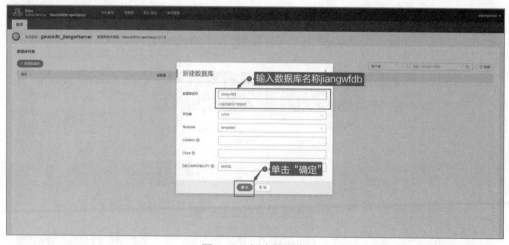

图 6-57　创建数据库

创建成功后，可以在数据列表中看到 jiangwfdb 数据库，然后单击该数据库，如图 6-58 所示。

图 6-58　单击 jiangwfdb 数据库

进入库管理界面，如图 6-59 所示。

图 6-59　库管理界面

添加新的 Schema，如图 6-60 所示。

图 6-60　添加新的 Schema

启动 SQL 窗口，准备创建数据表，如图 6-61～图 6-63 所示。

图 6-61　创建数据库 1

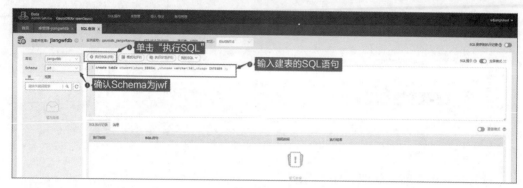

图 6-62　创建数据库 2

图 6-63　创建数据库 3

成功创建 student 表，如图 6-64 所示。

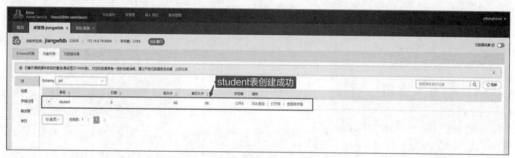

图 6-64　成功创建 student 表

单击 student 表的 SQL 查询，进入 SQL 查询窗口，如图 6-65 所示。

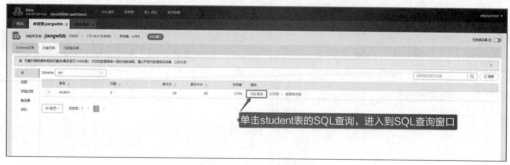

图 6-65　单击 SQL 查询

在 SQL 窗口进行数据管理，如图 6-66 和图 6-67 所示。

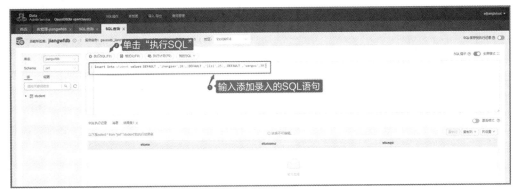

图 6-66　在 SQL 窗口进行数据管理 1

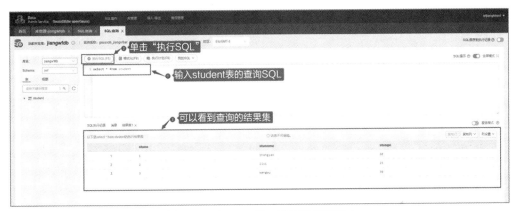

图 6-67　在 SQL 窗口进行数据管理 2

6.5.4　删除 GaussDB（for openGauss）数据库资源

完成实验后请务必删除华为云上的收费资源，以免造成不必要的收费。找到创建的
GaussDB（for openGauss）数据库，打开云数据库 GaussDB 控制台，在需要删除的 GaussDB
（for openGauss）数据库实例后面选择"更多"→"删除实例"，如图 6-68 和图 6-69 所示。

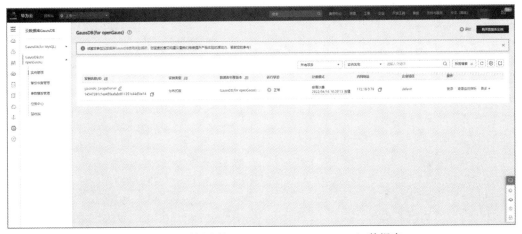

图 6-68　找到创建的 GaussDB（for openGauss）数据库

图 6-69　删除创建的 GaussDB（for openGauss）数据库

在弹出的对话框中进行确认，确认无误后，单击"是"，如图 6-70 所示。

图 6-70　单击"是"进行删除

此时可查看列表中已没有资源，表示 GaussDB（for openGauss）数据库实例已被删除，如图 6-71 所示。

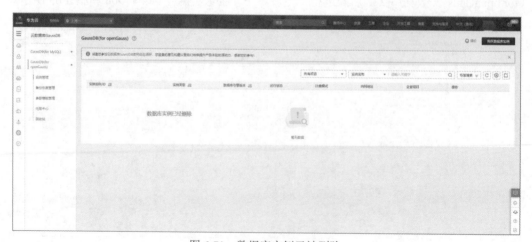

图 6-71　数据库实例已被删除